CB130702

NEUROFISIOLOGIA BÁSICA

para Profissionais da Área de Saúde

NEUROLOGIA

A Ciência e a Arte de Ler Artigos Cientificos – Braulio Luna Filho
A Didática Humanista de um Professor de Medicina – Decourt
A Estimulação da Criança Especial em Casa - Um Guia de Orientação para os Pais de como Estimular a Atividade Neurológica e Motora – Rodrigues
A Neurologia que Todo Médico Deve Saber 2ª ed. – Nitrini
A Questão Ética e a Saúde Humana – Segre
A Saúde Brasileira Pode Dar Certo – Lottenberg
A Vida por um Fio e por Inteiro – Elias Knobel
Afecções Cirúrgicas do Pescoço – CBC Kowalski
Artigo Científico - do Desafio à Conquista - Enfoque em Testes e Outros Trabalhos Acadêmicos – Victoria Secaf
As Lembranças que não se Apagam – Wilson Luiz Sanvito
Células-tronco – Zago
Cem Bilhões de Neurônios? Conceitos Fundamentais de Neurociência - 2ª ed. – Roberto Lent
CEREDIC - Demências – Ricardo Nitrini
Coluna: Ponto e Vírgula 7ª ed. – Goldenberg
Como Ter Sucesso na Profissão Médica - Manual de Sobrevivência 4ª ed. – Mario Emmanuel Novais
Cuidados Paliativos – Diretrizes, Humanização e Alívio de Sintomas – Franklin Santana
Demências: Abordagem Multidisciplinar – Caixeta
Depressão e Cognição – Chei Tung Teng
Dicionário de Ciências Biológicas e Biomédicas – Vilela Ferraz
Dicionário Médico Ilustrado Inglês-Português – Alves
Dor - Manual para o Clínico – Jacobsen Teixeira
Dor Crônica - Diagnóstico, Pesquisa e Tratamento – Ivan Lemos
Epidemiologia 2ª ed. – Medronho
Fisiopatologia Clínica do Sistema Nervoso - Fundamentos da Semiologia 2ª ed. – Doretto
Gestão Estratégica de Clínicas e Hospitais – Adriana Maria André
Guia de Consultório - Atendimento e Administração – Carvalho Argolo
Manejo Neurointensivismo – Renato Terzi - AMIB
Manual de Eletroneuromiografia, Potenciais Evocados Cerebrais – Nobrega e Manzano
Manual do Clínico para o Médico Residente – Atala – UNIFESP
Medicina: Olhando para o Futuro – Protásio Lemos da Luz
Medicina, Saúde e Sociedade – Jatene
Memórias Agudas e Crônicas de uma UTI – Knobel
Memória, Aprendizagem e Esquecimento – Antônio Carlos de Oliveira Corrêa
Miastenia Grave - Convivendo com uma Doença Imprevisível – Acary Souza Bulle Oliveira e Beatriz Helena de Assis de Pereira
Neuroanatomia Funcional - 3ª ed. – Machado
Nem Só de Ciência se Faz a Cura 2ª ed. – Protásio da Luz
Neuroemergências – Julio Cruz
Neurofiologia Clínica 2ª ed. – Pinto
O Livro de Cefaleias – Wilson Luiz Sanvito e Monzilo
O Mundo das (Minhas) Reflexões – Wilson Luiz Sanvito
O que Você Precisa Saber sobre o Sistema Único de Saúde – APM-SUS
Politica Públicas de Saúde Interação dos Atores Sociais – Lopes
Prescrição de Medicamentos em Enfermaria – Brandão Neto
Propedêutica Neurológica Básica 2ª ed. – Wilson Luiz Sanvito
Série da Pesquisa à Prática Clínica - Volume Neurociência Aplicada à Prática Clínica – Alberto Duarte e George Bussato
Série Neurologia - Diagnóstico e Tratamento - Doença de Parkinson – Ferraz
Série Neurologia - Diagnóstico e Tratamento – Wilson Luiz Sanvito
Vol. 1 - Esclerose Múltipla no Brasil - Aspectos Clínicos e Terapêuticos – Tilbery
Vol. 2 - Doença de Parkinson - Prática Clínica e Terapêutica – Ferraz
Série Terapia Intensiva – Knobel
Vol. 3 - Neurologia
Série Usando a Cabeça – Alvarez e Taub
Vol. 1 - Memória
Síndromes Neurológicas 2ª ed. – Wilson Luiz Sanvito
Sono - Aspectos Profissionais e Suas Interfaces na Saúde – Mello
Terapia Intensiva - Neurologia (em espanhol) – Knobel
Terapias Avançadas - Células-tronco – Morales
Tratado de Técnica Operatória em Neurocirurgia – Paulo Henrique Pires de Aguiar
Tratamento Coadjuvante pela Hipnose – Marlus
Um Guia para o Leitor de Artigos Científicos na Área da Saúde – Marcopito Santos

NEUROFISIOLOGIA BÁSICA

para Profissionais da Área de Saúde

MÁRCIA RADANOVIC

Médica Neurologista pela Faculdade de Medicina da Universidade de São Paulo (FMUSP).
Mestra e Doutora em Neurologia pela FMUSP.
Pós-doutorado em Psiquiatria pela FMUSP.
Docente do Curso de Pós-graduação do Departamento de Neurologia da FMUSP.
Médica Pesquisadora do Laboratório de Neurociências do Instituto de Psiquiatria do Hospital das Clínicas da FMUSP

ELIANE MAYUMI KATO-NARITA

Fisioterapeuta pela Universidade de São Paulo (USP).
Especialista em Gerontologia pela Universidade Federal de São Paulo (Unifesp) e pela Sociedade Brasileira de Geriatria e Gerontologia.
Mestra em Ciências pelo Departamento de Neurologia da Faculdade de Medicina da USP

Atheneu

EDITORA ATHENEU

São Paulo —	*Rua Jesuíno Pascoal, 30* *Tel.: (11) 2858-8750* *Fax: (11) 2858-8766* *E-mail: atheneu@atheneu.com.br*
Rio de Janeiro —	*Rua Bambina, 74* *Tel.: (21)3094-1295* *Fax: (21)3094-1284* *E-mail: atheneu@atheneu.com.br*
Belo Horizonte —	*Rua Domingos Vieira, 319 — conj. 1.104*

CAPA: Paulo Verardo

PRODUÇÃO EDITORIAL: Rosane Guedes

Dados Internacionais de Catalogação na Publicação (CIP)
(Câmara Brasileira do Livro, SP, Brasil)

Radanovic, Márcia

Neurofisiologia básica para profissionais da área de saúde / Márcia Radanovic, Eliane Mayumi Kato-Narita. -- São Paulo : Editora Atheneu, 2016.

Bibliografia
ISBN 978-85-388-0687-5

1. Medicina clínica 2. Neurofisiologia 3. Profissionais da saúde -- Formação I. Kato-Narita, Elaine Mayumi. II. Título.

CDD-612.8
16-00250 NLM-WL 102

Índice para catálogo sistemático:

1. Neurofisiologia clínica : Ciências médicas 612.8

RADANOVIC, M.; KATO-NARITA, E. M.
Neurofisiologia Básica para Profissionais da Área de Saúde

Dedicatória

Aos alunos dos cursos de Neurologia nos quais já tivemos a oportunidade de lecionar e aos profissionais de saúde com quem temos convivido nesses anos todos, que nos contagiaram com sua sede de aprender cada vez mais, e nos inspiraram a escrever este livro.

Márcia Radanovic
Eliane Mayumi Kato-Narita

Apresentação

Este livro segue na esteira de outra publicação, *Neurologia para Profissionais da Área de Saúde*, pretendendo ser seu complemento. O estudo e a compreensão das doenças neurológicas e de seus sinais e sintomas dependem, e, em contrapartida, são grandemente enriquecidos por uma adequada base de conhecimentos de neuroanatomia e neurofisiologia. Com isso em mente, nosso objetivo foi o de elaborar um livro que abordasse alguns tópicos de relevância para aqueles que desejam adquirir essa base de conhecimentos. Nosso propósito foi oferecer uma visão prática da neurofisiologia aplicada ao contexto clínico para os alunos dos cursos de Neurologia nas diversas áreas da Saúde e para os profissionais que, ao trabalhar com pacientes neurológicos, desejam "relembrar" os conceitos aprendidos na faculdade, bem como se manter atualizados quanto aos avanços da disciplina. Por isso, procuramos associar os conceitos básicos a conhecimentos mais atuais, de forma enxuta, e com uma linguagem que prioriza o diálogo com o clínico.

Esperamos ter atingido nosso objetivo, e que este livro possa contribuir para disseminar o fascínio que sentimos pela Neurociência em todas as suas formas.

Márcia Radanovic
Eliane Mayumi Kato-Narita

Sumário

Princípios de Neuroanatomia: Organização Estrutural do Sistema Nervoso

1

INTRODUÇÃO

O desenvolvimento filogenético do sistema nervoso (SN) permitiu maior adaptabilidade dos seres vivos ao seu meio ambiente. Em organismos unicelulares, como as amebas, observamos que as principais características do SN são *irritabilidade, condutibilidade e contratilidade*. Estas três propriedades permitem que o organismo "receba" sensações do meio (estimulação), e as "conduza" de modo a propiciar uma resposta "contrátil" (afastamento de um potencial agressor). No caso de organismos muito simples o SN encontra-se espalhado pela superfície do organismo.

À medida que os seres vivos foram evoluindo, as funções do SN tornaram-se mais complexas, passando a incluir não apenas respostas aos estímulos do meio externo, como também do meio interno (homeostase*), e células especializadas para recepção dos estímulos assim como efetuação de respostas motoras passaram a existir. Esponjas já possuem receptores de superfície que transformam estímulos físicos e químicos em impulsos nervosos e músculos e glândulas, como órgãos efetores.[1] Células com as propriedades de irritabilidade e condutibilidade, características dos neurônios, apareceram nos celenterados, e as redes neuronais surgiram há cerca de 700 milhões de anos.[2]

A partir daí, nos anelídeos (como as minhocas) aparece um SN centralizado composto por um par de gânglios (conjunto de neurônios) que forma o "cérebro" e cordões nervosos (formas primitivas da medula espinhal).[3,4] Há cerca de 400 milhões de anos, os agrupamentos neuronais localizados no topo da medula espinhal tornaram-se os equivalentes do tronco encefálico e hipotálamo, já existente nos peixes mais primitivos, nos quais também aparece um cerebelo rudimentar.[1,3] As primeiras estruturas do sistema límbico surgem nos anfíbios, tornando-se mais complexas nos répteis. Por fim, há 230 milhões de anos, o tálamo e o neocórtex se desenvolveram nos mamíferos mais antigos. O neocórtex se tornou cada vez maior à medida que a evolução dos mamíferos progredia, o que levou à formação de "dobraduras", formando os sulcos cerebrais, a fim de aumentar a superfície de córtex existente sem que houvesse necessidade de aumento proporcional do crânio do animal. Com o surgimento dos primatas, as principais modificações que ocorrem no cérebro são o grande desenvolvimento do córtex visual (pois a partir da postura ereta, a visão se torna um sentido de crucial importância, substituindo a anterior primazia do olfato), das regiões temporais e parietais e, principalmente, dos lobos frontais. O incremento das áreas cerebrais e sua sofisticação em termos de redes de associação culminam com o aparecimento da linguagem, que possibilitou a construção da cultura humana.[5]

---

*Homeostase: capacidade do organismo (ou do corpo) de regulação do seu sistema, a fim de se manter estável dinamicamente perante as interferências internas e externas que possam alterar seu equilíbrio.

Existe uma relação indissociável entre a atividade do SN e todo o comportamento de um animal, do mais simples ao mais complexo, embora a maneira exata como essa relação se estabelece ainda seja objeto de estudos e não esteja plenamente compreendida. Sendo assim, o estudo de como se organizam e ocorrem os processos cerebrais que geram percepções, sensações, comportamentos e pensamentos começa no entendimento de quais são as estruturas que compõem o SN. Daí a importância de conhecermos alguns princípios de Neuroanatomia, a fim de compreender, a partir de como o SN se organiza, alguns princípios de seu funcionamento. Neste capítulo será apresentada uma visão geral da estrutura do SN, sendo que maiores detalhes sobre seus componentes e funções serão descritos nos capítulos específicos referentes a cada subsistema.

O SN encontra-se protegido por estruturas ósseas, o crânio e a coluna vertebral. Dentro do crânio localiza-se o *encéfalo* e o *tronco encefálico,* e no interior da coluna vertebral localiza-se a *medula espinhal*. Além disso, o SN é envolvido por um sistema de membranas denominadas *meninges,* a *dura-máter* (mais externa), a *aracnoide,* e a *pia-máter* (mais interna, e que se encontra totalmente aderida ao tecido nervoso). O espaço entre o arcabouço ósseo e a dura-máter é denominado *espaço extradural* ou *epidural*; é neste espaço que se injetam os anestésicos para realização de anestesia peridural. O espaço entre a aracnoide e a pia-máter é denominado *espaço subaracnoide*; neste espaço é que se injetam as substâncias anestésicas na raquianestesia e se coleta o liquor para realização de exames.

Sistema ventricular: os hemisférios cerebrais possuem cavidades denominadas *ventrículos laterais* (D e E), que contêm o liquor em seu interior. Os ventrículos laterais comunicam-se com o *III ventrículo* (localizado no interior do diencéfalo, sendo em grande parte circundado pelos tálamos) através dos *forames interventriculares de Monro.* O III ventrículo, por sua vez, comunica-se com o *IV ventrículo* (localizado na ponte e bulbo) através do *aqueduto cerebral* (localizado no mesencéfalo). O IV ventrículo é a continuação do *canal central* da medula.

A *substância cinzenta* do SN é formada pelos corpos celulares dos neurônios, podendo ser encontrada no córtex cerebral, em *núcleos* (agrupamentos celulares), no tronco encefálico, nos *gânglios* e na porção central da medula espinhal. A substância branca é composta pelos feixes de axônios que emergem dos neurônios e, portanto, terá sua origem em alguma das estruturas acima; é encontrada na região *subcortical* (abaixo do córtex cerebral), nos *tratos* e vias de projeção do tronco encefálico e medula espinhal, e nos nervos periféricos. Os feixes de substância branca (tratos e nervos periféricos) sempre conectam um grupo de neurônios a outro, um grupo de neurônios a seus efetores finais (músculos, glândulas etc.) ou a seus receptores periféricos (pele, olho etc.). Muitos dos nomes dessas estruturas são descritivos de sua origem, destino e localização relativa, por exemplo: *trato espinocerebelar anterior* designa um trato que sai da medula espinhal, em direção ao cerebelo, e localiza-se na porção anterior do bulbo.

O SN divide-se em sistema nervoso central (SNC) e sistema nervoso periférico (SNP). O limite entre esses dois sistemas é a membrana meníngea pia-máter. O SNC compreende o cérebro, tronco cerebral e tratos ascendentes e descendentes da medula espinhal. O SNP é composto pelas estruturas que se localizam externamente à membrana pia-máter da medula espinhal e tronco cerebral, incluindo as raízes nervosas, plexos e nervos periféricos, até o limite da junção neuromuscular. Os nervos cranianos também fazem parte do SNP, com exceção dos bulbos olfatórios (I nervo) e nervos ópticos (II nervo) (Fig. 1.1).

A divisão *somática* do SNP inclui os neurônios responsáveis pela inervação da pele, músculos e articulações. O sistema nervoso autônomo (SNA), por sua vez, é responsável pela inervação sensitiva das vísceras, e pelo controle motor visceral dos músculos lisos e glândulas exócrinas. O SNA possui duas divisões: o parassimpático, responsável pelo controle da homeostase do organismo, como funções digestórias, cardiovasculares, respiratórias etc., e o simpático, responsável pelas reações de "luta ou fuga", que preparam o organismo para lidar com situações de estresse físico e emocional. Podemos então dizer que o sistema nervoso somático (SNS) comunica o SNC com os estímulos do meio externo, e o SNA faz o mesmo com os estímulos vindos do meio interior do organismo (Fig. 1.2).

Como regra geral, cada hemisfério cerebral recebe e envia informações *para* e *da* metade contralateral do corpo, ou seja, o hemisfério direito (D) controla a metade esquerda do corpo, e

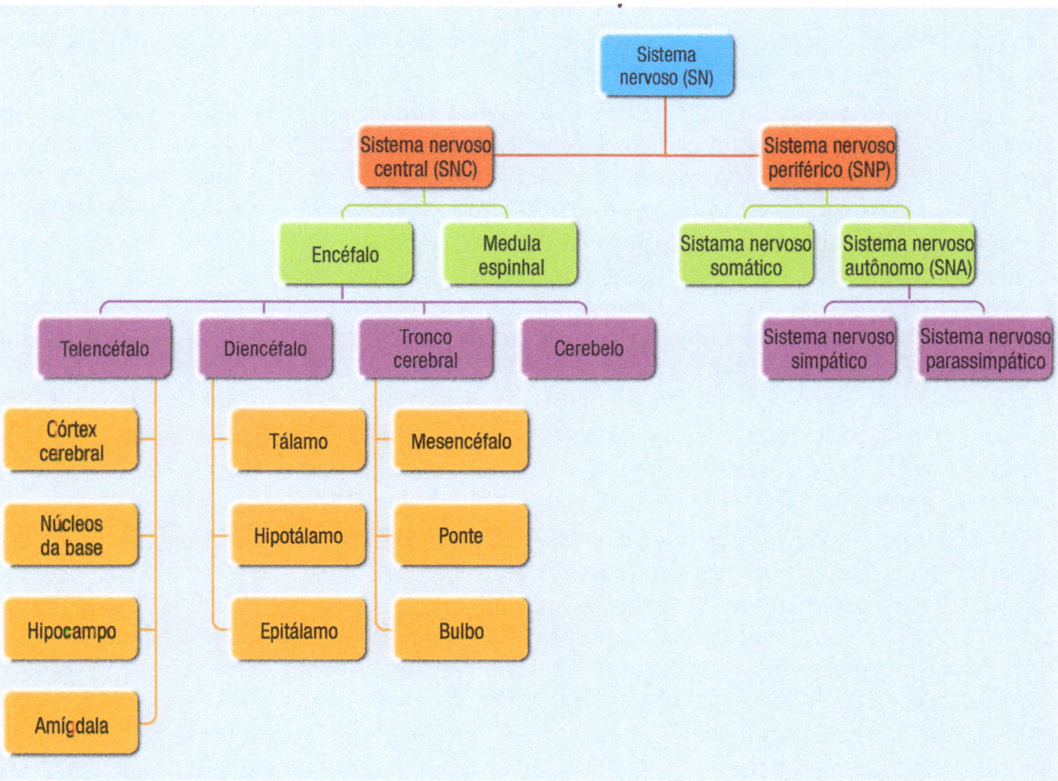

FIGURA 1.1. Divisão geral do SN.

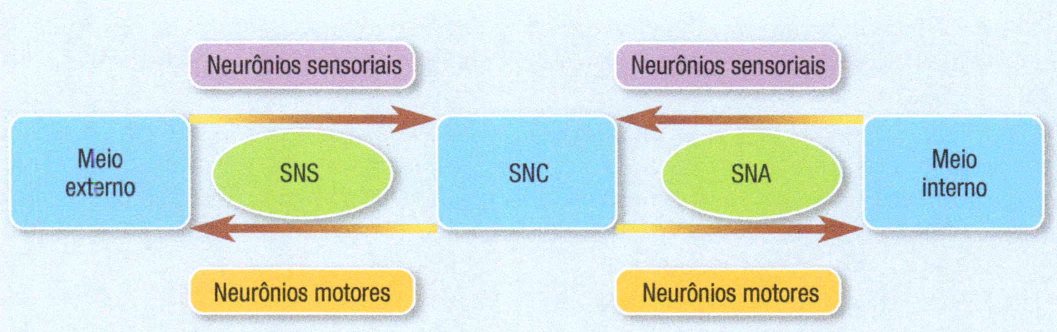

FIGURA 1.2. Representação esquemática da inter-relação entre os vários subcomponentes do SN e os meios externo (ambiente) e interno (visceral).

vice-versa. No entanto, isso não ocorre em todos os sistemas (onde a inervação é ipsilateral), e existem alguns sistemas em que os dois hemisférios cerebrais participam da inervação sensitiva e motora em determinada região (como exemplos podemos citar a audição e o controle motor dos músculos do terço superior da face). O ponto em que ocorre o cruzamento (decussação) das fibras nervosas através da linha média é variável. Por exemplo, as vias motoras (trato corticospinal lateral) principais decussam no bulbo (num local anatômico denominado *decussação das pirâmides)*; já as fibras que veiculam a sensação térmica e dolorosa (trato espinotalâmico) cruzam a linha média logo ao penetrarem na medula, ascendendo já cruzadas para o SNC, em toda a extensão da medula. Denominam-se conexões *aferentes* aquelas que chegam a uma determinada estrutura do SN, e conexões *eferentes* as que partem desta estrutura.

O SN nervoso possui vários subsistemas funcionais separados, cada um composto por um conjunto de estruturas e vias de projeção; como exemplo, podem ser citadas as várias modalidades sensoriais, ou as diversas funções cognitivas. No entanto, embora separados, esses sistemas possuem pontos de intersecção, onde informações são agrupadas e combinadas para construir as percepções e associações complexas que caracterizam a atividade do nosso SNC. Cada subsistema funcional envolve várias estruturas que se ligam por vias que carregam diferentes tipos de informação; as estruturas que participam de um sistema são comumente denominadas *relês*, e são ordenados *em série* (sequência); as vias de determinado sistema caminham através de feixes de fibras que ligam um componente do sistema a outro. Nos relês ocorre mais do que uma simples retransmissão das informações para o centro seguinte: as informações são modificadas, rearranjadas e moduladas, de modo que os dados transmitidos pelas vias de saída de cada relê são diferentes dos que foram recebidos pelas vias de entrada. O SN é organizado de forma hierárquica, havendo diversos níveis de processamento para cada sistema funcional, do mais simples ao mais complexo.

O SN é organizado na forma de *mapas neurais*, ou seja, as informações são veiculadas dentro de cada sistema funcional obedecendo a uma organização topográfica. Por exemplo, a informação visual que incide sobre a retina é transmitida através de todo o sistema visual de forma a obedecer a este princípio de organização: um grupo de neurônios retinianos projeta-se para determinado local do corpo geniculado lateral; o grupo vizinho de neurônios retinianos se projetará para uma região vizinha no corpo geniculado lateral, e assim por diante ao longo da via visual, de modo que todas as estruturas que compõem o sistema visual reproduzem o mapa correspondente recebido da estrutura anterior e o projetam de forma organizada para a estrutura seguinte. O sistema motor também apresenta essa organização topográfica.

SUBDIVISÃO ANATÔMICA DO SNC

O SNC é composto pelo *encéfalo* e *medula espinhal*. O encéfalo, que se localiza dentro do crânio, é composto pelo telencéfalo (cérebro), diencéfalo, cerebelo e tronco encefálico. A medula espinhal localiza-se dentro da coluna vertebral:

1. Medula espinhal: recebe as informações sensoriais provindas dos receptores periféricos, como pele, articulações, músculos e tendões dos membros e troncos, através dos nervos sensitivos, transmitindo-as ao *tronco encefálico*. Também controla os movimentos do tronco e membros, através dos nervos motores que dela emergem. Divide-se em quatro porções: cervical, torácica, lombar e sacral.
2. Tronco encefálico: é composto pelo *bulbo, ponte e mesencéfalo:*
   - Bulbo: localizado imediatamente acima da medula espinhal, com a qual se continua, contém o centro de várias funções autonômicas e vegetativas, como batimentos cardíacos, respiração, funções digestórias;

- Ponte: localiza-se acima do bulbo, é um relê de distribuição das informações sobre o movimento para o cerebelo, além de conter os núcleos do V (trigêmeo), VI (abducente) e VII (facial) nervos cranianos;
- Mesencéfalo: localizado acima da ponte, é um dos principais centros de controle das funções motoras, motricidade ocular e reflexos visuais e auditivos.

3. Diencéfalo: localizado rostralmente (anteriormente) ao mesencéfalo, é formado pelo *tálamo*, que recebe e processa a maior parte das informações provindas das várias regiões do SN que chegam ao córtex cerebral e o *hipotálamo*, este envolvido na regulação de funções autonômicas, endócrinas e viscerais. Faz parte do *cérebro* (ver abaixo).
4. Cerebelo: conecta-se ao tronco cerebral através de feixes de fibras nervosas denominadas *pedúnculos cerebelares*. Sua função relaciona-se à modulação de força e amplitude dos movimentos, aprendizado de habilidades motoras e aspectos das funções cognitivas.
5. Cérebro (telencéfalo): composto pelo *córtex cerebral, substância branca de associação, núcleos da base, hipocampo, amígdala, bulbo olfatório*. O cérebro divide-se em dois *hemisférios cerebrais*. O córtex cerebral é dividido em cinco lobos: frontal, parietal, temporal, occipital e ínsula, e é a sede das funções cognitivas e comportamentais. Para ele convergem os estímulos sensoriais provenientes do meio ambiente e do meio interno, e dele emergem os comportamentos em resposta a esses estímulos (Fig. 1.3). Os núcleos da base estão relacionados ao controle motor e a aspectos das funções cognitivas e comportamentais. As estruturas que compõem os núcleos da base são o núcleo caudado, putâmen, globo pálido e núcleo subtalâmico de Luys. O hipocampo relaciona-se principalmente com a codificação das memórias, e a amígdala tem um papel preponderante na regulação das respostas endócrinas e autonômicas do organismo, bem como nos estados emocionais. A estrutura e função do hipocampo, amígdala e bulbo olfatório são estudadas em maiores detalhes no Capítulo 13 – *Sistema Límbico*.

Ao longo dos anos, diversas nomenclaturas foram utilizadas para descrever as estruturas do SN, algumas baseadas na contiguidade anatômica entre elas, algumas baseadas em critérios funcionais

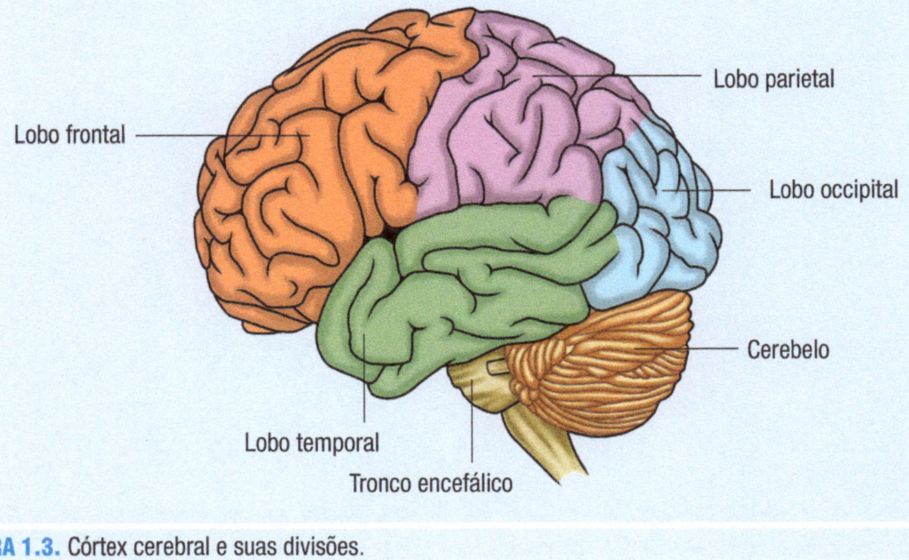

FIGURA 1.3. Córtex cerebral e suas divisões.

e outras, ainda, em sua origem embriológica compartilhada. Assim, denomina-se *striatum* ou *corpo estriado* o conjunto formado pelo núcleo caudado, putâmen e globo pálido; *núcleo lentiforme* refere-se ao conjunto putâmen e globo pálido.

SUBDIVISÃO FUNCIONAL DO SNC

Medula espinhal

A medula espinhal é a parte mais caudal do SN, estendendo-se da base do crânio (forame magno) até sua porção terminal no *cone medular*, no nível da primeira/segunda vértebra lombar (L1/L2), com cerca de 45 cm de comprimento. Divide-se em porções cervical, torácica, lombar e sacral. A medula espinhal apresenta duas intumescências, uma na região cervical e outra na região lombar, que correspondem aos locais de onde emergem os motoneurônios relacionados aos membros superiores e inferiores. No interior da substância cinzenta medular encontra-se o canal central da medula, uma cavidade preenchida por liquor, que é a continuação caudal do IV ventrículo.

O corte transversal da medula revela uma porção central em forma de H, a *substância cinzenta*, que contém os corpos celulares dos neurônios e é dividida em colunas dorsal e ventral. As colunas dorsais são formadas por neurônios sensoriais que recebem as informações da periferia provenientes da pele, músculos e articulações do tronco e membros, bem como dos órgãos internos; as colunas ventrais contêm os motoneurônios responsáveis pelos movimentos voluntários e autonômicos de músculos específicos. Ao redor da substância cinzenta localiza-se a *substância branca*, composta pelos tratos longitudinais (conjuntos de axônios mielinizados) que formam as grandes vias ascendentes e descendentes de e para o cérebro (Fig. 1.4 e Tabelas 1.1 e 1.2). A medula espinhal possui uma *organização segmentar*, ou seja, cada segmento liga-se a uma região específica do corpo.

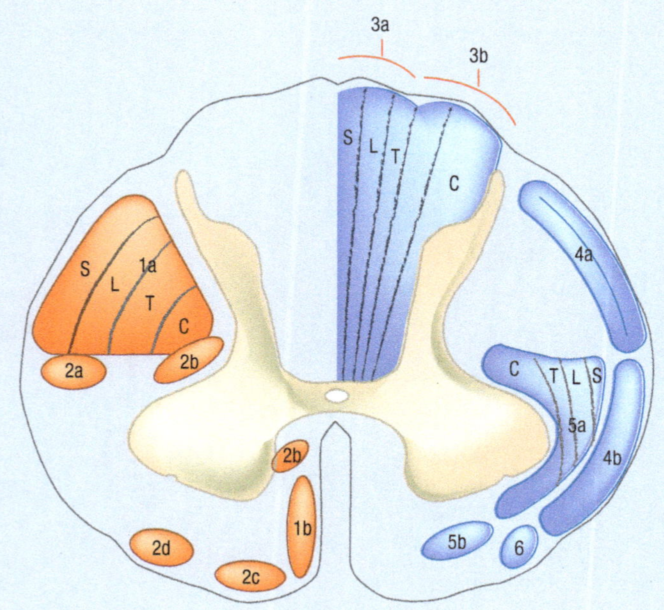

FIGURA 1.4. Corte transversal da medula espinhal mostrando as vias sensoriais ascendentes (em azul) e motoras descendentes (em vermelho). C: cervical; T: torácica; L: lombar; S: sacral.

TABELA 1.1. *Vias ascendentes e descendentes da medula espinhal*

VIAS MOTORAS DESCENDENTES (EFERENTES)	VIAS SENSITIVAS ASCENDENTES (AFERENTES)
1. Tratos corticospinais (piramidais) 1a. Trato corticospinal lateral 1b. Trato corticospinal anterior 2. Tratos extrapiramidais 2a. Trato rubrospinal 2b. Trato reticulospinal 2c. Trato tectospinal 2d. Trato vestibulospinal	3. Coluna dorsal-lemnisco medial 3a. Fascículo grácil 3b. Fascículo cuneiforme 4. Tratos espinocerebelares 4a. Trato espinocerebelar anterior 4b. Trato espinocerebelar posterior 5. Tratos espinotalâmicos 5a. Trato espinotalâmico lateral 5b. Trato espinotalâmico anterior 6. Fibras espino-olivares

TABELA 1.2. *Origem, destino e função dos principais tratos da medula espinhal*

TRATO	ORIGEM	PONTO DE DECUSSAÇÃO (CRUZAMENTO DAS FIBRAS)	DESTINO	INFORMAÇÃO TRANSMITIDA
DESCENDENTES				
Corticospinal lateral	Córtex motor primário, pré-motor e área motora suplementar (áreas 4 e 6 de Brodmann) Córtex sensitivo (áreas 1, 2 e 3 de Brodmann)	Junção do bulbo e medula ("decussação das pirâmides")	Motoneurônios medulares (substância cinzenta) contralaterais	Controle dos movimentos voluntários de membros
Corticospinal anterior	Córtex pré-motor e motor primário (áreas 4 e 6 de Brodmann) que controlam o tronco e pescoço	–	Motoneurônios medulares (substância cinzenta) ipsilateral	Controle dos movimentos axiais (pescoço, ombro e tronco)
Rubrospinal	Núcleo rubro (mesencéfalo)	Mesencéfalo	Motoneurônios medulares (substância cinzenta) contralateral	Facilitação dos movimentos flexores e inibição dos movimentos extensores de MMSS
Reticulospinal medial	Formação reticular (ponte)	–	Interneurônios e motoneurônios medulares (ipsilateral)	Facilitação dos movimentos posturais e extensores dos membros
Reticulospinal lateral	Formação reticular (bulbo)	–	Interneurônios e motoneurônios medulares (substância cinzenta) ipsilateral	Facilitação dos movimentos flexores e inibição dos extensores

Continua

TABELA 1.2. *Origem, destino e função dos principais tratos da medula espinhal (cont.)*

TRATO	ORIGEM	PONTO DE DECUSSAÇÃO (CRUZAMENTO DAS FIBRAS)	DESTINO	INFORMAÇÃO TRANSMITIDA
Vestibulospinal lateral	Núcleos vestibulares (ponte e bulbo)	–	Interneurônios e motoneurônios medulares (substância cinzenta) ipsilateral	Facilitação dos movimentos extensores e inibição dos flexores
Vestibulospinal medial	Núcleos vestibulares (ponte e bulbo)			Coordena a atividade dos músculos do pescoço e região lombar, facilita os movimentos flexores e inibe os extensores
Tectospinal	Tecto do mesencéfalo (colículos)	Mesencéfalo	Interneurônios e motoneurônios medulares (substância cinzenta) ipsilateral	Sistema de controle postural
ASCENDENTES				
Fascículo grácil	Fibras sensitivas táteis e proprioceptivas provenientes dos segmentos sacral, lombar e torácico inferior	Lemnisco medial (bulbo)	Núcleo ventral lateral posterior do tálamo (contralateral)	Sensação tátil e proprioceptiva dos MMII e tronco
Fascículo cuneiforme	Fibras sensitivas táteis e proprioceptivas provenientes dos segmentos torácico superior e cervical	Lemnisco medial (bulbo)	Tálamo (contralateral)	Sensação tátil e proprioceptiva dos MMSS e tronco
Tratos espino-cerebelares (anterior e posterior)	Fibras proprioceptivas provenientes dos MMII	–	Cerebelo (ipsilateral)	Propriocepção inconsciente dos músculos e articulações de MMII
Trato espinotalâmico lateral	Fibras sensitivas térmicas e dolorosas de todos os segmentos medulares (tronco e membros)	Medula (segmento medular de entrada)	Tálamo (contralateral)	Sensação térmica e dolorosa
Trato espinotalâmico anterior	Fibras sensitivas táteis de todos os segmentos medulares (tronco e membros)	Medula (segmento medular de entrada)	Tálamo (contralateral)	Tato protopático e pressão

A medula espinhal se conecta com os músculos e receptores periféricos através de 31 pares de *nervos espinhais* (8 cervicais, 12 torácicos, 5 lombares, 5 sacrais e 1 coccígeo), cada um contendo uma porção sensorial, que nasce da porção dorsal da medula (raízes dorsais) e uma porção motora, que emerge da porção ventral da medula (raízes ventrais). Os nervos espinhais da região cervical emergem acima das vértebras correspondentes, com exceção do segmento C8, que emerge entre as vértebras C7 e T1, pois a coluna vertebral humana contém apenas sete vértebras cervicais. A partir daí, os nervos espinhais emergem abaixo das vértebras correspondentes (Fig. 1.5). Cada nervo espinhal corresponde a um segmento da medula, e recebe a mesma denominação do segmento a que pertence (por exemplo, C4). Os axônios dos receptores periféricos penetram pela medula através das raízes dorsais e caminham pela porção posterior desta até atingirem os gânglios das raízes dorsais. A Figura 1.6 ilustra o caminho percorrido pelas informações sensitivas (A) e motoras (B) que entram e saem da medula.

Tronco encefálico

O tronco encefálico divide-se nas porções *bulbo*, *ponte* e *mesencéfalo*. No tronco encefálico são encontrados *tratos* e *núcleos*. Do tronco encefálico partem dez dos doze pares de nervos cranianos, relacionados às funções oculomotoras, sensibilidade e motricidade da face, audição, equilíbrio, deglutição, fonação, mastigação, paladar, funções autonômicas e viscerais (Fig. 1.7 e Tabela 1.3).

Os nervos cranianos apresentam uma divisão funcional, podendo ser classificados em *motores* e *sensitivos*, *somáticos* e *viscerais*. Dentro dessa divisão, ainda podem ser subdivididos em gerais e especiais. A Tabela 1.4 ilustra essa divisão funcional.

Bulbo

O bulbo situa-se em posição intermediária entre a medula espinhal e a ponte. Possui núcleos relacionados à regulação de funções vegetativas, como respiração, controle vasomotor (pressão arterial) e do ritmo cardíaco. No bulbo situam-se os núcleos do IX (glossofaríngeo), X (vago), XI (acessório) e XII (hipoglosso) nervos cranianos, que dele emergem (Fig. 1.8 e Tabela 1.5).

Ponte

A ponte situa-se em posição intermediária entre o bulbo e o mesencéfalo. Possui núcleos relacionados à regulação da motricidade ocular e facial, e núcleos que funcionam como relês de informações motoras e sensitivas entre o córtex cerebral e o cerebelo. Possui também estruturas relacionadas a funções como sono, respiração (centro apnêustico e centro pneumotáxico) e paladar. Na ponte situam-se os núcleos do V (trigêmeo), VI (abducente), VII (facial) e VIII (vestibulococlear) nervos cranianos, que dela emergem (Fig. 1.9).

Mesencéfalo

O mesencéfalo situa-se em posição intermediária entre a ponte e o diencéfalo. Possui núcleos relacionados à regulação da motricidade ocular, e núcleos que funcionam como relês de informações motoras entre o córtex cerebral, núcleos da base e cerebelo. Possui também estruturas relacionadas à audição e visão. No mesencéfalo situam-se os núcleos do III (oculomotor) e IV (troclear) nervos cranianos, que dele emergem (Fig. 1.10 e Tabela 1.7).

Diencéfalo

O diencéfalo situa-se anteriormente ao mesencéfalo, é dividido em hipotálamo e tálamo.

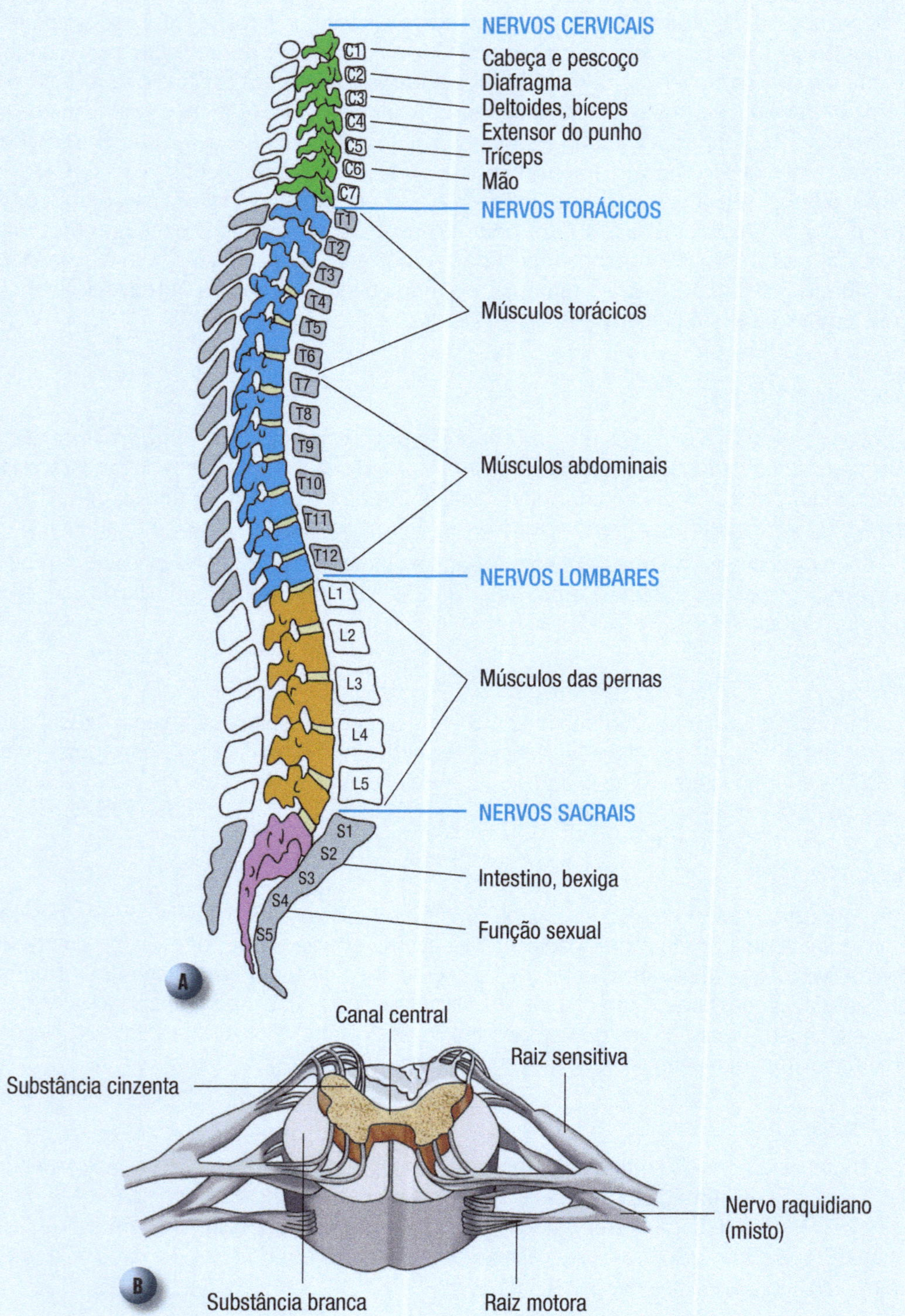

FIGURA 1.5. (A) Estrutura da coluna vertebral e medula espinhal; (B) Detalhe de um segmento da medula espinhal mostrando as raízes motoras e sensitivas.

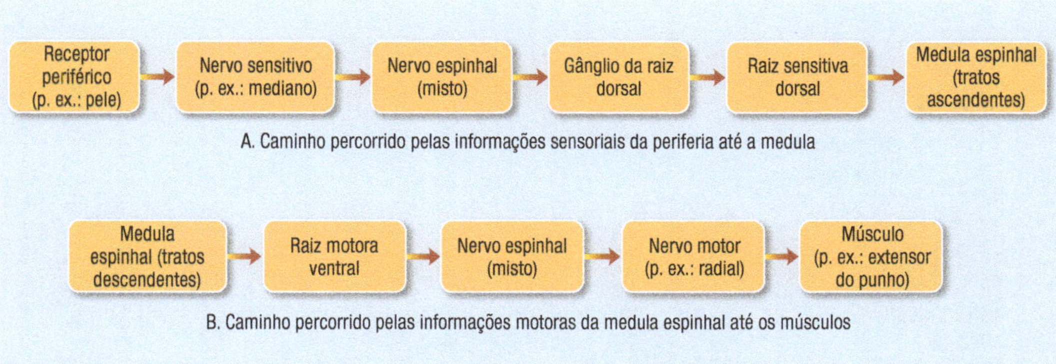

FIGURA 1.6. Ilustração esquemática do trajeto das informações motoras e sensitivas que entram e saem da medula.

Hipotálamo

O hipotálamo é uma estrutura crítica para a regulação da homeostase do organismo, sendo a sede do controle de funções como fome, sede, manutenção da temperatura corporal, ritmo cardíaco e pressão arterial, crescimento, ritmo circadiano (ciclo dia-noite), reprodução. Muito desta regulação se faz através de sua influência sobre a glândula hipófise, a qual secreta os principais hormônios que estimulam as demais glândulas do corpo. O hipotálamo está também relacionado a comportamentos que geram recompensa (prazer, satisfação), pois apresenta intensas conexões com a maior parte do SNC. O hipotálamo é composto por vários núcleos, com especificidades funcionais (Fig. 1.11). Para mais detalhes desta estrutura, ver Capítulo 11 – *Sistema Nervoso Autônomo*.

Tálamo

O tálamo é uma estrutura oval, localizada acima do hipotálamo, e que funciona como estação de retransmissão dos impulsos sensoriais provindos dos vários tipos de receptores periféricos, agindo como um "filtro" modulador das informações que são enviadas ao córtex cerebral, assim chegando à consciência do indivíduo. Participa da rede de integração da informação motora entre os núcleos da base e cerebelo, e como retransmissor das informações motoras para o córtex cerebral. Cada tálamo (D e E) é composto por vários núcleos agregados, sendo que cada núcleo apresenta uma especificidade funcional e se projeta para uma região determinada do córtex cerebral, com a qual compartilha esta especificidade (Fig. 1.12). Além disso, o tálamo está integrado às redes cognitivas, participando dos mecanismos de alerta (ativação) cortical, atenção e memória, bem como de linguagem.

O tálamo pode ser dividido em quatro grupos: a) anterior (formado pelos núcleos anteriores), b) medial (formado pelo núcleo dorsomedial), c) ventral (formado pelos núcleos ventral anterior, ventral lateral, ventral posteromedial e ventral posterolateral) e d) posterior (formado pelos núcleos lateral posterior, pulvinar, corpo geniculado lateral e corpo geniculado lateral), separadas entre si pela *lâmina medular interna*. Além disso, compõem o tálamo os núcleos intralaminares (localizados na intimidade da lâmina interna medular) e o núcleo reticular, que se assemelha a uma concha envolvendo grande porção do tálamo, o qual exerce influências inibitórias para a maioria dos demais núcleos. A importância do tálamo reside na sua posição estratégica dentro das redes de processamento corticossubcorticais, como as vias córtico-cerebelares-talâmicas-corticais e córtico-estriatais-talâmicas-corticais (Fig. 1.13).

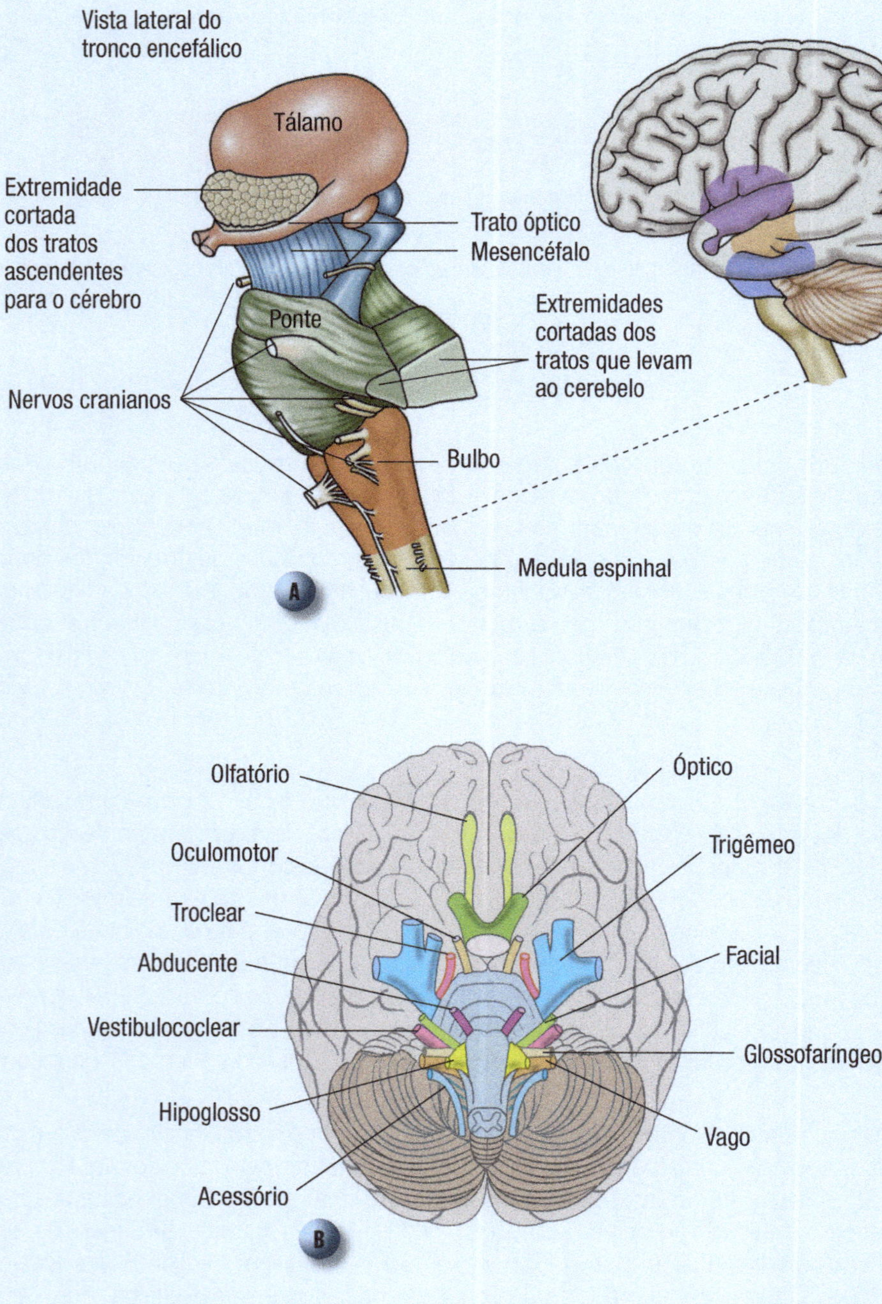

FIGURA 1.7. Tronco encefálico e suas divisões, mostrando sua posição central em relação aos hemisférios cerebrais (A) e a emergência dos nervos cranianos (B).

TABELA 1.3. *Pares cranianos: origem e função*

PAR	NOME	ORIGEM	FUNÇÃO
I	Olfatório	Membrana olfatória	Olfato
II	Óptico	Retina	Visão
III	Oculomotor	Mesencéfalo	Motora: inervação dos músculos oculares responsáveis pela adução, elevação e abaixamento dos olhos (reto medial, reto superior, reto inferior, oblíquo inferior), convergência dos olhos; elevação da pálpebra Autonômica: constrição pupilar; acomodação do cristalino
IV	Troclear	Mesencéfalo	Inervação do músculo responsável pelo abaixamento do olho quando aduzido (oblíquo superior)
V	Trigêmeo	Ponte	Motora: inervação dos músculos da mastigação, tensor do tímpano e tensor do véu palatino Sensitiva: inervação sensitiva da face e boca (cutânea e proprioceptiva); inervação sensitiva dos seios paranasais e dentes
VI	Abducente	Ponte	Inervação do músculo reto lateral, responsável pela abdução do olho
VII	Facial	Ponte	Motora: inervação dos músculos da face e do músculo estapédio Sensitiva: inervação sensitiva cutânea do canal auditivo externo; paladar dos dois terços anteriores da língua Autonômica: glândulas salivares (exceto parótida) e glândulas lacrimais
VIII	Vestibulo-coclear	Bulbo	Audição e equilíbrio (sensação de movimento angular e aceleração linear)
IX	Glossofaríngeo	Bulbo	Motora: inervação do músculo estilofaríngeo Sensitiva: inervação sensitiva do palato posterior, fossa tonsilar e seio carotídeo; paladar do terço posterior da língua Autonômica: inervação da glândula parótida
X	Vago	Bulbo	Motora: inervação dos músculos da faringe e laringe Sensitiva: inervação sensitiva da faringe posterior; inervação sensitiva visceral da faringe, laringe, órgãos torácicos e abdominais; paladar da porção posterior da língua e cavidade oral Autonômica: inervação dos músculos lisos e glândulas dos sistemas cardiovascular, pulmonar e gastrointestinal
XI	Acessório	Bulbo	Inervação dos músculos esternocleidomastóideo e trapézio
XII	Hipoglosso	Bulbo	Inervação dos músculos da língua

TABELA 1.4. ***Divisão funcional dos pares cranianos do tronco encefálico***

Nervo sensitivo	Somático geral (tato, dor, temperatura, propriocepção)	Pele, músculos esqueléticos (cabeça e pescoço), mucosa da boca, dentes	V, VII, IX, X
	Somático especial (audição, equilíbrio)	Órgãos vestibulares, cóclea	VIII
	Visceral geral (estímulos mecânicos, químicos)	Faringe, laringe, pescoço, vísceras	V, VII, IX, X
	Visceral especial (olfato, paladar)	Papilas gustativas, epitélio olfatório	I, VII, IX, X
Nervo motor	Somático geral (músculos esqueléticos)	Músculos oculares (extrínsecos), língua	III, IV, VI, XII
	Visceral geral (controle autonômico)	Glândulas lacrimais, sudoríparas e salivares, vísceras	III, VII, IX, X
	Visceral especial (músculos esqueléticos)	Músculos faciais (expressão facial) mandíbula, pescoço, faringe e laringe	V, VII, IX, X, XI

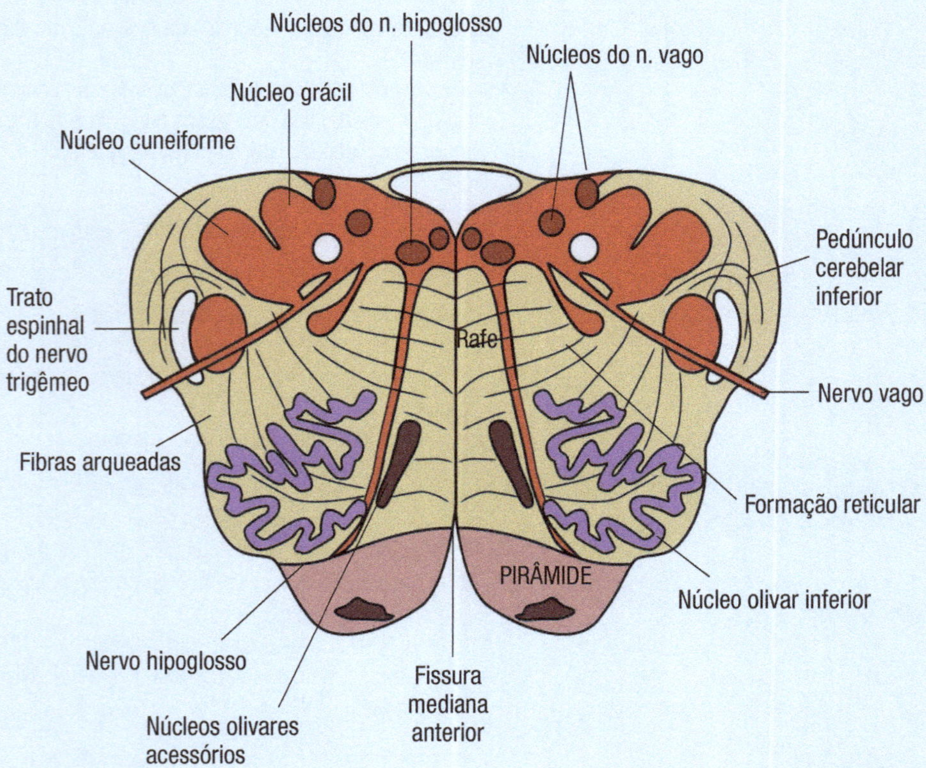

FIGURA 1.8. Seção transversal do bulbo mostrando as principais estruturas descritas na Tabela 1.5.

TABELA 1.5. *Principais estruturas do bulbo e suas funções*

ESTRUTURA	FUNÇÃO
Trato corticospinal	Veicula informações do córtex motor aos motoneurônios da medula
Lemnisco medial	Veicula informações provenientes dos núcleos grácil e cuneiforme (após o cruzamento destas) para o tálamo
Fascículo longitudinal medial	Centro de comunicação entre os núcleos motores oculares D e E, permitindo a realização dos movimentos conjugados do olhar; recebe fibras dos núcleos vestibulares e conecta-se com o nervo acessório, sendo importante para a coordenação dos movimentos entre a cabeça e os olhos
Trato espinotalâmico	Veicula informações sobre temperatura, dor e tato profundo até o tálamo
Trato espinhal do trigêmeo	Veicula informações sensitivas provenientes do nervo trigêmeo para o núcleo do trato espinhal do trigêmeo
Pedúnculo cerebelar inferior	Feixe de fibras compostas por tratos que se dirigem ao cerebelo (olivocerebelar, espinocerebelar)
Núcleo grácil	Relê de chegada do fascículo grácil, de onde partem fibras para o lemnisco medial
Núcleo cuneiforme	Relê de chegada do fascículo cuneiforme, de onde partem fibras para o lemnisco medial
Núcleos olivares	Relê de chegada de fibras provenientes do córtex cerebral, medula espinhal e núcleo rubro do mesencéfalo, projetando-as para o cerebelo; está relacionado ao aprendizado motor
Núcleo do nervo vago	Núcleo de origem do nervo vago (X par craniano)
Núcleo do nervo hipoglosso	Núcleo de origem do nervo hipoglosso (XII par craniano)
Núcleo do trato espinhal do trigêmeo	Relê de chegada das fibras sensitivas do nervo trigêmeo (sensibilidade da cabeça)
Núcleos vestibulares (inferior e medial)	Núcleos sensitivos que recebem as fibras da porção vestibular do nervo vestibulococlear (VIII par craniano), relacionado ao equilíbrio
Núcleo ambíguo	Núcleo de origem das fibras motoras dos nervos glossofaríngeo, vago e acessório (IX, X e XI pares cranianos), relacionadas à deglutição e fonação
Núcleo do trato solitário	Núcleo sensitivo que recebe as fibras dos nervos facial, glossofaríngeo e vago (VII, IX e X pares cranianos), relacionadas ao paladar
Núcleo salivatório inferior	Núcleo de origem de fibras para o nervo glossofaríngeo, relacionadas à salivação (glândula parótida)
Núcleos da rafe	Grupo de núcleos serotoninérgicos localizados em toda a linha média do tronco encefálico, relacionados ao mecanismo do sono
IV ventrículo	Porção da cavidade ventricular (contendo liquor) situada entre o aqueduto cerebral e o canal central da medula

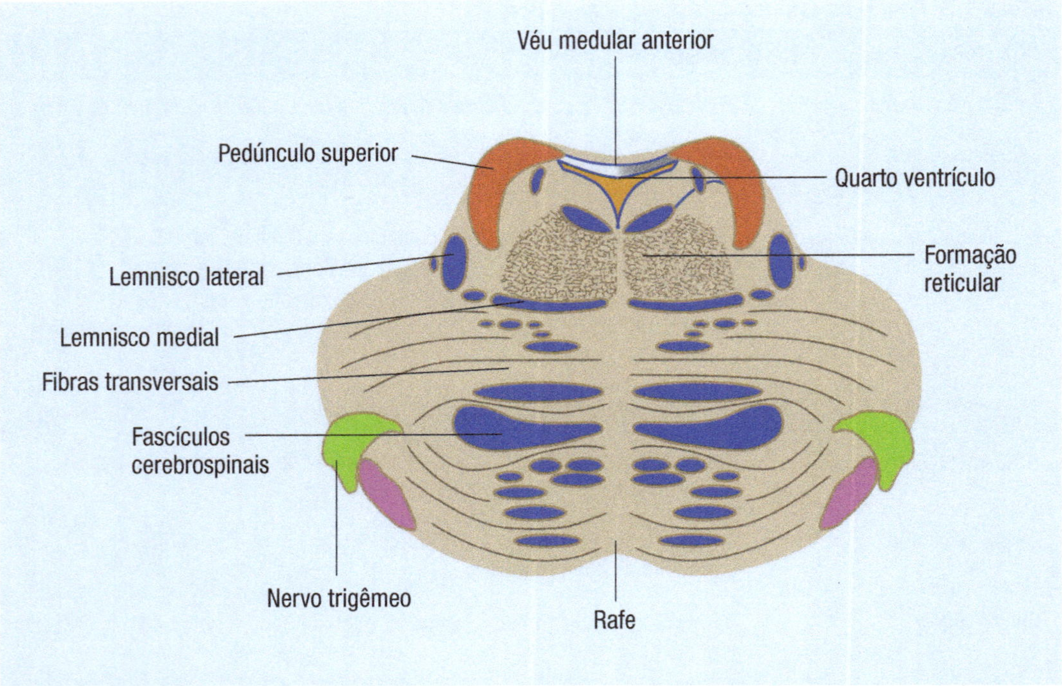

FIGURA 1.9. Seção transversal da ponte, mostrando as principais estruturas descritas na Tabela 1.6.

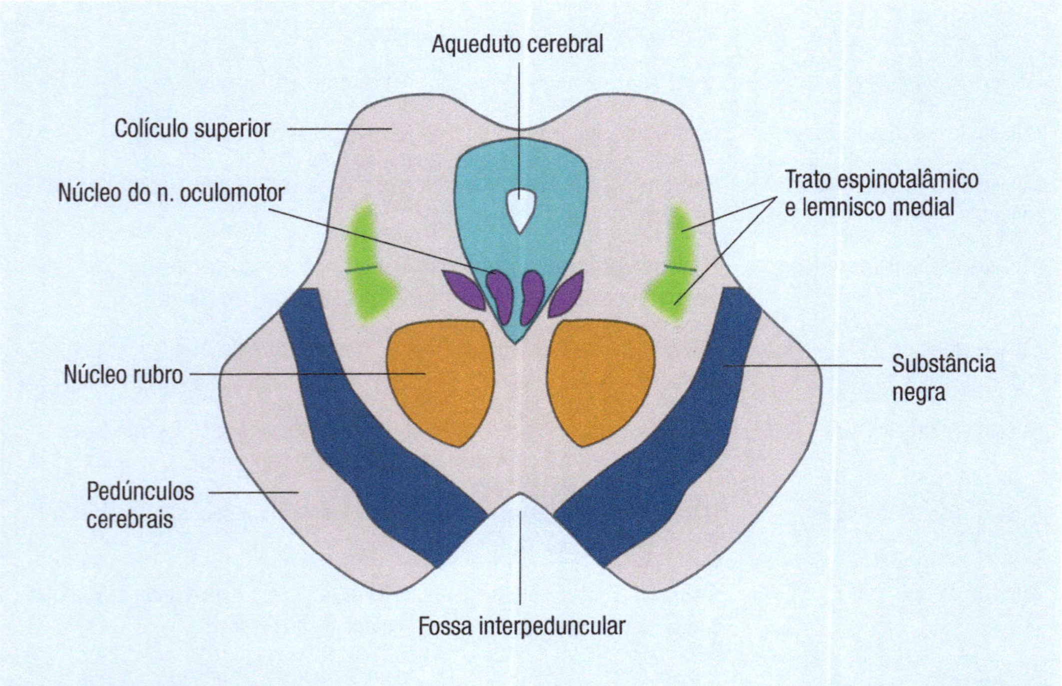

FIGURA 1.10. Seção transversal do mesencéfalo, mostrando as principais estruturas descritas na Tabela 1.7.

TABELA 1.6. *Principais estruturas da ponte e suas funções*

ESTRUTURA	FUNÇÃO
Lemnisco medial	Veicula informações provenientes dos núcleos grácil e cuneiforme para o tálamo
Lemnisco lateral	Veicula informações auditivas provenientes dos núcleos cocleares para o colículo inferior do mesencéfalo
Formação reticular	Rede difusa de neurônios intercalados com fibras nervosas que se localiza na parte central do tronco encefálico, relacionada ao controle do sono e vigília, sensibilidade, motricidade, sistema nervoso autônomo, sistema neuroendócrino, centro respiratório e vasomotor
Pedúnculo cerebelar médio (braço da ponte)	Veicula informações provenientes dos núcleos pontinos (via fibras transversas) para o cerebelo
Pedúnculo cerebelar superior	Veicula informações provenientes do cerebelo para o núcleo rubro, tálamo e bulbo
Trato corticospinal	Veicula informações do córtex motor aos motoneurônios da medula
Trato corticonuclear	Veicula informações do córtex motor aos núcleos dos nervos cranianos (V, VI, VII)
Trato corticopontino	Veicula informações de várias partes do córtex cerebral aos núcleos da ponte
Fascículo longitudinal medial	Centro de comunicação entre os núcleos motores oculares D e E, permitindo a realização dos movimentos conjugados do olhar; recebe fibras dos núcleos vestibulares e conecta-se com o nervo acessório, sendo importante para a coordenação dos movimentos entre a cabeça e os olhos
Fibras transversas	Veiculam informações provenientes dos núcleos pontinos para o cerebelo através do pedúnculo cerebelar médio
Corpo trapezoide	Local de cruzamento das fibras provenientes dos núcleos cocleares
Núcleo motor do trigêmeo	Núcleo de origem das fibras motoras do nervo trigêmeo (V par)
Núcleo do trato espinhal do trigêmeo	Relê de chegada das fibras sensitivas do nervo trigêmeo (sensibilidade da cabeça)
Núcleo do nervo abducente	Núcleo de origem das fibras motoras do nervo abducente (VI par)
Núcleo do nervo facial	Núcleo de origem das fibras motoras do nervo facial (VII)
Núcleos pontinos	Relê de chegada das fibras corticopontinas, que se projeta para o cerebelo através das fibras transversas
Núcleos vestibulares medial, inferior, lateral e superior	Núcleos sensitivos que recebem as fibras da porção vestibular do nervo vestibulococlear (VIII par craniano), relacionado ao equilíbrio
Núcleos cocleares	Núcleos sensitivos que recebem as fibras da porção coclear do nervo vestibulococlear (VIII par craniano), relacionado à audição

Continua

TABELA 1.6. *Principais estruturas da ponte e suas funções (cont.)*

ESTRUTURA	FUNÇÃO
Núcleo salivatório superior	Núcleo de origem das fibras eferentes para inervação das glândulas salivares submandibular e sublingual, que seguem pelo nervo facial
Núcleo lacrimal	Núcleo de origem das fibras eferentes para inervação da glândula lacrimal, que seguem pelo nervo facial
IV ventrículo	Porção da cavidade ventricular (contendo liquor) situada entre o aqueduto cerebral e canal central da medula

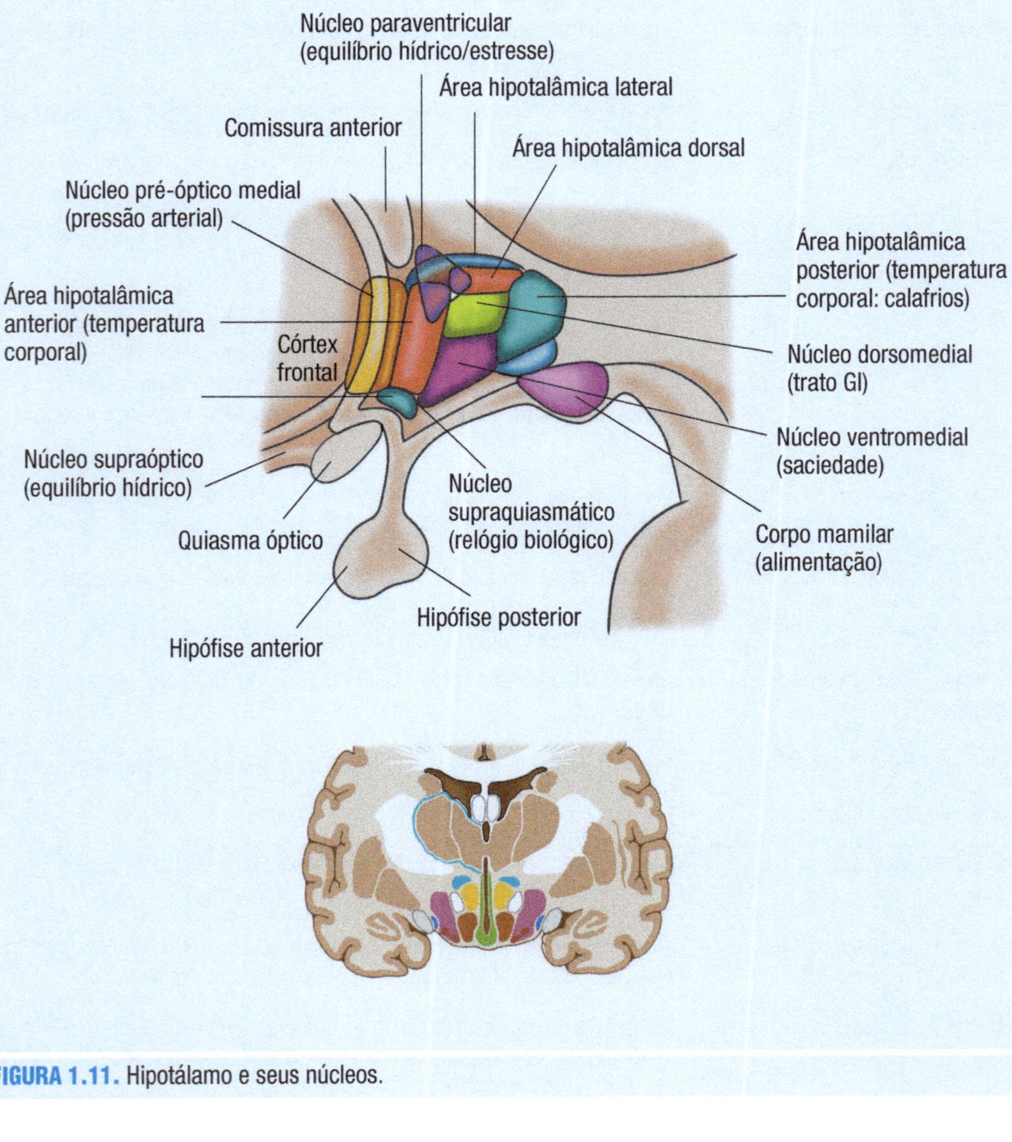

FIGURA 1.11. Hipotálamo e seus núcleos.

TABELA 1.7. *Principais estruturas do mesencéfalo e suas funções*

ESTRUTURA	FUNÇÃO
Trato espinotalâmico	Veicula informações sobre temperatura, dor e tato profundo até o tálamo
Lemnisco medial	Veicula informações provenientes dos núcleos grácil e cuneiforme (após o cruzamento destas) para o tálamo
Lemnisco lateral	Veicula informações auditivas provenientes dos núcleos cocleares para o colículo inferior do mesencéfalo
Pedúnculo cerebral	Formado pelas fibras descendentes dos tratos corticospinal, corticonucleares e corticopontinos
Colículo superior	Relê de chegada das informações visuais provindas da retina e do córtex occipital, que envia fibras para o corpo geniculado lateral no tálamo, para os núcleos dos nervos oculomotores e dá origem ao trato tectospinal; relaciona-se às vias visuais e reflexos de movimentação dos olhos
Colículo inferior	Relê de chegada das informações auditivas provindas do lemnisco lateral, que envia fibras para o corpo geniculado medial, no tálamo
Fascículo longitudinal medial	Centro de comunicação entre os núcleos motores oculares D e E, permitindo a realização dos movimentos conjugados do olhar; recebe fibras dos núcleos vestibulares e conecta-se com o nervo acessório, sendo importante para a coordenação dos movimentos entre a cabeça e os olhos
Formação reticular	Rede difusa de neurônios intercalados com fibras nervosas que se localiza na parte central do tronco encefálico, relacionada ao controle do sono e vigília, sensibilidade, motricidade, sistema nervoso autônomo, sistema neuroendócrino, centro respiratório e vasomotor
Substância cinzenta periaquedutal	Núcleo pertencente à formação reticular, relacionada à regulação da dor
Substância negra	Núcleo que possui intensas conexões com o *striatum*, nos dois sentidos, através de fibras nigroestriatais e estriatonigrais; participa da regulação do movimento
Núcleo do nervo oculomotor	Núcleo de origem das fibras motoras do nervo oculomotor (III par)
Núcleo do nervo troclear	Núcleo de origem das fibras motoras do nervo troclear (IV par)
Núcleo rubro	Núcleo relacionado ao controle da motricidade somática, recebendo fibras do cerebelo e dando origem ao trato rubrospinal, que se conecta aos motoneurônios medulares
Aqueduto cerebral	Porção da cavidade ventricular (contendo liquor) que conecta o III ventrículo ao IV ventrículo

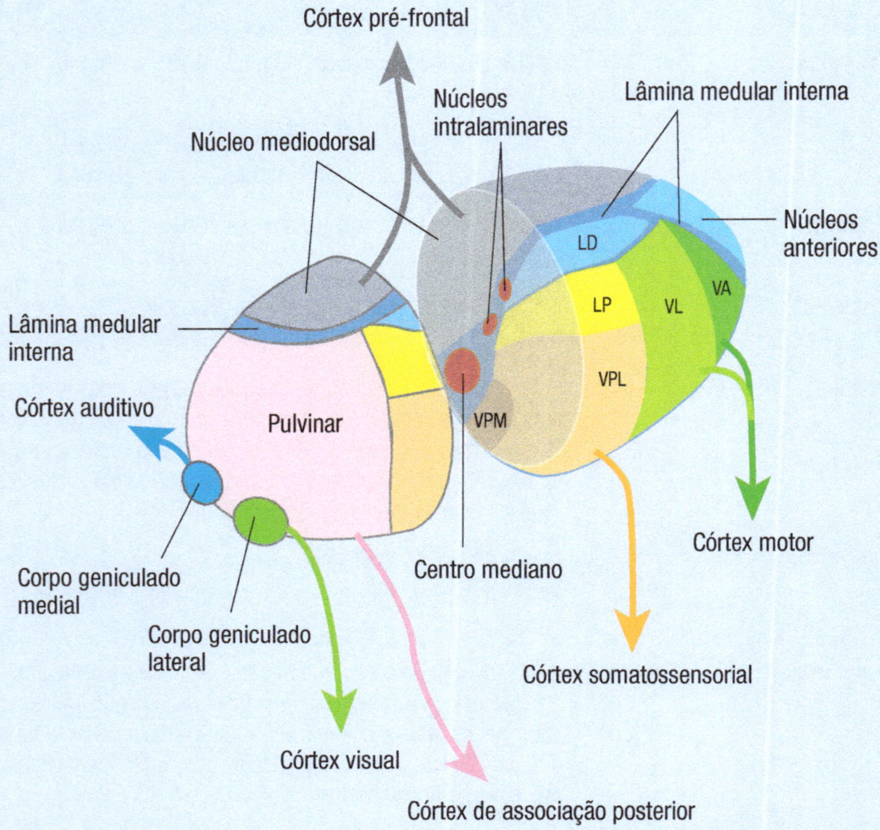

FIGURA 1.12. O tálamo e seus núcleos, com suas vias de projeção para o córtex cerebral.

Cerebelo

O cerebelo ("pequeno cérebro") localiza-se dorsalmente à ponte e bulbo, sendo uma das estruturas mais bem conhecidas do SN em termos de sua constituição e de suas vias de entrada e saída. É dividido em *córtex cerebelar*, o qual apresenta três lobos (anterior, posterior e floculonodular) formando os hemisférios cerebelares, e *vérmis*, a região central (Fig. 1.14). O cerebelo liga-se ao tronco encefálico através de três feixes de fibras conhecidas como *pedúnculos cerebelares*: superior, médio e inferior, por onde transitam suas fibras aferentes e eferentes (Tabela 1.8).

O cerebelo conecta-se ao tronco encefálico, do qual recebe informações sensoriomotoras provindas da periferia, ao córtex sensoriomotor, de onde recebe informações motoras e ao sistema vestibular, de onde recebe informações sobre a postura e o equilíbrio corporais. Assim, desempenha as funções de regular a força, ritmo e acurácia (harmonia) dos atos motores, permitindo a coordenação entre os diversos movimentos voluntários realizados com os necessários ajustes automáticos da postura e equilíbrio (imagine-se correndo por um parque, tendo que virar rapidamente a cabeça para trás para verificar se seu cachorro está seguindo o seu trajeto, depois virando a cabeça novamente para frente para continuar correndo e fazer uma curva – o cerebelo coordena

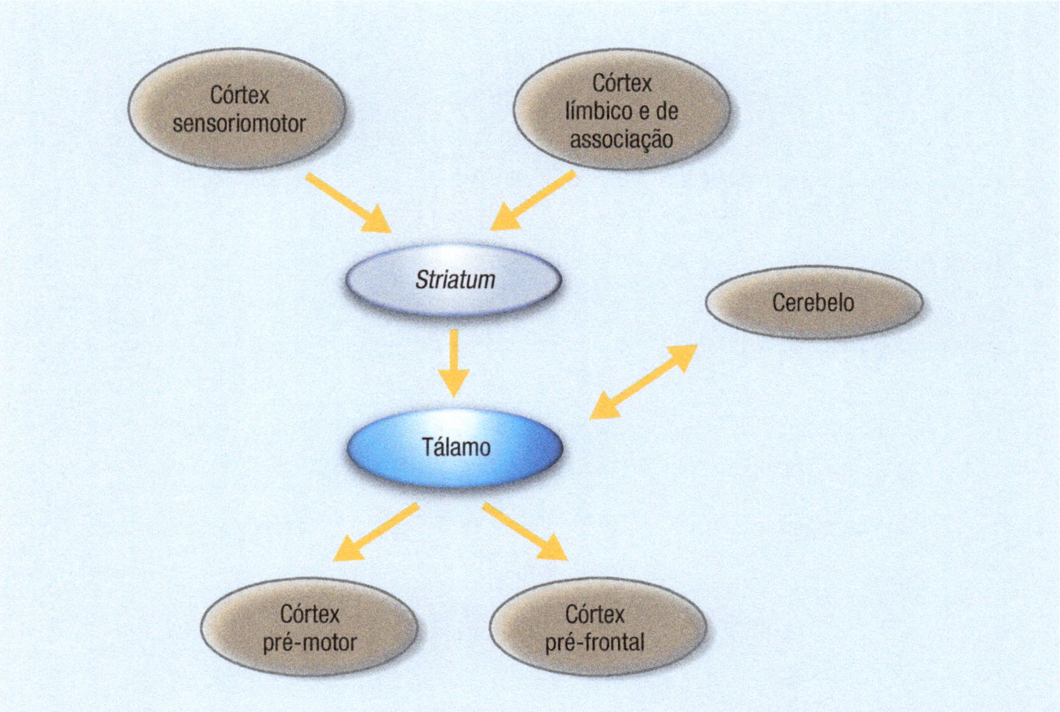

FIGURA 1.13. Representação esquemática das conexões córtico-estriato-talâmicas-cerebelares-corticais.

todos os ajustes motores necessários para que essa atividade não resulte em um desastre!). De forma mais genérica, pode-se dizer que o cerebelo realiza um ajuste contínuo entre a atividade pretendida (estratégia) e a que é realizada de fato (comportamento frente ao ambiente), o que é possível pelo fato de receber informações centrais (provindas do córtex) e periféricas (provindas do tronco encefálico), o que lhe permite realizar uma comparação ininterrupta e em tempo real entre os comandos motores centrais e o que está sendo executado pelos músculos.

O cerebelo também desempenha um papel importante no aprendizado de novos programas motores, e na aprendizagem por condicionamento clássico (Capítulo 12 – *Neuroplasticidade e Reabilitação*).

Nas últimas décadas, o papel do cerebelo nas funções cognitivas e comportamentais vem sendo progressivamente mais bem compreendido. Sabe-se que lesões cerebelares podem provocar sintomas que se assemelham muito aos das lesões de lobo frontal, tais como déficits atencionais, redução da fluência verbal, lentidão e imprecisão de raciocínio, embotamento afetivo, comportamento desinibido, além de prejuízo no aprendizado implícito, devido à sua participação em sistemas córtico-estriato-talâmicos-cerebelares-frontais (Fig. 1.15). Assim, de modo análogo ao que ocorre com as funções motoras, o cerebelo teria a função de regulação da velocidade, capacidade, consistência e propriedade das funções cognitivas, além de detectar e corrigir "erros do pensamento". Recentemente o cerebelo tem sido implicado numa gama variada de distúrbios neuropsiquiátricos, que vão do autismo à esquizofrenia.

Divisão funcional do cerebelo: o cerebelo é dividido em três regiões funcionais, de acordo com a sua origem filogenética (evolutiva), e o papel desempenhado por cada área (que deriva das estruturas com a qual se conecta). Esta divisão é apresentada na Figura 1.16 e na Tabela 1.8.

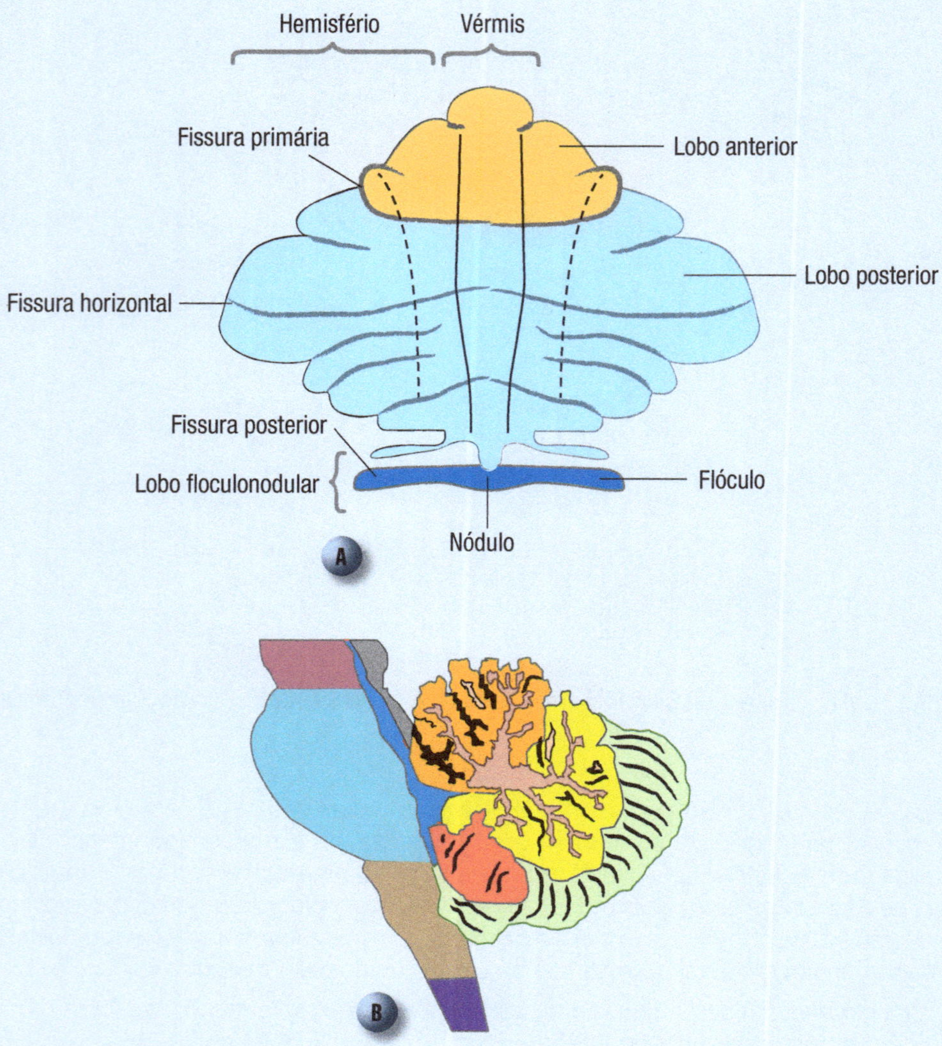

FIGURA 1.14. Representação da estrutura anatômica do cerebelo (A) e de sua relação com o tronco encefálico (B).

Cérebro

O *cérebro*, dividido em dois *hemisférios cerebrais*, é a porção do SN que compreende estruturas diversas e complexas, como o córtex cerebral, os núcleos da base, a amígdala, o hipocampo, e o bulbo olfatório. O córtex cerebral está relacionado às funções sensoriais-perceptuais, motoras e cognitivas. Os núcleos da base participam da modulação da atividade motora, bem como da regulação de algumas funções cognitivas e comportamentais. O hipocampo está relacionado ao aprendizado e consolidação de memórias; a amígdala tem um papel central no comportamento social e expressão de emoções; o bulbo olfatório relaciona-se ao olfato e a certos comportamentos

TABELA 1.8. *Divisão funcional do cerebelo*

DIVISÃO	REGIÃO ANATÔMICA	CONEXÕES	FUNÇÃO
Vestibulocerebelo (arquicerebelo, mais antigo filogeneticamente)	Lóbulo floculonodular, núcleo fastigial e região do vérmis adjacente	Aferentes: • Vestibulares: canais semicirculares e núcleos vestibulares • Visuais: colículos superiores e córtex visual (via núcleos pontinos) Eferentes: • Núcleos vestibulares medial e lateral • Fascículo longitudinal medial • Núcleos oculomotores (motricidade extrínseca	Regulação do equilíbrio e movimentos oculares
Espinocerebelo (paleocerebelo)	Vérmis e parte intermediária dos hemisférios (*paravermis*), núcleo interpósito	Aferentes: • Proprioceptivas: colunas dorsais da medula (trato espinocerebelar) e nervo trigêmeo • Visuais • Auditivas Eferentes: • Núcleos cerebelares profundos e de volta ao córtex cerebral e tronco encefálico, modulando os sistemas motores descendentes • Núcleo rubro • Tálamo (núcleos ventral anterior e ventral lateral)	Regulação dos movimentos do corpo e membros Contém mapas sensoriais que recebem informações sobre a posição do tronco e membros: as fibras do vérmis recebem informações do tronco e da porção proximal dos membros; o paravermis recebe informações da porção distal dos membros, podendo realizar projeções das posições futuras de partes do corpo (a partir das informações que recebe do córtex motor) e compará-las com o movimento efetivamente realizado (a partir das informações proprioceptivas), a fim de efetuar correções
Cerebrocerebelo (neocerebelo, o mais recente filogeneticamente)	Porções laterais dos hemisférios, núcleo denteado	Aferentes: • Córtex cerebral sensitivo e motor, via núcleos pontinos Eferentes: • Tálamo (porção ventrolateral), que se conecta com as áreas motora primária e pré-motora do córtex • Núcleo rubro • Oliva inferior	Planejamento do movimento Integração da informação sensorial para a ação Funções cognitivas

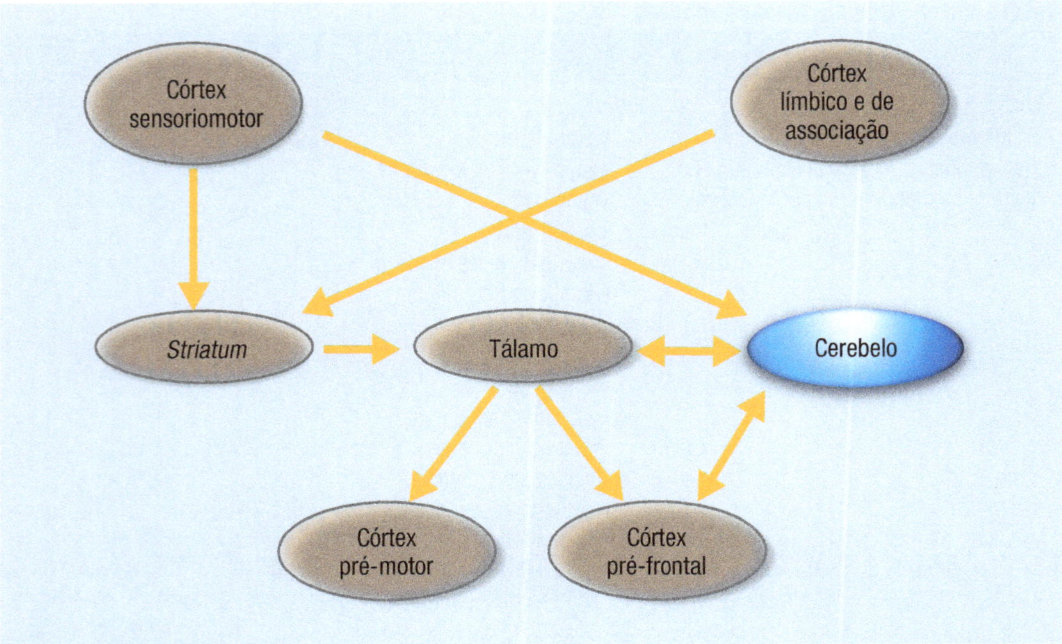

FIGURA 1.15. Representação esquemática das conexões córtico-estriato-talâmicas-cerebelares-frontais.

emocionais ligados a este sentido. As três últimas estruturas fazem parte do *sistema límbico*, um conjunto de estruturas relacionadas à emoção, aprendizado e comportamento social.

Os dois hemisférios cerebrais (D e E) são conectados por feixes de substância branca denominados *comissuras*, que permitem o tráfego de informações entre os dois lados. A maior comissura do cérebro é o *corpo caloso* (Fig. 1.18).

Córtex cerebral

O córtex cerebral é a porção do cérebro que recebe as informações provindas de todas as outras regiões do SN, que chegam às *regiões sensitivas primárias*, que elaboram as experiências que denominamos *percepção* do ambiente, e onde são gerados os comportamentos de interação com esse ambiente. A resposta comportamental é implementada através do *córtex motor*, que gera os planos de toda a movimentação do indivíduo e comanda toda a atividade muscular; entre os dois sistemas (perceptual e motor) encontra-se um sistema intermediário que adequa as respostas do indivíduo às particularidades circunstanciais do momento, permitindo uma grande flexibilidade de respostas não encontradas em animais que não são dotados de SN (ou, ao menos, em forma tão complexa); esse sistema intermediário integrativo é composto pelas *funções cognitivas*, realizadas pelas várias regiões do *córtex de associação*.

O córtex cerebral é dividido nos lobos frontal, temporal, parietal, occipital e ínsula. O lobo frontal é o maior, compreendendo cerca de um terço do volume cortical no ser humano. Os limites anatômicos principais que delimitam o lobo frontal são a *fissura de Sylvius (ou sylviana)*, que o separa do lobo temporal, *e o sulco central*, que o separa do lobo parietal. O lobo frontal apresenta três subdivisões funcionais: motora (incluindo a expressão da linguagem), paralímbica (relacionada ao processamento das emoções, sistema límbico e controle do comportamento afetivo e social) e cognitiva (incluindo uma gama de funções tão sofisticadas e complexas como *abstração, imaginação,*

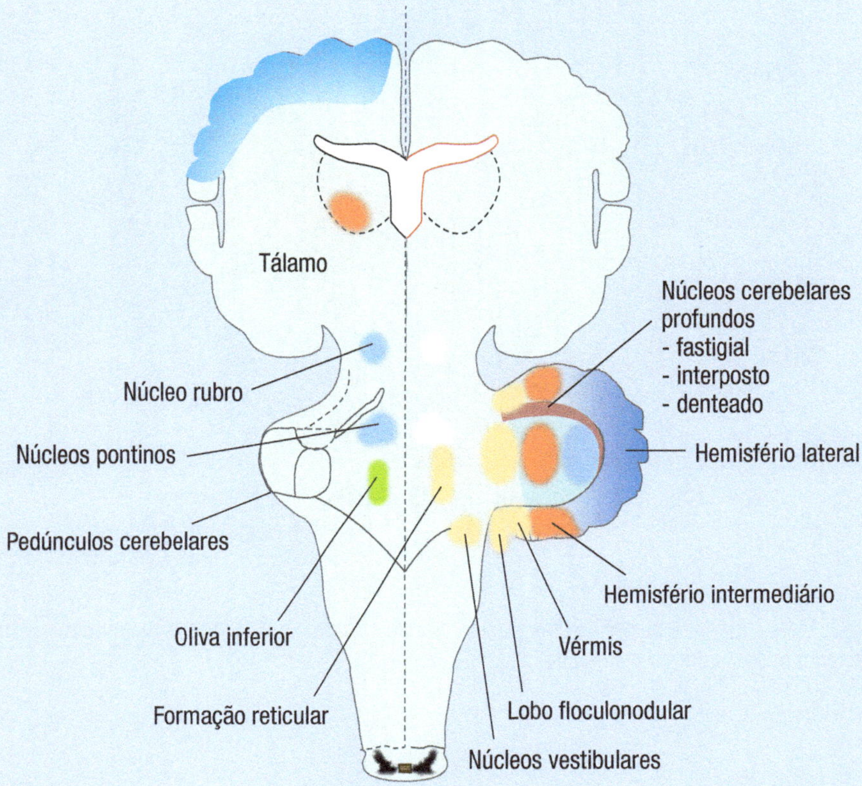

FIGURA 1.16. Estrutura do cerebelo, seus núcleos e conexões. Em amarelo: vestibulocerebelo; em vermelho: espinocerebelo; em azul: cerebrocerebelo.

raciocínio lógico); o lobo frontal é a sede do que se denomina a *personalidade* do indivíduo. As funções paralímbica e cognitiva localizam-se em uma área mais anterior do córtex frontal, denominada *região pré-frontal* (Figs. 1.17 e 1.18).

O lobo temporal, separado dos lobos frontal e parietal pela *fissura de Sylvius* (localizando-se inferiormente a ela), é a região do cérebro onde se localiza o *córtex sensitivo auditivo* e o centro receptivo da linguagem (área de Wernicke). O lobo temporal possui intensas conexões recíprocas com o sistema límbico, e por isso também participa das funções de regulação do comportamento emocional e autonômico, aprendizado e memória.

O lobo parietal é separado do lobo frontal pelo sulco central (localizando-se posteriormente a ela), e parcialmente do lobo temporal pela fissura sylviana (localizando-se superiormente a ela). O lobo parietal contém o *córtex sensitivo primário*, para onde confluem as informações sensoriais somáticas e da periferia. O lobo parietal está também envolvido em funções como atenção, orientação espacial, integração sensorial e solução de problemas.

O lobo occipital relaciona-se fundamentalmente à função visual, sendo que nele se localiza o *córtex visual*, para onde convergem e são elaboradas todas as informações visuais provenientes da retina.

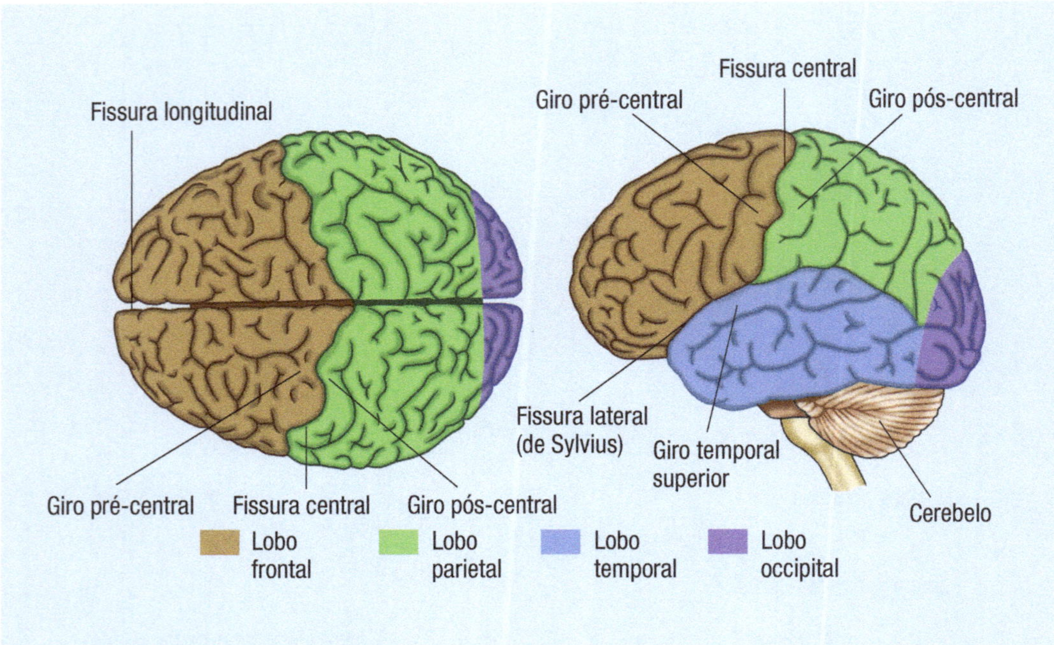

FIGURA 1.17. Vista superior e lateral do cérebro, mostrando os lobos frontal, temporal, parietal e occipital, e sua relação com o tronco cerebral e cerebelo.

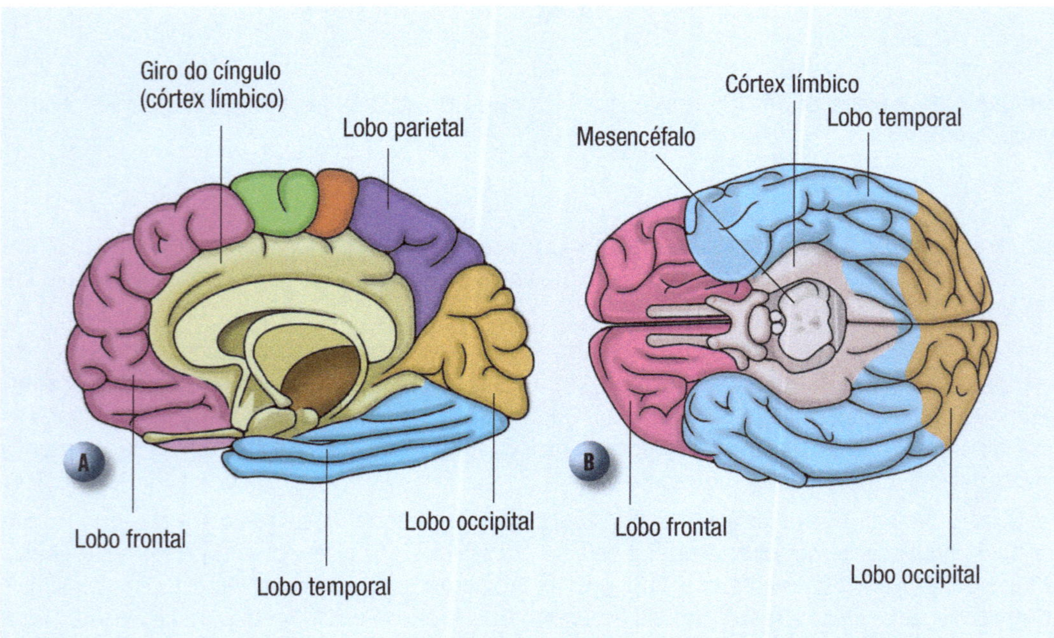

FIGURA 1.18. (A) Vista medial do cérebro, onde se visualiza o giro do cíngulo e o corpo caloso; (B) Vista inferior do cérebro, mostrando a localização do bulbo olfatório, parte do córtex límbico e tronco encefálico em relação aos lobos cerebrais.

A ínsula localiza-se profundamente ao sulco de Sylvius, sendo recoberta pelos lobos frontal, temporal e parietal. Está relacionada ao controle de funções autonômicas e ao sistema límbico.

Uma descrição mais detalhada das regiões do córtex cerebral e suas funções pode ser encontrada nos capítulos referentes aos diversos processamentos sensoriais, motores e cognitivos.

Na porção medial (interna) do córtex cerebral, encontra-se o *giro do cíngulo*, uma região de córtex relacionada aos aspectos motivacionais e emocionais, apresentando intensas conexões com o sistema límbico.

O neurologista alemão Korbinian Brodmann subdividiu o córtex cerebral em diversas regiões de acordo com as especificidades histológicas de seus neurônios, criando um mapa citoarquitetônico (ou seja, baseado na organização celular) com as denominadas *áreas de Brodmann*, numeradas de 1 a 52, primeiramente publicado em 1909.[6] Neste mapa, o córtex somatossensitivo primário corresponde às áreas 1, 2 e 3 de Brodmann, o córtex visual primário corresponde à área 17 de Brodmann, e o córtex auditivo primário às áreas 41 e 42. Algumas áreas foram posteriormente subdivididas (por exemplo, área 23a e 23b) (Fig. 1.19).

Núcleos da base

Denomina-se *núcleos da base* um conjunto de estruturas compostas por agrupamentos de neurônios (núcleos), localizadas na base do cérebro. Os principais são o *striatum* (ou *corpo estriado*), a substância negra (esta, excepcionalmente, localizada no mesencéfalo) e o núcleo subtalâmico de Luys. As conexões entre os núcleos da base são extremamente complexas, escapando aos objetivos deste livro explorar todos os seus detalhes; serão expostas de forma breve e simplificada as principais conexões entre essas estruturas, que apresentam interesse mais direto por sua implicação na fisiopatologia de algumas doenças comuns em Neurologia.

O *striatum*, por sua vez, é constituído pelo *núcleo caudado, putâmen, globo pálido* e *núcleo accumbens*. Estes núcleos compartilham sua origem filogenética, estrutura e função, daí serem agrupados como uma estrutura única. Denomina-se *neostriatum* ao conjunto formado pelo núcleo caudado e putâmen, e *paleostriatum* ao globo pálido. O núcleo caudado apresenta as porções cabeça, corpo e cauda (Fig. 1.20), e é separado do putâmen pela *cápsula interna* (conjunto de fibras motoras provenientes do córtex). O *neostriatum* recebe aferências maciças do córtex cerebral, sendo a principal via de entrada de informações que se destinam ao circuito dos núcleos da base. Seus

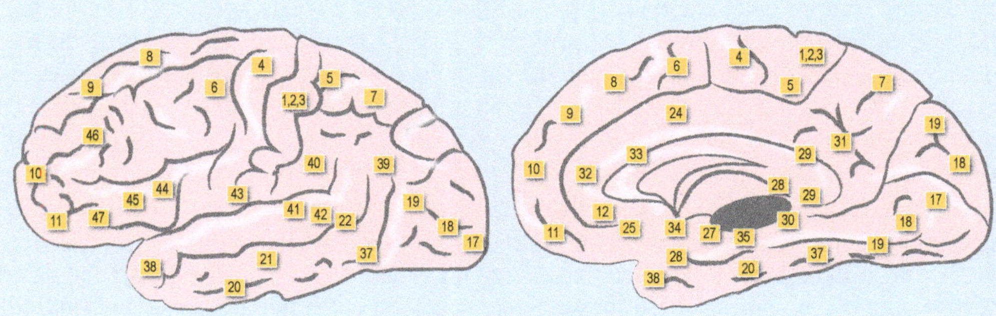

FIGURA 1.19. Superfícies lateral e medial do córtex cerebral mostrando o mapa citoarquitetônico de Brodmann.

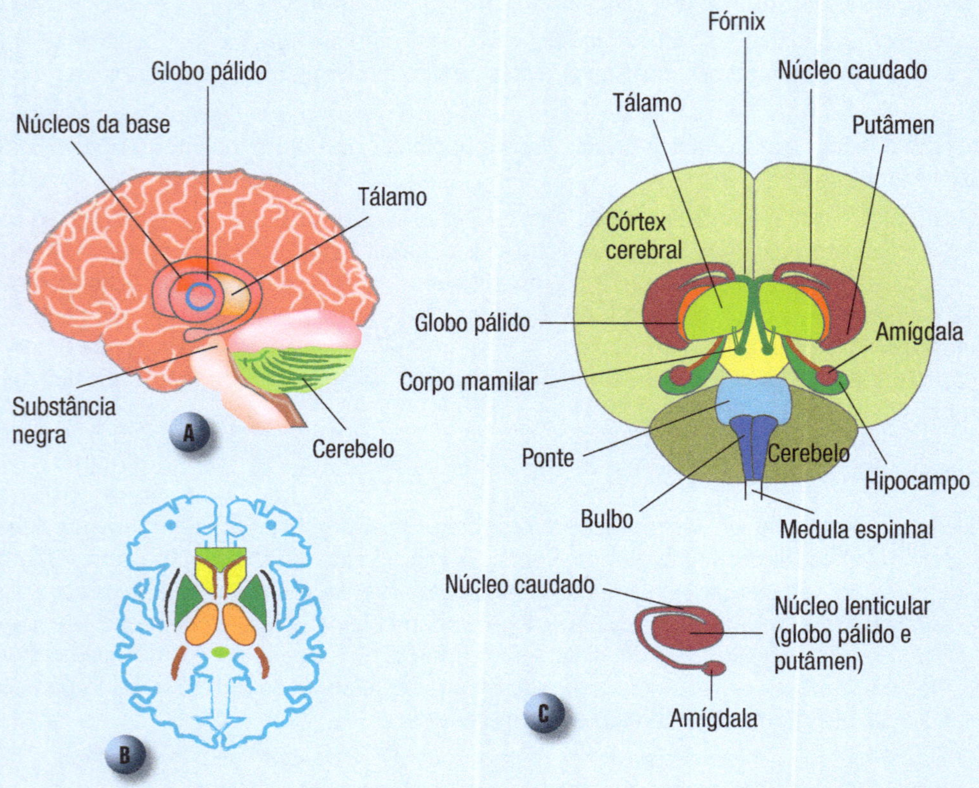

FIGURA 1.20. Visão lateral (A), axial (B) e coronal (C) do cérebro mostrando a localização dos núcleos da base em relação ao córtex, cerebelo, ponte e algumas estruturas do sistema límbico (amígdala e corpos mamilares). Na figura B, aparece em verde-claro: corpo caloso; em vermelho, cornos anteriores e posteriores dos ventrículos laterais; em amarelo: cabeça do núcleo caudado; em verde-escuro: núcleo lentiforme (putâmen e globo pálido); em laranja: tálamo.

neurônios projetam-se para o globo pálido e substância negra, os quais constituem a principal via de saída de informações processadas nos núcleos da base. O globo pálido localiza-se medialmente ao putâmen, e as duas estruturas em conjunto são muitas vezes designadas *núcleo lentiforme*, em função da contiguidade anatômica. Divide-se em uma porção *externa* e uma porção *interna*, cada uma com particularidades funcionais. A substância negra também possui duas porções distintas funcionalmente, a *pars compacta* (SNc) e a *pars reticulata* (SNr).

Os núcleos da base funcionam como elementos de ligação entre o córtex cerebral e o tálamo, formando uma rede de circuitos paralelos entre estes, o que permite que as informações provenientes do córtex cerebral sofram modulação, antes de serem direcionadas ao tálamo (e de volta ao córtex) ou prosseguirem para estruturas hierarquicamente inferiores, no tronco encefálico (Fig. 1.21). Essa modulação é possível devido ao fato de as diversas estruturas dos núcleos da base exercerem influências excitatórias ou inibitórias sobre as estruturas adjacentes, de acordo com o neurotransmissor que é usado em suas vias de projeção (Capítulo 2 – *Anatomia e Fisiologia Microscópica do Sistema Nervoso*).

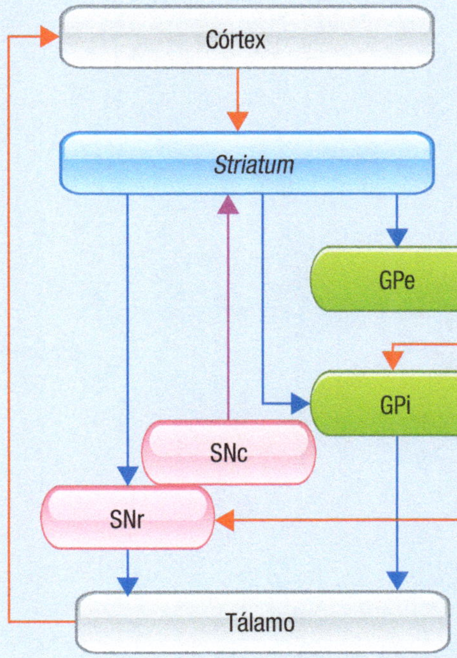

FIGURA 1.21. Conexões entre as diversas estruturas dos núcleos da base e destas com o córtex e o tálamo. GPe: globo pálido externo; NST: núcleo subtalâmico; GPi: globo pálido interno; SNc: substância negra *pars compacta*; SNr: substância negra *pars reticulata*.

Os circuitos que envolvem o córtex cerebral – núcleos da base – tálamo – córtex cerebral são separados anatômica e funcionalmente: diferentes áreas do córtex cerebral projetam-se para diferentes estruturas dos núcleos da base, que por sua vez projetam-se sobre núcleos talâmicos específicos; estes, finalmente, projetam-se de volta para o córtex frontal, porém em áreas distintas. Atualmente, são bem descritos cinco circuitos, que são frequentemente designados pelo nome simplificado de *circuitos frontoestriatais*. Esses circuitos relacionam-se a funções motoras, cognitivas e comportamentais. A Figura 1.22 ilustra de modo simplificado os circuitos motor e cognitivo.

Inúmeras doenças neurológicas estão relacionadas a disfunções dos núcleos da base. Dentre elas, podemos citar a doença de Parkinson (perda de neurônios da substância negra, com diminuição da liberação de dopamina nas vias nigroestriatais), a doença de Huntington (em que ocorre atrofia do núcleo caudado), a síndrome de Tourette e o transtorno obsessivo-compulsivo.

Sistema liquórico

O *liquor*, *líquido cefalorraquidiano*, ou *líquido cerebrospinal* é um fluido incolor que se localiza no espaço subaracnoide e dentro das cavidades ventriculares, cuja função principal é a proteção mecânica do SN, funcionando como um coxim entre este e o arcabouço ósseo e amortecendo impactos ou mudanças súbitas de pressão que ocorram no sistema (Fig. 1.23).

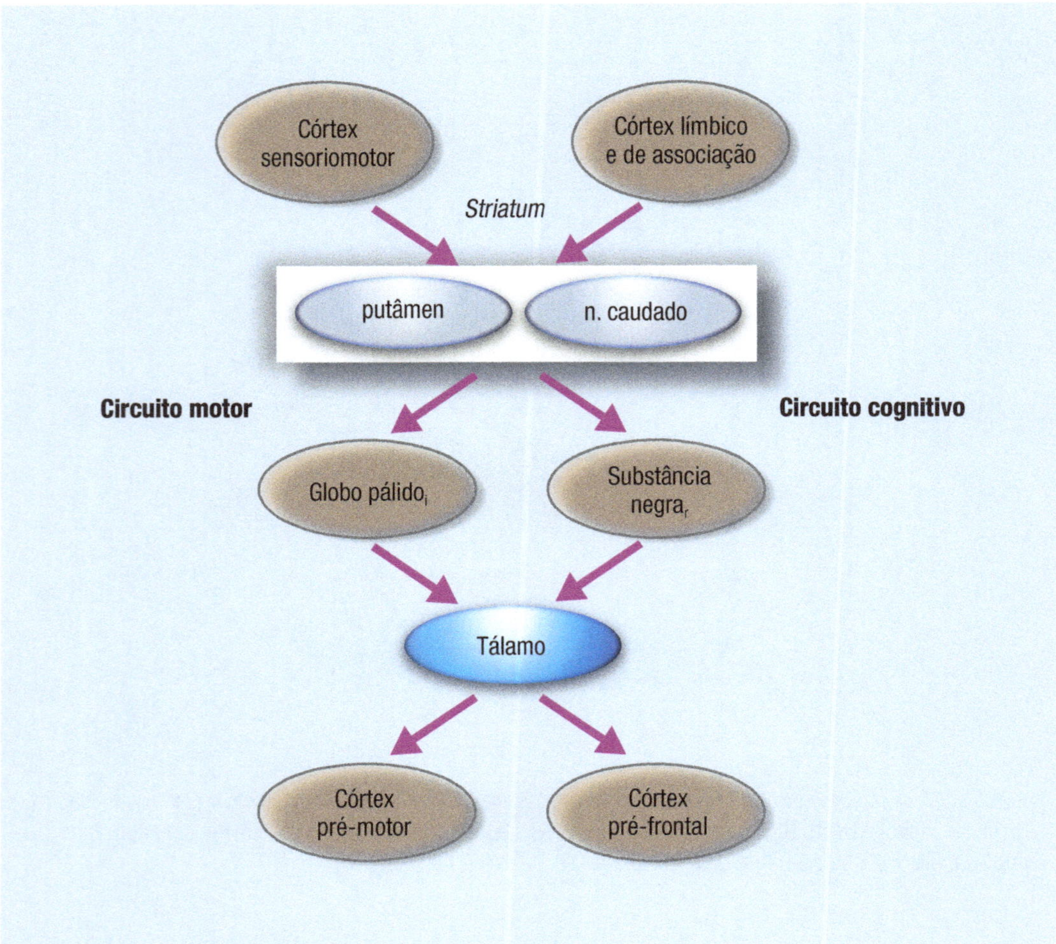

FIGURA 1.22. Representação geral dos circuitos frontoestriatais, mostrando um circuito motor e um circuito cognitivo.

O liquor é produzido pelos *plexos coroides* (localizados nos ventrículos laterais, III e IV ventrículos) e pelo *epêndima* (parede interior dos ventrículos), sendo a maior parte produzida pelos ventrículos laterais. O sistema liquórico possui cerca de 100 a 150 mL, e é totalmente renovado a cada 8 horas, aproximadamente. O liquor circula dos ventrículos laterais para o III ventrículo, e deste, via aqueduto cerebral, para o IV ventrículo. O IV ventrículo possui aberturas, através das quais o liquor passa para o espaço subaracnoide, e é reabsorvido ao sangue através das *granulações aracnoides* da dura-máter. Como o principal ponto de reabsorção localiza-se no *seio sagital superior*, o fluxo do liquor se faz de baixo para cima. O liquor também circula em direção à medula espinhal, descendo por seu espaço subaracnoide em direção caudal, sendo grande parte reabsorvida pelas granulações aracnoides da dura-máter que envolvem as raízes nervosas espinhais (Fig. 1.24).

A análise da composição do liquor, obtido através de punção com agulha nas regiões ventriculares, suboccipital ou lombar, pode fornecer informações importantes sobre processos patológicos ocorrendo no SN, como a existência de infecções, inflamações, sangramentos, e até mesmo processos neoplásicos.

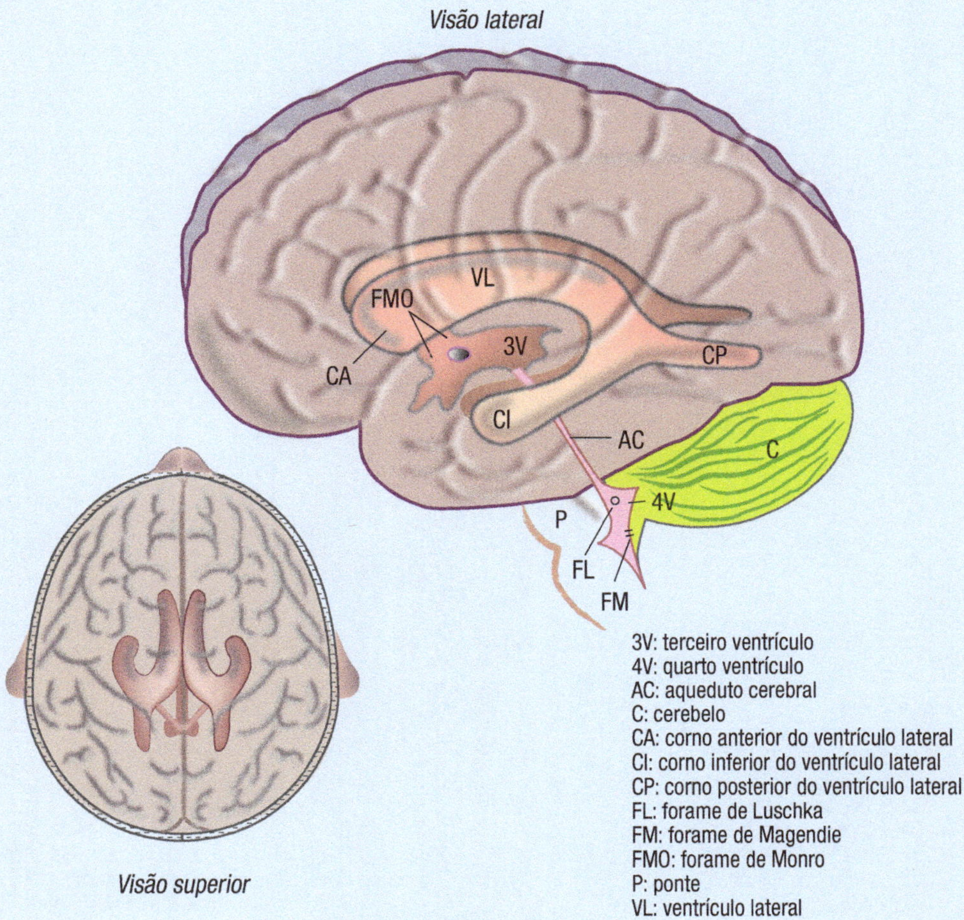

FIGURA 1.23. Sistema ventricular.

Quando a circulação do liquor é interrompida por obstrução, em qualquer ponto do seu trajeto, ocorre um acúmulo que leva ao aumento de tamanho dos ventrículos acima do ponto de obstrução, o que produz uma condição conhecida clinicamente como *hidrocefalia*. Essa condição pode ser extremamente prejudicial para o SN, por levar a aumento da pressão dentro da caixa craniana, com consequente compressão e sofrimento do tecido cerebral.

Barreiras encefálicas: são sistemas funcionais que dificultam ou impedem a passagem de substâncias do sangue para o liquor (barreira hematoliquórica) e para o tecido nervoso (barreira hematoencefálica), a fim de proteger o SN de agentes agressores, toxinas, medicamentos ou mesmo de substâncias produzidas pelo próprio organismo (bilirrubina, neurotransmissores), mas que em altas concentrações poderiam prejudicar o funcionamento do SN. A barreira hematoliquórica é formada pelo epitélio ependimário dos plexos coroides, e a barreira hematoencefálica deriva da permeabilidade seletiva entre o endotélio dos vasos capilares do SNC e o espaço extracelular do tecido nervoso.

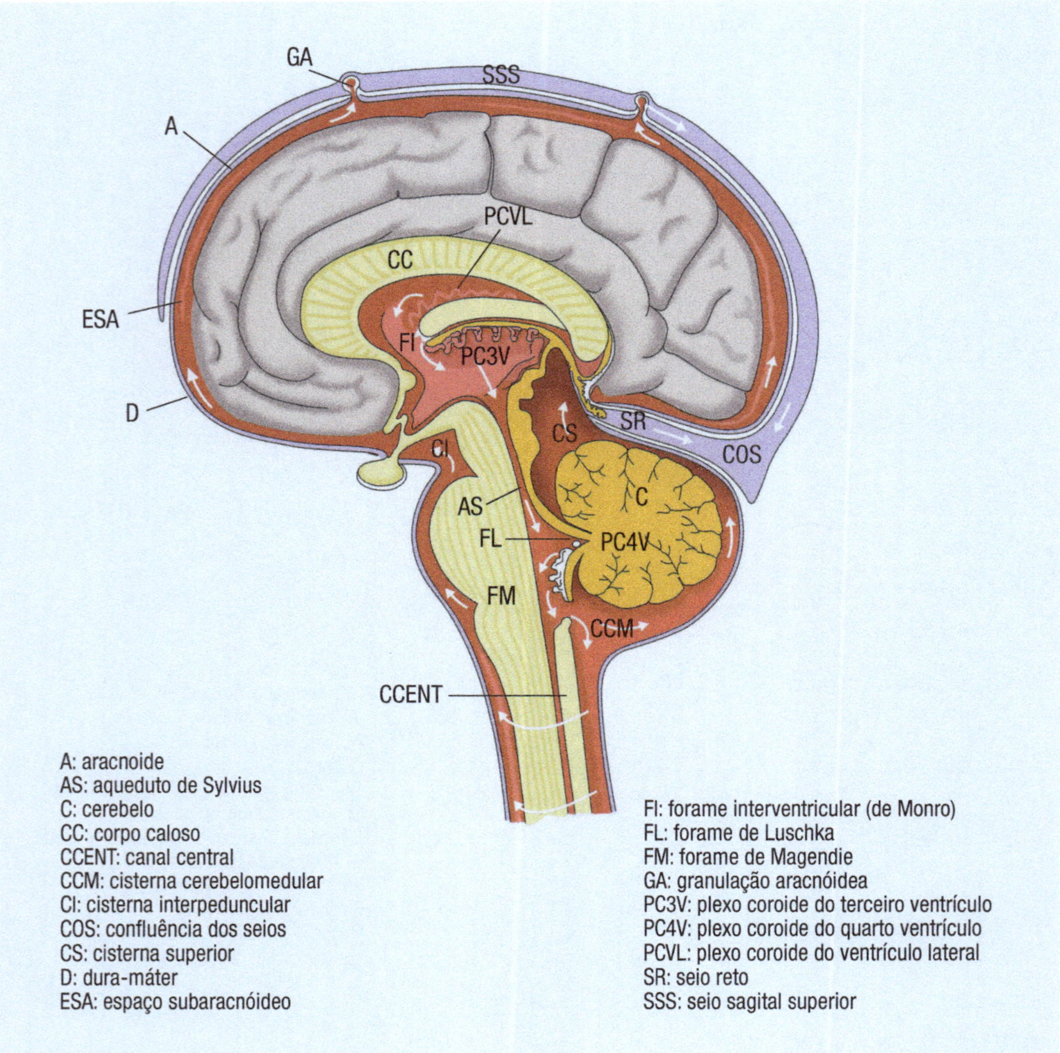

FIGURA 1.24. Circulação liquórica.

Vascularização do sistema nervoso

O encéfalo recebe sua irrigação a partir das artérias carótidas e vertebrais. Das artérias carótidas internas emergem as artérias cerebral anterior (ACA) e cerebral média, responsáveis pelo suprimento sanguíneo da porção medial dos lobos frontal e parietal (ACA) e da porção lateral dos hemisférios cerebrais (ACM).

As artérias vertebrais, por sua vez, unem-se para formar a artéria basilar. Das artérias vertebrais partem ramos que irrigam a medula (artérias espinhais anterior e posterior), bulbo e parte do cerebelo (artéria cerebelar posteroinferior). Da artéria basilar partem ramos que irrigam a ponte e a maior parte do cerebelo (artérias cerebelar anteroinferior e artéria cerebelar superior). A artéria basilar se divide, então, para formar as artérias cerebrais posteriores (ACP) que irrigam o mesencéfalo, lobo occipital e uma porção do lobo temporal (Figs. 1.25 e 1.26).

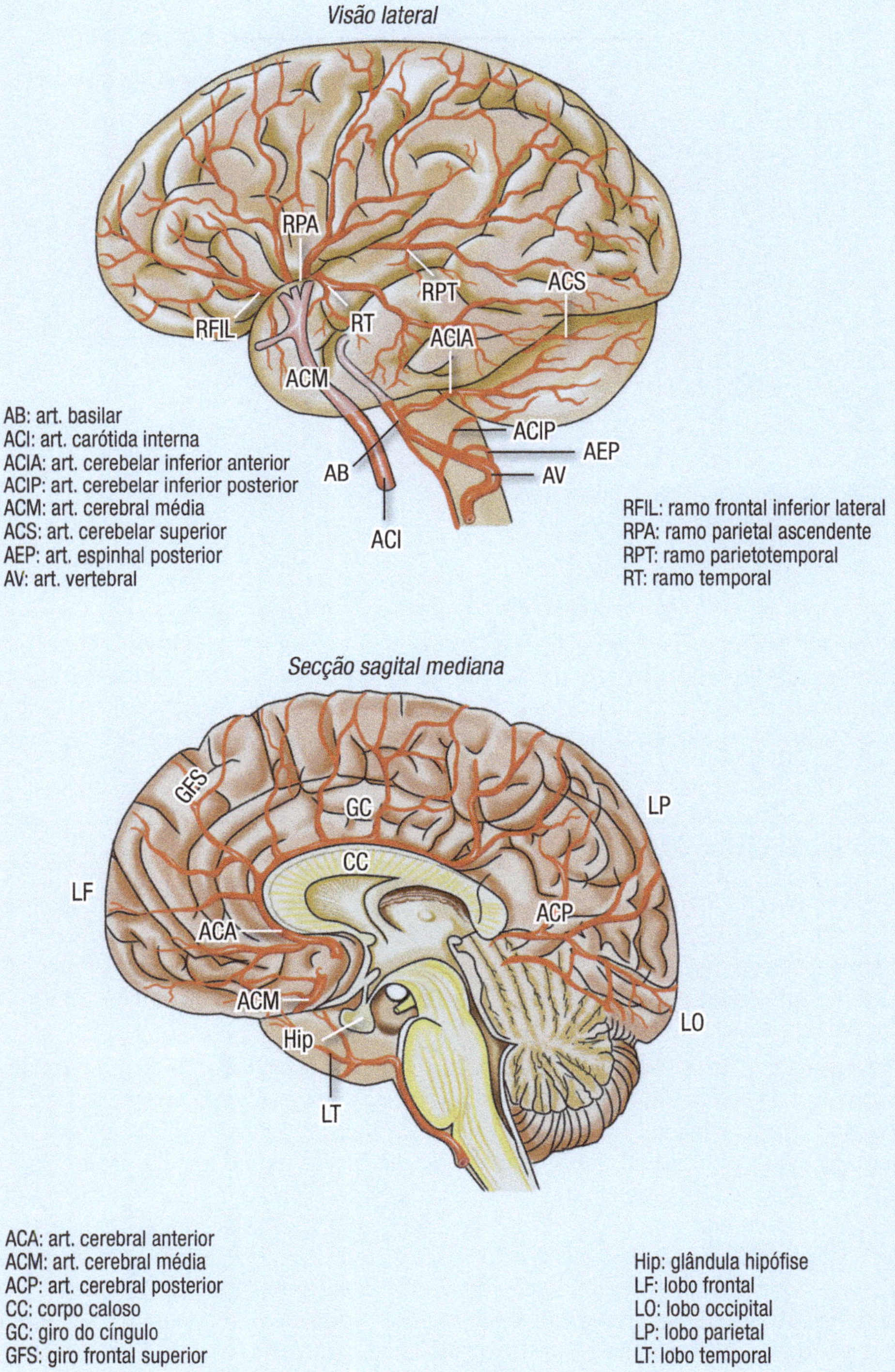

FIGURA 1.25. Principais territórios arteriais do encéfalo e suas áreas de irrigação.

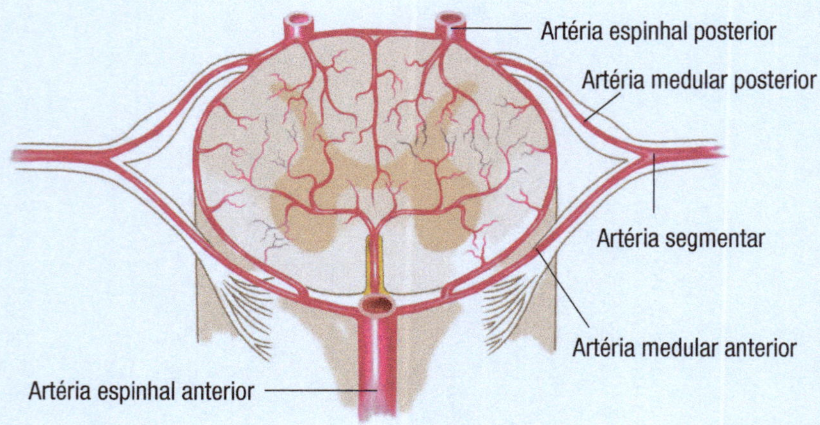

FIGURA 1.26. Vascularização da medula espinhal.

Existe um sistema de comunicação (anastomose) entre os sistemas carotídeo e vertebral, denominado *polígono de Willis*, que garante suprimento sanguíneo por vias colaterais caso haja insuficiência de fluxo em um determinado território (em casos de obstrução arterial, por exemplo). O polígono de Willis é formado pelas artérias cerebrais anteriores (unidas entre si pela artéria comunicante anterior), carótidas internas e cerebrais posteriores, ligadas pelas artérias comunicantes posteriores (Fig. 1.27).

EMBRIOLOGIA DO SISTEMA NERVOSO

O SN origina-se da membrana embriológica mais externa, denominada *ectoderma*. As células do ectoderma que não seguem o programa de diferenciação para células nervosas dão origem à epiderme (camada mais externa da pele); por este motivo, algumas doenças podem acometer o SN e a pele, como a *neurofibromatose*, que se caracteriza pela ocorrência de tumores cerebrais (gliomas, neurinoma de acústico) e lesões na pele.

A formação do SN se inicia pela formação da *placa neural* (ao redor da terceira semana de vida), um conjunto de células do ectoderma que passa a responder à programação genética para diferenciação em células neurais. A placa neural enrola-se sobre si mesma formando o *tubo neural*, no interior do qual persiste uma cavidade que posteriormente dará origem ao sistema ventricular e canal central da medula, preenchidos com o *líquido cefalorraquidiano* (liquor). A intensa proliferação celular no tubo neural dará origem então ao estágio em que há três vesículas neurais: o prosencéfalo, o mesencéfalo e o rombencéfalo, além da medula espinhal (ao redor da quarta semana de vida). Posteriormente, haverá a formação de cinco vesículas: telencéfalo, diencéfalo, mesencéfalo, metencéfalo e mielencéfalo, que darão origem às estruturas do SN maduro (Fig. 1.28 e Tabela 1.9). A formação do telencéfalo ocorre em torno de 35 dias de gestação.

O processo de desenvolvimento do SN envolve mecanismos de *indução* (ativação das células através da liberação de substâncias químicas pelas células vizinhas), proliferação (multiplicação), diferenciação (especialização) e migração celular. Concomitantemente a esses processos, vão se

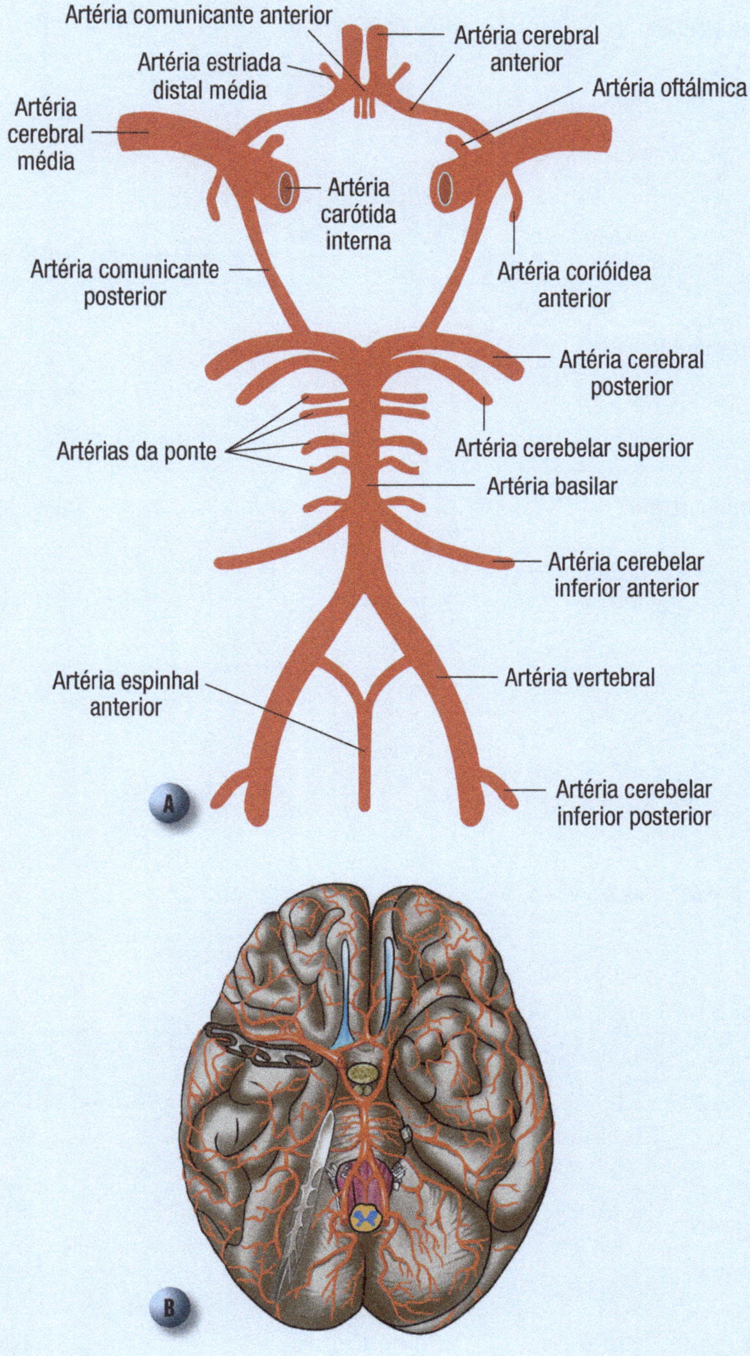

FIGURA 1.27. (A) Polígono de Willis, mostrando as principais conexões entre as artérias cerebrais; (B) Localização na porção anterior do encéfalo.

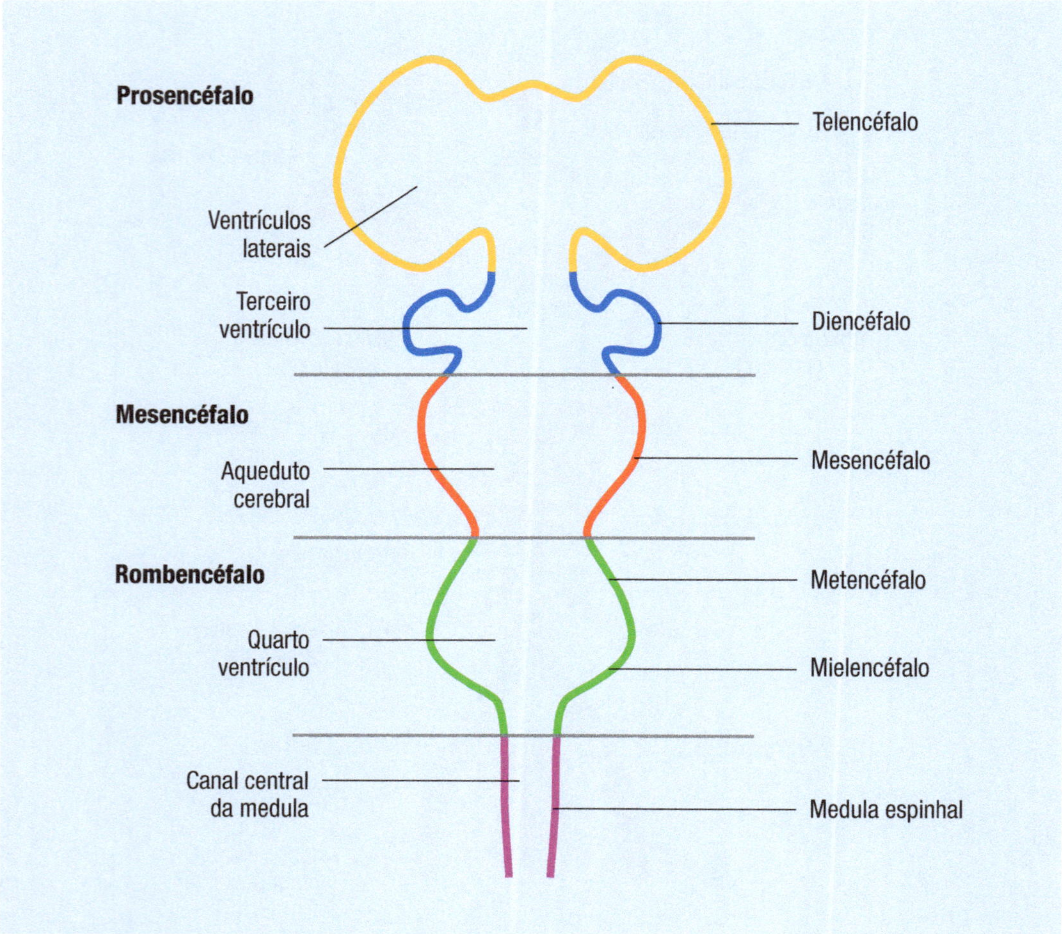

FIGURA 1.28. Origem embriológica do SN.

TABELA 1.9. *Desenvolvimento do SN*

ESTÁGIO DE TRÊS VESÍCULAS	ESTÁGIO DE CINCO VESÍCULAS	ESTRUTURAS MADURAS	CAVIDADE ASSOCIADA
Prosencéfalo	Telencéfalo	Córtex cerebral, núcleos da base, hipocampo, amígdala, bulbo olfatório	Ventrículos laterais
	Diencéfalo	Tálamo, hipotálamo, subtálamo, epitálamo, retina, tratos e nervos ópticos	Terceiro ventrículo
Mesencéfalo	Mesencéfalo	Mesencéfalo	Aqueduto cerebral
Rombencéfalo	Metencéfalo	Ponte e cerebelo	Quarto ventrículo
	Mielencéfalo	Bulbo	
Porção caudal do tubo neural	Porção caudal do tubo neural	Medula espinhal	Canal central da medula

estabelecendo as conexões entre os neurônios (sinapses). Uma fase de intensa proliferação celular ocorre entre o segundo e quarto mês de gestação. A migração celular, que permite que cada conjunto de células passe a ocupar o local adequado na formação do SN maduro, inicia-se por volta do final do segundo mês de gestação e ocorre de forma intensa até o final do quinto mês; a partir de então, continua a ocorrer, embora de forma menos pronunciada. Esta fase é bastante delicada para o desenvolvimento do SN, sendo que erros de migração neuronal podem originar diversos tipos de malformações congênitas. A partir da 14ª semana de gestação, o processo de formação de sulcos e giros cerebrais inicia-se, o que reflete o enorme aumento da superfície cerebral, sendo que ao redor da 30ª semana de vida, o feto já apresenta toda a superfície cerebral coberta por giros.

Uma vez que os neurônios tenham atingido seu destino final, ocorrem os processos de organização e mielinização. A organização neuronal envolve o alinhamento e orientação das células (em camadas, por exemplo), a formação de ramificações dendríticas e estabelecimento das sinapses. A mielinização é o processo de revestimento dos axônios pela bainha de mielina, o que propicia um grande aumento na velocidade de condução dos estímulos através das vias nervosas, assim permitindo que a comunicação entre os neurônios se estabeleça de forma muita rápida (em milissegundos), mesmo quando longas distâncias tem que ser percorridas.

O SN continua seu desenvolvimento e amadurecimento após o nascimento. Os dois primeiros anos de vida da criança assistem a um grande aumento no volume do cérebro, bem como no processo de mielinização do SN. O peso do cérebro de um recém-nascido é em torno de 400 g; ao redor de um ano de idade terá 1.000 g aproximadamente, atingindo seu peso final (entre 1.200 e 1.400 g) entre os 12 e 15 anos de idade. O processo de maturação funcional do indivíduo, no entanto, só será atingido entre os 20 e 25 anos de idade, e modificações nas conexões cerebrais induzidas pela experiência (aprendizado) continuam a ocorrer por toda a vida em um cérebro saudável.

CONSIDERAÇÕES FINAIS

O SN é um sistema complexo, moldado por milhões de anos de evolução das espécies, com a finalidade de otimizar a relação dos organismos com seu meio ambiente. Cada um de seus subsistemas tem uma função bem determinada, funcionando em um ritmo harmônico. Estes subsistemas e suas particularidades serão discutidos ao longo deste livro.

Referências Bibliográficas

1. Gould SJ. The book of life. New York: WW Norton; 2001.
2. Morowitz HJ. The epistemic paradox of mind and matter. In: Marijuán PC (ed). Cajal and consciousness: scientific approaches to consciousness on the centennial of Ramón y Cajal's Textura (Annals of The New York Academy of Sciences, v. 929). New York: The New York Academy of Sciences 2001; p. 50-4.
3. Sarnat HB, Netsky MG. Evolution of the nervous system, 2nd ed. New York: Oxford University Press; 1981.
4. Squire LR, Bloom FE, McConnell SK, Roberts JL, Spitzer NC, Zigmond MJ. Fundamental neuroscience, 2nd ed. Amsterdam: Academic Press; 2003.
5. Ribas GC. Considerations about the nervous system phylogenetic evolution, behavior, and the emergence of consciousness. Revista Brasileira de Psiquiatria 2008; 8:326-38.
6. Brodmann, K. Vergleichende Lokalisationslehre der Grosshirnrinde in ihren Prinzipien dargestellt auf Grund des Zellenbaues. Leipzig: J. A. Barth; 1909. Traduzido para o inglês por Laurence Garey com o nome Localisation in the Cerebral Cortex, London: Smith-Gordon; 1994.

Bibliografia Sugerida

1. Kandel ER, Schwartz JH, Jessell (eds). Principles of neural science, 4th ed. New York: McGraw-Hill 2000; p. 982-97.
2. Lundy-Ekman L. Neurociências – Fundamentos para a reabilitação, 2ª ed. Rio de Janeiro: Elsevier; 2004.
3. Machado A. Neuroanatomia funcional, 2ª ed. São Paulo: Atheneu; 2007.

Anatomia e Fisiologia Microscópica do Sistema Nervoso

2

ANATOMIA MICROSCÓPICA DO SISTEMA NERVOSO

O sistema nervoso (SN) é composto de células altamente diferenciadas, que exercem diferentes funções. No sistema nervoso central (SNC) encontramos os neurônios, as células gliais, as células da meninge e do plexo coroide.

De acordo com a *doutrina neuronal*, inicialmente enunciada pelo anatomista espanhol Ramón y Cajal no final do século XIX, o neurônio é a unidade básica do sistema nervoso, do ponto de vista estrutural e funcional.[1] Neurônios são células altamente especializadas, altamente excitáveis, que exercem uma função de processamento e transmissão de informação. Esta célula apresenta como principais particularidades o estabelecimento de *sinapses* e a produção de *neurotransmissores* (substâncias químicas que transmitem informação de um neurônio a outro através das sinapses). O número de neurônios no SNC é estimado em 86 a 100 bilhões,[2,3] e o número de sinapses em um indivíduo adulto é estimado entre 100 e 500 trilhões.[4]

Os neurônios apresentam subespecializações: neurônios *sensitivos* respondem a estímulos químicos e físicos, como luz, pressão sobre a pele, ondas sonoras, moléculas que produzem odores etc., e sinalizam para o SNC a ocorrência de eventos externos ao organismo (interação com o ambiente) e a situação interna do organismo (regulação da homeostase corporal). Os neurônios sensitivos estão presentes nos órgãos sensoriais. Os *motoneurônios* ou neurônios *motores* transmitem informações de uma central de comando (com origem no SNC) para músculos e glândulas, a fim de gerar movimento em resposta a um estímulo ou o ajuste do metabolismo corporal. *Interneurônios* comunicam os neurônios de uma determinada região do cérebro ou da medula espinhal entre si, com finalidade de modular a atividade local. Assim, tem-se que os neurônios processam e veiculam informação entre si (neurônio-neurônio), entre órgãos sensoriais e o SNC, e entre o SNC e os órgãos efetores (músculos e glândulas).

Neurônios podem variar em tamanho, dependendo de sua localização e função, bem como em sua conformação estrutural. O neurônio é composto pelo *corpo celular* e um prolongamento denominado *axônio*. O corpo celular do neurônio contém seu núcleo e todas as organelas celulares necessárias para seu funcionamento. O corpo celular do neurônio também apresenta diversos prolongamentos denominados *dendritos* (que podem variar de um a centenas, e até mil num mesmo neurônio), os quais constituem o ponto de contato com os neurônios vizinhos. Os dendritos possuem diversas ramificações, daí a denominação *árvore dendrítica* para o conjunto de dendritos de um determinado neurônio.

Cada neurônio possui um prolongamento maior, denominado axônio, que se ramifica em sua porção terminal e se conecta aos neurônios vizinhos através dos *botões sinápticos terminais* (*sinapse*). Assim, a comunicação entre dois neurônios, denominada *sinapse*, se estabelece entre o axônio de um neurônio e o dendrito do neurônio adjacente. A existência de vários dendritos no corpo celular e a ramificação do axônio em diversos botões terminais permite que um determinado neurônio se comunique com um grande número de neurônios da sua vizinhança e também à distância. O número de conexões de um neurônio pode então variar de uma ou duas a dezenas de milhares, o que explica a complexidade do funcionamento do sistema nervoso.

Considerando-se uma determinada sinapse, denomina-se *pré-sináptico* o neurônio que se situa antes dela, e neurônio *pós-sináptico* ao que se situa depois. Esta nomenclatura é obviamente relativa, pois considerando que os neurônios formam uma intrincada rede, o mesmo neurônio será pré-sináptico em relação a uma sinapse, mas pós-sináptico em relação à sinapse imediatamente anterior na via considerada. Na maior parte dos casos as sinapses são *axodendríticas*, como descrito acima; no entanto, algumas vezes, um axônio faz sinapse no próprio corpo celular do neurônio adjacente (*sinapse axossomática)* (Figs. 2.1 e 2.2).

Do ponto de vista estrutural, os neurônios podem ser unipolares, bipolares ou multipolares. Neurônios unipolares (ou pseudounipolares) possuem dendrito e axônio emergindo da mesma localização; neurônios bipolares possuem um dendrito e um axônio que emergem de regiões opostas do corpo celular; neurônios multipolares possuem mais de dois dendritos. A Tabela 2.1 ilustra os tipos principais de neurônios encontrados no sistema nervoso.

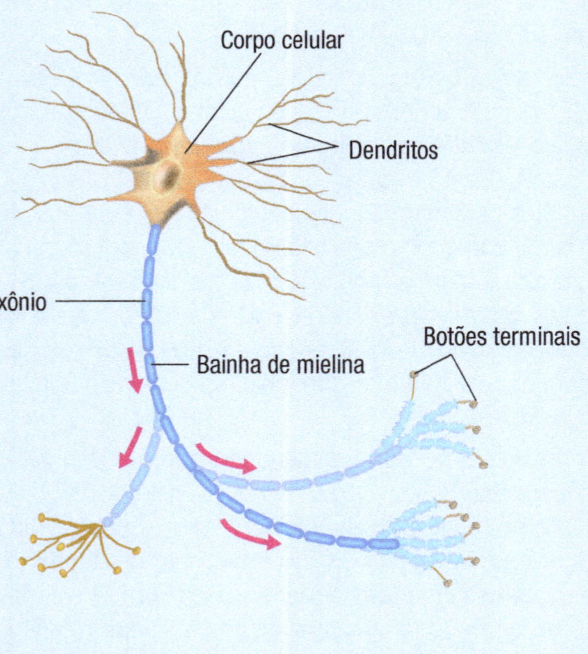

FIGURA 2.1. Estrutura básica do neurônio. As flechas rosa indicam a direção do fluxo axoplasmático.

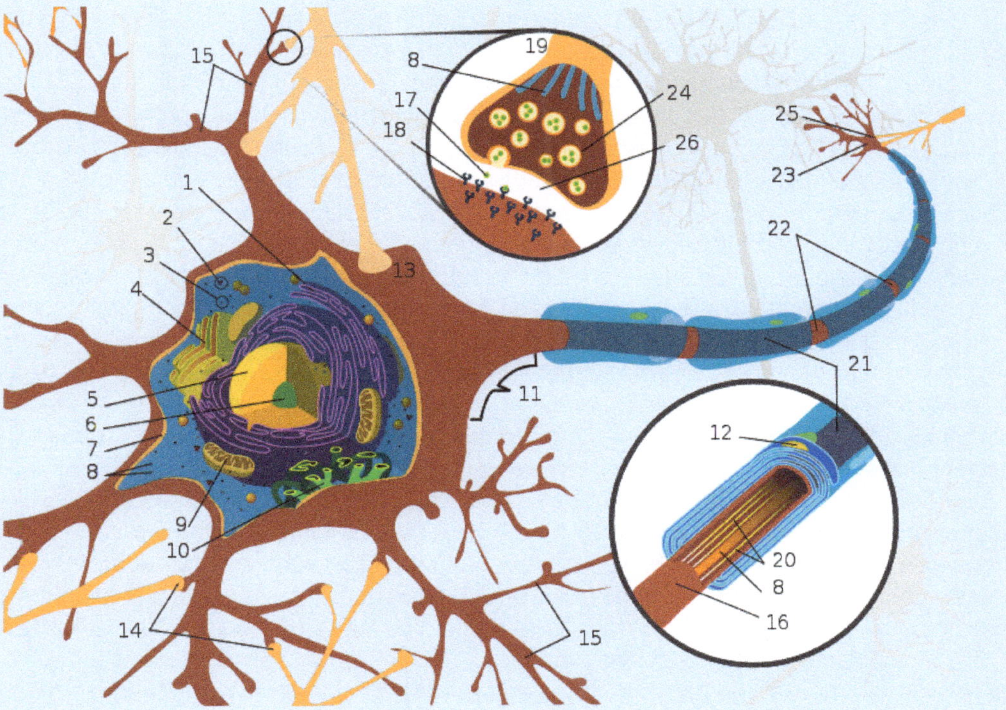

FIGURA 2.2. Visão detalhada da ultraestrutura de um neurônio. 1. retículo endoplasmático rugoso (corpo de Nissl); 2. polirribossomos; 3. ribossomos; 4. aparelho de Golgi; 5. núcleo; 6. nucléolo; 7. membrana; 8. microtúbulos; 9. mitocôndria; 10. retículo endoplasmático liso; 11. hilo do axônio; 12. núcleo da célula de Schwann; 13. sinapse axossomática; 14. sinapse axodendrítica; 15. dendritos; 16. axônio; 17. neurotransmissores; 18. receptores; 19. sinapse; 20. microfilamentos; 21. bainha de mielina; 22. nódulos de Ranvier; 23. axônio terminal; 24. vesículas sinápticas; 25. sinapse axoaxônica; 26. fenda sináptica.

TABELA 2.1. ***Principais tipos de neurônios***

TIPO DE NEURÔNIO	CARACTERÍSTICAS PRINCIPAIS	LOCAL DE OCORRÊNCIA
Células piramidais	Corpo celular triangular, com axônios longos	Córtex cerebral
Células em cesto	Axônios dilatados	Cerebelo
Células de Purkinje	Grandes, multipolares	Cerebelo
Neurônios granulares	Multipolares, com um axônio	Cerebelo
Células de Betz	Grandes motoneurônios	Córtex motor primário
Neurônios do corno anterior	Motoneurônios	Medula espinhal
Células de Renshaw	Ambas as terminações ligadas a motoneurônios alfa	Medula espinhal

PRINCÍPIOS DE MICROFISIOLOGIA DO SN

Os axônios são revestidos por uma capa composta de 80% de lipídeos (gordura) e 20% de proteínas, denominada *bainha de mielina*, cuja função principal é aumentar a velocidade de condução do estímulo, o que é fundamental para que o SNC possa exercer sua função de permitir nossa interação com o mundo em tempo real. A bainha de mielina não é contínua por toda a extensão do axônio, existindo regiões em que está ausente; estas regiões são denominadas *nódulos de Ranvier*, onde existe uma grande concentração de canais iônicos necessários para a geração do potencial de ação. Nos neurônios mielinizados, a propagação dos impulsos se faz através das regiões onde não há bainha de mielina (que funciona como um isolante elétrico), "saltando" de um nódulo de Ranvier até o seguinte, o que aumenta muito a velocidade de condução dos estímulos. Devemos considerar que alguns feixes de axônios podem ter mais de 1 metro de comprimento como, por exemplo, os que saem da medula espinhal com destino aos músculos dos dedos dos pés em um indivíduo adulto. Nesse caso, a velocidade de condução é fundamental para que não haja uma latência muito grande entre a ordem que é enviada a partir do córtex motor até sua efetuação pelos músculos. A bainha de mielina é produzida pelas células de Schwann, no sistema nervoso periférico (SNP), e pelos oligodendrócitos, no SNC (Fig. 2.3). Tratos altamente mielinizados incluem as grandes vias motoras e sensitivas. Os tratos que veiculam a dor, por outro lado, são *amielínicos*, e, portanto, sua velocidade de condução de estímulos é bastante inferior; isso explica o fenômeno vivenciado por qualquer indivíduo, de ter retirado rapidamente a mão de uma superfície muito quente, vindo a sentir a dor da queimadura apenas um ou dois segundos depois. A coloração branca da mielina é a responsável pelo aspecto da substância branca do sistema nervoso e dos nervos periféricos. Várias doenças neurológicas têm sua origem em disfunções da bainha de mielina. Dentre elas, podemos destacar as leucodistrofias, a esclerose múltipla e a síndrome de Guillain-Barré (polirradiculoneurite aguda).

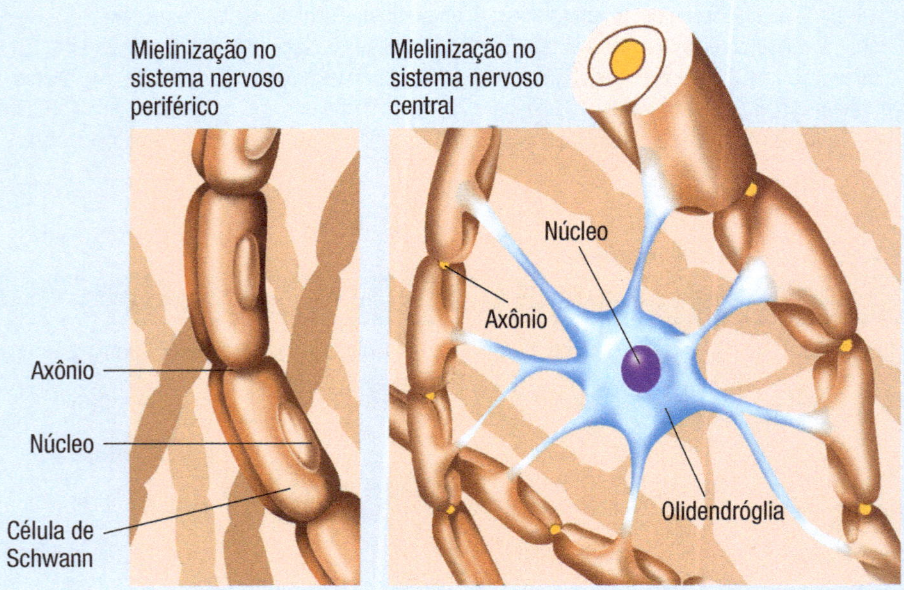

FIGURA 2.3. Mielinização do SNP e SNC.

A propagação dos impulsos nervosos na complexa rede neuronal se dá através de um mecanismo *eletroquímico*, denominado *transmissão sináptica*. Quando um neurônio libera um determinado neurotransmissor na fenda sináptica, esse neurotransmissor se liga a *receptores* específicos localizados nos neurônios pós-sinápticos, provocando um efeito nestes neurônios. Se este efeito for excitatório, o neurônio pós-sináptico sofrerá uma modificação na disposição das cargas elétricas ao longo de sua membrana celular, e esta modificação gerará uma inversão da diferença de potencial (voltagem) elétrico da membrana (denominada *despolarização*), e o neurônio disparará um *potencial de ação*, que se propagará ao longo de todo o axônio, até o neurônio seguinte, onde o fenômeno se repetirá (Fig. 2.4). Se, por outro lado, o efeito do neurônio que liberou o neurotransmissor for *inibitório*, o neurônio pós-sináptico sofrerá uma modificação elétrica em sua membrana que o tornará menos propenso a disparar um potencial de ação (*hiperpolarização)*. Em outras palavras, estímulos excitatórios aumentam a taxa de disparo dos neurônios, e estímulos inibitórios a diminuem. Existem ainda neurônios *moduladores*, que causam efeitos de longa duração em seus neurônios-alvos, não participando diretamente do mecanismo de disparo de um potencial de ação.

Uma vez atingida a porção terminal do neurônio, o potencial de ação provoca a abertura de canais de cálcio (Ca^{++}), permitindo que este íon penetre no interior da célula, propiciando a ligação das vesículas que contêm os neurotransmissores com a membrana sináptica, e liberando seu conteúdo

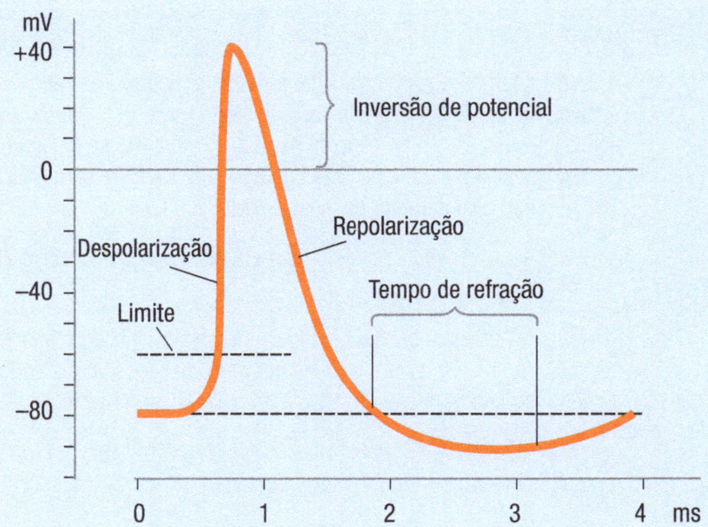

FIGURA 2.4. Potencial de ação: quando um neurônio em estado de repouso é estimulado, ocorre uma rápida entrada de íons sódio (Na^+), o que modifica a voltagem da membrana celular, tornando-a menos negativa (despolarizada). O local do neurônio que contém o maior número de canais de Na^+ é o *hilo* (base) do axônio, sendo, por isso, a região mais excitável. Logo em seguida, ocorre saída de íons potássio (K^+) para o meio extracelular, a fim de restaurar a polaridade negativa no interior da célula, e a membrana se torna então *hiperpolarizada* e temporariamente refratária a novos estímulos. A partir daí, proteínas carregadoras de íons sódio e potássio ("bombas") encarregam-se de restabelecer a situação original (Na^+ é enviado de volta para o meio extracelular, e K^+ para o meio intracelular) e o neurônio está pronto para disparar novamente. Esta alteração de polaridade elétrica se propaga por todo o neurônio, gerando a liberação de neurotransmissores e estimulação (ou inibição) do neurônio seguinte.

na fenda sináptica. Os neurotransmissores ligam-se aos seus receptores específicos graças à conformação espacial de suas moléculas, ou seja, para cada neurotransmissor haverá receptores que exibem formatos que permitem que o neurotransmissor se encaixe neles, como uma chave em uma fechadura. O fator que determina se um determinado estímulo será excitatório ou inibitório é o tipo de receptor a que o neurotransmissor se liga, ou seja, os receptores são excitatórios ou inibitórios. No entanto, muitos neurotransmissores apresentam uma ação consistente ao longo de todas as vias de que participam: por exemplo, o neurotransmissor GABA (ácido gama-aminobutírico) é sempre inibitório, e o glutamato exerce efeito excitatório. O conhecimento dos tipos de neurotransmissores, seu mecanismo de ação, a forma como são sintetizados, liberados e metabolizados formam a base da Neuropsicofarmacologia, pois através de substâncias químicas administradas na forma de remédios, pode-se atuar nestes sistemas e modificar (em certa medida) seu funcionamento. A Tabela 2.2 mostra alguns dos principais neurotransmissores do SNC e sua ação.

Ao serem liberados na fenda sináptica, os neurotransmissores exercem sua ação ao se ligarem com os receptores do neurônio pós-sinápticos. Para que a ação tenha uma duração limitada, é necessário que, após sua liberação, os neurotransmissores sejam removidos da fenda; isso pode acontecer através de mecanismo de *recaptação* (os neurotransmissores retornam para o interior do neurônio que os liberou) ou *degradação* (são inativados por enzimas presentes na fenda sináptica) (Fig. 2.5 e Tabela 2.3).

TABELA 2.2. ***Principais neurotransmissores e seus locais de origem e ação***

NEUROTRANSMISSOR	LOCAIS DE AÇÃO
Acetilcolina	Ação excitatória; atua na formação reticular e algumas estruturas do sistema límbico; envolvida nos mecanismos de alerta e atenção, aprendizado e memória de curto prazo; no SNP, o neurotransmissor é liberado na *junção neuromuscular*, ou seja, na sinapse entre as fibras do nervo periférico e seu músculo efetor; no SNA, é o neurotransmissor das vias parassimpáticas
GABA (ácido gama-aminobutírico)	Ação inibitória, presente de forma disseminada no córtex cerebral
Dopamina	Presente no sistema límbico e suas conexões com o córtex, sua liberação gera sensação de prazer; está envolvida em funções cognitivas; atua também no sistema nigroestriatal, relacionado à modulação do movimento
Serotonina	Presente nos núcleos da rafe; relacionada com sensação de bem-estar, saciedade, regulação da temperatura corporal, aumento da tolerância à dor
Glutamato	Ação excitatória, presente no SNC e medula espinhal
Noradrenalina	Presente em regiões do tronco cerebral, como o *locus coeruleus* (na ponte) e área tegmentar lateral, atuando extensamente no sistema límbico e córtex cerebral
Adrenalina	Responsável pelas respostas ao estresse (reação de "luta ou fuga") através de sua ação nas vias simpáticas do SNA
Glicina	Ação inibitória, atuando primariamente na medula espinhal
Histamina	Presente no SNC e SNP, relacionada aos mecanismos de regulação do sono e prazer sexual
Substância P	Relacionada à transmissão da sensação de *dor* pelos tratos sensitivos

Além de sua diversidade estrutural, os neurônios também apresentam peculiaridades eletrofisiológicas, que se traduzem por diferentes formas de disparo dos potenciais de ação quando são estimulados:

- Neurônios de adaptação lenta: estes neurônios são do tipo *tônico*, ou seja, apresentam um ritmo de disparo regular constante; quando submetidos a um estímulo de intensidade crescente, passam a apresentar um maior *número* de disparos por segundo (aumento da *frequência)*. Um exemplo deste tipo de célula são os fotorreceptores da retina;

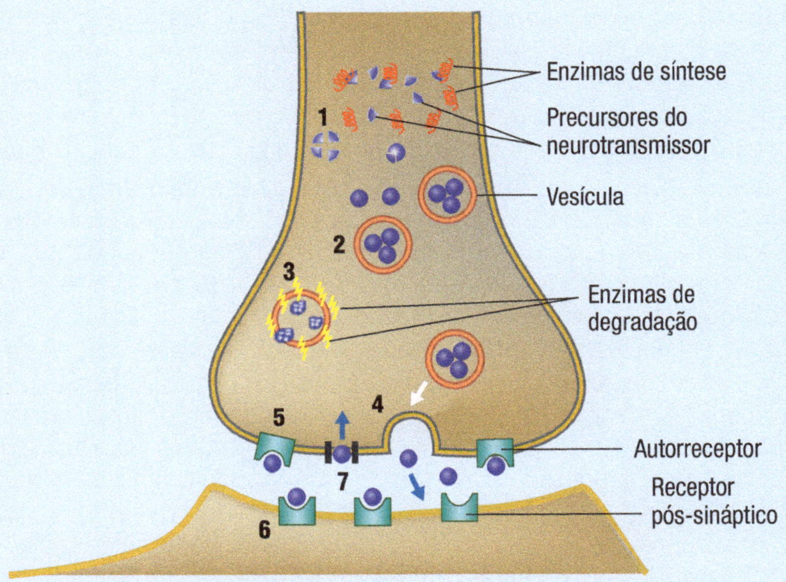

FIGURA 2.5. Neurotransmissores: síntese, liberação e metabolização.

TABELA 2.3. ***Síntese, liberação e metabolização dos neurotransmissores (Fig. 2.5)***

1. Os neurotransmissores são sintetizados a partir de seus precursores, sob a ação de enzimas específicas
2. As moléculas de neurotransmissores são estocadas em vesículas
3. As moléculas de neurotransmissores que "escapam" das vesículas são destruídas por enzimas
4. Os potenciais de ação sinápticos fazem com que as vesículas se fundam com a membrana pré-sináptica e liberem o neurotransmissor na sinapse
5. Os neurotransmissores liberados na sinapse ligam-se a seus receptores pré-sinápticos e inibem sua liberação continuada (modulação)
6. Os neurotransmissores liberados na sinapse ligam-se a seus receptores pós-sinápticos
7. Os neurotransmissores liberados na sinapse são inativados por recaptação (na membrana pré-sináptica) ou degradação enzimática na própria sinapse

- Neurônios de adaptação rápida: são neurônios do tipo *fásico*, os quais apresentam sequências de disparos que cessam rapidamente; quando submetidos a um estímulo contínuo, apresentam um conjunto de disparos que cessa apesar do estímulo ser mantido. Um exemplo deste tipo de célula são os receptores de tato presentes na pele: quando algo toca nossa pele, os neurônios locais respondem com disparos que cessam mesmo que o objeto continue exercendo pressão sobre o local. Só haverá nova sinalização se o objeto mudar de lugar, se houver alteração na pressão exercida, ou quando o estímulo cessar.

Os neurônios, uma vez diferenciados e maduros, não são mais capazes de entrar em mitose, ou seja, não são capazes de se reproduzir como as células de diversos outros tecidos do nosso organismo.[5] Isso explica porque as lesões de SN usualmente provocam disfunções permanentes, já que os neurônios que são destruídos não serão "re-substituídos", ou o serão apenas parcialmente. No entanto, hoje se sabe que algumas regiões específicas do SNC, como a região subventricular (abaixo dos ventrículos), zona granular e giro para-hipocampal possuem células-tronco neurais, capazes de neurogênese em situações especiais.[6]

Apesar da doutrina neuronal estabelecer a ideia de que o neurônio é a unidade fundamental do sistema nervoso, evidências recentes sugerem que as células da glia também participam da transmissão de informação no SNC. Células gliais se comunicam através de sinais químicos e conexões diretas (sinapses elétricas), em resposta aos disparos neuronais.[7] Sinapses químicas foram demonstradas entre neurônios e precursores de oligodendrócitos.[8] Os astrócitos também se comunicam por meio de transmissores gliais e neuromoduladores, bem como por sinapses elétricas, sendo capazes de detectar os neurotransmissores que são liberados nas sinapses. Desta forma, os astrócitos podem regular a comunicação entre os neurônios, através da liberação de neurotransmissores e neuromoduladores.[7,9] Além disso, estudos recentes têm demonstrado que os potencias de ação podem se propagar retrogradamente do axônio e corpo celular para os dendritos, e que sinapses elétricas entre neurônios vizinhos são responsáveis por um grande volume da informação que é compartilhada entre eles.[1] Todas estas descobertas têm modificado a maneira de entender como se dá a modulação da transmissão da informação no SNC, com importantes implicações para a compreensão da fisiopatologia das doenças neurológicas e da capacidade de regeneração cerebral.

PRINCÍPIOS DE NEUROPSICOFARMACOLOGIA

A Neuropsicofarmacologia estuda como determinadas substâncias químicas afetam o funcionamento do SN. O conhecimento do funcionamento bioquímico do SN tem permitido o desenvolvimento e uso de inúmeras drogas no alívio e controle de sintomas das doenças neurológicas e psiquiátricas. Esse conhecimento engloba a compreensão da interação entre neurotransmissores, neuropeptídeos, hormônios, neuromoduladores, enzimas, canais iônicos e receptores proteicos no SNC e SNP.

Muitas drogas usadas em Neurologia e Psiquiatria têm seu mecanismo de ação baseado na modulação dos neurotransmissores. Esta modulação pode se dar através de ação *agonista* (a droga potencializa ou mimetiza a ação do neurotransmissor) ou *antagonista* (a droga bloqueia ou neutraliza a ação do neurotransmissor). Estes mecanismos são mostrados na Figura 2.6 e Tabela 2.4.

Alguns exemplos de drogas extensamente usadas em Neuropsicofarmacologia e que se enquadram nos mecanismos acima descritos são as drogas agonistas dopaminérgicas usadas no tratamento da doença de Parkinson (como a levodopa, que é um precursor da dopamina), os anticolinesterásicos, usados no tratamento da doença de Alzheimer (que são inibidores da enzima acetilcolinesterase, a qual degrada o neurotransmissor acetilcolina), e alguns antidepressivos, como os inibidores seletivos da recaptação de serotonina.

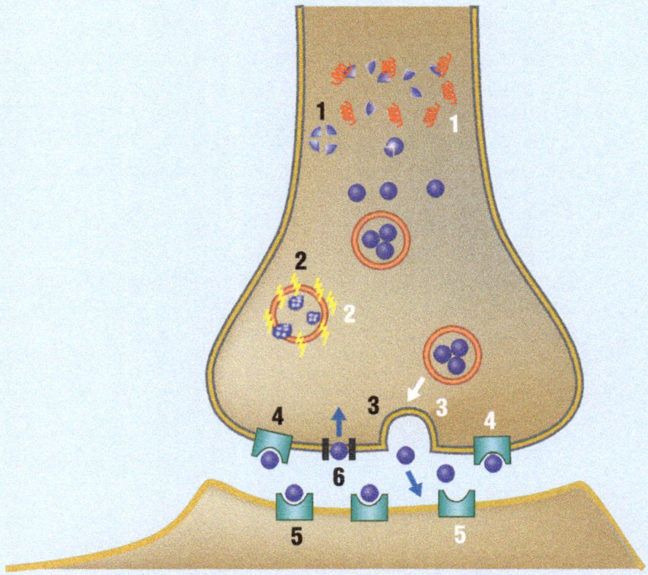

FIGURA 2.6. Mecanismos do efeito das drogas no SN. Os números em preto indicam o mecanismo de ação agonista; os números em branco indicam ação antagonista.

TABELA 2.4. *Mecanismos de ação de drogas no SN*

MECANISMOS DE AÇÃO AGONISTA	MECANISMOS DE AÇÃO ANTAGONISTA
1. A droga estimula a síntese de neurotransmissores (por exemplo, através do aumento de oferta de seus precursores)	1. A droga bloqueia a síntese do neurotransmissor (por exemplo, inativando as enzimas que o sintetizam)
2. A droga aumenta a quantidade de neurotransmissor inibindo ou destruindo as enzimas que o degradam	2. A droga provoca a saída de moléculas do neurotransmissor das vesículas, que são então degradadas por enzimas
3. A droga aumenta a liberação do neurotransmissor na fenda sináptica	3. A droga bloqueia a liberação do neurotransmissor na fenda sináptica
4. A droga liga-se aos receptores pré-sinápticos do neurotransmissor e bloqueia seu efeito inibidor na liberação continuada	4. A droga ativa os receptores pré-sinápticos e inibe a liberação da droga
5. A droga liga-se a receptores pós-sinápticos ativando-os ou aumentando o efeito dos neurotransmissores sobre eles	5. A droga bloqueia o receptor pós-sináptico do neurotransmissor, ligando-se a ele
6. A droga bloqueia a inativação dos neurotransmissores bloqueando sua recaptação ou degradação enzimática	

Referências Bibliográficas

1. Bullock TH, Bennett MVL, Johnston D, Josephson R, Marder E, Fields RD. The neuron doctrine, redux. Science 2005; 310:791-3.
2. Williams RW, Herrup K. The control of neuron number. Annual Review of Neuroscience 1988; 11:423-53.
3. Azevedo FA, Carvalho LR, Grinberg LT et al. Equal numbers of neuronal and nonneuronal cells make the human brain an isometrically scaled-up primate brain. The Journal of Comparative Neurology 2009; 513:532-41.
4. Drachman D. Do we have brain to spare? Neurology 2005; 64:2004-5.
5. Herrup K, Yang Y. Cell cycle regulation in the postmitotic neuron: oxymoron or new biology? Nature Review Neuroscience 2007; 8:368-78.
6. Alvarez-Buylla A, Garcia-Verdugo JM. Neurogenesis in adult subventricular zone. The Journal of Neuroscience: the Official Journal of the Society for Neuroscience 2002; 22:629-34.
7. Fields RD, Stevens-Graham B. New insights into neuron-glia communication. Science 2002; 298:556-62.
8. Bergles DE, Roberts JD, Somogyi P, Jahr CE. Glutamatergic synapses on oligodendrocyte precursor cells in the hippocampus. Nature 2000; 405:187-91.
9. Dani JW, Chernjavsky A, Smith SJ. Neuronal activity triggers calcium waves in hippocampal astrocyte networks. Neuron 1992; 8:429-40.

3 Neurofisiologia dos Sistemas Sensoriais: Introdução

Ao participarmos de uma festa de comemoração, como um *reveillon*, percebemos o quanto nosso sistema nervoso central (SNC) é bombardeado por informações originadas do ambiente, e que nos proporcionam as mais diversas emoções. Graças à visão, conhecemos as cores dos fogos de artifício que explodem à meia-noite, e a consequente sensação de vislumbre. Devido à audição, somos agraciados pela música que nos remete às sensações de união, paz, ternura e amor.

Conseguimos diferenciar o sabor de um prato feito com bacalhau de outro feito com salmão graças ao nosso paladar, e não apenas pela diferença visual. Sentir o cheiro de um bom vinho ou das flores que enfeitam a mesa, através do olfato. Assim como sentir o aperto de mão e o abraço daquele familiar tão querido, ou o beijo do cônjuge tão amado.

Da mesma forma, sentir que aquele sapato novo ou a etiqueta da camisa nova estão incomodando; a dor de uma pisada no pé de uma criança brincando; o salto muito alto, que a fez ficar instável e a obrigou a ficar a maior parte do tempo sentada e sem dançar em uma festa animada; a tontura consequente à mistura de bebidas alcoólicas; o incômodo abdominal por ter permitido à gula prevalecer; e o calor daquela sala sem ar condicionado em pleno verão brasileiro.

São todas sensações percebidas pelo nosso SNC graças à presença de receptores em todo nosso corpo, capazes de captar estas informações e encaminhá-las através de feixes nervosos ao sistema que as transforma em experiências conscientes. Sem estes receptores talvez não teríamos nos incomodado em algumas situações, ou tido a possibilidade de sentirmos prazer nas demais situações.

Estes receptores são especializados, responsivos a determinados estímulos e classificados em 5 tipos (Tabela 3.1).

TABELA 3.1. *Tipos de receptores especializados e estímulos que causam sua ativação*

RECEPTOR	TIPO DE ESTÍMULO
Mecanorreceptor	Toque, movimento corporal, alterações posturais
Termorreceptor	Variações de temperatura
Nociceptores	Lesões teciduais ou estímulos excessivos de qualquer natureza
Eletromagnéticos	Luz
Quimiorreceptores	Alterações gasométricas, de gosto e cheiros

Após a ativação dos receptores, as informações são transformadas em estímulos elétricos, e conduzidas a locais diferentes e específicos do SNC, onde serão interpretadas (Fig. 3.1).

Os receptores da pele enviam sensações somáticas (do corpo) para o cérebro, mais especificamente para o córtex somatossensorial primário, localizado posteriormente ao giro pré-central (Fig. 3.2). Cada região corporal tem uma representação neste córtex, proporcional à densidade de

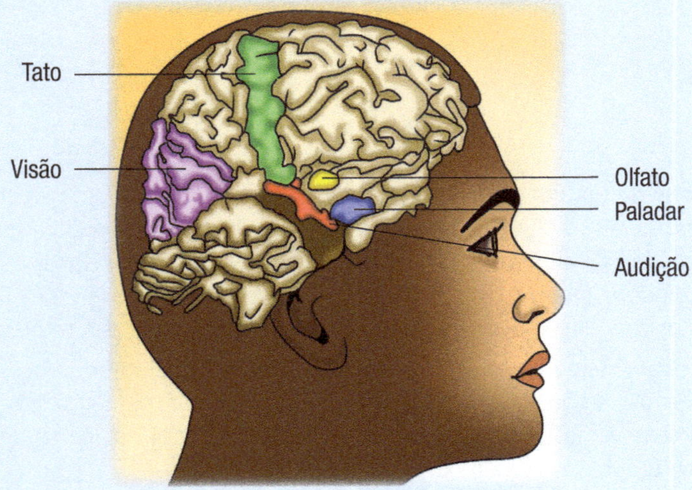

FIGURA 3.1. Localização cerebral dos estímulos sensoriais.

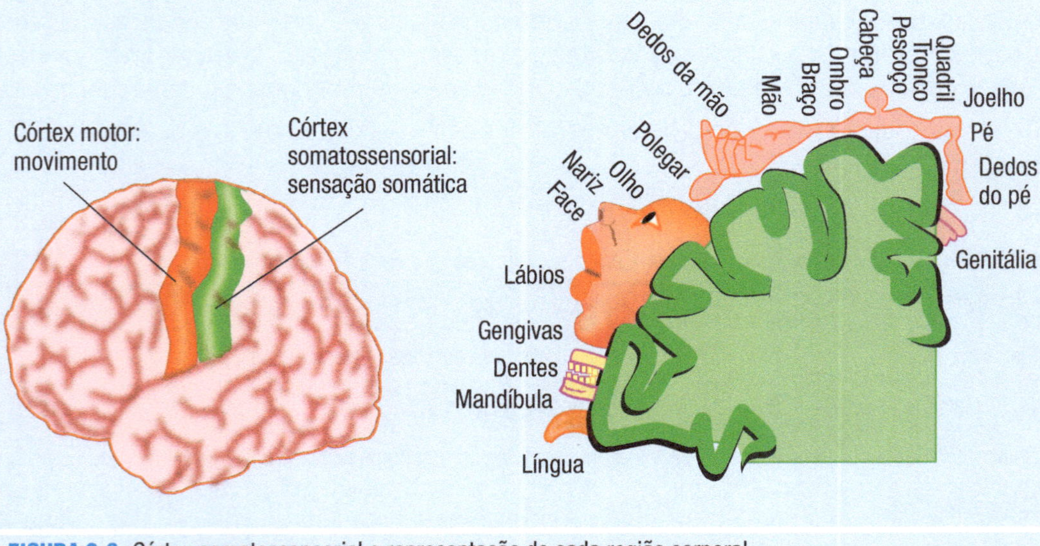

FIGURA 3.2. Córtex somatossensorial e representação de cada região corporal.

receptores e à capacidade discriminativa. Desta forma, regiões com maior densidade de receptores, como a língua, órgãos genitais e mãos, ocupam uma região mais extensa no córtex somatossensorial e a representação figurativa é observada abaixo, no Homúnculo de Penfield (Fig. 3.3). Esta é a representação de um homem com a proporção que cada região do corpo tem em relação à sensibilidade.

Para todo estímulo há uma resposta que é gerada, principalmente com o intuito de preservar a segurança do indivíduo no meio em que ele vive. Caso o indivíduo faça a ingestão de algum alimento com sabor alterado e mais amargo, a primeira reação é verificar se não está estragado. Da mesma forma, caso ele pise em um prego, ou toque em uma superfície muito quente, a dor provocará a retirada imediata do membro, a fim de evitar mais lesões.

Essas respostas são elaboradas pelo córtex motor, localizado anteriormente ao giro pré-central e ao córtex somatossensorial (Fig. 3.4). A representação de cada região corporal, neste caso, é proporcional ao refinamento do movimento, isto é, quanto mais aprimorado e complexo for o movimento, maior a região correspondente no córtex motor.

Somente na ausência destes sistemas sensoriais é que percebemos o quanto são importantes para que possamos conviver com o meio ambiente e outros seres vivos, sobrevivermos, e nos aprimorarmos. Sem eles, comeríamos alimentos estragados, não sentiríamos o gás vazando, teríamos sempre bolhas e feridas nos pés, comeríamos sem parar, morreríamos de sede e calor, entre outros exemplos, que serão destacados adiante.

Nos próximos capítulos, apresentaremos cada um desses sistemas: visual, auditivo, somestésico, olfatório, gustativo e vestibular.

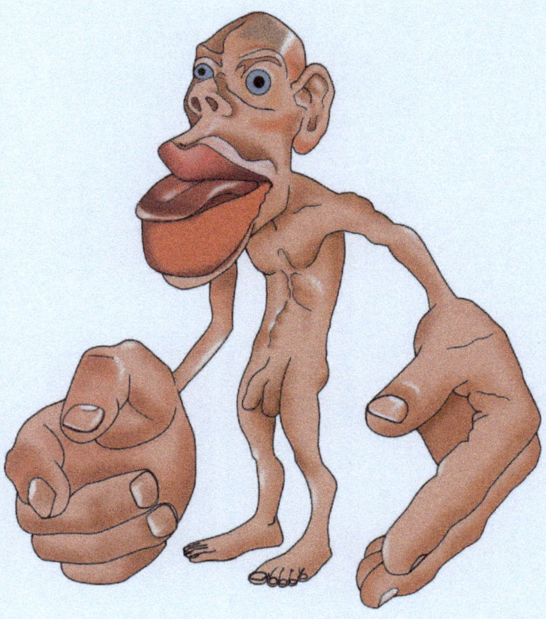

FIGURA 3.3. Homúnculo de Penfield: representação proporcional das partes do corpo de acordo com a sensibilidade.

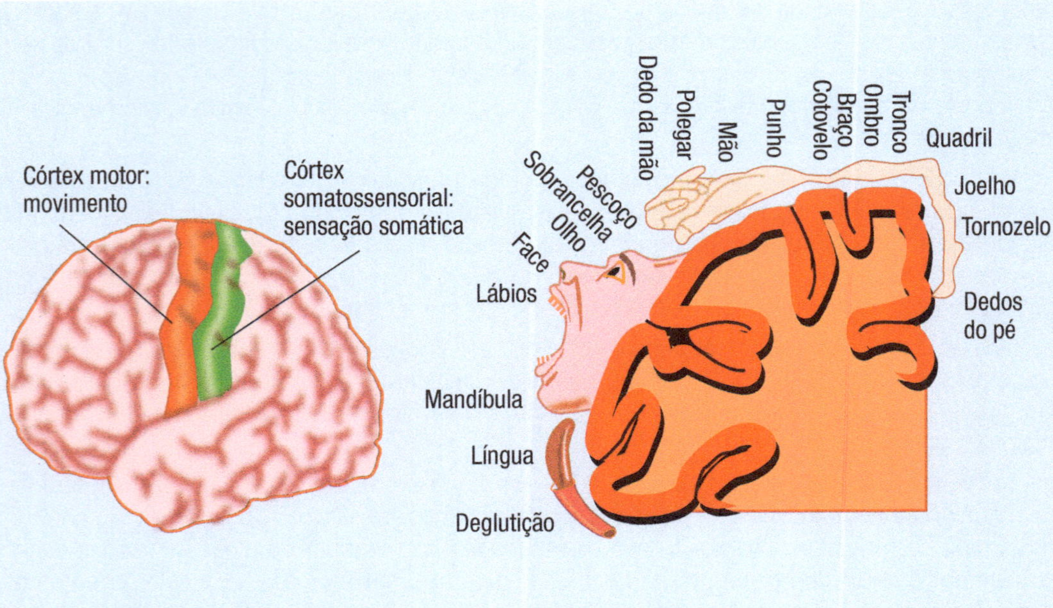

FIGURA 3.4. Córtex motor e representação de cada região corporal.

Sistema Somestésico: Tato, Dor, Temperatura, Propriocepção

INTRODUÇÃO

Este sistema refere-se à percepção de diversas partes do corpo, tanto das vísceras como da pele, músculos e articulações. É através deste que o sistema nervoso central (SNC) é notificado sobre as condições do ambiente, a posição de diversas articulações, e as sensações dos órgãos internos. No exemplo dado em *Neurofisiologia dos Sistemas Sensoriais: Introdução* (Capítulo 3), os receptores foram ativados quando o sapato novo provocou pressão intensa nos pés a ponto de ser interpretado pelo SNC como dor. Assim como a dor, a temperatura do local da festa, as oscilações provocadas pelo salto muito alto, o estômago distendido pelo excesso de comida, e o abraço entre os convidados, também são detectados através de terminações nervosas situadas na pele, nos músculos, tendões, ligamentos e nas vísceras.

Caso essas terminações se originem de ramificações filamentosas, ligadas a fibras mielinizadas finas ou amielínicas, são chamadas de *terminações nervosas livres*. Caso sejam mais específicas, ligadas a fibras mielinizadas grossas, são chamadas de terminações sensoriais especializadas (ou *receptores*), respondendo apenas a alguns tipos de estímulos. Esta é apenas uma das formas de classificar os receptores sensoriais. Outra forma considera a forma de estimulação, classificando-os em mecanorreceptores, termorreceptores, quimiorreceptores ou nociceptores. Já outra classificação considera a origem embrionária, sendo considerados como *exteroceptores* os de origem ectodérmica (pele), *proprioceptores* os de origem mesodérmica (articulações, tendões e músculos), e como *interoceptores* os de origem endodérmica (vísceras).[1-3]

A sensibilidade pode ser classificada em *superficial* e *profunda*. A sensibilidade superficial se origina dos exteroceptores e inclui as sensações de tato, temperatura e dor. A sensibilidade profunda deriva dos proprioceptores e inclui a sensibilidade articular (*artrestesia*), vibratória (*palestesia*), pressão e *cinestésica* (posição e movimento muscular).

As informações originadas nas vísceras (*interocepção*) são captadas pelos quatro tipos de receptores mencionados anteriormente, dependentes de estímulos mecânicos, químicos, térmicos e dolorosos, e transmitidas através de fibras nervosas do tipo C (amielínicas) e Aγ (mielinizadas) até a medula espinhal.

São informações originadas nas mais diversas regiões, como no estômago (sensação de vazio ou distensão), no intestino (presença de gases), nos órgãos genitais (estimulação sexual), vasos sanguíneos e coração, entre outros órgãos. Essas informações são conduzidas inicialmente à medula, onde realizam conexões com diversos interneurônios na coluna dorsal, nos núcleos grácil e cuneiforme. Seguem vias ascendentes anterolaterais, e terminam nos núcleos talâmicos e áreas corticais que tornam o estímulo consciente, interpretável e comparável com experiências anteriores (Fig. 4.1).

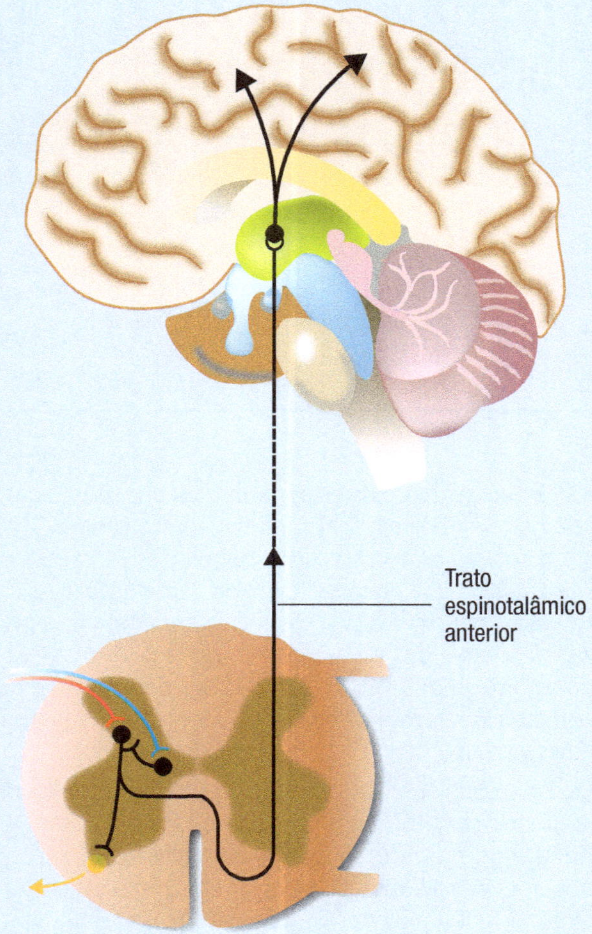

FIGURA 4.1. Vias ascendentes sensoriais.

Como exemplo, a sensação de queimação do estômago será interpretada pelo SNC como um exagero na quantidade do alimento, ou até mesmo como sinal de que o alimento está estragado, e terá como consequência a interrupção da refeição. Este sistema está relacionado ao sistema nervoso autônomo (SNA), que realiza a regulação da homeostasia, em função de eventuais alterações detectadas. O SNA é abordado no Capítulo 11 – *Sistema Nervoso Autônomo*.

TERMINAÇÕES SENSORIAIS

Como citado anteriormente, as terminações podem ser classificadas em livres ou especializadas. As terminações nervosas livres podem ser encontradas na pele, como as que identificam a pressão, elementos químicos, térmicos e de dor, e são as mais comumente encontradas. Estão também presentes nos músculos e nas articulações, ambos sinalizando estímulos mecânicos e de dor. Porém sinalizam sinais bem mais simples que os receptores especializados, já que têm como função básica a manutenção da homeostasia. Por esta razão, seus estímulos são interpretados como sensações *grosseiras*, não discriminatórias, já que um mesmo estímulo de intenso frio ou calor pode ser interpretado igualmente como "dor".

Receptores especializados, como o próprio nome os designa, conseguem detectar estímulos específicos, pois discriminam determinadas sensações, e percebem estímulos mais refinados. Podemos encontrá-los na pele, caracterizando os receptores táteis nos músculos, nas articulações e no sistema vestibular.

Os receptores especializados são extremamente importantes para sinalizar as condições do meio externo, bem como as posições de partes do corpo, dos músculos e articulações, a fim de evitar lesões ou de informar previamente o indivíduo de algum risco iminente. Como exemplos de sua importância, são estes receptores que sinalizam quando pisamos em um objeto cortante, quando exageramos na amplitude do alongamento, ou quando realizamos uma contração muscular exagerada, e são indispensáveis para a manutenção da postura durante o movimento. As informações são conduzidas por fibras nervosas mielinizadas grossas, do tipo Aα e Aβ até o SNC, pela via colunar dorsal e lemnisco medial, até o giro parietal pós-central e áreas adjacentes.

Estes receptores especializados se subdividem em:

- Mecanorreceptores: respondem a estímulos de deformação mecânica (tato, pressão, distensão ou vibração);
- Quimiorreceptores: respondem a substâncias químicas, por exemplo, substâncias inflamatórias liberadas pelas células após uma lesão (como a histamina, que produz sensação de prurido);
- Termorreceptores: respondem ao aquecimento e resfriamento da pele;
- Nociceptores: sensíveis à lesão tecidual, provocando sensação de dor.

A seguir, abordaremos os receptores especializados da pele, das articulações e musculares.

Receptores da pele

Denomina-se *estereognosia* a capacidade de reconhecimento de um objeto como um todo, através do tato. Essa percepção se dá através da combinação de sensações elementares como tamanho, massa, forma, textura e temperatura, que são veiculadas separadamente pelos diversos tipos de receptores táteis. Assim, cada fibra nervosa transmite informações de uma pequena área da pele e de um determinado tipo de receptor.

Os receptores táteis, dependendo da sua conformação e localização, se especializam em estímulos específicos, como tato, pressão, deformação dos pelos, compressão, deformidade e estiramento de tecidos, textura e detalhes mais finos de objetos, e as sensações sexuais.

Denomina-se *campo receptivo* a área de pele inervada por um único neurônio. No caso dos receptores superficiais da pele, o campo receptivo é pequeno, o que, somado à grande densidade de receptores, faz com que o *poder discriminativo tátil superficial* seja grande, especialmente nas regiões distais (como nas pontas dos dedos) e na face. A distância mínima entre dois estímulos que permite que estes sejam sentidos como distintos é denominada *limiar de discriminação entre dois pontos*, e é variável dependendo da região do corpo considerada, sendo menor nas regiões mais sensíveis, como nas áreas descritas acima (Fig. 4.2). Assim, este limiar é de aproximadamente 2 mm nas pontas dos dedos, 10 mm nas palmas das mãos, e cerca de 40 mm no braço.[3]

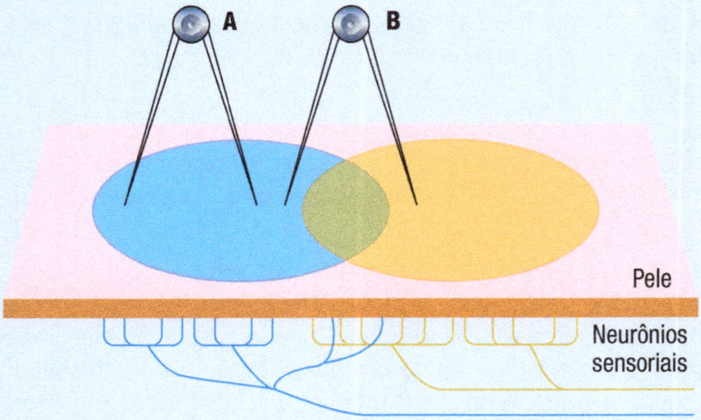

FIGURA 4.2. Campos receptivos: os dois alfinetes em "A" serão percebidos como um estímulo único, por situarem-se no mesmo campo receptivo. Já os alfinetes em "B" serão percebidos como dois estímulos, por estarem localizados em campos receptivos separados, veiculados por neurônios distintos.

Os receptores sensoriais mecânicos podem ser de adaptação *rápida* (*fásicos*) ou *lenta* (*tônicos*). Os receptores de adaptação lenta apresentam atividade sustentada, isto é, que respondem enquanto um estímulo é mantido, e sinalizam estímulos como a pressão exercida sobre a pele e a forma dos objetos. Os receptores de adaptação rápida (que apresentam um pico de disparos de potenciais de ação no início e ao final do contato, isto é, adaptam-se a um estímulo constante e que param de responder) detectam estímulos como o movimento de objetos sobre a pele.

O sentido do tato pode ser dividido em *tato discriminativo* (ou epicrítico) e *tato grosseiro* (ou protopático). O tato discriminativo permite diversas subsensações, e tem campos receptivos pequenos; as sensações que o compõem incluem o contato suave realizado por qualquer objeto sobre a pele e sua localização espacial precisa (*topognosia*), vibração, textura (alternância entre padrões liso/áspero), discriminação entre dois pontos, deslocamento dos pelos e reconhecimento de objetos pelo tato (*estereognosia*). O tato grosseiro proporciona sensações bem menos localizadas espacialmente, e inclui a temperatura, cócegas, prurido e dor.

Superficialmente, na pele glaba, encontram-se os receptores de Merkel e os corpúsculos de Meissner. Mais profundamente encontram-se os corpúsculos de Ruffini e Pacini, e os receptores dos folículos pilosos (Fig. 4.3). Todos estes receptores contribuem para a composição do tato discriminativo.

Terminações nervosas livres

São as mais comuns e as menos específicas, sendo capazes de detectar várias sensações, como o tato grosseiro, pressão profunda, frio, calor e dor. Como não são especializadas em um tipo de sensação, não conseguem distinguir estímulos mais intensos, como a dor provocada pelo calor ou frio intenso (Fig. 4.4A).

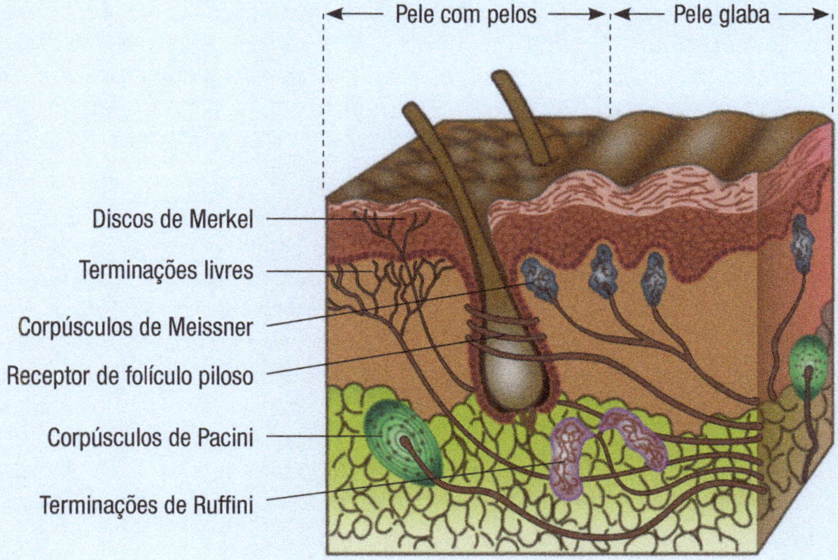

FIGURA 4.3. Corte transversal da pele glabra, seus anexos e receptores.

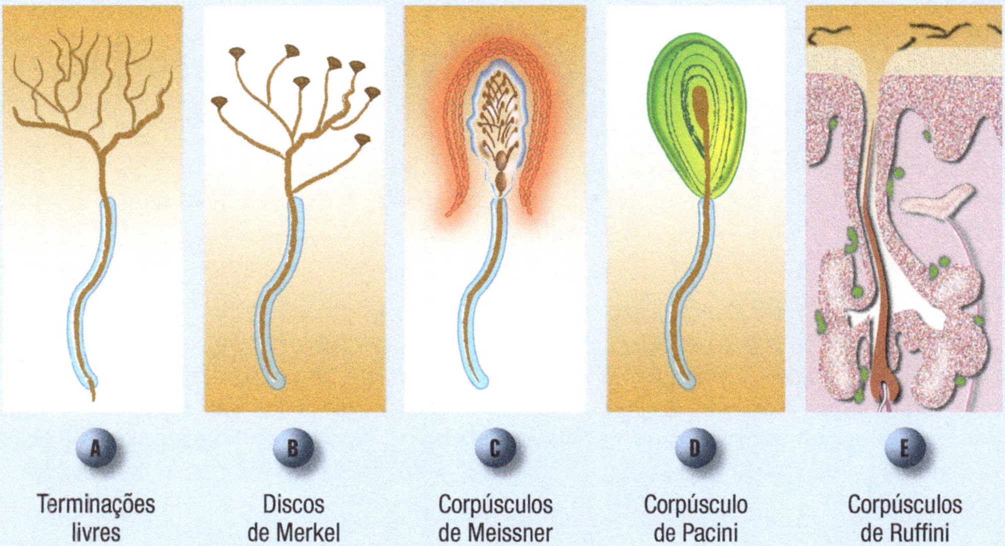

FIGURA 4.4. Representação dos receptores cutâneos.

Discos de Merkel

Situados na camada basal da epiderme. Aproximadamente 100 células de Merkel são inervadas por um único dendrito de uma mesma fibra nervosa. Fornecem informações superficiais da pele, geralmente estímulos mais isolados, leves e com muitos detalhes. O glutamato é o neurotransmissor liberado. A informação fornecida por estas células também faz parte do tato discriminativo e inclui sensação de pressão, textura e detecção de contornos, como bordas de objetos (Fig. 4.4B).

Corpúsculos de Meissner

São agregados de células situados nas papilas dérmicas, imediatamente abaixo da epiderme, e circundados por tecido conjuntivo. Estão presentes predominantemente na ponta dos dedos e nos lábios, detectam informações de textura e outros detalhes finos dos objetos, mas principalmente estímulos de alta frequência, já que a cápsula atua como filtro de estímulos de baixa frequência. Isto é, estes receptores são insensíveis a estímulos estáticos, e são mais sensíveis aos estímulos abruptos, como de retirada rápida. Por isso, tem uma percepção inferior à das células de Merkel. Os corpúsculos de Meissner veiculam informações que fazem parte do tato discriminativo, como tato leve e vibração e conseguem detectar mudanças bruscas de contornos e pequenas irregularidades dos objetos (Fig. 4.4C).

Corpúsculos de Pacini

Presentes na derme, principalmente nas cápsulas articulares, mesentério,* entre camadas de músculos e membranas interósseas. São formados por várias células, relativamente grandes em comparação aos outros receptores, semelhantes a fibroblastos. Essas células dispõem-se circularmente em camadas, e por isso acabam filtrando as informações mecânicas de menor frequência, e detectam apenas as de maior frequência. São encontrados na camada mais profunda dos tecidos, e detectam compressões e estiramentos rápidos, além da sensação de vibração. O sinal detectado dura apenas poucos segundos (Fig. 4.4D).

Corpúsculos de Ruffini

Presentes no tecido conjuntivo da derme são grandes e fusiformes. Como estão integrados fortemente ao colágeno, respondem ao estiramento do tecido da pele, como os órgãos tendinosos de Golgi (Fig. 4.4E).

A Tabela 4.1 mostra um resumo das fibras nervosas (aferentes) que partem dos receptores, bem como o tipo de axônio e o estímulo que ativa cada um dos receptores.

Os axônios diferem quanto ao seu calibre (mais grossos ou mais finos) e à velocidade de condução do estímulo elétrico. Os axônios mielinizados conduzem o estímulo com maior velocidade, por apresentarem menor resistência ao fluxo elétrico. Os mecanorreceptores e os proprioceptores são exemplos de receptores inervados por axônios mielinizados. Já os receptores térmicos e nociceptores têm axônios não mielinizados e mais finos, resultando em menor velocidade de condução do estímulo elétrico.

Normalmente os receptores táteis são estimulados por uma deformação física da fibra nervosa no interior do receptor, seja em forma de compressão ou estiramento. Como consequência,

---

*Mesentério: membrana que liga o jejuno e íleo (ambas as partes do intestino) às demais estruturas intestinais, composta por duas folhas membranosas e gordura, e onde se localiza a inervação e a irrigação do intestino.

TABELA 4.1. *Classificação dos receptores, dos respectivos axônios e velocidade de condução*

RECEPTOR	ESTÍMULO QUE ATIVA O RECEPTOR	AXÔNIO
Terminação nervosa livre	Dano tecidual, temperatura e tato grosseiro	Aδ: mielinizado e pequeno calibre
Terminação nervosa livre	Cócega, prurido, dano tecidual e temperatura	C: não mielinizado e pequeno calibre
Corpúsculos de Meissner	Tato, vibração	Aβ: mielinizado e médio calibre
Corpúsculos de Pacini	Tato, vibração	Aβ: mielinizado e médio calibre
Corpúsculo de Ruffini	Estiramento de pele	Aβ: mielinizado e médio calibre
Discos de Merkel	Pressão	Aβ: mielinizado e médio calibre

momentaneamente há o aumento da permeabilidade dessa fibra, levando à entrada de íons sódio para o seu interior e a produção de uma corrente elétrica e um potencial gerador. Em consequência, esse potencial produzirá uma série de potenciais de ação, enquando durar o estímulo.

Esse esquema, de modo sucinto, é o mesmo que ocorre em todos os demais receptores táteis dependentes de um estímulo físico. Já os receptores de temperatura e dor são excitados por estímulos aplicados no próprio receptor, como veremos adiante. Porém, nenhum receptor age de forma isolada e individualizada, já que muitas ações e situações podem ocorrer ao mesmo tempo para um indivíduo. Isto é, mais de um receptor pode ser ativado ao mesmo tempo, o que poderia nos levar a pensar em como é feita a discriminação de qual receptor está sendo ativado, já que a percepção consciente deve ser rápida e depende de experiências sensoriais prévias.

Por exemplo, suponhamos que uma pessoa segura um vaso cheio de água, com as mãos ensaboadas, dentro de um metrô em movimento. As terminações conseguem perceber, ao mesmo tempo, que o vaso está deslizando para baixo (devido à ação da gravidade e à mão escorregadia), e que a água está se movimentando em função da inércia responsiva à aceleração e desaceleração do metrô, frente a qual a mão também deve reagir, pressionando com maior ou menor força. Os receptores conseguem perceber, mesmo que a retirada seja leve, quando a mão se afasta ligeiramente do vaso e reduz a força contra o vidro.

Essas características são determinantes das propriedades de codificação do sistema somestésico, que possibilitam os receptores e o córtex sensorial discriminar a localização, a intensidade, duração e o tipo de estímulo, já que mais de um estímulo pode estar presente em um dado momento.

VIAS E CENTROS NEURAIS DA SENSIBILIDADE TÁTIL

A partir da percepção do estímulo (orientação, direção, textura e forma), e da formação do potencial de ação, a informação é enviada ao SNC através das fibras nervosas. Primeiro as fibras se dirigem aos gânglios somestésicos, e daí para a medula espinhal e ao tronco encefálico. Caso as fibras se originem de receptores exteroceptivos (superfície da pele) responsivos a estímulos mecânicos (tato epicrítico), propriocepção** e vibração, as informações entram na medula espinhal através das

**Propriocepção: fornece informações a respeito de músculos, tendões, articulações e vibração profunda, e a resultante posição estática ou dinâmica, durante o movimento, das partes do corpo. Independe da informação visual para fornecer estas informações.

raízes dorsais dos nervos raquidianos, posicionam-se na região dorsal da medula espinhal, nos feixes grácil e cuneiforme, e seguem para os núcleos grácil (dos membros inferiores) e cuneiforme (dos membros superiores, ombro e pescoço), localizados na região inferior do bulbo raquidiano. Alguns feixes seguem para as lâminas IIb e III do corno dorsal da medula espinhal. Já as fibras originadas dos dermátomos cefálicos entram no tronco encefálico através das três raízes sensoriais do nervo trigêmeo, e dos nervos intermediário, glossofaríngeo e vago. Os dermátomos são áreas cutâneas bem definidas e que separam regiões inervadas pelas fibras de uma única raiz dorsal, como ilustrado na Figura 4.5.

A partir dos núcleos grácil e cuneiforme, as fibras decussam e enviam projeções para o núcleo ventral posterior lateral do tálamo contralateral através do feixe lemnisco medial. Já aqueles que não terminam nos núcleos grácil e cuneiforme enviam projeções para a porção magnocelular do núcleo ventral posterior medial do tálamo contralateral através do lemnisco trigeminal (Fig. 4.6).

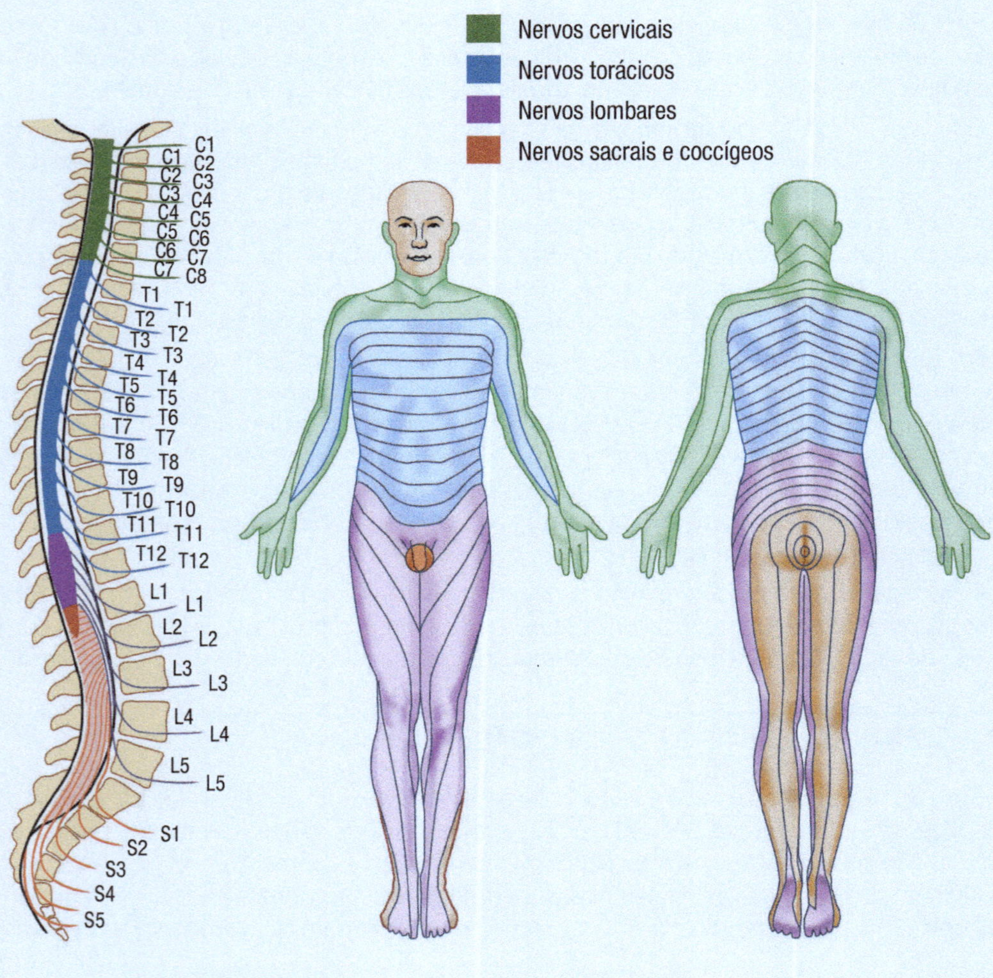

FIGURA 4.5. Raízes espinhais sensitivas e inervação corporal (dermátomos).

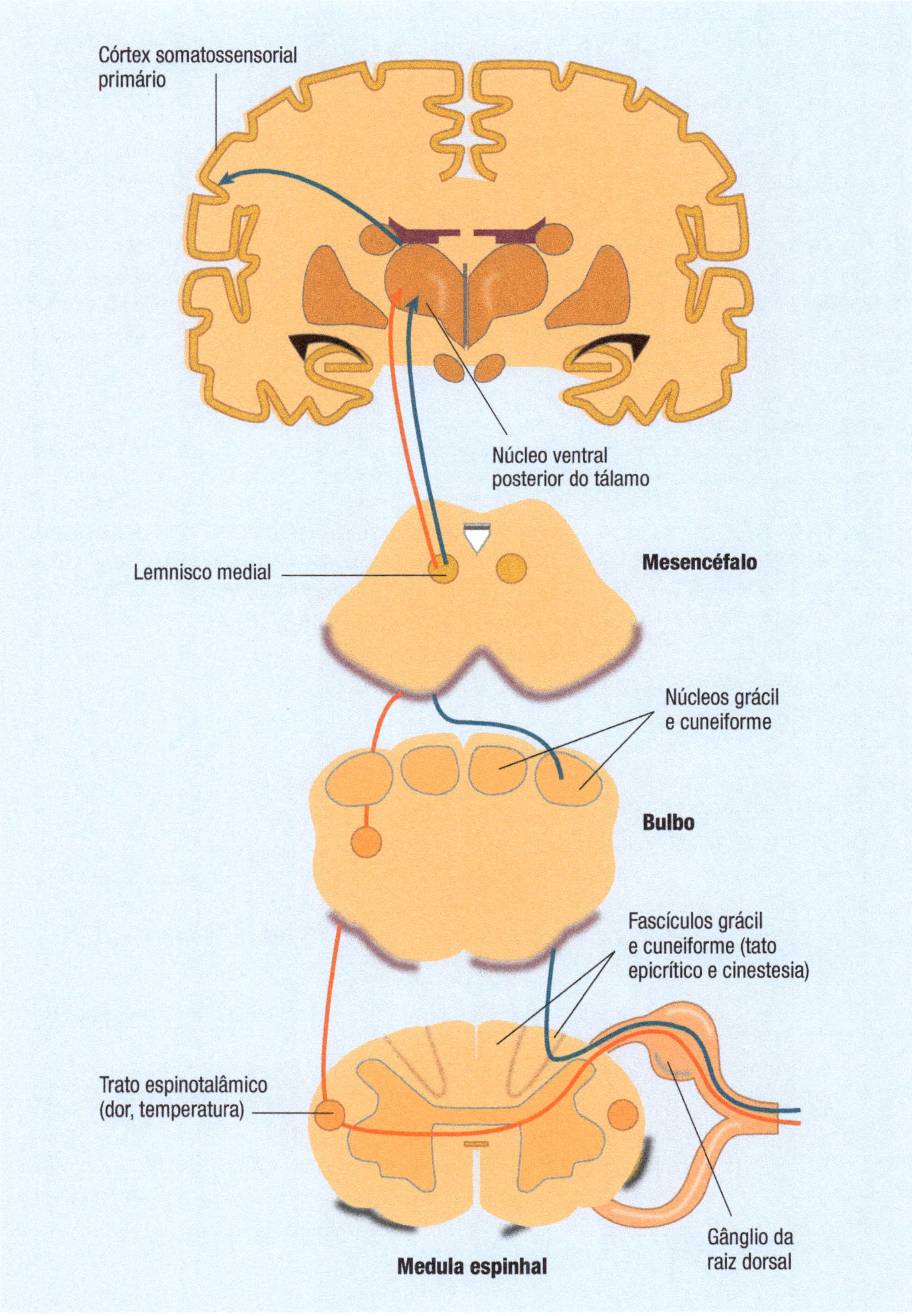

FIGURA 4.6. Vias da sensibilidade somestésica.

Partindo destes núcleos talâmicos, saem axônios para as regiões corticais somestésicas, o primário (S1), localizado na face lateral do giro parietal pós-central, e o secundário (S2), localizado no teto do sulco lateral.

A região S1 está disposta nas áreas 3a, 3b, 1 e 2 de Brodmann, e recebe informações de regiões corporais contralaterais, devido à decussação das fibras provindas dos fascículos grácil e cuneiforme. A área S2 recebe aferências de S1 (região associativa) e envia projeções para o lobo temporal e ínsula, e está relacionada à memorização e ao aprendizado tátil (Fig. 4.7).

A partir da região S1 também saem projeções para outras duas áreas corticais: a área 5 e 7 de Brodmann, também chamadas de *área de associação somestésica* e *área receptiva multimodal parietal superior*, respectivamente. A área 5 integra informações originadas dos mecanorreceptores e receptores proprioceptivos das mãos (integração inter-hemisférica), e é responsável pela coordenação "mão-objeto". A área 7 combina informações somestésicas e visuais, isto é, faz a coordenação "olho-mão", através da avaliação de relações espaciais entre os objetos e destes com o seu corpo (Fig. 4.8).

Caso as fibras se originem de receptores interoceptivos somestésicos, que sinalizam informações protopáticas da pele, como o frio, calor, dor e queimação, a entrada na medula é a mesma. Porém, a diferença é que dentro da medula espinhal, realizam conexões com outros neurônios (neurônios de segunda ordem), e ascendem através do trato espinotalâmico, e terminam nas lâminas I e II do corno dorsal; estas fibras decussam na medula. No tronco encefálico, terminam no núcleo espinhal do trigêmeo e no núcleo do trato solitário. As vias originadas no corno dorsal da medula se unem a vias originadas no tronco encefálico e se projetam para o tálamo, passando antes por outras estruturas, como a formação reticular do tronco encefálico e o núcleo parabraquial, relacionadas à regulação de funções orgânicas (Tabela 4.2).

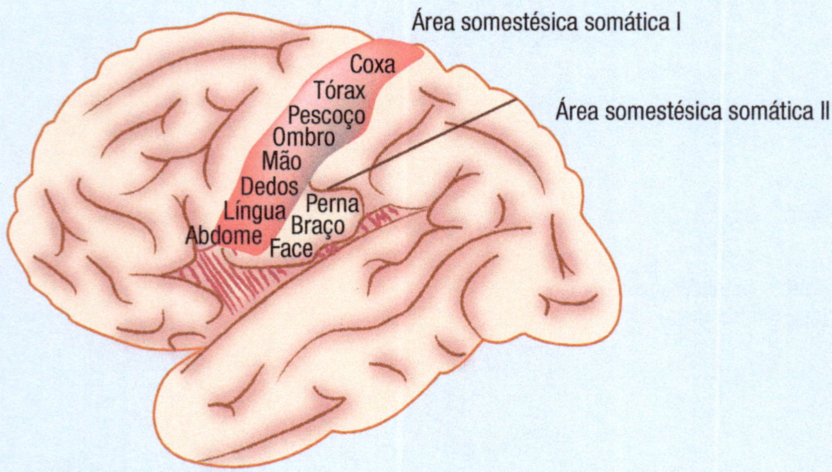

FIGURA 4.7. Área cortical somestésica primária e secundária.

INTERPRETAÇÃO DO ESTÍMULO SOMESTÉSICO

Apesar da diferenciação e especialização de cada receptor somestésico, não é o próprio receptor que determina qual o tipo de sensação que será experimentado pelo indivíduo. Isso porque a interpretação depende da via escolhida e da área cortical envolvida. Uma será responsável pela identificação do estímulo tátil, outra pelo doloroso, e outra será responsável pela localização.

Cada região corporal tem uma representação cortical, mesmo as fibras que se originam em áreas da pele distantes entre si em apenas 1 cm. Já no tálamo é possível se fazer uma identificação grosseira da origem da informação, mas o refinamento da informação ocorre apenas no córtex. Neste, a representação corporal somestésica localiza-se imediatamente após o sulco central do cérebro, estendendo desde a fissura longitudinal até a fissura de Sylvius.

Cada região corporal está representada no córtex somestésico, em uma distribuição ordenada, partindo dos pés até a cabeça, no sentido superior do córtex para a lateral inferior (Fig. 4.9).

TABELA 4.2. ***Resumo das vias somestésicas***

TIPO DE ESTÍMULO	TATO EPICRÍTICO, PROPRIOCEPÇÃO, VIBRAÇÃO	TATO PROTOPÁTICO, DOR E TEMPERATURA
Localização na medula	Coluna dorsal	Coluna anterolateral
Fibras/Via	Lemnisco medial	Espinotalâmico
Local de cruzamento das fibras	Bulbo	Medula
Tipo de fibra	Aβ	Aγ e C

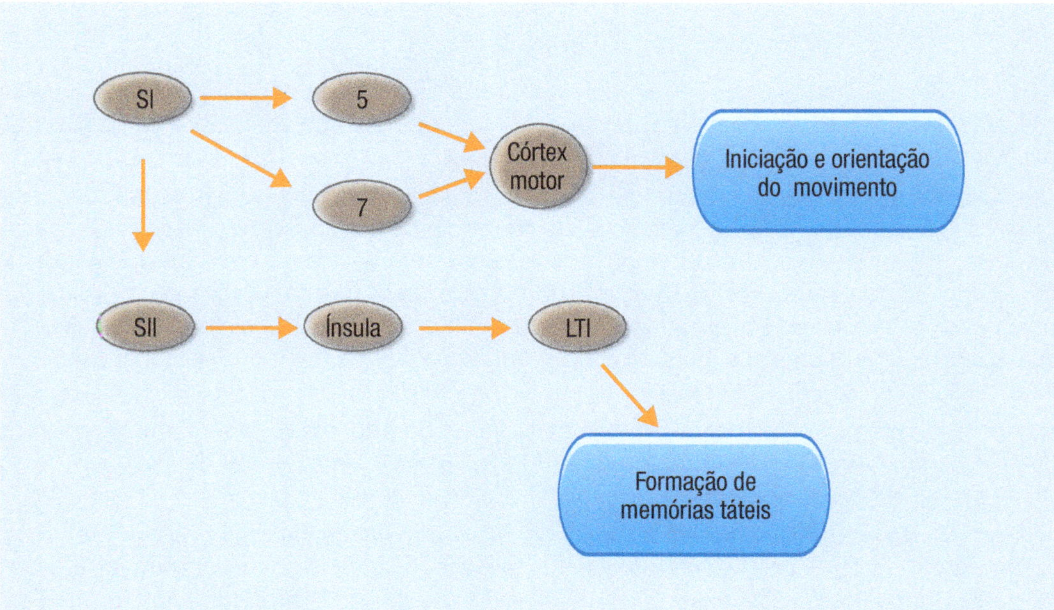

FIGURA 4.8. Representação esquemática das vias de processamento somestésico. LTI: lobo temporal inferior.

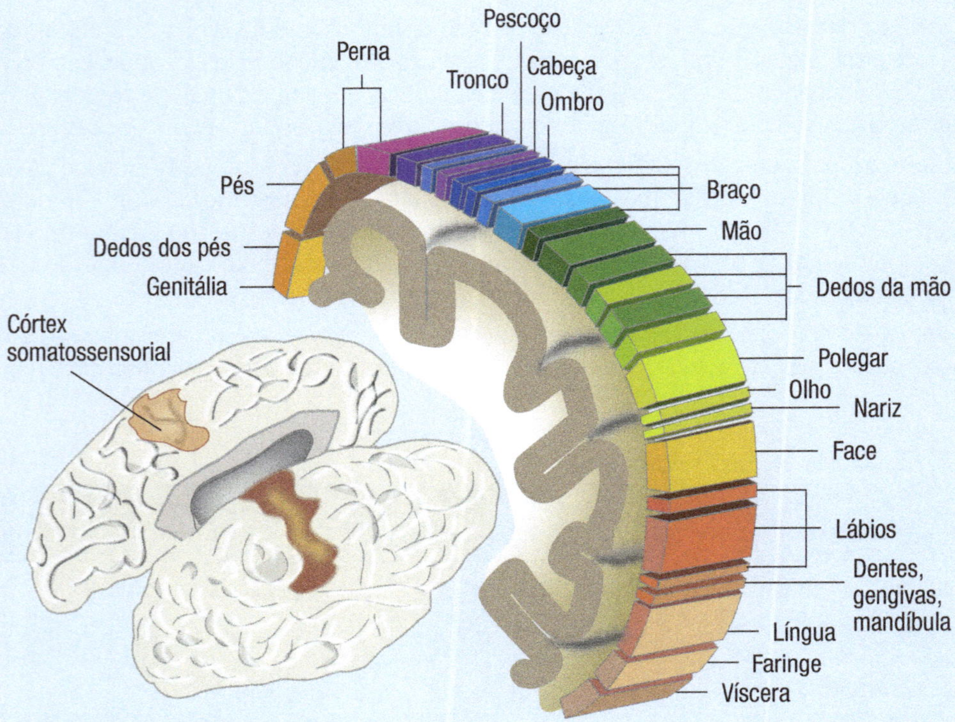

FIGURA 4.9. Distribuição da representação corporal no córtex somestésico.

As sensações melhor localizadas pelo córtex somestésico são tato leve, pressão e posição das partes corporais. Já as sensações de tato grosseiro (dor contínua, calor e frio) são melhor localizadas pelo tálamo.

A interpretação do tipo de sensação é feito pelo córtex de associação somestésica, localizado a cerca de 1 cm atrás do córtex somestésico. Este córtex de associação recebe aferências do tálamo, de outras regiões basais do encéfalo, e do próprio córtex somestésico, e é o responsável por determinar algumas características das sensações: a forma do objeto que está provocando a sensação, as posições de cada parte do corpo entre si, o tipo e superfície do objeto, e a posição de um objeto em relação a outro. Cada uma dessas informações é armazenada, e cada vez que se recebe uma nova informação, é comparada às anteriores para auxiliar na interpretação da sensação.

Como já exposto, a capacidade de discriminação de dois pontos varia conforme a região do corpo. Quanto maior a concentração de receptores cutâneos, menor o limiar de reconhecimento, isto é, a pessoa consegue discriminar com mais facilidade (Fig. 4.10).

Como os dedos da mão apresentam uma boa capacidade discriminativa, é possível que um deficiente visual consiga ler através do método Braille, que é constituído por um alfabeto de 63 sinais formados por pontos em alto relevo, cujas distâncias são de apenas 2 mm. Cada letra é formada por no mínimo um ponto, e no máximo por 6 pontos, e a posição dos pontos é que determina a letra (Fig. 4.11).

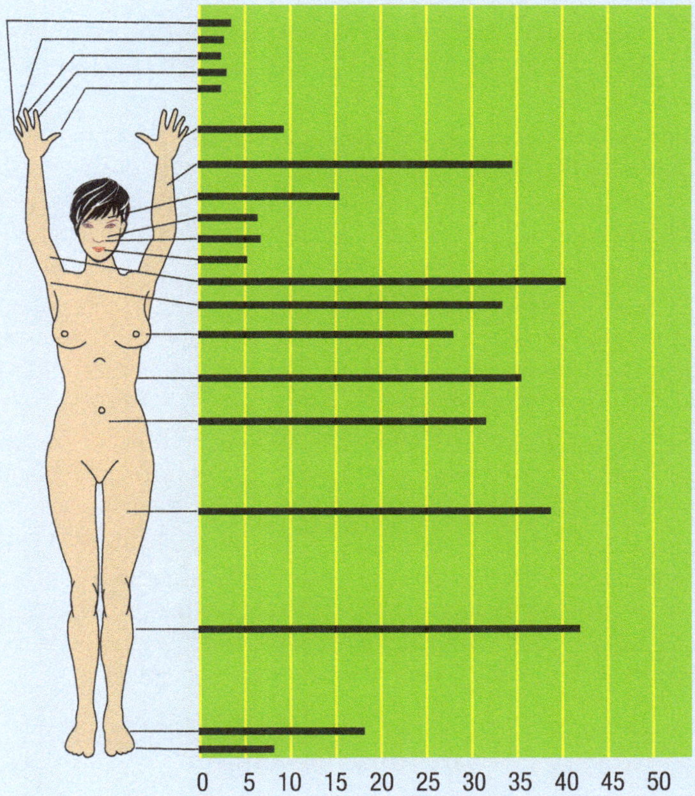

FIGURA 4.10. Limiar de discriminação dos pontos. Menor em regiões como dedos da mão e face.

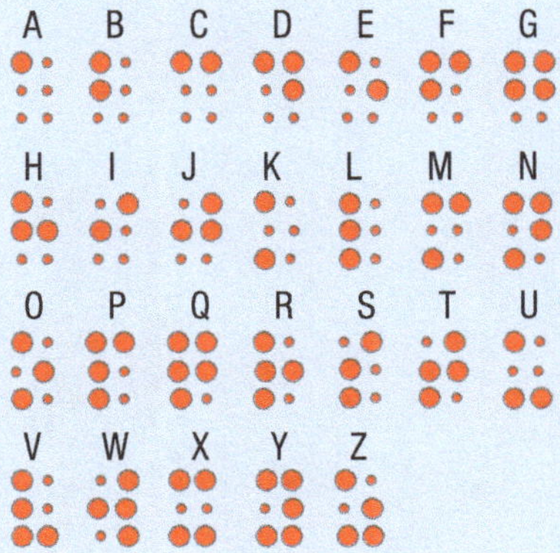

FIGURA 4.11. Alfabeto escrito em método Braille. Os círculos maiores são os pontos em alto relevo percebidos pelo tato.

Esta tarefa de sentir quantos pontos existem, e a sua distribuição em colunas e linhas, é extremamente difícil para as pessoas que nunca treinaram. Isso ocorre também porque a área cortical somestésica das pessoas que treinaram o método Braille se torna mais extensa do que das pessoas sem déficit visual, como uma forma de compensar a ausência da informação visual, devido a mecanismos de neuroplasticidade.

Existem aproximadamente 100 vezes mais receptores táteis nas pontas dos dedos do que no abdômen, por isso a sua representação cortical é muito maior. Se desenhássemos o corpo humano de acordo com a proporção da representação cortical, teríamos uma imagem bem diferente da real (Fig. 4.12). Além dos dedos da mão, há também mais receptores na face, principalmente nos lábios e língua.

Todo estímulo costuma gerar uma resposta imediata no receptor, e de modo intenso logo no início, mas que com o passar do tempo (em segundos ou minutos), caso continue presente, provoca uma redução gradual da intensidade da resposta. Este mecanismo é denominado *habituação*, e constitui uma das formas de aprendizado.

Observamos que quando tomamos banho com água muito quente, e nosso corpo está frio, a primeira sensação é desagradável, como se estivéssemos nos queimando. Mas com o tempo, a mesma temperatura se torna agradável, pois os receptores táteis se adaptam à temperatura da água.

Existe variação entre as adaptações táteis. As sensações de tato leve e de alguns tipos de pressão adaptam-se mais fácil e rapidamente do que a sensação de dor. Isto é, em poucos segundos nossos receptores táteis se adaptam a estímulos como o toque da roupa no corpo, os brincos, calçados e a cadeira onde sentamos. Caso isso não ocorresse, passaríamos o dia inteiro recebendo estas informações, sem conseguirmos nos concentrar em outros estímulos.

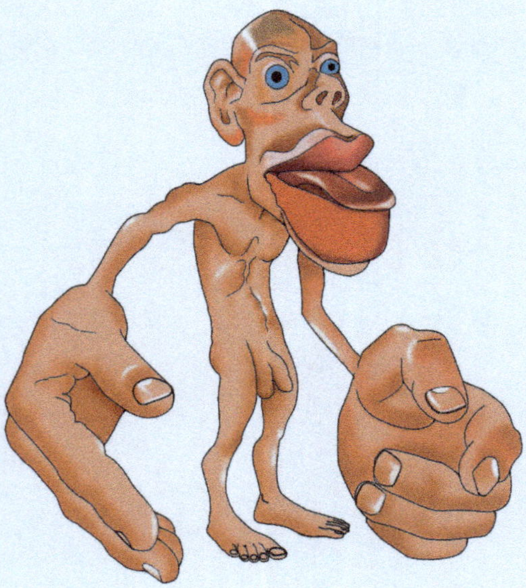

FIGURA 4.12. Corpo humano desenhado proporcionalmente à área de representação cortical de cada parte do corpo.

Mas caso a roupa seja uma calça apertada, um brinco de pressão, um sapato de ponta estreita ou uma cadeira de plástico bem incômoda, por exemplo, o estímulo passa a ser até doloroso e a adaptação é bem mais lenta, tornando, muitas vezes, o estímulo incessante. Isso ocorre porque enquanto a causa da dor estiver presente, o nosso cérebro a identificará e sinalizará, como um mecanismo de defesa e alerta de que algo está errado, e que alguma medida deve ser tomada antes que ocorra alguma lesão em nosso corpo.

DOR

Daremos um enfoque especial à detecção do estímulo que produz como resultado a dor, por ser consequente a processos lesivos contra os receptores e às vias nervosas, e queixa muito frequente entre a população atendida pelos profissionais da área da saúde.

Pode se classificar a dor em nociceptiva (fisiológica) ou patológica. A dor nociceptiva é transitória, dependente de uma estimulação intensa, aguda, não persistente, e que leva a reações de retirada do membro lesionado e outras respostas autonômicas (taquicardia, dilatação das pupilas, aceleração do ritmo respiratório) e comportamentais, como um grito. Um exemplo deste tipo de dor é a causada no momento em que a faca corta a pele do dedo de uma cozinheira. Como reação, ela retira imediatamente o dedo da faca, e geralmente aperta a região em uma tentativa de impedir o sangramento.

A dor patológica é a dor crônica, decorrente geralmente de uma lesão tecidual por inflamação, lesão do sistema nervoso periférico (amputação ou neuropatia), e que está presente mesmo na ausência do estímulo desencadeante.

Apesar da sensação de dor ser desagradável, ela é importante para a manutenção da integridade dos tecidos corporais e serve de alerta para processos lesionais ou disfunções viscerais, como uma dor do estômago causada por uma gastrite.

Geralmente a dor nos remete a sensações desagradáveis, como de castigo ou punição, e em muitas civilizações antigas ou indígenas, vencer a dor é sinônimo de bravura e masculinidade.

Os receptores da dor aguda, os nociceptores, são terminações livres de neurônios aferentes primários, reativos às lesões teciduais causadas por estímulos de alta intensidade, como traumas e isquemias de tecidos, calor e frio intensos, ou irritação química. A partir da detecção do estímulo, ocorre o processo de transdução, que é a conversão do estímulo em potenciais de ação.

Há transdução de todos os estímulos, e isso ocorre graças à presença de uma variedade de proteínas transmembranares, constituintes dos receptores e canais iônicos. Desta forma, há um grupo de proteínas especializado na detecção de ácidos, outro de frio etc., mas ao mesmo tempo, um único tipo de estímulo pode interagir com vários receptores.[4,5]

Com a geração do potencial de ação, este pode ser conduzido pelo SNC por duas fibras: as do tipo Aδ de diâmetro fino, com pouca bainha de mielina e com velocidade de condução média entre 3 e 30 m/s; e as fibras tipo C, sem mielina e com velocidade de condução baixa, de 0,5 a 2 m/s.

Os nociceptores das fibras Aδ respondem a estímulos mais intensos, na dor "rápida", e são diferenciados em dois tipos (I e II) conforme sua resposta aos estímulos térmicos e a sensibilidade à capsaicina (composto encontrado na pimenta que causa irritação). Já os nociceptores das fibras tipo C respondem bem a todos os estímulos nocivos (térmicos, mecânicos e químicos), sendo também chamados de polimodais. Estão envolvidos na transmissão da dor "lenta".

Os corpos celulares dos nociceptores localizam-se nos gânglios da raiz dorsal e trigeminal. Os primeiros projetam seus axônios para o tronco e os membros; e os do corno dorsal trigeminal, para a cabeça. Estes neurônios, também chamados de aferentes primários, têm axônios que se bifurcam ao saírem dos gânglios, em ramo distal (que se projeta para a região periférica) e em ramo proximal (que se estende até o tronco encefálico e a medula espinhal). O ramo distal transduz o estímulo nocivo físico e químico em potencial de ação (Fig. 4.13).

Fisiologicamente os neurônios (secundários) que recebem os impulsos dos nociceptores primários podem ser classificados em dois tipos: o específico, que recebe impulsos apenas de aferentes nociceptivos primários dos tipos Aδ e C, isto é, de estímulos somáticos e viscerais de alta intensidade; e o neurônio de ampla faixa dinâmica, que recebe impulsos de aferentes primários mecanorreceptivos de baixo limiar (fibras tipo Aβ) e também de aferentes nociceptivos de alto limiar (fibras Aγ e C).

Os neurônios de ampla faixa dinâmica (chamados de convergentes) são capazes de responder tanto com baixa frequência a estímulos leves e inócuos (como os táteis), como com alta frequência a estímulos nocivos. São os neurônios envolvidos no mecanismo da dor referida, que será descrita adiante.

No corno dorsal da medula estão presentes os neurônios de projeção e os interneurônios, envolvidos na *teoria da comporta*, que tenta explicar como se dá a modulação da dor na medula espinhal.[4] A teoria da comporta diz que interneurônios inibitórios podem reduzir a dor, quando são ativados, ou aumentar a dor, quando são inibidos por outros neurônios inibitórios. Este mecanismo

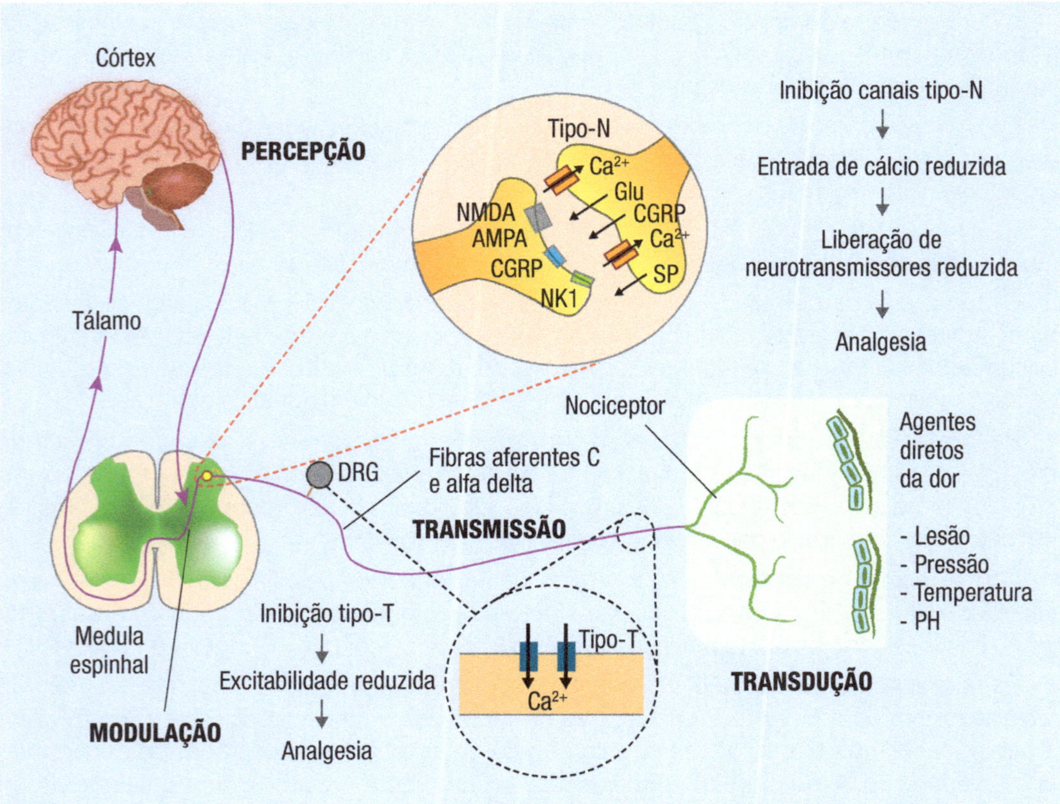

FIGURA 4.13. Via da transmissão da informação da dor: origem periférica em direção ao sistema nervoso central. NMDA: N-metil-D-aspartato; AMPA: alfa-amino-3-hidroxi-metil-5-4-isoxazolpropiônico; CGRP: peptídeo relacionado ao gene da calcitonina; NK1: neuroquinina 1; Glu: glutamato; SP: substância P.

pode ser experimentado quando friccionamos uma área dolorosa (ativando receptores táteis) e observamos uma redução da dor.

Os principais tratos ascendentes são os espinotalâmicos, que realizam a conexão entre a medula e o tálamo, e se dividem em neoespinotalâmico, que tem poucas sinapses ao longo do seu trajeto e está envolvido na transmissão da dor rápida ou aguda, por conduzir em alta velocidade; e em paleoespinotalâmico, que está relacionado a dor lenta ou crônica, por conduzir em baixa velocidade.

Esses tratos projetam colaterais para vários níveis do encéfalo, como os núcleos da formação reticular do tronco encefálico inferior e do mesencéfalo, as camadas profundas do colículo superior, substância cinzenta periaquedutal, núcleo parabraquial, hipotálamo e núcleos subtalâmicos (Fig. 4.14).

As pessoas podem perceber a dor de formas diferentes, isto é, algumas sentem um estímulo de forma mais intensa que outras, mesmo que a intensidade aplicada seja a mesma. Mas basicamente, as pessoas podem descrever a dor como algo parecido com uma pontada (aguda), ou em

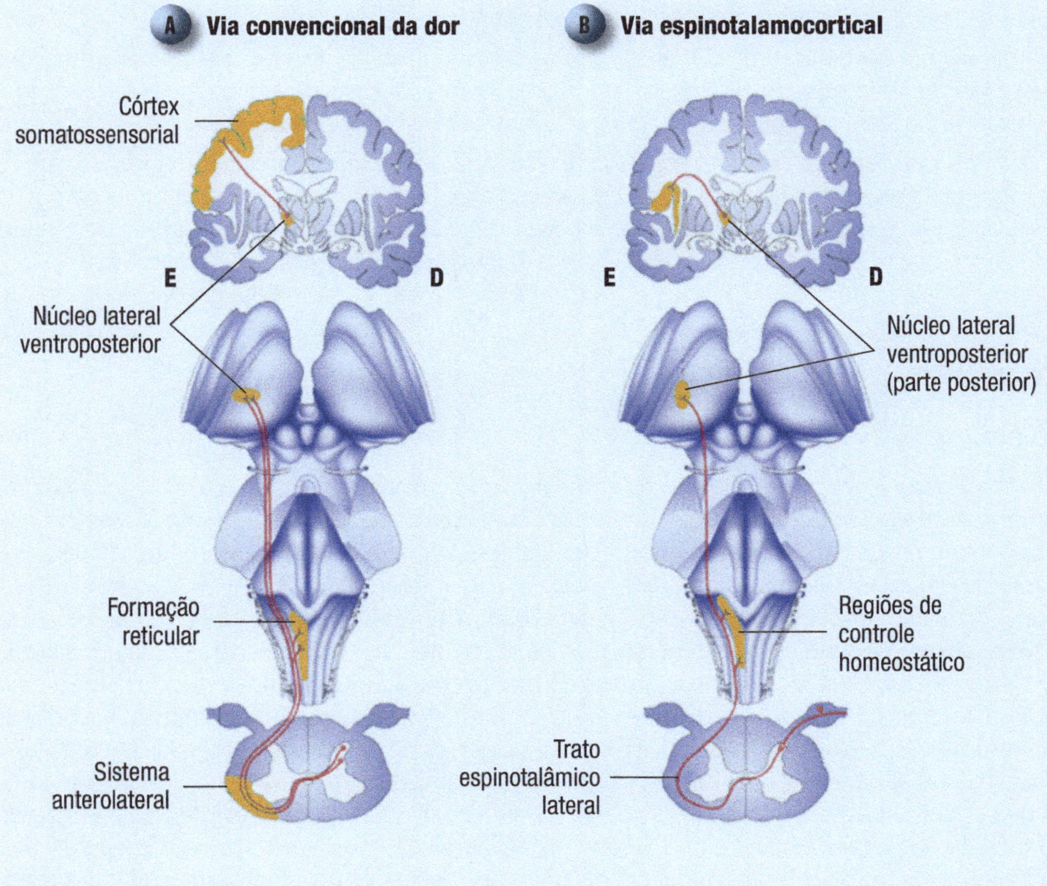

FIGURA 4.14. Vias centrais da dor.

queimação (contínua). A sinalização da dor em pontada ocorre no complexo ventrobasal do tálamo, junto com o lemnisco medial, partindo em seguida para as áreas somestésicas do córtex.

As fibras da dor em queimação terminam na substância reticular do tronco cerebral, e algumas continuam até os núcleos intralaminares talâmicos. São estas fibras as responsáveis pelas reações de mau humor, raiva e agressividade associadas à dor, pois levam o organismo a um estado de atividade reacional, porém de forma inconsciente.

Modulação endógena da dor

Recentemente, verificou-se que a estimulação de algumas estruturas do tronco encefálico, como o núcleo magno da rafe, a formação reticular bulbar, a região parabraquial, o *locus coeruleus* e algumas regiões do diencéfalo e do telencéfalo produzem analgesia em ratos, a ponto destes serem capazes de suportar uma cirurgia abdominal sem anestesia.

Sabe-se que a estimulação destas estruturas tem o mesmo efeito que a morfina, a qual se liga a receptores opioides do SN central e periférico e produz uma analgesia potente.

Outra forma de bloqueio da dor ocorre sob ação de um polipeptídeo endógeno denominado endorfina. Este peptídeo também se liga a receptores opioides, provocando a analgesia. Acredita-se que este seja o mecanismo de atuação da acupuntura, sendo a liberação da endorfina provocada pelos estímulos sensoriais da agulha nos centros supressores da dor.

Há ainda a modulação da dor através da serotonina e norepinefrina, liberadas em situações de medo ou de estresse, e que exercem influência em estruturas do tronco encefálico como a substância cinzenta periaquedutal, bulbo rostroventromedial e o *locus coeruleus*.

Muitas pessoas já ouviram relatos de jogadores que se machucaram durante o jogo, e que só começaram a sentir a dor ao final da partida. Nestas situações, bem como de confrontos corporais, há a ação de substâncias denominadas *endocanabinoides*, produzidas em situações de intenso estresse, e que se assemelham aos canabinoides derivados da planta *Cannabis sativa*, a maconha, e que provoca a analgesia.

Tipos de dor

Dor visceral

As lesões que acometem as vísceras, como a inflamação, infecção, isquemia ou distensão, nem sempre são percebidas na sua total intensidade ou exata localização. Isso porque as vísceras não apresentam tantas terminações como o tecido somestésico, e as que estão presentes são difusas e esparsas. Algumas vísceras, ou regiões específicas, não apresentam sequer inervação nociceptiva, como o colo do útero, que pode ser até cauterizado sem anestesia. Sabe-se que os órgãos viscerais sólidos são menos sensíveis à dor, enquanto as vísceras ocas (como a bexiga e o estômago) são muitos mais sensíveis a processos inflamatórios da mucosa ou a contração dos músculos lisos (como uma cólica intestinal), e causam dor intensa. Os receptores viscerais podem ser mecanorreceptores ou responsivos a estímulos químicos (aumento da acidez do estômago, isquemia do coração) e inflamatórios. Os aferentes nociceptivos viscerais também se dirigem ao corno dorsal da medula espinhal, como os demais aferentes somáticos. Na medula, realizam sinapses principalmente com neurônios de segunda ordem, que ascendem ipsilateralmente e alcançam os núcleos grácil e cuneiforme do bulbo. Dos núcleos, partem axônios que decussam no lemnisco medial, e terminam no núcleo ventral posterior lateral do tálamo. Do tálamo, projetam-se para o córtex insular e área anterior do cíngulo, onde ocorre a percepção da dor visceral.

Dor referida

Muitas vezes nos queixamos de uma dor que não ocorre exatamento no local da lesão, frequentemente originada em regiões próximas ou até mesmo distantes. Queixas de dor por erupções herpéticas genitais muitas vezes se estendem até os membros inferiores, no dermátomo correspondente ao local da lesão herpética. Frequentemente os pacientes apresentam dor referida quando as lesões ocorrem em tecidos mais profundos, como as vísceras, músculos e articulações, e não apenas superficiais, como a pele. Quanto maior a lesão e a estimulação nociceptiva causadora, maior será a distribuição espacial da dor referida, bem como a intensidade e a duração. Observamos esta dor referida também em pessoas com angina,*** que relatam sensações de dor e formigamento no dermátomo correpondente (membro superior).

Dor fantasma

É a dor observada em pacientes que sofrem amputações, e relatam sensações de estímulo consciente no local do membro amputado. Isso ocorre porque mesmo na ausência do membro, dos receptores somestésicos e nociceptivos, e das vias periféricas, a representação do membro no SNC continua ativa. Alguns pacientes relatam inclusive sentir a mesma dor que sentiam no membro antes da amputação. Esse fenômeno do "membro fantasma" é tão curioso a ponto dos pacientes sentirem coçar o dedo que não existe mais, ou de sentirem como se estivessem sendo tocados no local do membro amputado quando ocorre estimulação de regiões distantes, como a face ou o braço, o que se deve ao fato de que logo após a amputação, o mapa somatotópico do córtex somatossensorial começa a sofrer uma reorganização, a fim de que os neurônios correspondentes ao membro amputado passem a responder a estímulos de outras regiões corporais. Essa reorganização pode persistir por muitos anos, bem como a dor fantasma, que é uma das mais difícies de se tratar e pode causar intenso sofrimento ao paciente.

Dor neuropática

É a dor causada por lesão que ocorre nos nervos periféricos ou raízes nervosas, geralmente após cirurgias em que ocorre secção de nervos sensitivos, amputações, traumatismos (esmagamento de membro inferior em acidente de carro) ou em doenças como diabetes ou infecções virais (como na neuralgia pós-herpética). A dor neuropática manifesta-se de forma espontânea, e através de *hiperalgesia* (relato de dor intensa, porém não compatível com o estímulo, embora este seja doloroso), *disestesia* (sensação anormal e desagradável, descrita como "formigamento" ou "agulhadas", que pode ser espontânea), *alodínia* (quando o paciente se queixa de dor em decorrência de um estímulo não doloroso, que pode ser mecânico ou térmico) e *causalgia* (dor "em queimação" na região de um ou mais nervos periféricos). As justificativas para tais alterações são o processamento anormal da informação nociceptiva periférica e central, o surgimento de estímulos extras nos axônios aferentes ou nos neurônios do gânglio da raiz dorsal que sofreram lesões, e sensibilidade anormal após o brotamento de novos axônios.[6]

SENSIBILIDADE PROFUNDA OU PROPRIOCEPTIVA

A *propriocepção*, isto é, a percepção de si mesmo e das diversas partes do corpo, é veiculada por receptores localizados nos músculos, tendões, articulações e no sistema vestibular. Nestes órgãos, estão situados receptores especializados, que fornecem ao SNC informações sobre a posição de todas as partes do corpo e da cabeça, possibilitando a integração entre elas, e a elaboração

***Angina: dor na região do peito, de origem cardíaca.

inconsciente da postura corporal.[1,2] Estas informações também são necessárias para a elaboração de movimentos precisos, utilização correta da força muscular, e preparação do corpo para as diversas atividades corporais. O sistema vestibular é estudado com mais detalhes no Capítulo 9 – *Sistema Vestibular*.

Receptores articulares e musculares

Os receptores das articulações podem ser terminações nervosas livres, como já citado anteriormente, ou os corpúsculos de Pacini. Ambos são sensíveis às deformações da cápsula articular e dos ligamentos articulares, detectando todos os movimentos possíveis de serem realizados pelas articulações, protegendo-as contra lesões.

O músculo apresenta como receptores os fusos musculares, localizados entre as fibras musculares, e os órgãos tendinosos de Golgi, encontrados entre as fibras musculares e o tendão (Fig. 4.15). São estas duas estruturas que fornecem informações contínuas acerca do comprimento do músculo, a força tensional gerada e a velocidade da alteração do comprimento da fibra muscular.[4,7] Todas estas informações são necessárias para que os músculos realizem contrações adequadas, e gerem movimentos precisos e coordenados. Os músculos atuam com antagonistas para que o movimento possa ocorrer, pois é necessário que um seja o responsável pelo movimento, e o oposto seja o freador/regulador do movimento. Esta sinergia agonista/antagonista é importante para evitar amplitudes de movimento excessivos e lesões, tanto por contração ou estiramentos máximos.

Fusos musculares

Os fusos musculares são estruturas muito pequenas, com tamanho entre 4 e 10 mm, alongadas, posicionadas paralelamente às fibras musculares, e fusiformes, isto é, possuem o centro ligeiramente dilatado e extremidades afiladas (Fig. 4.16). São ativados quando a musculatura é estirada, e não apresentam efeito nenhum quando o músculo está sendo contraído.

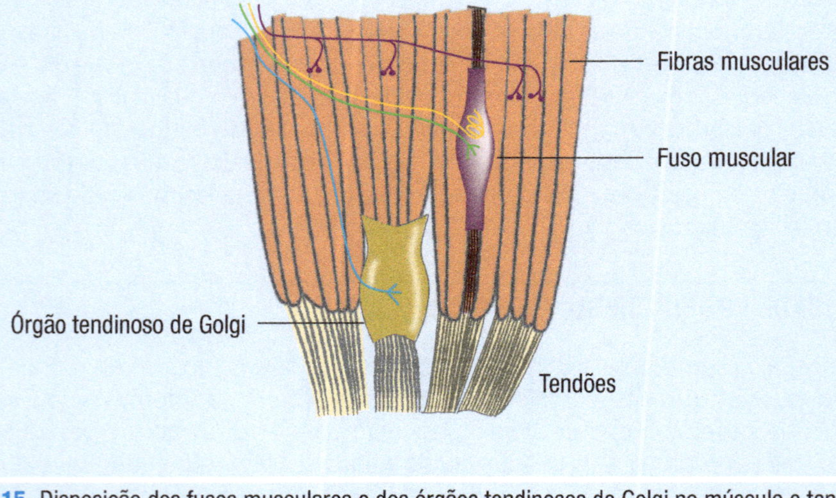

FIGURA 4.15. Disposição dos fusos musculares e dos órgãos tendinosos de Golgi no músculo e tendão.

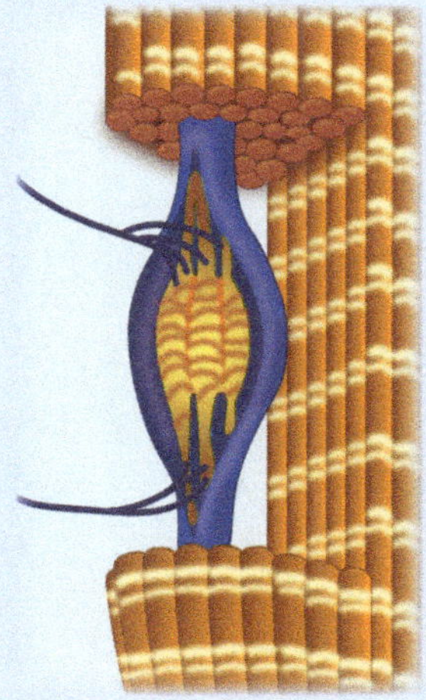

FIGURA 4.16. Fusos musculares e fibras intrafusais em paralelo às fibras musculares.

Este mecanismo permite a percepção da posição do músculo mesmo de olhos fechados e, principalmente, evita lesões em decorrência de contração excessiva ou alongamento além do limite fisiológico. Estes receptores alertam o SNC, e este aciona mecanismos protetores, reflexa ou voluntariamente.

Os fusos são sensíveis ao estiramento que as fibras musculares ao seu redor sofrem. Isto porque são constituídos de fibras musculares especializadas, chamadas de *fibras intrafusais* (Fig. 4.16), mas que não são contráteis em sua porção central. Apenas suas extremidades se contraem, juntamente com as fibras musculares (também chamadas de *fibras extrafusais*), por estarem presas em seus envoltórios.

Os fusos musculares podem ser constituídos por dois tipos de *fibras intrafusais*: as de *cadeia nuclear* ou de *bolsa (ou saco) nuclear*. Estudos mais recentes demonstraram a distinção das fibras dinâmicas e estáticas em bolsa nuclear.[4] A proporção de cada tipo varia conforme o músculo, mas geralmente há representantes dos três tipos. As fibras de cadeia nuclear são constituídas de vários núcleos posicionados em linha, e são fibras mais curtas e delgadas. As fibras de bolsa nuclear apresentam vários núcleos que ficam agrupados em sua região central, deixando esta região mais dilatada (Fig. 4.17).

A parte intermediária do fuso, por não ser contrátil, é estirada quando ambas as extremidades se contraem simultaneamente, quando as *fibras extrafusais* se alongam. Quando o estiramento ocorre, há a ativação das terminações sensoriais que estão enroladas na região central das fibras. Basicamente, estas terminações são fibras aferentes mielinizadas que se espiralam na região central das fibras intrafusais, sendo classificadas como primárias e secundárias.

Geralmente, há apenas uma terminação primária em cada fuso, constituída pelos ramos de um só axônio da fibra aferente do grupo Ia (grande diâmetro e também chamadas de primárias), além de uma terminação do tipo II (pequeno diâmetro e chamadas de secundárias). Preconiza-se que o aferente do grupo Ia termine sobre os três tipos de fuso, enquanto os do grupo II terminem apenas nas fibras de cadeia nuclear ou de bolsa nuclear estáticas.

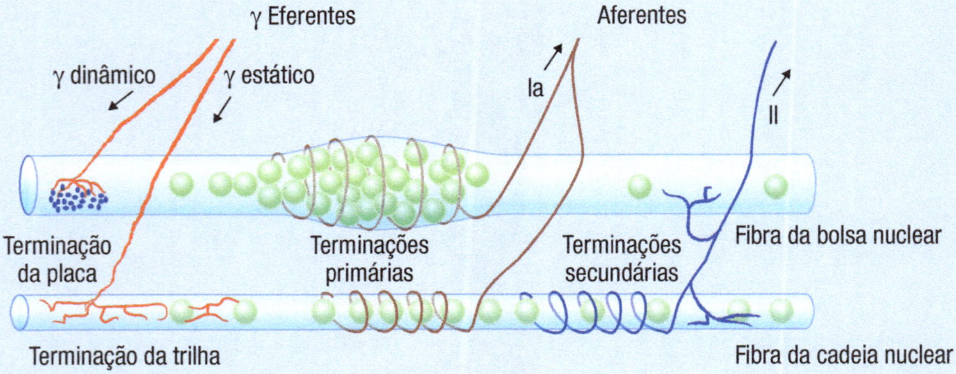

FIGURA 4.17. Fuso em bolsa e cadeia nuclear, respectivamente (de cima para baixo).

Durante o estiramento (dinâmico), tanto as terminações primárias como secundárias são ativadas, e aumentam a frequência de suas descargas até atingir um valor mais alto, estável. As terminações primárias são mais sensíveis a pequenas variações do comprimento do músculo, isto é, a percepção da velocidade e variação do comprimento muscular.

Essa sensibilidade também é observada quando o músculo se encurta durante a contração. Neste caso, as terminações primárias deixam de disparar, para, em seguida, recomeçar, quando o músculo termina a fase de encurtamento.

Devido a essa sensibilidade, as terminações primárias produzem disparos elétricos mesmo quando sofrem pequenas percussões ou vibrações impostas contra o músculo, sendo muito eficientes para situações de variação rápida do comprimento do músculo. Já as terminações secundárias não são sensíveis a estas variações rápidas e, portanto, informam apenas o comprimento estático do músculo.

Com o estiramento, ambas as fibras aferentes geram potenciais de ação, e aumentam e mantém sua frequência de descarga, até que o estiramento cesse. Este sinal de estiramento é então conduzido até a coluna anterior da medula espinhal, e em decorrência, uma resposta reflexa (monossináptica) retorna através do motoneurônio gama, cuja terminação situa-se nas regiões polares das fibras intrafusais (região contrátil), determinando o relaxamento muscular e o consequente término da ativação das fibras nervosas dos fusos.

Um exemplo clássico deste mecanismo é a pesquisa dos reflexos profundos ou tendinosos (como o *reflexo patelar*), muito usado clinicamente para avaliar a integridade das conexões nervosas, e para verificar o grau de excitabilidade da medula espinhal. No caso do reflexo patelar, quando o joelho é posicionado em flexão, com o indivíduo sentado e sem apoio dos pés, o músculo quadríceps encontra-se estirado, se comparado à posição neutra. Com a percussão do tendão patelar ou até da musculatura quadríceps, provoca-se o estiramento das fibras musculares extrafusais e, consequentemente, o estiramento da região central dos fusos musculares.

Ativam-se desta forma, os receptores dos fusos, que enviam a informação para a medula, e levam à uma resposta reflexa através dos motoneurônios gama até as extremidades dos fusos,

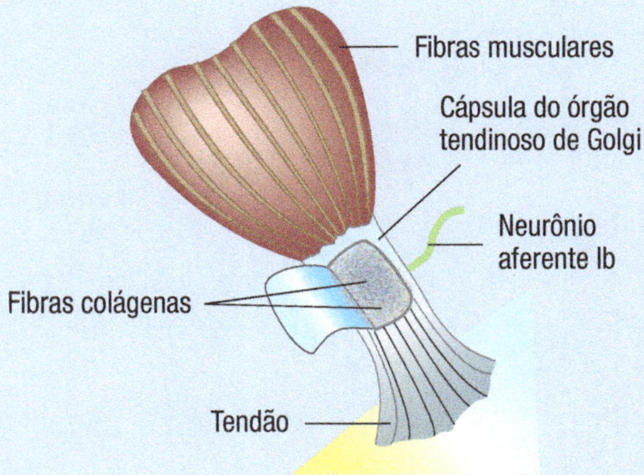

FIGURA 4.18. Órgão tendinoso de Golgi, localizado no tendão muscular.

determinando o relaxamento da região contrátil das fibras intrafusais, com consequente interrupção da informação de estiramento na região central do fuso, e o relaxamento deste. Ao mesmo tempo, o motoneurônio alfa é ativado, através dos interneurônios medulares, determinando a contração das fibras extrafusais, e a movimentação do joelho em extensão, fechando o arco reflexo patelar. Este mecanismo caracteriza o *reflexo miotático*, ou de estiramento, muito importante para a manutenção da integridade muscular e do mecanismo postural.

Órgãos tendinosos de Golgi

Outro mecanismo importante para a sensibilidade proprioceptiva é exercido pelos órgãos tendinosos de Golgi (OTG). Estes encontram-se na junção dos tendões e das fibras musculares, são menores que os fusos (comprimento de 1 mm em média), em forma de cápsula, constituídos internamente por uma estrutura trançada de colágeno, originado do próprio tendão (Fig. 4.18).

Ramificado e entremeado a este colágeno, encontra-se uma única fibra nervosa do tipo Ib, cujas terminações detectam o estiramento dos feixes de colágeno, que ocorrem quando o músculo se tensiona ou se contrai. Desta forma, os OTG emitem informações complementares aos fusos, pois apenas contrações musculares os ativam (Fig. 4.19).

Ambos os mecanismos são essenciais, pois o SNC necessita saber a posição exata de cada articulação, através do comprimento de cada músculo, assim como a força gerada por cada músculo, para que possa mover os membros, manter a postura e realizar inúmeras tarefas com grande precisão.

Modulação da propriocepção pelo SNC

As informações originadas nos fusos musculares e nos OTG alcançam todos os níveis hierárquicos do SNC. No córtex, são importantes para a percepção da posição dos membros e para o controle do movimento voluntário. Em nível mais inferior, fazem parte da motricidade reflexa, o comportamento motor mais simples.

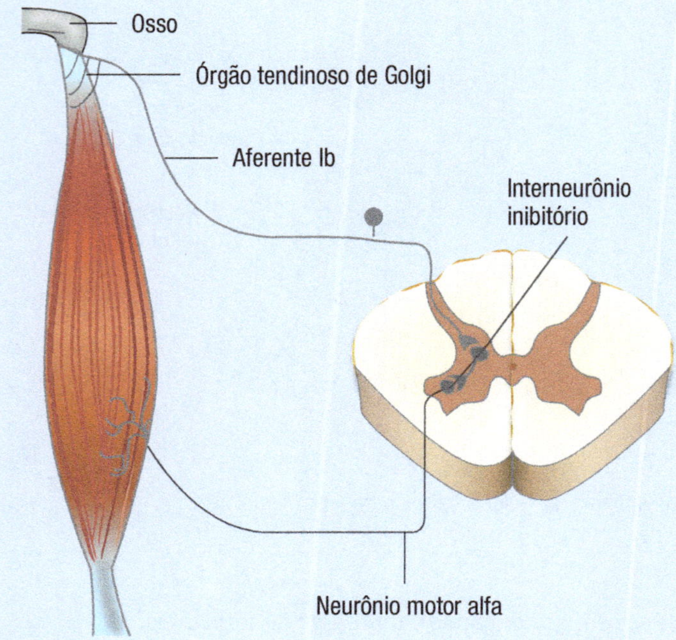

FIGURA 4.19. Órgão tendinoso de Golgi e seu aferente Ib, conexão com o interneurônio medular e o neurônio motor alfa, eferente da via.

As fibras aferentes originadas nos músculos se projetam no córtex somestésico 3a de Brodmann (área S1), e também nas áreas 5 (área de associação parietal), 7 (área receptiva multimodal, no córtex parietal superior) e nas áreas 7, 39 e 40 (juntos formam a área de integração multimodal, no giro supramarginal e angular do córtex parietal inferior).

Associado à informação do sistema vestibular, obtém-se informações sobre a posição e postura corporal, a força e pressão exercida pelos membros, a posição, movimento e direção dos estímulos aplicados à pele, e a estereognosia (Fig. 4.20).

O SNC modula a sensibilidade dos fusos musculares através dos neurônios motores gama, fazendo com que mesmo durante o relaxamento da porção média da fibra intrafusal na contração do músculo extrafusal, o fuso não se "desligue", e consiga perceber variações do comprimento muscular mesmo durante a contração.

Os motoneurônios alfa e gama podem ser ativados simultaneamente através da estimulação elétrica do córtex motor e de outros centros superiores, causando um padrão chamado de coativação alfa-gama. É a coativação alfa-gama que permite que haja descarga aumentada das terminações sensoriais mesmo durante a contração muscular, que teoricamente, levaria à uma interrupção da ação do fuso muscular (pelo relaxamento das fibras intrafusais).

A manutenção dessa sensibilidade é muito útil para o SNC, como já descrito anteriormente. E depende basicamente das terminações sensoriais primárias, por serem mais sensíveis à variação de velocidade do movimento, fornecendo informações de irregularidades na trajetória de um movimento (que pode ser lento ou rápido) e de fadiga em fibras localizadas de grupos musculares.

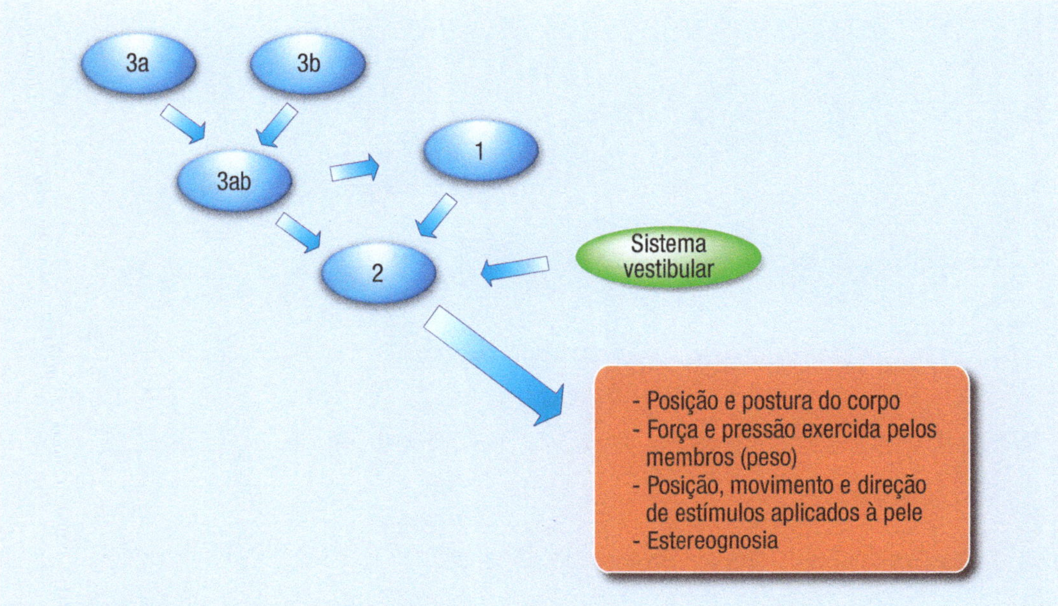

FIGURA 4.20. Representação esquemática do processamento somestésico no córtex cerebral.

Todas as informações sensoriais dos fusos e OTG são importantes para complementar as demais informações somestésicas, possibilitando que mesmo na ausência de um dos órgãos sensoriais, como da visão, o SNC continue recebendo informações importantes para a manutenção da estabilidade. Um exemplo importante ocorre com deficientes visuais totais, que conseguem perceber as variações do solo apenas com as informações táteis e proprioceptivas. Este recurso é tão importante que muitas cidades adotaram marcações no solo (saliências de diversos formatos) para identificar o caminho que a pessoa deve seguir, e as paradas nos semáforos.

Uma importante função dos mecanismos de sensibilidade somestésica é a formação de nosso "esquema corporal", ou a representação mental (imagem) que temos de nosso corpo e da posição relativa de seus membros a cada instante. A representação do esquema corporal situa-se na área de associação somestésica (área 5) e, juntamente com informações provenientes de outras áreas (visuais, auditivas, motoras) permite que tenhamos uma representação global da interação do nosso corpo com o espaço ao nosso redor; essa integração multissensorial é realizada na área 7 (lobo parietal posterior) (Fig. 4.21). Assim, no lobo parietal posterior ocorre a convergência da construção da representação neural da posição e movimentos do nosso corpo em relação ao espaço, com as noções espaciais (do local onde estamos e de movimentos dos objetos em relação ao nosso corpo). Isso permite que realizemos adequadamente a interação do nosso corpo com os objetos externos e, com o auxílio das informações auditivas e visuais, possamos coordenar e guiar nossos movimentos através do espaço, e realizar a exploração manual do ambiente que nos circunda.

Alterações da sensibilidade somestésica

- Hipoestesia/anestesia: diminuição ou perda de uma modalidade sensorial ou combinação delas (tátil, térmica e dolorosa). É causada por lesões periféricas, medulares, ou do córtex sensorial primário; neste caso, em geral acomete todo um hemicorpo, contralateral à lesão.

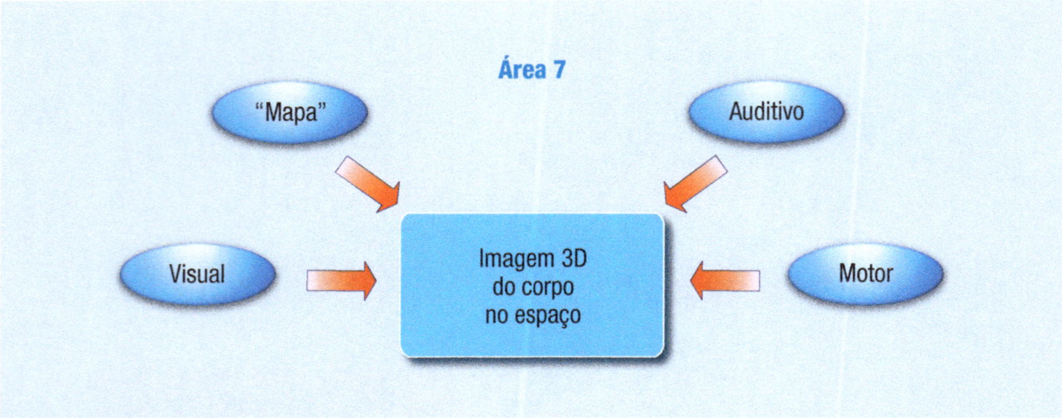

FIGURA 4.21. Representação esquemática da noção de interação corpo-espaço.

Quando ocorre perda exclusiva da sensibilidade dolorosa, os termos hipoalgesia/analgesia podem ser usados;

- Anartrestesia: perda da sensibilidade de posição articular;
- Hipopalestesia ou apalestesia: diminuição ou perda da sensibilidade vibratória.

Lesões corticais nas regiões somestésicas podem causar as agnosias somatossensitivas que são descritas no Capítulo 14 – *Funções Cognitivas*.

Referências Bibliográficas

1. Guyton AC, Hall JE. Tratado de fisiologia médica. 11ª ed. Rio de Janeiro: Elsevier, 2006.
2. Gazzaniga MS, Ivry RB, Mangun GR. Neurociência cognitiva: a biologia da mente. 2ª ed. Porto Alegre: Artmed, 2006.
3. Lundy-Ekman L. Sistema somatossensorial. In: Lundy-Ekman L. Neurociência: fundamentos para a reabilitação, 3ª ed. Rio de Janeiro: Elsevier, 2008.
4. Kandel ER, Schwartz JH, Jessel TM. Fundamentos da neurociência e do comportamento. 2ª ed. Rio de Janeiro: Guanabara-Koogan, 2000.
5. Lent R. Neurociência da mente e do comportamento. Rio de Janeiro: Guanabara-Koogan, 2008.
6. Montero-Homs J. Nocioceptive pain, neuropathic pain and pain memory. Neurologia 2009; 24:419-22.
7. Chalmers G. Re-examination of the possible role of Golgi tendon organ and muscle spindle reflexes in proprioceptive neuromuscular facilitation muscle stretching. Sports Biomech 2004; 3:159-83.

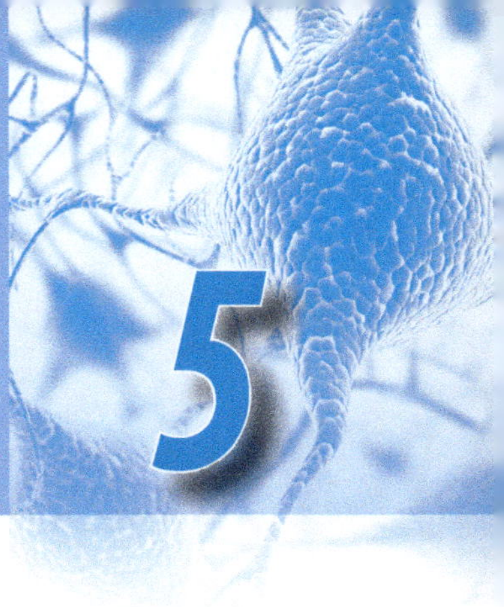

5 Sistema Olfatório

INTRODUÇÃO

Normalmente, quando escolhemos nossa profissão, buscamos satisfação e prazer associados, logicamente, a um bom retorno financeiro. Porém, existem pessoas que utilizam suas habilidades e dons específicos para obter sua fonte de renda, como os músicos, bailarinos, cozinheiras, contorcionistas, e recentemente, os "cheiradores" de café, perfumes e carros novos. Estes últimos, com ótimas rendas.

Essas pessoas, por apresentarem uma capacidade de percepção olfatória muito aguçada, são contratadas por empresas desses ramos para cheirarem os produtos e ajudarem no aprimoramento do ponto de vista do "odor", e não visual. Isso porque os fabricantes sabem que os aromas nos remetem às mais diversas sensações, e o quanto o aroma do produto se associa à satisfação em tê-lo adquirido ou estar degustando-o.

Esses profissionais apresentam um diferencial em relação aos outros indivíduos por terem o olfato mais aguçado, capazes de diferenciar suaves diferenças de odor, como o de grãos de café originários de diversas regiões do planeta. Provavelmente, a maioria dos consumidores de café nem perceberão (ou estarão fingindo que percebem) estas suaves diferenças e pagarão altos preços pelo *marketing* envolvido neste negócio.

Outro exemplo da aplicabilidade deste olfato aprimorado é o de cheirar carros novos ao saírem da fábrica. Estes profissionais conferem cada carro que sai da fábrica, se o aroma presente é realmente de "carro novo". Isso porque pesquisas realizadas com compradores de carro mostram que um dos atrativos em um carro "zero km" é o cheiro de carro novo, resultado de produtos químicos utilizados nas peças do carro.

Provavelmente este cheiro de carro novo se associe a sensações de bem-estar pela aquisição de um bem pessoal novo e, por isso, existam inclusive odorizadores com este cheiro. Da mesma forma, a indústria se baseia neste conceito para elaborar tênis infantis com cheiro de chiclete, bonecas com cheiro de baunilha e perfumes com as mais diversas fragrâncias, cada uma desenvolvida para satisfazer todas as personalidades e lembranças pessoais.

Isso ocorre porque nosso cérebro não armazena apenas as percepções de cheiro isoladamente, mas todas as demais sensações captadas pelos sistemas sensoriais naquele instante. Um exemplo muito comum é quando sentimos o cheiro de um prato costumeiramente preparado pela avó já falecida, e nos recordamos do rosto dela, dos sons da casa, dos objetos, e de tantas outras sensações agradáveis.

O oposto também pode ocorrer. Pessoas que passam pelo trauma de um incêndio se lembram prontamente de todas as sensações horríveis assim que sentem qualquer cheiro de algo queimado. Apavoram-se, apresentam sudorese, as pupilas se dilatam, lembram-se dos gritos de socorro, e sentem o calor das chamas. Mas como acontece o processamento do olfato?

ANATOMIA

O órgão receptor externo do sistema olfatório é o nariz, que apresenta uma sustentação osteocartilaginosa. Na base do nariz existem duas aberturas, as *narinas*, que comunicam o meio externo com a cavidade nasal, e que são separadas por um septo.[1]

A cavidade nasal é dividida em três regiões: o *vestíbulo*, a *região respiratória* e a *região olfatória*. A primeira é uma pequena dilatação situada logo após as narinas, e que é recoberta de pelos, com a função de barreira contra corpos estranhos que sejam inalados.

A região respiratória é constituída por duas conchas nasais (média e inferior), cobertas por uma mucosa que umedece e aquece o ar inspirado. A região olfatória também é coberta por uma mucosa, e é constituída por outra concha nasal (superior) e pelo terço superior do septo nasal. Esta região contém os receptores olfatórios, células especializadas que projetam microvilosidades (cílios ou pelos olfatórios), e que detectam os diferentes odores provenientes do ar inalado. No homem, esta região é reduzida, se comparada a de outros animais dependentes do olfato, como os cães. Desta região partem as fibras nervosas que constituirão o nervo olfatório (Fig. 5.1).

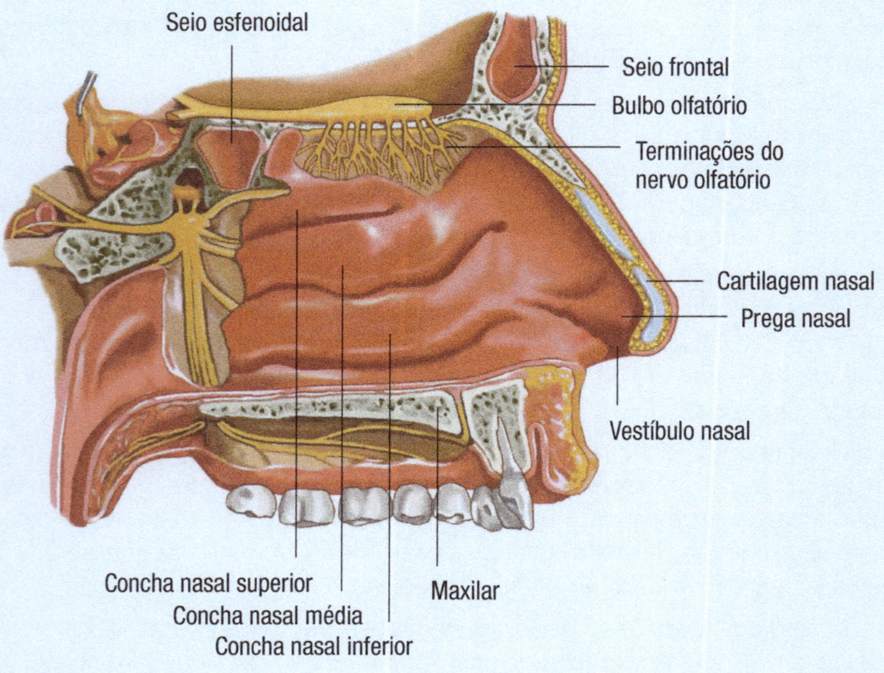

FIGURA 5.1. Corte transversal das vias olfatórias.

NEUROFISIOLOGIA DA OLFAÇÃO

As células receptoras olfatórias também são neurônios que detectam substâncias químicas. São em número aproximado de 10 milhões. Estas células localizam-se no epitélio da cavidade nasal, e são caracterizadas como bipolares, pois um de seus dendritos direciona-se para o epitélio, e a outra extremidade envia seu axônio que constituirá o *bulbo olfatório*[2] (Fig. 5.2).

De cada neurônio receptor olfatório, podem sair de 6 a 12 cílios, que apresentam prolongamentos celulares em direção ao muco do epitélio, e que entram em contato com as moléculas odoríferas. A membrana plasmática destes cílios é que detecta os diferentes odores.[3]

A olfação dos seres humanos é menos discriminativa do que de outros mamíferos, como os cães, que apresentam uma dependência maior deste sistema. Mesmo assim, o ser humano apresenta 347 tipos de neurônios sensoriais no epitélio olfatório, sendo que cada um deles identifica um tipo diferente de odor.

Geralmente, os odores mais facilmente percebidos por estes cílios são as moléculas pequenas, voláteis e as substâncias extremamente lipossolúveis, como os ácidos, alcoóis e ésteres, encontrados em animais e plantas. O repertório humano de odores identificáveis é o resultado das combinações de todos os 347 tipos de receptores.[4]

Os receptores olfatórios são acoplados às proteínas G,[5] e apresentam uma característica peculiar, que é a estrutura formada por 7 alças membranosas (domínios transmembranosos), cada uma composta por cerca de 20 a 27 aminoácidos e que são hidrofóbicos (Fig. 5.3)

As proteínas G são um tipo de proteína envolvido na transdução (condução e amplificação) de um impulso. A proteína G leva este nome porque interage com grupos de nucleotídeos guanina,

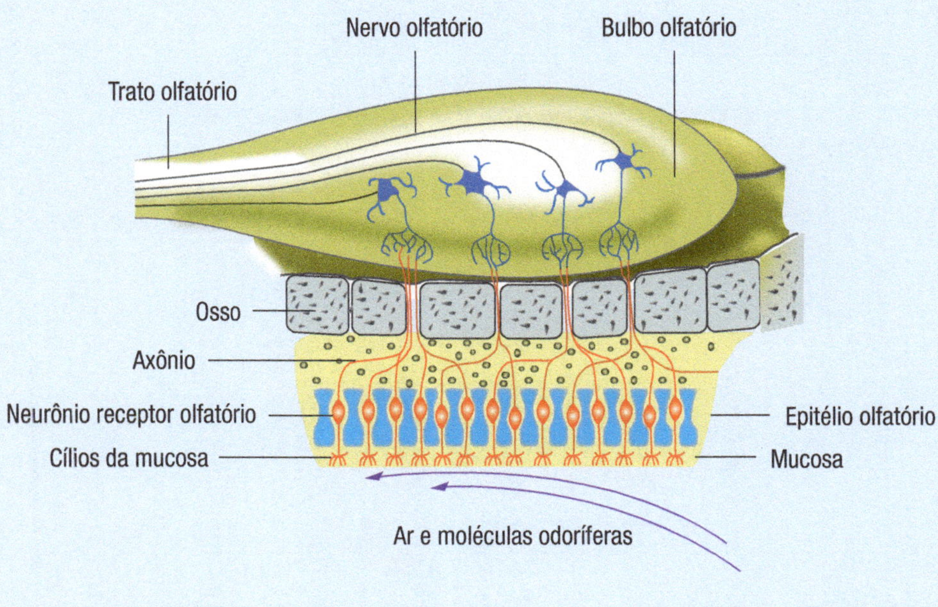

FIGURA 5.2. Contato das moléculas odoríferas com os cílios dos neurônios olfatórios e transmissão ao bulbo olfatório.

especificamente as moléculas GDP (guanílicos guanosina difosfato) e GTP (guanosina trifosfato). A proteína G é formada por 3 polipeptídeos distintos, α, β e γ (Fig. 5.4). A subunidade α se liga ao GTP ou ao GDP, e as subunidades β e γ permanecem sempre unidas.

Quando um ligante, isto é, um estímulo odorífero, ativa o receptor acoplado à proteína G, há uma mudança de conformação no receptor, ou seja, a molécula GDP que normalmente se encontra ligada à subunidade α cede lugar para a molécula GTP, e as subunidades β e γ se dissociam (Fig. 5.5).

Essa nova ligação entre a subunidade α e a molécula GTP ativa uma cascata de eventos, sendo um deles a ativação da enzima adenilciclase, responsável pela ativação de um segundo mensageiro importante no ciclo de transdução do estímulo, o AMP cíclico.[5]

O AMP cíclico (monofosfato de adenosina) interage com canais de cátions* da membrana plasmática, possibilitando a entrada de íons cálcio e sódio, bem como a saída dos íons de potássio. O gradiente eletroquímico resultante é uma despolarização, devido principalmente aos íons cálcio.

*Cátions: íons de carga positiva.

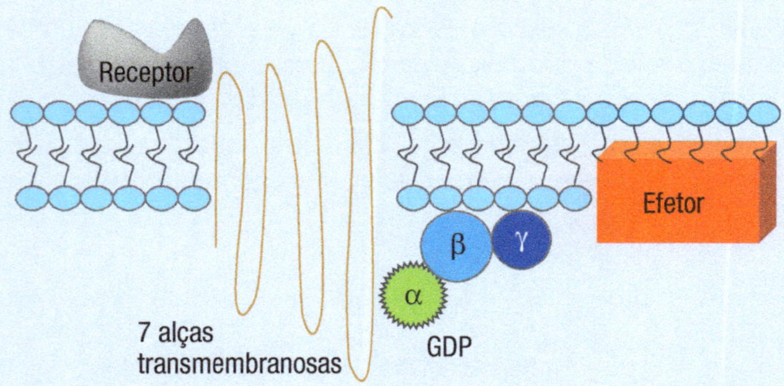

FIGURA 5.3. Característica do receptor olfatório acoplado à proteína G, formada por 7 alças transmembranosas.

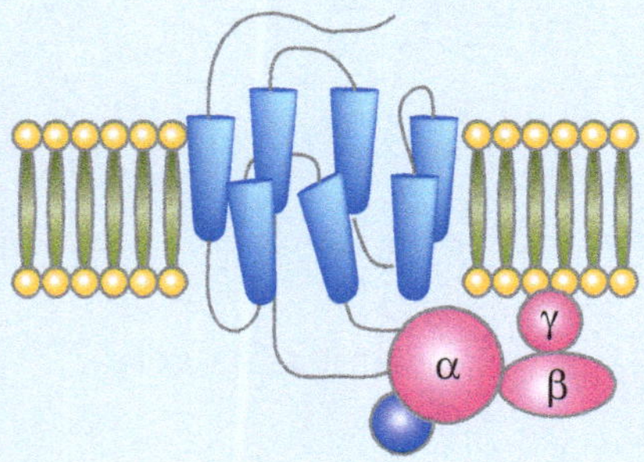

FIGURA 5.4. Proteína G com suas 7 alças transmembranosas e 3 subunidades α, β e γ.

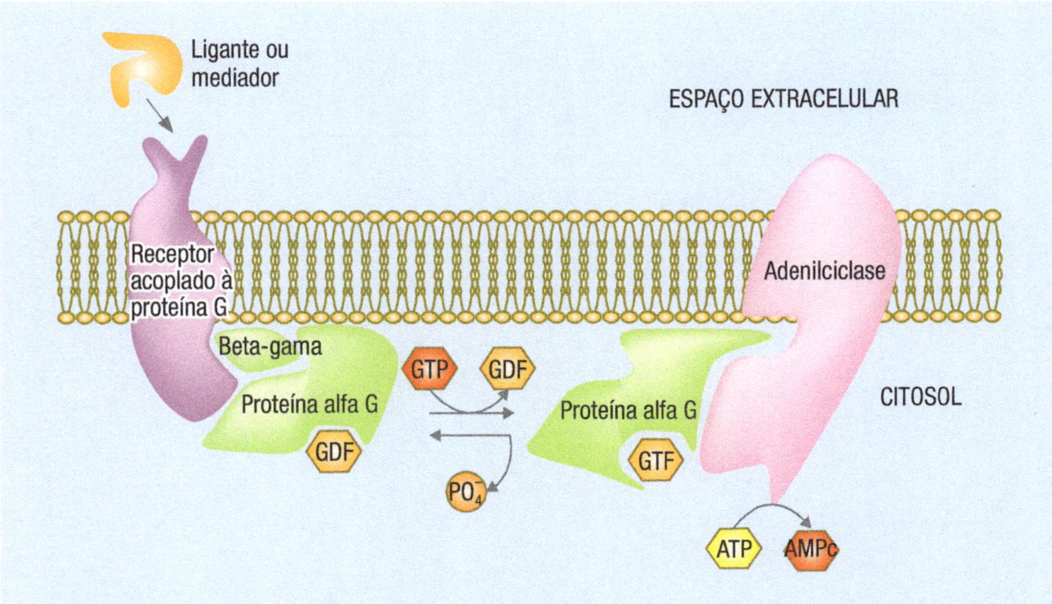

FIGURA 5.5. Mudanças que ocorrem na proteína G após a acoplação de um ligante odorífero ao receptor.

Paralelamente, com o aumento dos íons cálcio no meio intracelular, ocorre a abertura dos canais de cloro dependentes do íon cálcio, ampliando a despolarização da membrana. Com isso, geram-se potenciais de ação que se espalham pelo dendrito e pelo corpo celular do neurônio, até chegar ao axônio. Todos os axônios dos neurônios olfatórios juntam-se formando finos feixes nervosos, e passam a ser denominados nervo olfatório ou I (primeiro) par craniano[1,6] (Fig. 5.1).

O nervo olfatório atravessa a lâmina do osso etmoide do crânio e realiza sinapses com diversas células: glomérulos do bulbo olfatório, prolongamentos dendríticos dos neurônios retransmissores (as células mitrais e tufosas), e com os interneurônios (as células periglomerulares e granulares) (Fig. 5.6).

A partir dos glomérulos olfatórios, os potenciais de ação são codificados pelos axônios das células mitrais e tufosas que, nos seres humanos, constituem o trato olfatório. Este trato envia projeções diretamente às áreas olfatórias do córtex cerebral. Considera-se que o córtex olfatório pode ser dividido em cinco regiões:

1. Córtex piriforme e periamigdaloide, que constituem a principal área cortical olfatória. Esse córtex envia projeções diretas e indiretas, através do núcleo mediodorsal do tálamo, para áreas orbitofrontais. Esta via é importante para a percepção consciente dos odores;
2. Núcleo olfatório anterior, que envia projeções de volta para o bulbo olfatório, tanto do mesmo lado, como contralateralmente;
3. Tubérculo olfatório, que se projeta para núcleos hipotalâmicos e está relacionado à regulação de comportamentos relacionados à olfação, tais como a ingestão de alimentos;
4. Grupo nuclear corticomedial da amígdala, que também apresenta as mesmas projeções que o tubérculo olfatório, e apresenta a mesma função;
5. Córtex entorrinal de transição, que envia projeções para o hipocampo e está relacionado à memória olfatória.

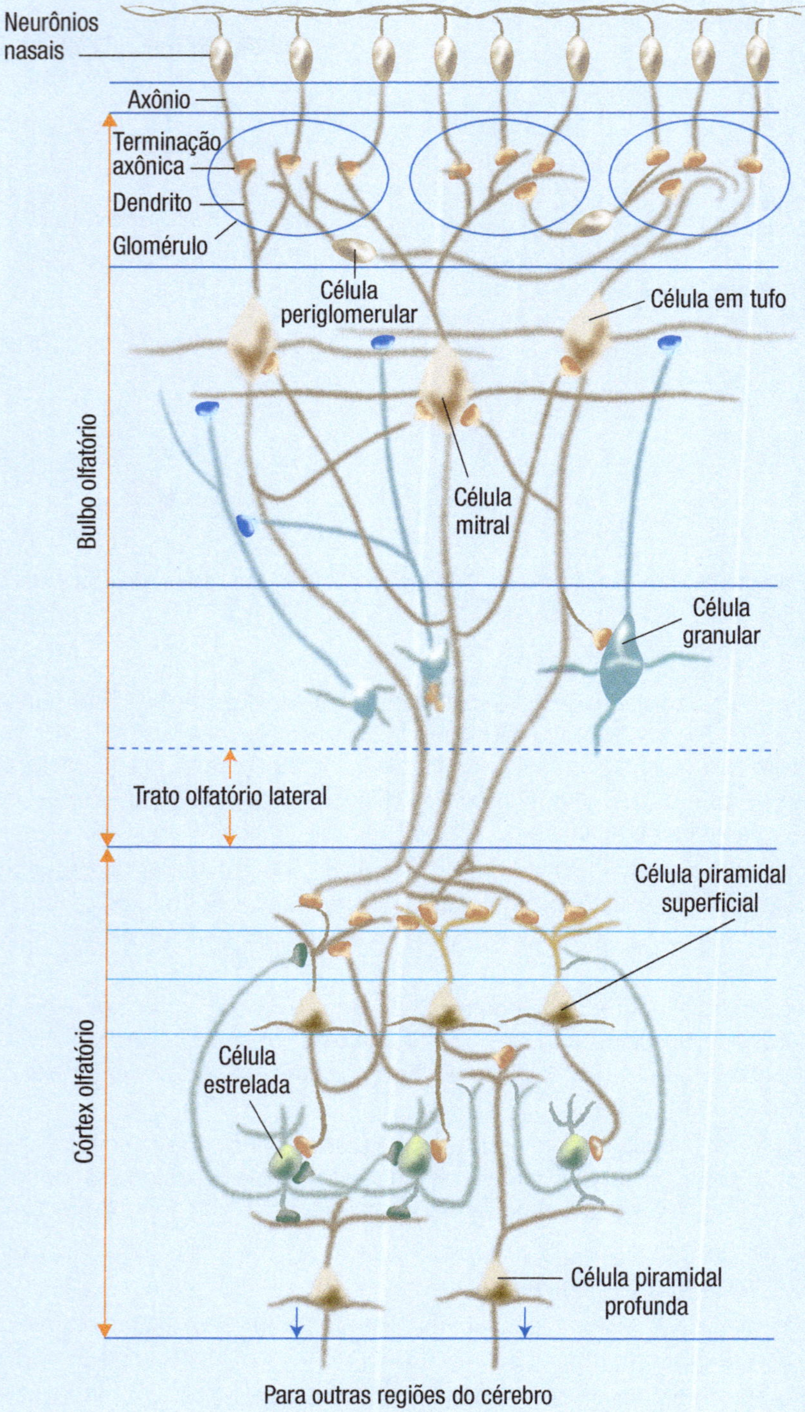

FIGURA 5.6. Vias neuronais do sistema olfatório.

Funcionalmente, as vias olfatórias terminam em duas regiões corticais principais: as áreas mediais e laterais. A área olfatória medial é representada pelas regiões localizadas na parte central do cérebro, à frente e acima do hipotálamo. A outra área, a lateral, é representada pelas regiões localizadas na face inferior do cérebro, se estendendo lateralmente até a base do lobo temporal anterior (Fig. 5.7).

Estas áreas diferem quanto à sua função. A área medial é responsável pelas funções primitivas do sistema olfatório, que nos permite perceber pelo cheiro do alimento se este é saboroso e se é uma boa opção de alimentação, perceber o cheiro e salivar ou "lamber os beiços", que é um comportamento preparatório para a introdução do alimento na boca, mastigação e início do processo de digestão.[7]

Já a área lateral, por englobar a amígdala do lobo temporal e estar associada a funções superiores do sistema nervoso, e também por realizar conexões com o córtex temporal, hipocampo e córtex pré-frontal, está relacionada a respostas mais complexas dos estímulos olfatórios. Como exemplo, esta área é responsável pela identificação de um cheiro, e por correlacioná-lo com experiências prévias para identificar o seu significado, como o cheiro de talco de recém-nascidos, que associamos com sentimentos puros, de carinho e tranquilidade. Ou então, quando identificamos o cheiro de um animal selvagem, ou mesmo o cheiro de uma tempestade, nos permitindo concluir que há perigo por perto e que devemos nos proteger. Outro exemplo da função desta área ocorre quando identificamos pela olfação que um alimento está apetitoso ou estragado, tudo baseado em experiências prévias.

CÓRTEX ENTORRINAL

De forma resumida, o odor é captado pelos receptores nasais (neurônios específicos misturados a inúmeros receptores das vias nasais), transformado em potenciais de ação e transmitido pelo nervo olfatório até o bulbo olfatório, já dentro do crânio. No bulbo, esta informação do odor é classificada e retransmitida para o córtex olfatório específico e identificada (Fig. 5.8).

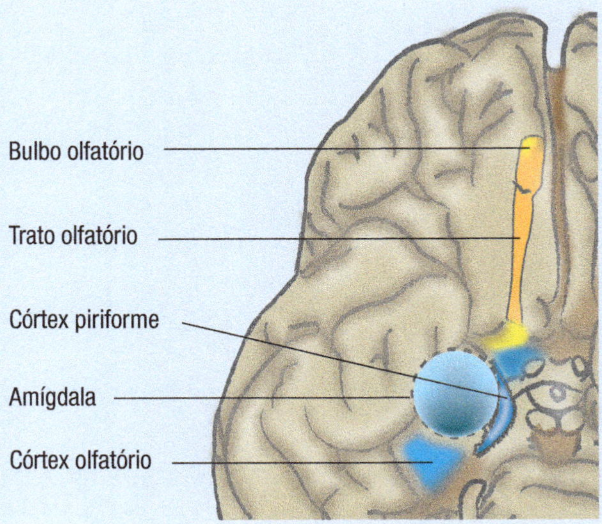

FIGURA 5.7. Regiões do córtex olfatório.

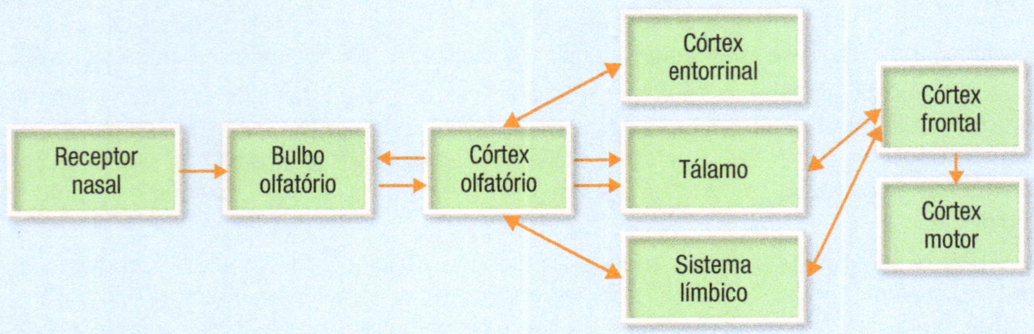

FIGURA 5.8. Resumo do fluxo da informação olfatória.

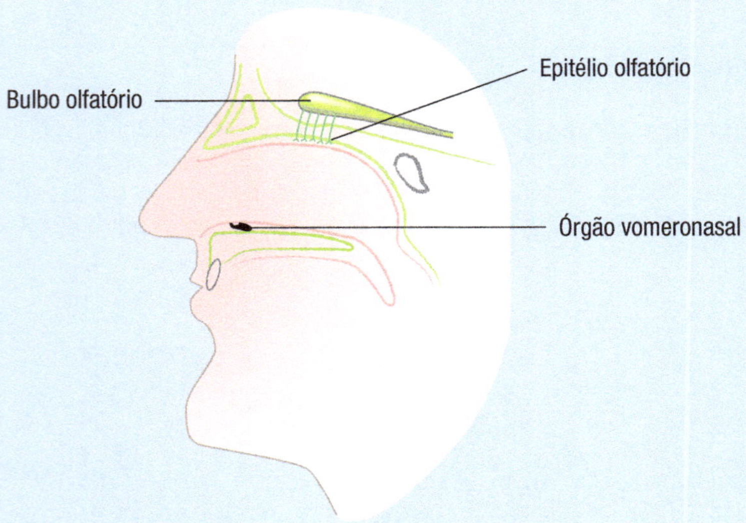

FIGURA 5.9. Posição do órgão vomeronasal dentro da cavidade nasal.

PERCEPÇÃO DOS FEROMÔNIOS

Encontrado não apenas em seres humanos, mas também na maioria dos demais vertebrados, no final do século XIX descobriu-se uma estrutura na cavidade nasal, que foi denominada de órgão vomeronasal ou órgão de Jacobsen (Fig. 5.9). Este órgão é responsável pela detecção dos feromônios, que por serem na sua maioria moléculas simples e de baixo peso molecular, e com pequena volatilidade, são raramente percebidas pelos seres humanos. A diferença entre os feromônios e os hormônios é que os primeiros são liberados para o meio externo, ao invés do interno, e exercem efeito sobre os outros seres da mesma espécie, e não sobre si mesmo.

Estes feromônios são responsáveis pelo controle da reprodução sexual de ação inconsciente, e muito importantes nos comportamentos sexuais. Uma vez captadas pelo órgão vomeronasal, a informação é transmitida pelo nervo até áreas cerebrais associadas ao comportamento sexual, como a amígdala e hipocampo. O resultado é a liberação de vários hormônios sexuais na corrente sanguínea.

Tanto os humanos quanto os animais exalam quantidades sutis de feromônio, detectável (inconscientemente por humanos) pelo sexo oposto, o qual desencadeia uma resposta específica em um parceiro potencial. Esta informação é então conduzida até o cérebro, que o interpreta como atração e desejo. Nos homens e mulheres, este odor é liberado através das glândulas apócrinas, localizadas nas axilas, ao redor dos mamilos e na virilha (estes odores não são desagradáveis como o suor). As secreções apócrinas começam na puberdade com o desenvolvimento sexual e são diferentes entre os dois sexos.

Estes feromônios podem também influenciar a ovulação, o ciclo reprodutivo, e até agir negativamente, inibindo a concepção ou induzindo o aborto. Em animais como roedores observa-se a interferência dos feromônios quando a gravidez de uma fêmea recém-acasalada só segue adiante caso seja exposta à urina de seu parceiro, enquanto a gravidez é impedida se exposta à urina de um macho desconhecido.

ADAPTAÇÃO DO OLFATO

Por sorte, o sistema olfatório se adapta a um estímulo mantido por algum tempo, e após alguns minutos, os receptores passam a não mais enviar a mesma informação para o córtex, evitando que o mesmo estímulo seja constantemente sinalizado aos mecanismos de consciência. Esta função é de grande valia se considerarmos que existem odores desagradáveis com os quais temos que conviver por algum tempo, como quando há um vazamento de esgoto ou temos que passar perto de sacos de lixos expostos ao sol há muito tempo.

Esta adaptação ocorre por meio de diversos processos dependentes dos íons cálcio. Com o grande influxo de cátions para dentro dos receptores, os íons cálcio formam um complexo com a calmodulina,** inibindo a entrada de mais cátions, e diminuindo a permeabilidade aos íons, inclusive do cálcio, levando a uma adaptação imediata.

Ao mesmo tempo, o complexo cálcio/calmodulina ativa uma proteína que inibe a adenilciclase (citada acima), antepondo-se à estimulação pela proteína receptora via proteína G, levando a uma adaptação em curto prazo. A adaptação em longo prazo ocorre pela inibição de canais de cálcio.

Além deste mecanismo de "proteção" contra odores desagradáveis, existe ainda o mascaramento de odores, para que não precisemos sentir o cheiro ruim. O sistema olfatório consegue identificar apenas um odor de cada vez, o mais intenso. Desta forma, basta borrifar um perfume ou qualquer outro odor agradável, como o de um desodorizador, em um ambiente com odor desagradável, que a nossa olfação irá identificar apenas o odor mais intenso. Caso eles sejam equivalentes em intensidade, sentiremos um odor intermediário entre os dois. Caso o odor desagradável seja mais intenso, resta-nos apenas rezar para que o sistema olfatório se adapte e se acostume logo, antes que desmaiemos.

**Calmodulina: proteína que realiza ligações com o cálcio, e que é importante na atuação de diversos hormônios.

DISFUNÇÕES DO SISTEMA OLFATÓRIO

Lesões traumáticas cerebrais, que levem à destruição do bulbo olfatório ou do nervo olfatório, comprometem a olfação e levam até mesmo a alterações do comportamento sexual, da alimentação e ingestão de líquidos, e das reações de raiva.

Processos inflamatórios crônicos, causados por infecções, exposições prolongadas aos compostos químicos, lesões traumáticas, cirurgias, utilização crônica de medicamentos, e até a radioterapia, também comprometem a identificação de odores.[8]

Um dos primeiros sinais não motores da doença de Parkinson (DP), e que pode surgir até anos antes dos sinais motores, é a redução da percepção de odores. Porém, muitas vezes essa questão não é levantada nas primeiras consultas médicas. Contrariamente, nem todo idoso que apresente déficit olfatório irá desenvolver a DP.[9,10]

Na doença de Alzheimer também se encontrou prejuízos na identificação e detecção de odores, provavelmente em decorrência de alterações periféricas (núcleo olfatório anterior e bulbo olfatório) e no córtex olfatório. Preconiza-se que este sinal possa ser identificado já na fase inicial da doença, e auxiliar na diferenciação de diagnóstico com outros tipos de demência.[11,12]

Anormalidades no desenvolvimento do cérebro podem ser uma das justificativas patofisiológicas da esquizofrenia. Estas alterações podem ser: redução do tamanho craniano e do próprio neurônio, redução da densidade do córtex límbico e do bulbo olfatório.[13]

Referências Bibliográficas

1. Guyton AC, Hall JE. Tratado de fisiologia médica. 11ª ed. Rio de Janeiro: Elsevier; 2006.
2. Lent R. Neurociência da mente e do comportamento. Rio de Janeiro: Guanabara-Koogan; 2008.
3. Lundy-Ekman L. Sistema somatossensorial. In: Lundy-Ekman L, editor. Neurociência: fundamentos para a reabilitação. 3ª ed. Rio de Janeiro: Elsevier 2008; p. 91-112.
4. Gottfried JA. Function follows form: ecological constraints on odor codes and olfactory percepts. Curr Opin Neurobiol 2009; 19:422-9.
5. Moura PR, Vidal FAP. Transdução de sinais: uma revisão de proteína G. Porto Alegre: Scientia Medica 2011; 21:31-6.
6. Levine C, Marcillo A. Origin and endpoint of the olfactory nerve fibers: as described by Santiago Ramón y Cajal. The Anatomical Record 2008; 291:741-50.
7. Kivity S, Ortega-Hernandez OD, Shoenfeld Y. Olfaction – a window to the mind. IMAJ 2009; 11:238-43.
8. Rawson NE, Huang L. Impact of oronasal inflammation on taste and smell: an introduction. Ann N Y Acad Sci 2009; 1170:581-4.
9. Doty RL. Olfactory disfunction in Parkinson disease. Nat Rev Neurol 2012; 8:329-39.
10. Pagan FL. Improving outcomes through early diagnosis of Parkinson's disease. Am J Manag Care 2012; 18(suppl 7):s176-82.
11. Wilson RS, Schneider JA, Arnold SE, Tang Y, Boyle PA, Bennett DA. Olfactory identification and incidence of mild cognitive impairment in older age. Arch Gen Psychiatry 2007; 64:802-808.
12. Graves AB, Bowen JD, Rajaram L, McCormick WC, McCurry SM, Schellenberg GD, Larson EB. Impaired olfaction as a marker for cognitive decline: interaction with apolipoprotein E epsilon 4 status. Neurology 1999; 53:1480-1487.
13. Jenkins PM, McEwen DP, Martens JR. Olfactory cilia: linking sensory cilia function and human disease. Chem Senses 2009; 34:451-64.

6 Sistema Gustativo

INTRODUÇÃO

O sistema gustativo proporciona aos seres humanos uma das maiores fontes de prazer: a sensação do sabor. O resultado do gosto do alimento, associado ao seu cheiro, sua textura, ideias e lembranças que o alimento traz, e emoções associadas proporcionam experiências muitas vezes indescritíveis.

O que faz com que um jantar romântico seja lembrado por muitos e muitos anos não é apenas a pessoa amada. E sim, todas as sensações percebidas neste dia, o perfume usado pelo(a) amado(a), a música ao fundo, o toque macio entre as mãos, e por que não, o prato escolhido, o vinho que acompanhou a troca de olhares, e a sobremesa que antecipou aquele longo beijo...? Estas sensações de sabor serão facilmente recordáveis porque estavam associadas à emoção, e estas memórias sensoriais são melhor armazenadas e mais facilmente recordáveis graças a interação com o sistema límbico, descrito no Capítulo 13 – *Sistema Límbico*.

Importante diferenciarmos o gosto do sabor. O gosto depende apenas do paladar, e apresenta 5 tipos básicos: doce, salgado, azedo, *umami** e amargo. Já o sabor depende, além do paladar, do olfato, para ser interpretado, e depende muito da impressão de cada pessoa.

Mas como percebemos o gosto dos alimentos? Como um recém-nascido recusa um alimento amargo que nunca experimentou? Por que sabemos que o alimento está estragado e azedo? Como sabemos que uma sobremesa está muito doce e enjoativa? Como uma substância química é interpretada pelo nosso cérebro na forma de gosto?

ANATOMIA DAS VIAS GUSTATIVAS

A única forma de sentirmos o gosto do alimento é colocando-o na boca, para que ele entre em contato com os as células gustativas que estão presentes nos botões gustativos da língua e do palato mole (Fig. 6.1).

Os botões gustativos, que têm o formato de uma cebola, como observado na Figura 6.1, estão presentes nas papilas da língua, encontradas em toda sua extensão. Predominam as papilas fungiformes (em forma de cogumelo) na parte frontal da língua, que contêm de um a dois botões gustativos cada. As papilas posteriores são as circunvaladas (assim denominadas por terem a forma

---

**Umami*: descrito como o quinto gosto básico do paladar humano desde 2000, e tem como principal exemplo de substância, o glutamato, muito utilizado na culinária oriental para realçar o sabor dos pratos.

achatada e serem circundadas por um sulco) e as foliares (forma de sulcos) estão localizadas mais lateralmente.[1,2]

Todas as papilas descritas apresentam botões gustativos. Apenas as papilas filiformes, em formato de fio (Fig. 6.2), presentes em maior número, não contêm esses botões, servindo apenas para a sensação tátil do alimento.

Os botões gustativos contêm entre 50 e 100 células gustativas. Cada uma dessas células apresenta projeções chamadas de microvilosidades. Nesta região localizam-se as moléculas quimiossensíveis responsáveis pela percepção das substâncias químicas.

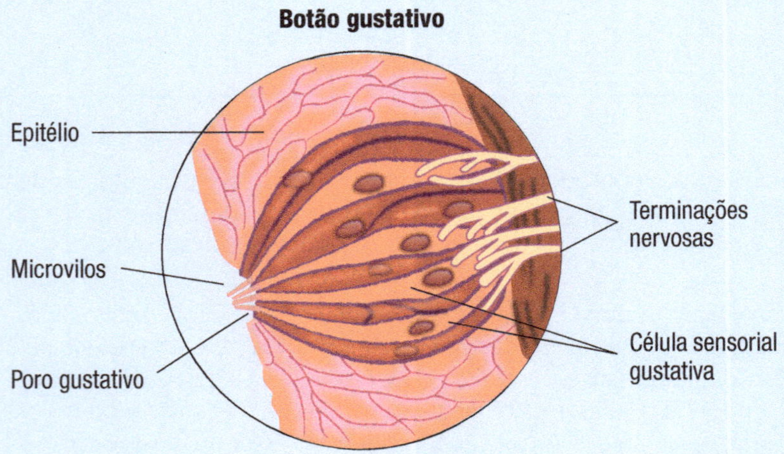

FIGURA 6.1. Representação de um botão gustativo.

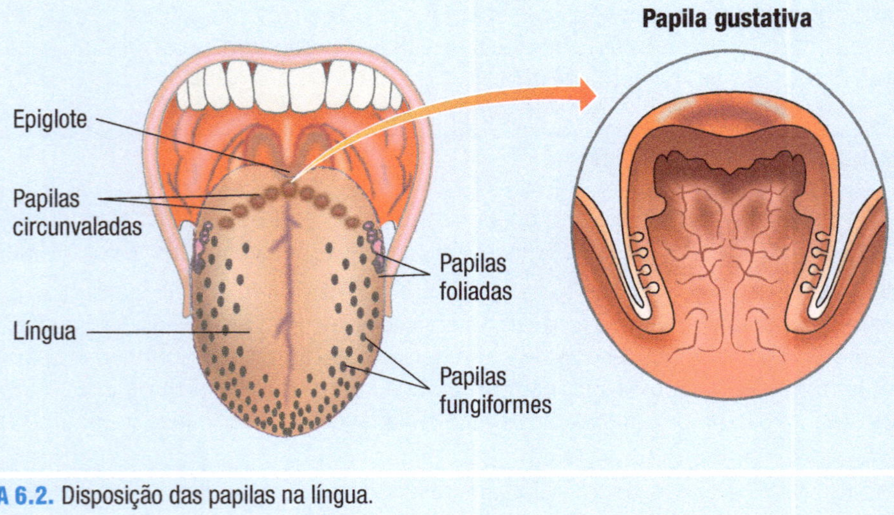

FIGURA 6.2. Disposição das papilas na língua.

FISIOLOGIA DO PALADAR

As moléculas quimiossensíveis percebem açúcares, sais, ácidos, alcaloides e aminoácidos, que serão interpretados como sabor doce, salgado, azedo, amargo e *umami*, respectivamente. Estas substâncias químicas dissolvem-se na saliva, passam através dos poros dos botões gustativos, e entram em contato com as células gustativas, que contêm os receptores sensoriais. A partir desta etapa, produz-se um sinal elétrico, que desencadeia um estímulo com destino ao cérebro, onde será interpretado.

Cada substância química desencadeia uma cascata diferente de reações nas células gustativas.[3] Porém, uma mesma célula gustativa pode responder a mais de um tipo de estímulo químico. As substâncias que provocam os gostos doce, *umami* e amargo se ligam a receptores encontrados na superfície de células gustativas associadas à proteína G (pelo fato da guanosina trifosfato regular a atividade dessa proteína) (Capítulo 5 – *Sistema Olfatório*), enquanto os gostos salgado e ácido são provocados pelos íons Na^+ e H^+, respectivamente (Fig. 6.3).

Esses receptores são superficiais e chamados de gustducina, pela sua similaridade com a transducina, presente nas células da retina. Quando estes receptores se ligam ao estímulo do doce ou amargo, subunidades da gustducina (α, β e γ) se separam e determinam uma série de reações intracelulares e a abertura e fechamento de canais iônicos, despolarizando a célula. Já os estímulos de gostos salgados e azedos atuam diretamente nos canais iônicos, sem a necessidade de ativarem a gustducina.

A seguir, encontram-se as reações intracelulares a cada um dos estímulos químicos.[4]

Estímulos doces

O açúcar liga-se a receptores de células gustativas associadas à proteína G (gustducina). Ao se ligarem, as subunidades da proteína G se dissociam (em α, β e γ) e ativam uma enzima responsável pela conversão de uma proteína (chamada de primeiro mensageiro) em uma outra proteína (segundo mensageiro). Este último leva ao fechamento dos canais de potássio, e à entrada de Na^+ e de Ca^{++}, determinando uma despolarização e um sinal elétrico ao cérebro que é interpretado como gosto doce.[5]

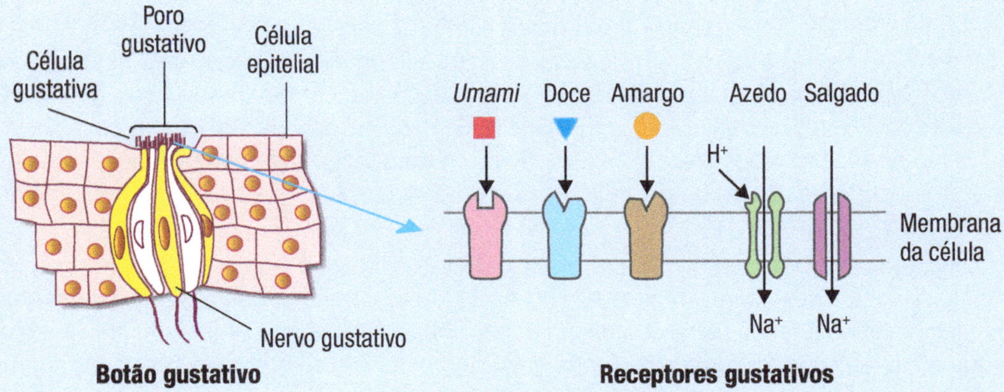

FIGURA 6.3. Ativação de receptores localizados na membrana das células gustativas pelas substâncias e íons.

Estímulo amargo

Alcaloides como o quinino também ligam-se a receptores de células associadas à proteína G, com a formação dos mesmos segundo mensageiros citados acima. Porém, estes provocam a liberação de íons cálcio do retículo endoplasmático para o meio intracelular, causando a despolarização, a liberação de neurotransmissores e a transmissão do sinal elétrico para o cérebro de gosto amargo.

Estímulo *umami*

Pesquisadores descreveram o que seria o quinto tipo de gosto, muito singular, suscitado pelo glutamato, difícil de descrever, sendo comparado por pesquisadores ocidentais com o gosto forte da carne. A substância que desencadeia tal gosto é um alcaloide, sendo um exemplo o glutamato, muito utilizado no preparo de pratos japoneses. Esta substância também se liga a um receptor de células gustativas associadas à proteína G, com a ativação de segundo mensageiro. Porém, os passos de abertura e fechamentos dos canais iônicos, e a consequente liberação de neurotransmissores ainda não foram descobertos.

Sais

O exemplo mais comum é o cloreto de sódio. Os íons sódio entram diretamente através dos canais iônicos das próprias vilosidades, determinando a despolarização e favorecendo a entrada de íons Ca^{++} na célula gustativa. Com a entrada destes íons, ocorre nova despolarização e a liberação de neurotransmissores na fenda sináptica, sendo o estímulo elétrico conduzido pelo neurônio e interpretado pelo cérebro como o gosto salgado.

Ácidos

São interpretados como gosto azedo. Os ácidos, quando em solução, liberam íons de hidrogênio (H^+). Estes íons podem agir nas células gustativas de três formas: entrando diretamente na célula, pela região da microvilosidade; bloqueando os canais iônicos de K^+ das microvilosidades; ou ligando-se a canais iônicos presentes nas microvilosidades e permitindo a abertura e entrada de outros íons positivos, que não o K^+, para dentro da célula. Desta forma, o aumento das cargas positivas no meio intracelular despolariza a célula e determina a liberação de neurotrasmissores.

Muitos avanços nesta área da sensibilidade gustativa foram conseguidos em função dos estudos do genoma humano, que possibilitaram a descoberta dos cromossomos responsáveis pelos receptores envolvidos na detecção das substâncias descritas acima. Sabe-se que os cromossomos 5 e 7 estão relacionados aos receptores gustativos em humanos. Atualmente, há duas famílias de receptores identificadas, sendo uma relacionada com a detecção dos estímulos doce e *umami*, e outra das substâncias amargas.

Os receptores do gosto azedo pertencem à família T2R, e há, até o momento, 26 genes humanos identificados. Estes receptores, como citado acima, são associados à proteína G e apresentam uma variabilidade grande na sua sequência de aminoácidos (25 a 90% semelhantes), possibilitando que consigam interagir com diversas substâncias químicas associadas ao gosto amargo.

Já a família de proteínas T1R constitui os receptores para o doce e *umami*, sendo de três tipos: T1R1, T1R2 e T1R3. Os tipos T1R1 e T1R3 juntos funcionam como um receptor para o sabor *umami*, e T1R2 e T1R3 para o sabor doce. Estes receptores respondem a uma variedade de compostos, já que se encontram praticamente em todos os botões gustativos. Os receptores do gosto doce

TABELA 6.1. ***Classe de sabor e estímulo químico ativador do receptor***

CLASSE DE SABOR	ESTÍMULO QUÍMICO
Doce	Açúcares
Salgado	Sais
Azedo	Ácidos
Amargo	Alcaloides (quinino)
Umami	Aminoácidos

encontram-se em botões gustativos das papilas foliadas e circunvaladas, e do *umami* em botões das papilas fungiformes e foliadas.

Já os diversos receptores para o gosto amargo são específicos para determinadas substâncias, mas em cada célula gustativa estão presentes vários tipos de receptores, o que faz com que todas as substâncias associadas ao gosto amargo sejam identificadas pelas papilas gustativas.

O mecanismo de reconhecimento do salgado e azedo é diferente, não se utilizando de receptores membranares. As moléculas que reconhecem as substâncias são canais iônicos, que ao permitirem a entrada direta de íons dentro da célula, causam a despolarização das células quimiorreceptoras e a liberação de neurotrasmissores (Tabela 6.1).

Importante ressaltar que estes receptores localizados nos botões gustativos encontram-se em toda extensão da língua, isto é, todas as características do gosto podem ser percebidas em todas as regiões que têm botões gustativos. A crença original, do início do século XX, era de que existiam *mapas da língua*, que representavam áreas de diferentes gostos, como o doce na ponta da língua, e o amargo no fundo.

Porém, já há alguns anos, os pesquisadores descobriram que estes mapas são interpretações errôneas, pois como dito acima, todos os gostos podem ser detectados pelos botões gustativos, porém, tem sido muito difícil suprimir esta informação da literatura.

VIAS NEURAIS

O estímulo elétrico da célula gustativa é transmitido para o neurônio de fibras nervosas aferentes dos nervos gustativos, que são os pares cranianos facial (VII), glossofaríngeo (IX) e vago (X). As fibras destes nervos conduzem os potenciais de ação até o sistema nervoso central (SNC), sendo a via de entrada o núcleo do trato solitário (NTS) do bulbo, no tronco encefálico (Capítulo 1 – *Princípios de Neuroanatomia: Organização Estrutural do Sistema Nervoso*).

Através de várias sinapses, o sinal elétrico com a informação gustativa é transmitido para a porção parvocelular do núcleo ventral posteromedial do tálamo, e por fim, para o centro gustativo primário do córtex cerebral, que se localiza na região (*ipsilateral*) média do opérculo frontal e na região anterior da ínsula, na área 43 de Brodman, e se estende anteriormente até a região caudolateral do córtex orbitofrontal[6-8] (Fig. 6.4).

Interpretação dos sabores

O gosto dos alimentos percebido pelas células gustativas, juntamente com as informações olfatórias e táteis deste alimento, proporcionam o *sabor*, que diferentemente do uso popular, não

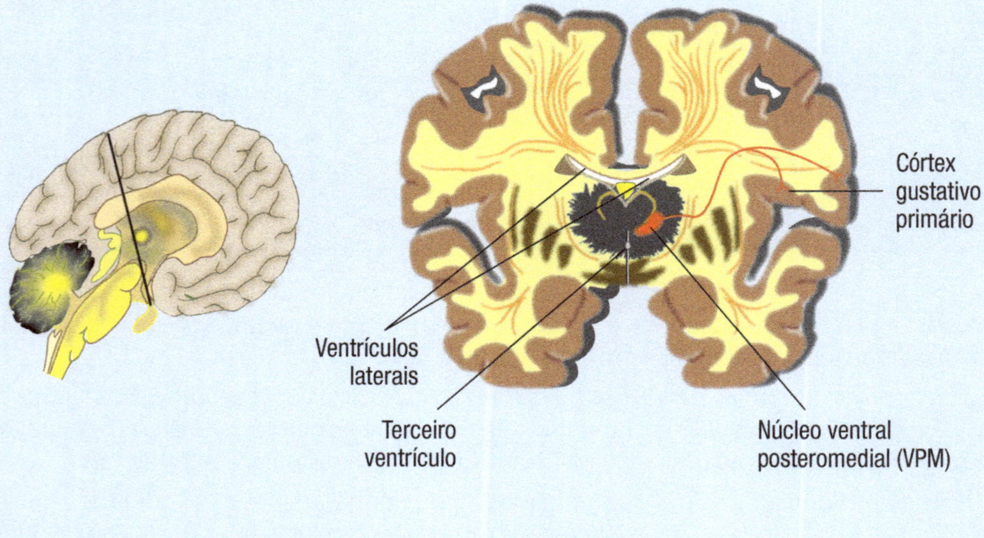

FIGURA 6.4. Córtex gustativo primário e núcleo ventral posteromedial.

pode ser utilizado como sinônimo de percepções gustativas. Os diversos tipos de gosto podem ser percebidos em um mesmo prato, simultaneamente. Mas como ocorre essa percepção? Para cada tipo de gosto existe um neurônio ou um centro gustativo no córtex? Como um mesmo neurônio pode conduzir informação do gosto salgado em um momento, e em outro, de doce? Por que algumas pessoas são sensíveis a um gosto, e outras não?

Além da percepção dos diversos estímulos químicos acima descritos, conseguimos perceber a intensidade do gosto, bem como se o gosto é agradável, desagradável ou neutro.[9] Os neurônios que realizam a interpretação dos diversos gostos podem ser comparados aos neurônios do sistema visual, que conseguem interpretar a forma e cor do objeto, luminosidade, contraste de luz, profundidade etc.

Do mesmo modo, os neurônios do sistema gustativo conseguem responder a mais de um tipo de estímulo, apesar de responder predominantemente a apenas um deles. Mas então, como ocorre a interpretação e diferenciação de um tipo de gosto, já que os neurônios respondem a vários deles? Como conseguimos reconhecer de olhos vendados que estamos comendo um alimento doce, salgado, ou a mistura de doce e salgado, como uma famosa sobremesa mineira feita de doce de goiabada e queijo fresco?

Essa distinção só é possível porque ocorre a ativação simultânea de diferentes tipos celulares, assim como no sistema visual. Assim como substâncias com gosto parecido evocam padrões similares de atividades em grupos de neurônios gustativos, estes padrões neuronais contêm informação suficiente para discriminar entre os distintos sabores.

Além disso, a interpretação do gosto não depende apenas de uma célula específica, mas da comparação da informação por várias células, em que cada uma deve contribuir para o padrão geral de atividade. Não é possível apenas um neurônio interpretar a informação, são necessários vários deles para que haja a comparação e discriminação.

No centro gustativo do córtex estão armazenadas as várias interpretações de cada um dos gostos, principalmente as associadas às experiências desagradáveis. Por exemplo, um ocidental que não está acostumado com a comida oriental pode estranhar ao experimentar um prato com tempero "agridoce", que é feito de uma mistura de vinagre de arroz (azedo) e açúcar (doce). Apesar dos dois gostos estarem presentes, o nosso córtex consegue identificá-los ao mesmo tempo, graças ao conhecimento prévio de cada um deles. Algumas pessoas podem estranhar o sabor resultante, algumas sentirão predominantemente o azedo, enquanto outras, o doce.

Aliás, a percepção de gostos, bem como da visão, é muito difícil de ser quantificada e qualificada individualmente. Nunca saberemos se a intensidade de um gosto percebida por uma pessoa é a mesma que a outra percebeu. Da mesma forma, para algumas, um prato pode estar muito salgado, ou uma sobremesa muito doce. E é por isso que várias pessoas experimentando um mesmo prato podem ter percepções diferentes.

Como citado anteriormente, até alguns anos atrás, divulgou-se o equivocado "mapa do paladar" na língua, em que os gostos eram identificados em regiões específicas da língua. Mas se apenas a região posterior da língua detectasse o amargo, como se acreditava, seríamos muito mais facilmente envenenados, pois o gosto amargo sempre serviu de sinal de alerta e proteção contra agressões ao nosso organismo. Um veneno, um alimento estragado, ou uma planta danosa à saúde, apresentam o gosto amargo, o que possibilita que os retiremos imediatamente da nossa boca. Pelo contrário, o amargo é facilmente percebido pelas células gustativas espalhas por toda a língua, inclusive na ponta, geralmente a primeira região a tocar o alimento.

Algumas pessoas apresentam variações genéticas dos receptores do gosto amargo, que fazem com que sintam o gosto amargo de forma mais acentuada. Essa variação poderia ser útil em épocas mais antigas, quando era necessária a procura de alimentos ainda desconhecidos. Porém, estas pessoas, atualmente, não toleram alimentos sabidamente saudáveis, como a catalônia ou a rúcula, pelo seu gosto amargo.

Porém, com o avanço no campo da ciência e da tecnologia, as indústrias de alimentos têm conseguido alterar o gosto de muitos alimentos, tornando-os mais palatáveis, e agradando inclusive as pessoas mais sensíveis. Um dos recursos é adicionar grandes quantidades de açúcar ou de adoçantes em produtos com cafeína, como nos refrigerantes à base de cola.

Mais recentemente, foi desenvolvido um bloqueador do gosto amargo, o monofosfato de adenosina (MFA), nucleotídeo normalmente produzido pelo nosso organismo. Há indícios de que a MFA não age diretamente nos receptores das papilas, mas sim interferindo na sinalização neural, talvez até impedindo a transmissão do sinal elétrico. Um fator negativo do uso deste composto é que a língua pode passar a ficar insensível ao gosto amargo, bloqueando uma das funções naturais de proteção à provável toxicidade do alimento. Outra consequência seria o favorecimento das indústrias, que poderiam passar a vender alimentos estragados ou de qualidade inferior, que não seriam percebidos pelo bloqueio do gosto amargo.

Por fim, o sistema gustativo, além dessa função essencial de proteção, faz com que ocorram reações orgânicas, como de liberação de hormônios, por exemplo. Ao mordermos um bolo, os receptores gustativos logo perceberão que se trata de um doce, e levarão a uma resposta reflexa e imediata de liberação de insulina, para que ocorra a digestão do açúcar. Da mesma forma, ao percebermos um alimento muito salgado, teremos a reação de bebermos líquidos para neutralizá-lo, restabelecendo assim a osmolaridade sanguínea alterada pelo excesso de consumo de sal.

Além, é claro, da sensação de prazer que comer nos proporciona, principalmente para aqueles que não tem problemas com a balança e podem se esbaldar com todo tipo de alimento, principalmente os mais saborosos, que geralmente são os mais engordativos.

Integração multissensorial

Além da percepção do sabor, quando o alimento entra em contato com a boca, temos também a percepção de outras características, como de textura e consistência (se é líquida, pastosa, em grãos), cheiro e temperatura, graças à integração do sistema gustativo com os demais sistemas sensoriais.[6]

Esta interação é extremamente necessária para a rejeição ou aceitação dos alimentos, já que a associação de todas as informações que chegam à consciência determinará a ação de engolir ou cuspir o alimento da boca. Um exemplo é a sopa quente. Por mais que a sopa pareça saborosa, com um cheiro convidativo, invariavelmente tenderemos a devolver na colher, caso ela esteja muito quente e ative nossos receptores nociceptivos.

Outro exemplo ocorre quanto mordemos uma maçã, que por fora está bonita, mas estragada por dentro. Mesmo que o sabor não esteja muito alterado, caso a textura esteja diferente (porosa), logo identificamos que a maçã está estragada.

Existe um grupo de células, da família dos canais TRP (*Transient Receptor Potential*), responsivo à temperatura, e que tem sido muito estudado ultimamente. Um exemplo está presente nas fibras do nervo trigêmeo, que expressam o canal TRPM8, e que é ativado pela menta, um composto que produz a sensação de gelado. Já o canal TRPV1, também presente no nervo trigêmeo, é ativado tanto em temperaturas acima de 40°C (como na sopa quente), como pela capsaicina, composto presente na pimenta e que produz a sensação de queimação na língua.

Outro subgrupo importante é do canal TRPM5, que é sensível a mudanças dos níveis de cálcio intracelular, auxiliando na identificação dos sabores doce, azedo e *umami*, e que é ativado pelo aumento de temperatura. Devido às suas múltiplas funções, é o responsável pelo aumento ou diminuição da percepção dos sabores doce e salgado conforme as variações de temperatura do alimento.

Como já citado, as informações gustativas detectadas na parte anterior da língua e do palato são enviadas ao SNC através do VII nervo craniano (facial); da parte posterior da língua, bem como da faringe, laringe e epiglote, pelos nervos glossofaríngeo (IX par) e vago (X par). Já as informações somatossensoriais são transmitidas tanto pelo V par (trigêmeo), como pelas raízes sensoriais do IX e X par, transmitindo especificamente informações nociceptivas de estímulos químicos.

Todos estes nervos cranianos convergem para a região rostral do NTS, e daí se projetam para o núcleo parabraquial gustativo, onde encontram o trato tegmentar central e terminam no núcleo ventroposterior medial do tálamo. A partir desta região, as fibras se projetam para o córtex somatossensorial (Fig. 6.5).

Foi demonstrado que a maioria dos receptores é ativada tanto na percepção do sabor como das características somatossensoriais dos alimentos, e que apenas em 6% dos casos há apenas estimulação dos receptores gustativos.[6]

Outra associação importante ocorre com o sistema olfatório. As informações de sabor e cheiro convergem para o córtex insular (próximo ao córtex orbitofrontal), onde é processada a informação de odor e que reforçará o gosto de um alimento. Um exemplo muito comum ocorre com o café, que parece muito mais cheiroso do que saboroso (Fig. 6.6).

Por fim, comandos hierarquicamente mais superiores também podem influenciar a resposta gustativa. As mesmas regiões corticais gustativas (ínsula e opérculo) são ativadas quando o indivíduo vê ou tem a expectativa de comer alimentos saborosos, demonstrando a interferência da cognição e da emoção no sistema gustativo.

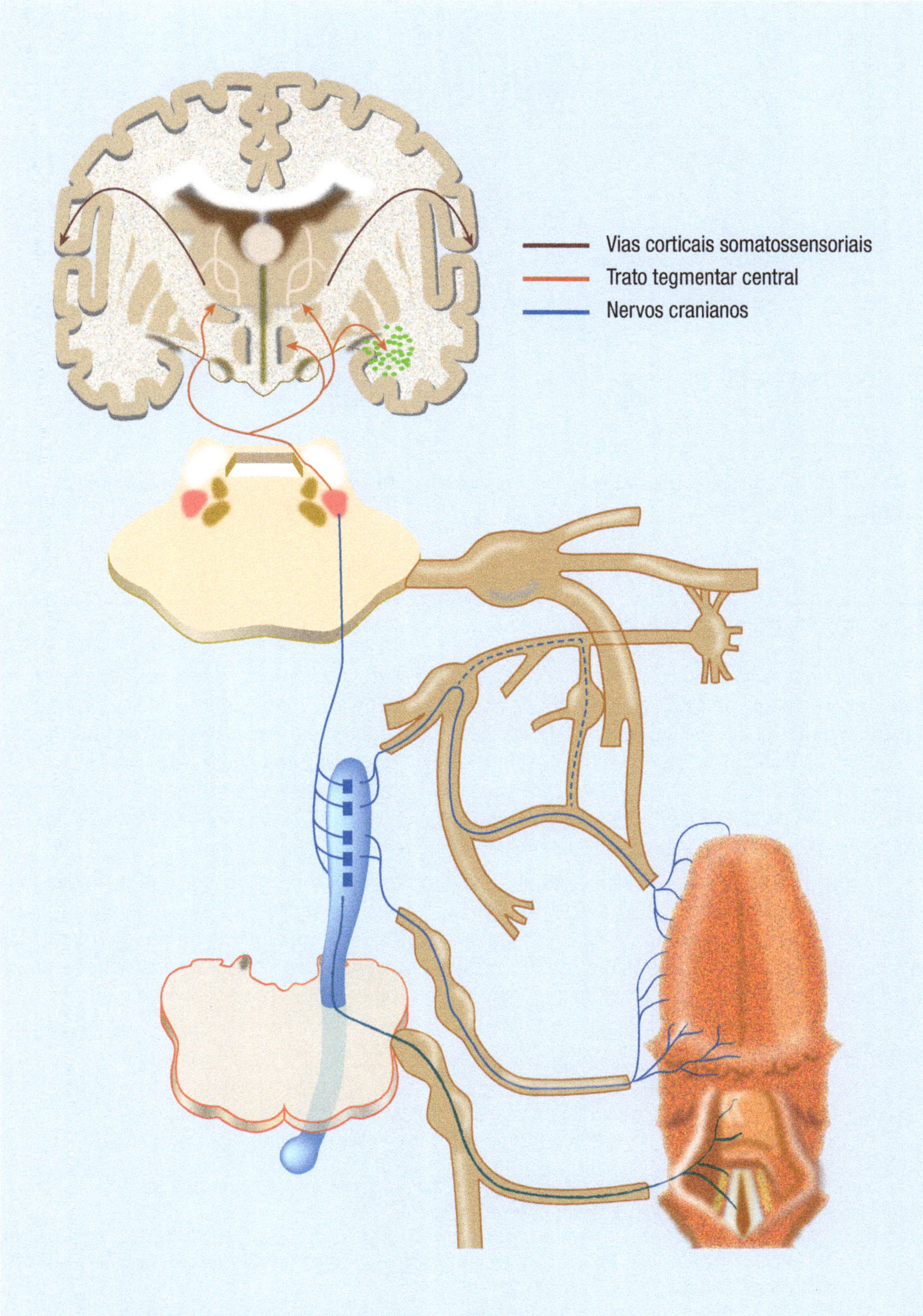

FIGURA 6.5. Vias neurais da gustação.

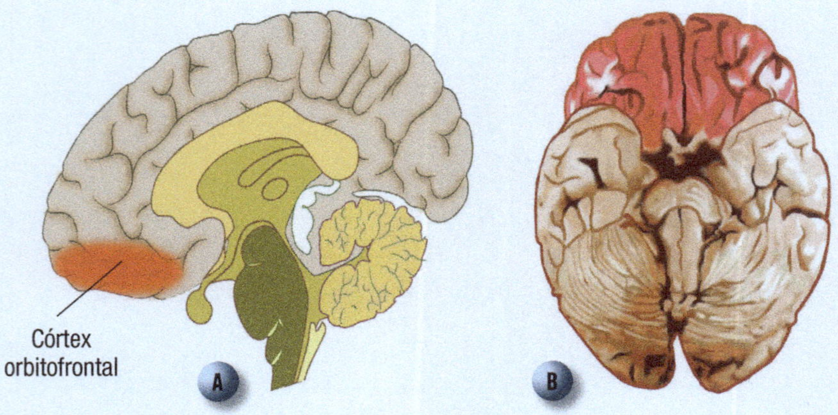

FIGURA 6.6. (A) Desenho esquemático do córtex orbitofrontal; (B) Coloração de uma peça anatômica da mesma região, vista inferior.

ALTERAÇÕES DO SISTEMA GUSTATIVO

Alterações do sistema gustativo são muito comuns em doenças neurológicas degenerativas como a doença de Parkinson (DP) e a doença de Alzheimer (DA), e são denominadas hiposmia (diminuição da sensibilidade) ou anosmia (perda da sensibilidade). Estas alterações são decorrentes da redução da produção de muco, alterações hormonais e da espessura epitelial, além das alterações da condução nervosa. Na DP, as alterações gustativas e olfatórias parecem preceder os primeiros sinais motores da doença, em decorrência da redução de dopamina. Já na DA, os sinais da doença progridem paralelamente ao do sistema gustativo.[10]

Durante o processo de envelhecimento, é muito comum que os idosos sofram redução do paladar, pois fisiologicamente ocorre diminuição do número de papilas gustativas, da produção de saliva (extremamente importante na detecção dos gostos) e da capacidade de discriminação dos sabores. Há casos extremos, de perda total da função gustativa, que são agravados por doenças e principalmente pelo uso excessivo de medicamentos, muito comum entre idosos.[10]

Referências Bibliográficas

1. Guyton AC, Hall JE. Tratado de fisiologia médica. 11ª ed. Rio de Janeiro: Elsevier; 2006.
2. Lent R. Neurociência da mente e do comportamento. Rio de Janeiro: Guanabara-Koogan; 2008.
3. Gilbertson TA, Damak S, Margolskee RF. The molecular physiology of taste transduction. Current Opinion in Neurobiol 2000; 10:519-27.
4. Lemon CH, Katz DB. The neural processing of taste. BMC Neuroscience 2007; 8(Suppl 3):S5.
5. McCaughey SA. The taste of sugars. Neurosci Biobehav Rev 2008; 32:1024-43.
6. Araújo IE, Simon SA. The gustatory cortex and multisensory integration. Int J Obes (Lond) 2009; 33(Suppl 2):S34-43.
7. Saddoris MP, Holland PC, Gallagher M. Associatively-learned representations of taste-encoding neural ensembles in gustatory cortex. J Neurosci 2009; 29:15386-96.
8. Smith DV, John SJ. Neural coding of gustatory information. Current Opinion in Neurobiology 1999; 9:427-35.
9. Spector AC, Glendinning JI. Linking peripheral taste processes to behavior. Curr Opin Neurobiol 2009; 19:370-7.
10. Welge-Lüssen A. Ageing, neurodegeneration, and olfactory and gustatory loss. B-ENT 2009; 5:129-32.

Sistema Visual

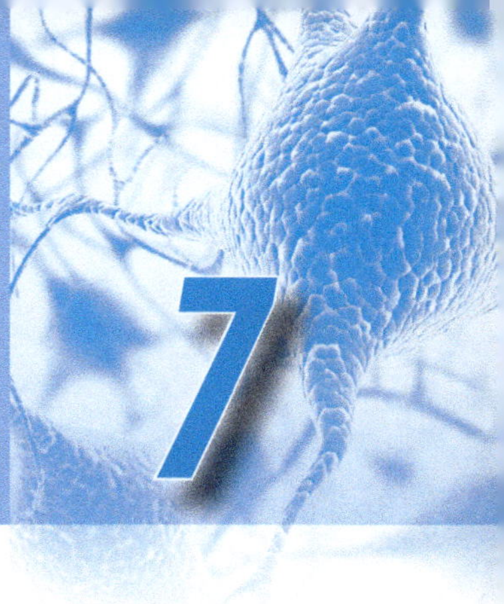

7

INTRODUÇÃO

O sistema visual sofreu grandes modificações nos primatas. À medida que esses foram assumindo a posição ereta e liberando as mãos para manipulação de objetos, possuir um sistema que permitisse a visão em profundidade, a fim de executar tarefas manuais sob controle visual, tornou-se altamente vantajoso. A posição ereta também favoreceu o aumento do alcance visual e essas duas circunstâncias exerceram influência no desenvolvimento do sistema de visão binocular. Assim, nos primatas, o sistema olfatório cedeu lugar ao sistema visual como elemento principal de contato e percepção do mundo, o que se refletiu no grande crescimento e especialização do córtex visual.[1,2]

Devido à complexidade, importância e às inúmeras funções atribuídas ao sistema visual, há uma extensa região no córtex responsável por este sistema. O processamento da imagem depende de uma série de eventos que se inicia no olho, e dada à especificidade de experiências de cada pessoa, é possível que duas pessoas tenham diferentes percepções das cores utilizadas em um mesmo quadro. Como podemos garantir que a cor azul de uma pintura é vista com a mesma intensidade e coloração pela outra pessoa?

Outro exemplo do refinamento do sistema visual é que não precisamos estar próximos do estímulo, como é necessário no sistema tátil. Isto permite que percebamos a existência de um buraco no nosso caminho, sem precisar cair nele, ou então, um prego no chão, sem pisar nele. A função primordial, e que foi muito útil para os primatas, é perceber a presença de possíveis agressores mesmo à distância, permitindo a fuga antecipada. Nos tempos atuais, a visão permanece como um sentido fundamental, garantindo a preservação de nossa espécie a cada vez que atravessamos com sucesso uma rua movimentada.

ANATOMIA E FISIOLOGIA DOS ÓRGÃOS DA VISÃO

Anatomicamente, o olho é composto pelo revestimento (*esclera*), cuja parte anterior é a *córnea*, pela parte interna e posterior (*retina*), pelo *cristalino* e pelos líquidos (*humor vítreo* e *aquoso*) que o preenchem (Fig. 7.1). Funcionalmente, a córnea e o cristalino são considerados as lentes do olho, pelos quais os raios luminosos atravessam e são refratados, e captados pela retina.[3,4]

O cristalino é transparente, para permitir a passagem da luz, e a disposição de suas células impede que haja a dispersão de luz, bem como preserva o índice de refração uniforme. O cristalino é o único tecido transparente do corpo humano, e isso só é possível porque suas células sofrem uma

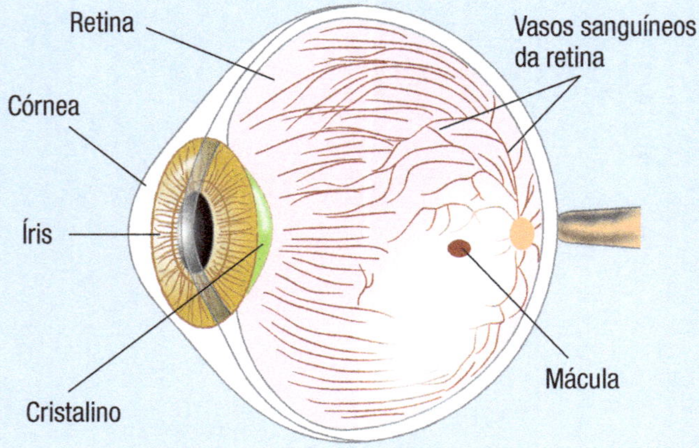

FIGURA 7.1. Estrutura do olho. Fonte: NIH National Eye Institute.

autodestruição programada para ser interrompida antes do processo de destruição se completar totalmente, na fase em que as células ainda apresentam sustentação, mas já se encontram vazias, por onde a luz pode atravessar sem sofrer alterações.

Na retina estão localizadas as células receptoras do sistema visual, os *cones* e *bastonetes*, que são fotorreceptores. Estas células contêm fotopigmentos que se tornam instáveis na presença de luz, e que se alteram neste processo, levando a formação de uma corrente elétrica e disparando um potencial de ação (codificação dos raios em uma imagem e transmissão para o córtex visual através de impulsos nervosos, onde será interpretada).

Este processo ocorre da seguinte forma: a luz ativa as moléculas de pigmentos nos fotorreceptores, o que leva à redução da concentração intracitoplasmática de GMP cíclico, provocando o fechamento de canais iônicos GMP cíclico-dependentes e a consequente hiperpolarização do fotorreceptor; se a fonte de luz é mantida, o fotorreceptor se despolariza lentamente, disparando o potencial de ação acima citado e reiniciando o processo de hiperpolarização descrito, num ciclo contínuo. A retina não é um receptor sensorial periférico (como a cóclea, por exemplo), mas uma estrutura que faz parte do sistema nervoso central (SNC), sendo sua organização sináptica semelhante à encontrada em outras regiões do cérebro.[5]

Os cones localizam-se de forma mais densa no centro da retina, na região denominada *fóvea*, onde se formam as imagens mais nítidas (foco do olhar). São mais sensíveis aos níveis mais intensos de luz, sendo, portanto, mais úteis durante o dia. A fóvea se localiza em uma região da retina denominada *mácula lútea* ("mancha amarela"), que é visualizada como uma área amarelada no centro da retina quando se examina o fundo de olho. *Os* cones são classificados em três tipos, que diferem quanto à sensibilidade aos diferentes comprimentos de onda da luz visível, sendo essenciais para a visão das cores.

Os bastonetes estão distribuídos por toda retina, e são mais sensíveis aos baixos níveis de estimulação de luz (Tabela 7.1). Isto é, são mais úteis à noite, quando há pouco estímulo luminoso; no entanto, não permitem a percepção de cores e são mais lentos para gerar resposta (por isso, logo ao entrarmos em um ambiente escuro, temos a percepção de "não enxergar", e as imagens começam a se delinear gradativamente) (Fig. 7.2).

TABELA 7.1. *Tipos de fotorreceptores da retina*

BASTONETES	CONES
Visão noturna (alta sensibilidade à luz)	Visão diurna (sensibilidade menor à luz)
Maior quantidade de fotopigmentos (captam intensidades muito fracas de luz)	Menor quantidade de fotopigmentos
Mais sensíveis a raios de luz difusos	Mais sensíveis a raios de luz diretos
Resolução temporal baixa: resposta lenta (necessitam de tempo maior para adaptação)	Resolução temporal alta: resposta rápida
Acuidade baixa; ausentes na fóvea	Acuidade alta; presentes na fóvea
Acromático (possui apenas um tipo de pigmento, a rodopsina)	Cromático: três tipos de pigmento (fotopsinas). Cada pigmento distinto é sensível a uma determinada faixa do espectro de luz: fotopsina I (espectro amarelo), fotopsina II (espectro verde) e fotopsina III (espectro violeta)

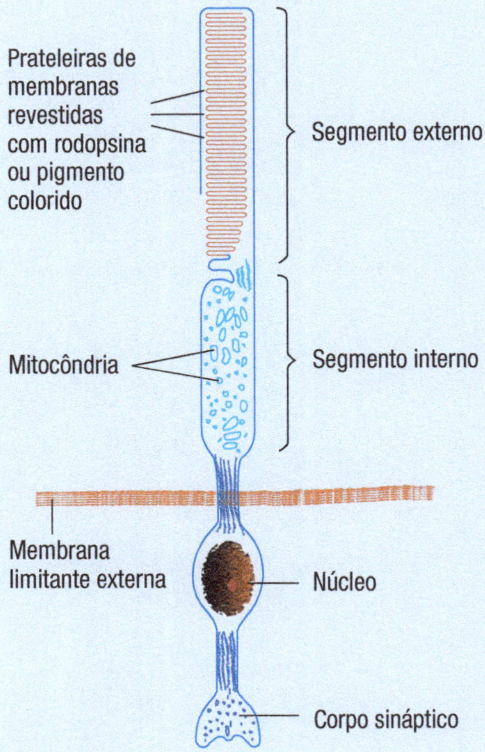

FIGURA 7.2. Estrutura dos fotorreceptores.

Ambos os tipos de receptores transformam o estímulo da luz em corrente elétrica. Esta informação é então transmitida para as células bipolares, e a seguir, para as células ganglionares, ambas localizadas na retina. Estas duas células, por estarem presentes em menor quantidade, condensam todas as informações obtidas pelos fotorreceptores. Os axônios das células ganglionares se juntam e formam o *nervo óptico*[6] (Fig. 7.3).

Denomina-se *campo visual* toda a área que pode ser vista pelos dois olhos em um determinado instante, sem que o indivíduo mova a cabeça. O campo visual contém uma *zona binocular* (a imagem se projeta nos dois olhos) e uma *zona monocular* (de onde a imagem se projeta em apenas um dos olhos; esta zona é o *crescente temporal*). A região da retina correspondente à emergência do nervo óptico denomina-se *disco óptico* e não contém células fotorreceptoras, gerando, portanto, um *ponto cego*, que se localiza em posição medial à fóvea.

Os axônios provenientes das porções laterais da retina seguem por toda a via visual sem cruzar a linha média; assim, as fibras da região lateral da retina esquerda terminam no córtex visual esquerdo, o mesmo acontecendo para o lado direito. Os axônios provenientes das porções mediais da retina cruzam a linha média e, portanto, projetam-se para o córtex visual contralateral. Desse modo, as fibras provenientes da região medial da retina esquerda vão se projetar no córtex visual direito, o mesmo acontecendo para o lado direito.[7]

Em outras palavras, as fibras axonais da metade temporal da retina direita e a metade nasal da retina esquerda se juntam, e se conectam com o córtex visual direito. As metades temporal esquerda e nasal direita também se juntam e terminam no córtex visual esquerdo. O cruzamento que ocorre entre as fibras provenientes das duas metades nasais é chamado de *quiasma óptico* (Fig. 7.4).

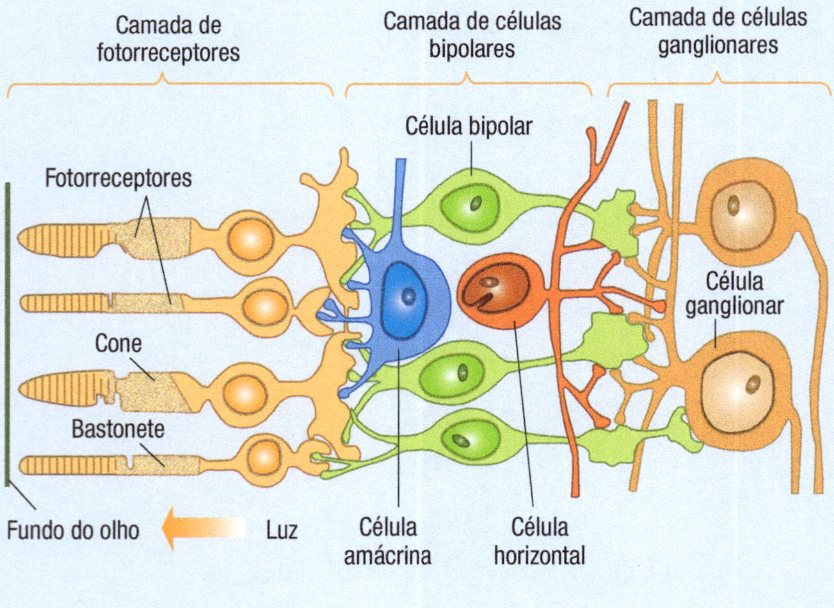

FIGURA 7.3. Detalhe da estrutura da retina e formação do nervo óptico (a partir dos axônios das células ganglionares).

Convém lembrar que a imagem projetada em cada metade da retina corresponde à metade oposta do campo visual do mesmo olho, já que os raios de luz provenientes dos objetos incidem numa trajetória reta (esta imagem é projetada, pelo mesmo motivo, de forma invertida: a metade inferior do campo visual é projetada na metade superior da retina de cada olho, e vice-versa).

Desta forma, o resultado final é que a metade esquerda do campo visual será projetada na porção lateral da retina direita e na porção medial da retina esquerda, indo projetar-se no córtex visual esquerdo. A metade direita do campo visual será projetada na porção lateral da retina esquerda e na porção medial da retina direita, indo projetar-se no córtex visual direito. Temos, então, que o córtex visual esquerdo recebe informações do hemicampo direito, e o córtex visual direito recebe informações do hemicampo esquerdo. A região central do campo visual incide nos dois olhos, e assim, projeta-se para o córtex visual de ambos os hemisférios (Fig. 7.4).

Já dentro do encéfalo, o nervo óptico divide-se e emite conexões por praticamente todo o córtex, seja de forma direta ou indireta, através de colaterais. Das projeções do nervo óptico, 90% terminam no *núcleo geniculado lateral* (NGL), no tálamo, onde se inicia a interpretação da percepção de profundidade ou de distância, e a combinação de cores. No NGL começa a ser interpretada a percepção de profundidade, pois é a este nível que os sinais provenientes dos dois olhos começam a ser comparados. Como cada olho pode perceber pequenas diferenças da mesma imagem, é necessário que as informações dos dois olhos sejam comparadas, a fim de fornecer o dado correto da distância do objeto ao observador. As demais fibras terminam no *núcleo pulvinar*, no tálamo, e no *colículo superior*, no mesencéfalo. Algumas fibras terminam diretamente nos *núcleos pré-tectais*, responsáveis pelo controle do diâmetro da pupila frente a estímulos luminosos[7] (Fig. 7.5).

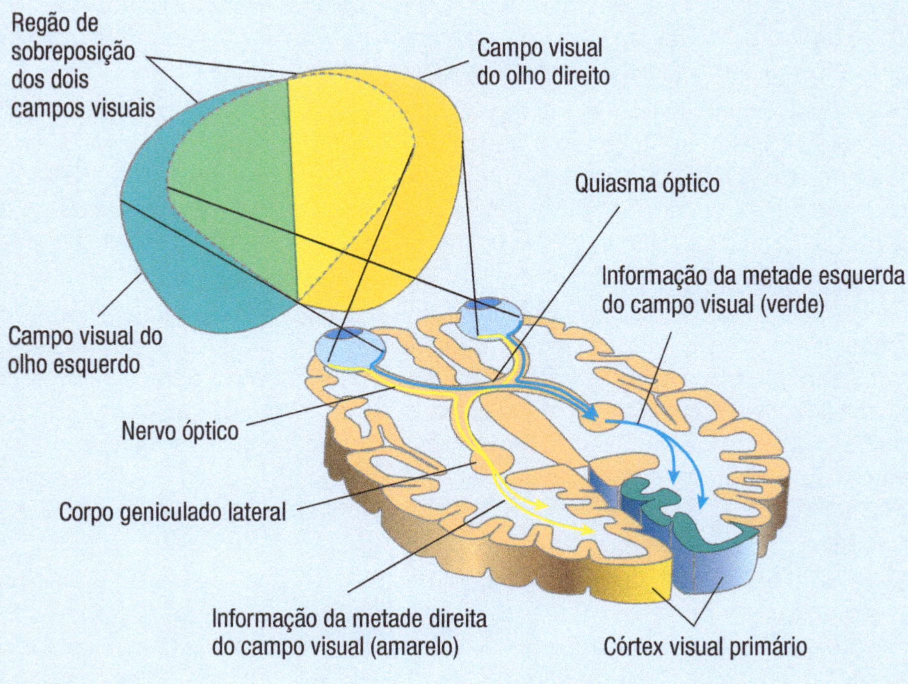

FIGURA 7.4. Captação da imagem pela retina e formação da imagem no córtex visual.

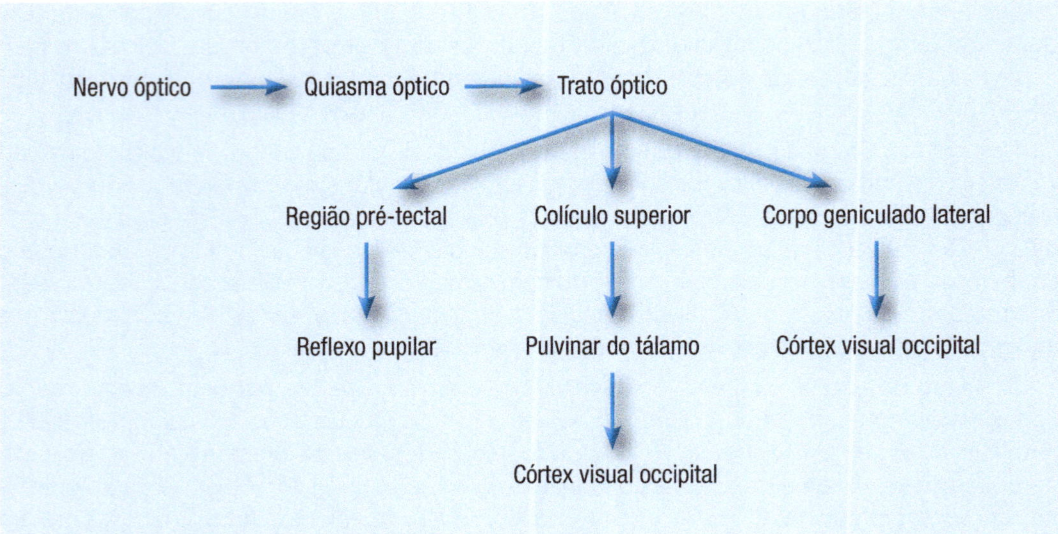

FIGURA 7.5. Representação esquemática das vias visuais.

VIAS NEURAIS DO PROCESSAMENTO VISUAL

A partir do NGL, as fibras partem para a projeção visual, através da via geniculado-cortical, para o córtex. Praticamente todas as fibras terminam inicialmente na porção medial do lobo occipital, na área visual primária, ou 17 de Brodman. A área 17 de Brodmann está localizada medialmente e abaixo da superfície do córtex, ao longo do sulco calcarino. Os fisiologistas também denominam esta região de córtex estriado, pelas características das células, ou de área V1 (Fig. 7.6).

O córtex visual, que na realidade é composto por várias áreas visuais, possibilita a interpretação dos sinais elétricos, transformando o impulso elétrico em uma imagem, com discriminação da forma do objeto, da luminosidade e do contraste da luz, percepção de profundidade, das cores e da orientação de linhas. Na realidade, a percepção de uma imagem é a resultante de todas as características acima, que são interpretadas por cada uma das áreas, como em etapas, e somadas para resultar na imagem final.[8]

Estas áreas podem ser encontradas no córtex pré-estriado (localizado bem em frente ao córtex estriado, e também conhecido como região V2), no córtex occipital, parietal e temporal. Todas as regiões fornecem um mapa da imagem, porém o que as diferencia é o tipo de informação sobre a mesma imagem, de como cada área realiza o processamento com relação a cor e o movimento, por exemplo. Assim, é possível diferenciar um elefante cinza, com barro marrom nas patas, se movimentando no chão coberto de lama e se aproximando. Pois cada área se encarregará de definir a forma, os diferentes comprimentos de onda (que discriminarão a cor cinza do marrom), e o movimento.

O córtex visual primário é constituído principalmente de três tipos de células: simples, complexas e hipercomplexas. As primeiras sinalizam a presença das bordas de uma imagem e são seletivas ao movimento e à orientação. As complexas sinalizam outros aspectos, como os cantos ou a parte final das bordas, complementando as informações das células simples. As células hipercomplexas detectam a descontinuidade, ângulos, cantos e algumas informações semelhantes às das células simples, como o movimento e a orientação.[5,9]

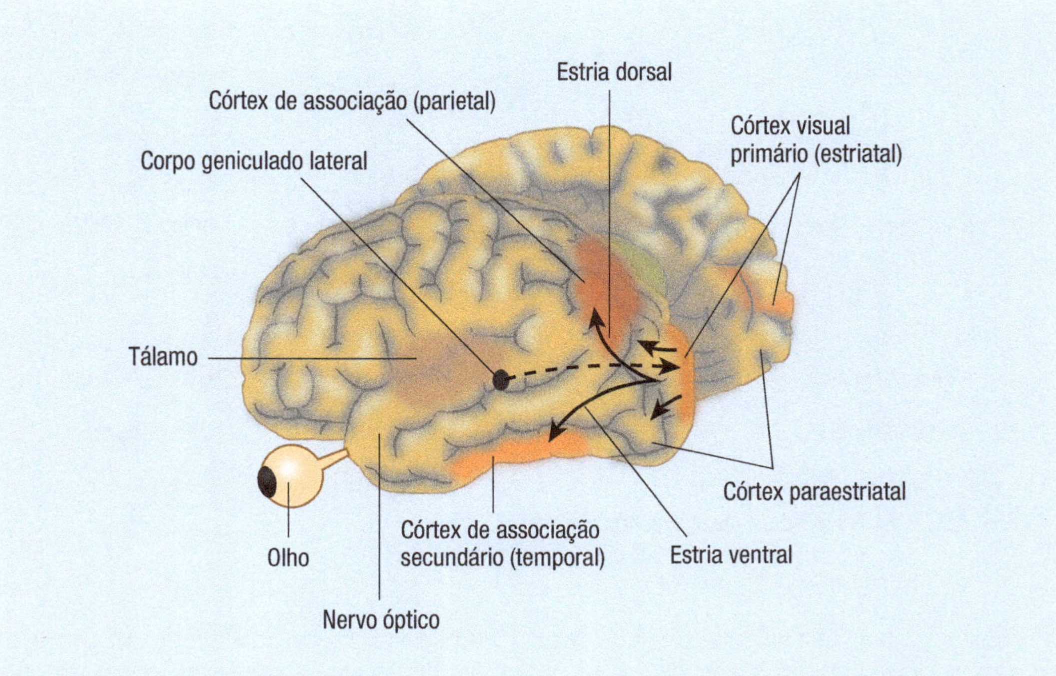

FIGURA 7.6. Representação da via visual.

A área 18 de Brodmann, que juntamente com a área 19 são consideradas como córtices visuais de associação, apresentam células sensíveis ao comprimento de onda. Ambas localizam-se no lobo occipital e fazem conexão com áreas auditivas e somestésicas.

Conclui-se desta forma que, no córtex, as informações que haviam sido condensadas pelas células bipolares e ganglionares da retina são novamente expandidas, dado seu grau de complexidade. Vários são os subsistemas participantes do processamento visual, pois esta imagem é decorrente de vários processos somados, e não apenas de uma simples interpretação. Participam também os aspectos emocionais e os motivacionais, isto é, todas as experiências prévias com as quais poderemos comparar a imagem processada.

Ao visualizarmos uma pessoa desconhecida, baseamos nossa primeira impressão sobre a pessoa apenas pelo que vemos. Julgamos a pessoa pelos cuidados pessoais, pelo olhar, pelos gestos e atitudes. E muitas vezes, nos enganamos. Mas não porque o SNC processou incorretamente as informações. E sim porque comparamos estas informações com experiências anteriores, e o ser humano comete o erro de julgar pela aparência e com preconceito. Porém, também é o que nos permite nos proteger contra eventuais agressores, como um assaltante ou um cavalo agressivo, por exemplo, apenas pela associação das características que estamos vendo do provável assaltante e do cavalo, com eventos traumatizantes ocorridos anteriormente.[10]

A partir do córtex occipital, as fibras se projetam, como já citado anteriormente, para os lobos temporal ou parietal, seguindo principalmente duas vias: a ventral e dorsal (Fig. 7.7). A primeira via segue o trajeto: área V1 do lobo occipital, área V4 do mesmo lobo e lobo temporal (inferior). Esta via possibilitará a interpretação dos objetos presentes na imagem. A via dorsal parte da mesma região, segue para o lobo temporal (medial) e termina no lobo parietal posterior. A interpretação obtida será de localização dos objetos no espaço.[5,6]

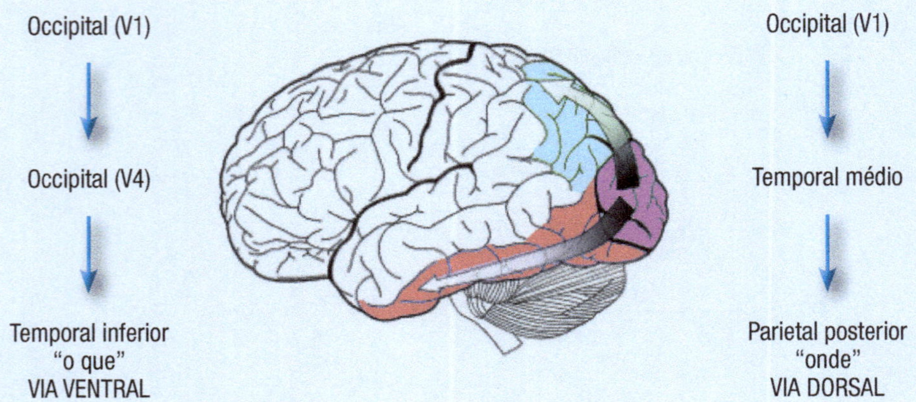

FIGURA 7.7. Vias visuais dorsal (azul) e ventral (vermelho).

As demais fibras, que partem do nervo óptico, e que não se projetam para o córtex visual primário, estão relacionadas com a motricidade e regulação ocular, através de três fibras: retino-hipotalâmicas, retinotectais e retino pré-tectais. As primeiras são importantes para a regulação dos ritmos biológicos. As retinotectais estão relacionadas com certos reflexos de movimentos dos olhos ou das pálpebras (piscar), e as últimas, com os reflexos fotomotor direto e consensual.

MOTRICIDADE OCULAR

Para que uma boa imagem seja formada, é necessário, assim como as lentes de uma máquina fotográfica, que sejam corretamente posicionadas. Isto significa que deve haver uma adequada interação entre a abertura ocular, o direcionamento dos olhos no campo visual e a dilatação/contração da pupila. A motricidade ocular pode ser dividida em *motricidade ocular extrínseca* (MOE), ou seja, a movimentação dos globos oculares (a fim de rastrear o objeto que se pretende ver), e a *motricidade ocular intrínseca* (MOI), que define os movimentos de contração/dilatação pupilar e acomodação do cristalino (a fim de focalizar o objeto, uma vez encontrado).[3,7]

A movimentação e o posicionamento dos olhos dependem basicamente de três grupos musculares que direcionam o olho horizontalmente (reto medial e lateral), verticalmente (reto superior e inferior) ou de forma circular (oblíquo superior e inferior). A ação destes músculos possibilita a movimentação rápida dos olhos para todos os sentidos[11] (Figs. 7.8 e 7.9).

Na Tabela 7.2 apresentamos os músculos, funções, o nervo e a localização do seu núcleo.

Os gerenciadores destes movimentos são as áreas associativas visuais corticais, que determinarão se os olhos estão corretamente posicionados. Caso não estejam, estas áreas enviam impulsos para os núcleos mesencefálicos e pontinos, determinando a contração muscular e o direcionamento dos olhos para o lado do estímulo visual. Da mesma forma, estas áreas associativas também são responsáveis pela comparação das imagens obtidas pelas duas retinas. Caso a imagem não seja a mesma, isto é, se não se fundem em uma imagem apenas, estas áreas determinam a movimentação ocular, até que a imagem seja fundida. Mesmo com a movimentação, se as imagens não forem as mesmas, o resultado é o estrabismo (ver adiante).

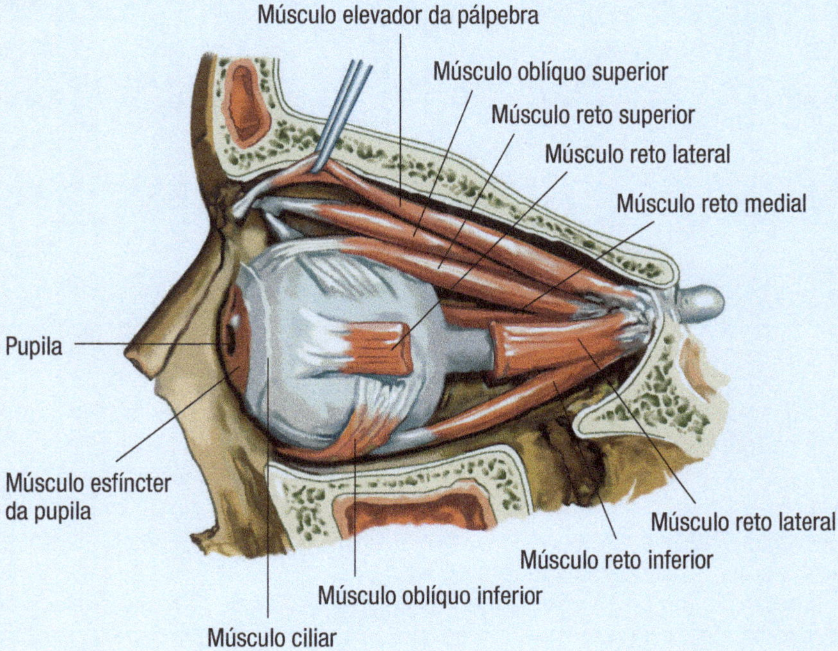

FIGURA 7.8. Musculatura do olho.

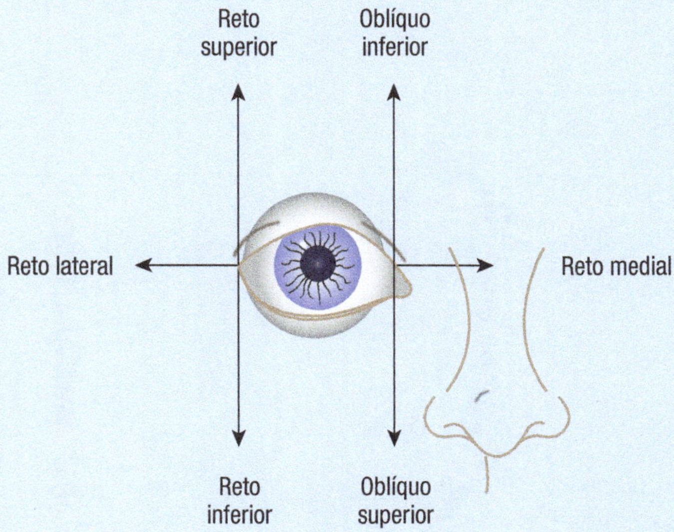

FIGURA 7.9. Diagrama mostrando a função dos principais músculos oculares.

TABELA 7.2. *Musculatura do olho e descrição da função e inervação correspondente*

MÚSCULO	FUNÇÃO	NERVO	LOCAL NÚCLEO
Reto medial	Adução	III (oculomotor)	Mesencéfalo
Reto superior	Elevação e incicloducão[1]	III (oculomotor)	Mesencéfalo
Reto inferior	Abaixamento e excicloducão[1]	III (oculomotor)	Mesencéfalo
Oblíquo inferior	Elevação e excicloducão	III (oculomotor)	Mesencéfalo
Oblíquo superior	Abaixamento e incicloducão	IV (troclear)	Mesencéfalo
Reto lateral	Abdução	VI (abducente)	Ponte

A focalização da visão nítida de um objeto depende da curvatura do cristalino, que está suspenso pelos ligamentos suspensórios, que por sua vez, se conectam com o músculo ciliar. Quando este músculo se contrai, há o relaxamento dos ligamentos e o cristalino aumenta sua curvatura central, e possibilita maior refração dos raios luminosos e o foco de objetos mais próximos. Inversamente, isto é, quando há o relaxamento da musculatura ciliar, os ligamentos se contraem, e determinam o achatamento do cristalino, reduzindo o poder de refração. O controle da focalização da imagem também é determinado pelas áreas visuais associativas corticais. Quando a imagem na retina se encontra fora de foco, estas áreas visuais enviam impulsos que determinam a contração ou relaxamento do músculo ciliar e, consequentemente, mudanças na curvatura do cristalino. Este ajuste acontece continuamente, até que a imagem se torne nítida ou que o objeto se mova (Fig. 7.10).

A pupila, um orifício localizado na íris, também exerce papel importante na determinação da quantidade de luz que chegará até a retina, e tem seus movimentos de contração ou relaxamento determinados pela contração muscular. A íris é cercada por uma musculatura circular chamada de esfíncter pupilar, que é controlado por nervos parassimpáticos e que determinam a constrição da pupila. A dilatação da pupila é determinada pelo relaxamento do esfíncter pupilar e pela contração

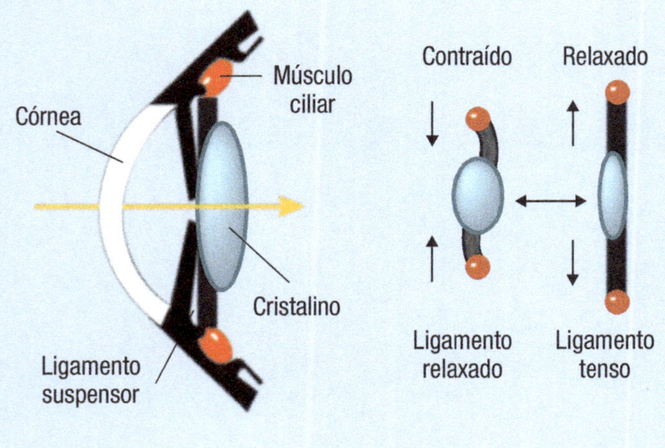

FIGURA 7.10. Movimentação do cristalino.

de fibras musculares que se estendem desde a borda da pupila até a margem externa da íris. O controle destes músculos depende de inervação simpática, veiculada pelo III nervo (oculomotor).[11]

Tanto a inervação simpática como parassimpática são responsáveis pelo reflexo fotomotor. Os núcleos oculomotores simpáticos e parassimpáticos (este denominado Edinger-Westphal) recebem aferências dos núcleos pré-tectais, também localizados no tronco encefálico. Os núcleos pré-tectais recebem algumas fibras provenientes diretamente do nervo óptico (II), sem que tenham passado pelo córtex visual primário. Estes núcleos oculomotores determinam a constrição pupilar na presença de alta intensidade luminosa e a dilatação pupilar em baixas luminosidades.

Dilatação pupilar por ativação do sistema simpático também ocorre em situações de estresse físico ou emocional, como na resposta de "luta e fuga", pois o aumento da pupila permite ampliação do campo visual e maior aporte de luz para o sistema visual. Constrição pupilar ocorre juntamente com o movimento de convergência e acomodação, para permitir a fixação e maior foco em objetos próximos.

Os movimentos oculares são denominados *movimentos conjugados*, pois os dois olhos devem se mover de forma harmônica, a fim de que os raios luminosos incidam em regiões correspondentes das retinas dos dois olhos e se forme apenas uma imagem. Assim, quando olhamos para cima, os dois olhos devem se mover simultaneamente, na mesma velocidade. Quando olhamos para um objeto à nossa direita, o olho direito deve realizar um movimento de abdução, coordenado com um movimento de adução do olho esquerdo. Para que esta movimentação conjugada ocorra de forma adequada, é necessário que haja um mecanismo de controle.

De fato, este controle se inicia no lobo frontal, que manda sinais para os núcleos oculomotores cranianos para iniciar o movimento. Suponhamos, então, que o indivíduo queira mover seus olhos para fixá-los em um objeto à sua esquerda. O córtex frontal (área motora ocular – área 8 de Brodmann) envia sinais de ativação para o núcleo do nervo abducente (VI), na ponte; este núcleo, por sua vez, iniciará a ativação do nervo reto lateral ipsilateral, enquanto manda sinais para o nervo oculomotor contralateral (III), através de uma estrutura denominada *fascículo longitudinal medial*, gerando a ativação do nervo reto medial contralateral. É importante lembrar que o sistema vestibular encontra-se integrado ao sistema de controle da motricidade ocular extrínseca, sendo os dois interdependentes (Capítulo 9 – *Sistema Vestibular*) (Fig. 7.11).

CONSTRUÇÃO DA IMAGEM

Após a compreensão da anatomia do sistema visual e de sua fisiologia, podemos perguntar: como exatamente ocorre o processamento e a construção da imagem? Como as informações obtidas pelas retinas são processadas e interpretadas pelo SNC? Por que muitas vezes interpretamos incorretamente o que estamos vendo?

Uma propriedade importante da visão, chamada de *estereopsia*, é a capacidade de conjugação de imagens captadas pelos dois olhos resultando em apenas uma. É o que permite que vejamos apenas um objeto, apesar de ter sido captado pelos dois olhos, ou de ter sido tocado pelas duas mãos. Da mesma forma, se apontarmos para um objeto distante com um dedo, e alterarmos a abertura e fechamentos dos olhos, perceberemos que a posição do nosso dedo muda em relação ao objeto, mostrando que há uma disparidade da imagem captada entre os dois globos oculares, mas ausente quando o objeto é visto por ambos.

A estereopsia é a capacidade de resolver conflitos visuais, como quando dois estímulos são apresentados, mas um para cada globo ocular, como conflitos de cor, padrões de listras e figuras. O resultado é a alternância da percepção da imagem, decorrente da alternância do próprio padrão de ativação cerebral, ora por um estímulo, ora por outro. É o que observamos no cubo de Necker

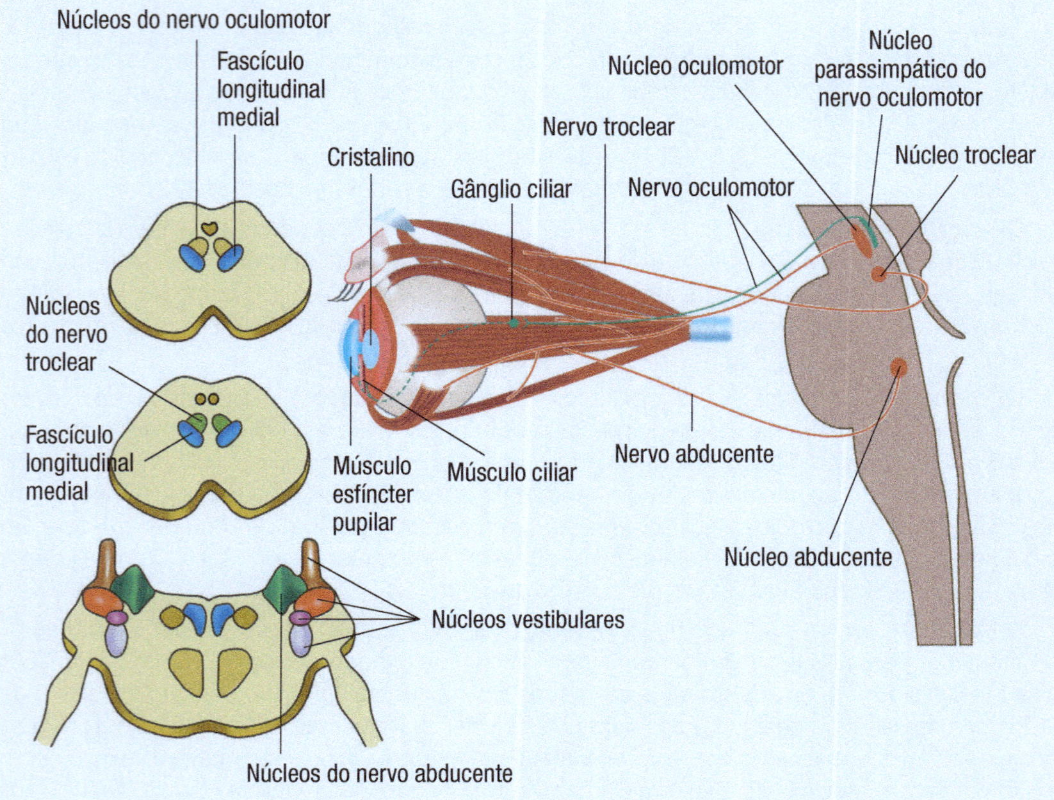

FIGURA 7.11. Mecanismos de controle dos movimentos oculares.

(Fig. 7.12), em decorrência de um fenômeno chamado de *rivalidade binocular*, que garante que dois estímulos não serão percebidos como uma fusão, mas no máximo uma mistura de ambos, em alternância com a visualização em separado de cada estímulo.

Em outras situações, podemos ser confundidos ou iludidos, como nas Figs. 7.13 e 7.14. Isso porque o SNC percebe objetos através de detalhes, de partes da imagem, e os compara com nossas percepções e experiências visuais anteriores. E, muitas vezes, a dedução do que é a imagem, pelo menos imediata, pode ser diferente da segunda percepção, feita com calma observando outros detalhes da imagem.

Nosso sistema visual não é um simples "retransmissor" de imagens. Ele realiza um processo de construção e interpretação da informação que é veiculada pelas vias ópticas, e que permite a formação de imagens coerentes e que tenham algum significado dentro da nossa concepção, adquirida através do aprendizado, de como é o mundo. Assim, nem sempre captamos uma "realidade objetiva", pois o sistema visual tende a preencher lacunas, selecionar estímulos mais relevantes, e assim por diante. Exemplo disso é o fato de que a imagem projetada nas retinas, que é bidimensional, de alguma forma passa a ser percebida de forma tridimensional após ser processada pelo SNC.

O processamento visual confere certa estabilidade aos objetos: embora ocorram variações importantes na luminosidade, nós tendemos a enxergar um determinado objeto como sendo sempre

FIGURA 7.12. Cubo de Necker: alternância de imagens, ora um cubo, ora círculos pretos com uma figura desenhada.

da mesma cor e da mesma forma. Embora os objetos possam se mover no nosso campo visual, nós não interpretamos essa informação como se o objeto estivesse "crescendo" ou "diminuindo", mas sim que ele "se aproxima" ou "se afasta" de nós. Essa elaboração das imagens se baseia em uma série de pressupostos (padrões) e expectativas nos quais o sistema visual se baseia, e que tem origem na nossa experiência prévia. Pode-se dizer que, num certo sentido, "vemos o que esperamos ver": nosso SNC realiza operações de organização da percepção visual básica, na forma de seleção, preenchimento de lacunas, distorção e outros mecanismos. Esta propriedade de elaboração do nosso sistema visual pode dar origem às tão conhecidas "ilusões de óptica" (Figs. 7.13 e 7.14).

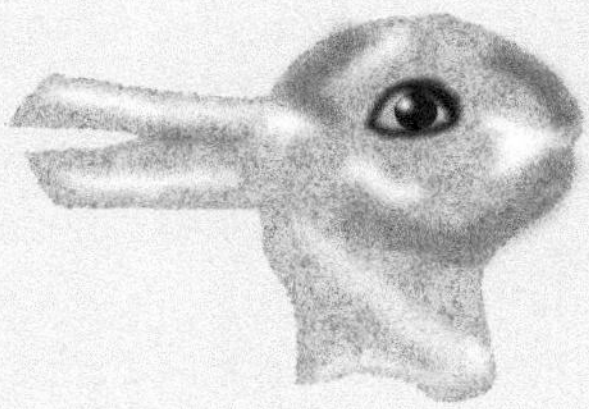

FIGURA 7.13. Imagem de um pato ou coelho?

FIGURA 7.14. Qual das linhas é mais longa?

FIGURA 7.15. Velhice, Adolescência, Infância (As três idades), de Salvador Dali.

Na Figura 7.13 podemos enxergar um pato (com o bico voltado para a esquerda) ou um coelho (virado para a direita e com as orelhas na horizontal). Este é um dos exemplos de como a construção da imagem obedece a uma série de fatores que estão além das propriedades físicas absolutas que geram a imagem. Nesse caso, nosso sistema visual seleciona alternadamente cada uma das imagens possíveis, que recebe prioridade (não é possível enxergar as duas imagens concomitantemente). Isto se deve à interferência do sistema atencional, que em situações cotidianas escaneia o ambiente em busca dos estímulos mais relevantes para o contexto em que o indivíduo está (o que significa que, em algumas circunstâncias pode ser mais importante enxergar o pato, em outras, o coelho). Esta influência do sistema atencional também está condicionada à experiência prévia e expectativas de cada indivíduo.

Na Figura 7.14 temos a impressão de que a linha de cima é mais curta que a de baixo, embora as duas tenham exatamente o mesmo comprimento (ilusão de Müller-Lyer). Isto ocorre porque o cérebro usa implicitamente a forma dos objetos como um dos indicativos de seu tamanho.

A existência de todos esses mecanismos de construção e edição das imagens por nosso sistema visual é o que permite, em última instância, apreciar obras de arte como as do genial pintor espanhol Salvador Dali (Fig. 7.15).

LESÕES DOS NERVOS OCULOMOTORES

As lesões dos nervos responsáveis pela motricidade ocular podem originar sintomas relacionados à perda da movimentação *extrínseca* (movimento dos globos oculares) ou *intrínseca* (pupila e acomodação). Causas comuns de lesão dos nervos oculomotores são neuropatia diabética, acidentes vasculares em região de tronco encefálico, esclerose múltipla e quadros compressivos (tumores ou aneurismas). As lesões de nervos oculomotores têm como sintoma principal a *diplopia* (visão dupla), já que a paralisia dos músculos causa desalinhamento dos olhos tanto em posição primária quanto em movimento, gerando duas imagens separadas.[12]

Sinais da lesão do III nervo (oculomotor)

- Estrabismo divergente: o olho fica desviado para fora e para baixo, devido à predominância do músculo reto lateral (que é inervado pelo VI nervo) sobre o músculo reto medial, e do oblíquo superior (que é inervado pelo IV nervo) sobre o oblíquo inferior;
- Paralisia dos movimentos de adução, elevação vertical, abaixamento vertical e abaixamento com desvio para a linha média (oblíquo);
- Ptose palpebral: o III nervo inerva também o músculo elevador da pálpebra;
- Midríase: por lesão das fibras parassimpáticas (que provocam miose);
- Ausência do reflexo fotomotor;
- Perda da acomodação ao tentar focalizar um objeto próximo.

Sinais da lesão do IV nervo (troclear)

- Diplopia vertical, com alteração da postura da cabeça (inclinação lateral): graças à paralisia do músculo oblíquo superior, que impede o movimento de abaixamento do olho quando este está aduzido. Estas pessoas se queixam muito frequentemente de dificuldade para ler e para descer escadas (pela dificuldade de olhar para baixo).

Sinais da lesão do VI nervo (abducente)

- Estrabismo convergente: o olho fica desviado para dentro, devido à predominância do músculo reto medial (que é inervado pelo III nervo) sobre o músculo reto lateral, que é inervado pelo VI;
- Paralisia do movimento de abdução do olho.

As alterações de motricidade ocular acima descritas são mostradas na Figura 7.16.

LESÕES DE TRONCO ENCEFÁLICO

Lesões dos núcleos dos nervos podem causar as mesmas lesões já descritas acima. Além disso, lesões do fascículo longitudinal medial podem causar a *oftalmoplegia internuclear* (OIN): interrupção da comunicação entre o VI nervo de um lado e o III nervo do outro fará com que, ao tentar olhar para o lado onde existe a lesão, o olho ipsilateral se movimente normalmente, mas o olho contralateral não receba o comando para executar o movimento completo. Déficits puros de convergência dos olhos também podem ocorrer, por lesão do mesencéfalo.

Lesões frontais: a interrupção das vias corticonucleares pode causar um quadro de desvio conjugado do olhar. Lesões do lobo frontal, acometendo o centro motor ocular, ocasionam a síndrome de Foville superior, em que ocorre déficit do olhar conjugado para o lado contralateral à lesão, com desvio do olhar para o lado lesado. Lesões na ponte podem causar a síndrome de Foville inferior, causam o déficit do olhar conjugado para o lado da lesão, com desvio para o lado contralateral.

DESORDENS DO PROCESSAMENTO VISUAL

Lesões das vias ópticas podem provocar uma variedade de síndromes clínicas, de acordo com o local da lesão. As lesões mais comuns são os déficits primários da visão, que ocorrem após lesões que podem acometer desde o nervo óptico até o córtex primário visual, e que levam à perda da visão no território correspondente. O tipo de perda visual depende do local da lesão, e pode ser compreendido a partir do já exposto padrão de distribuição das vias ópticas (Fig. 7.17).[13]

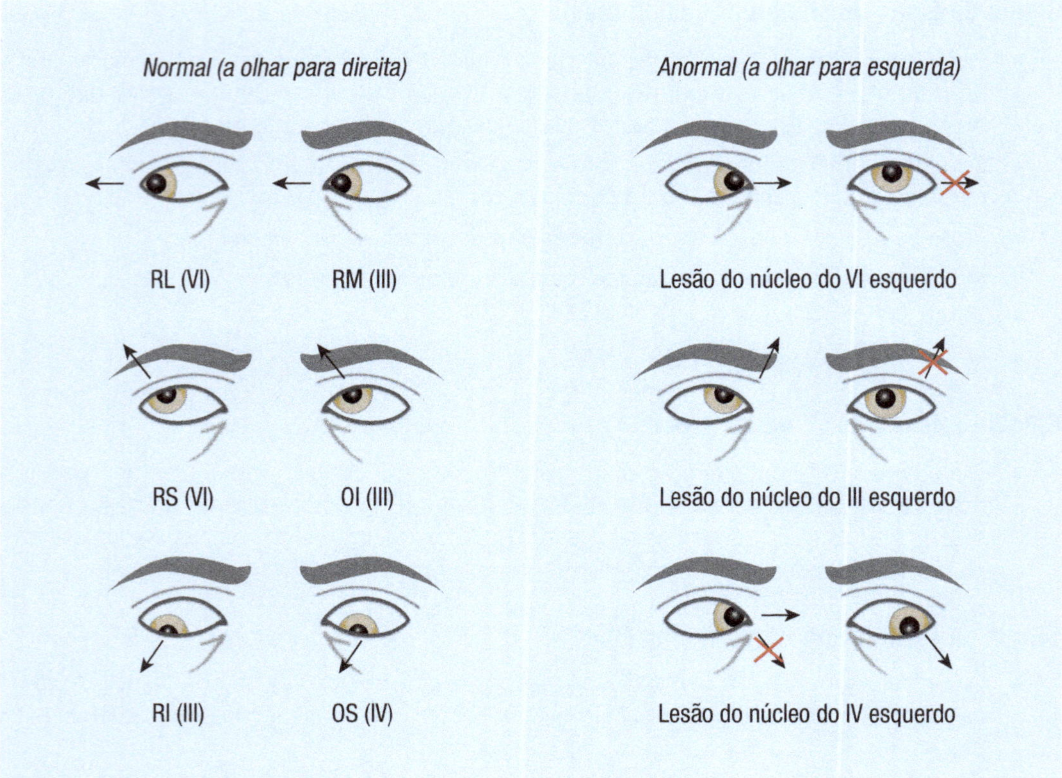

FIGURA 7.16. Alterações da motricidade ocular.

Assim, lesões do nervo óptico levarão à *amaurose* (cegueira total) no olho do lado afetado (Fig. 7.17A). Lesões no quiasma óptico (sendo a causa mais frequente desta lesão os adenomas de hipófise) causam *hemianopsia bitemporal*, por lesarem as fibras que estão cruzando a linha média nesta região (Fig. 7.17B). Lesões pós-quiasmáticas (do trato óptico até a região cortical) causam *hemianopsia homônima*, em que ocorre perda de visão no hemicampo contralateral à lesão (Figs. 7.17D e 7.17F). Como a partir do trato óptico as fibras que conduzem os estímulos visuais se irradiam formando as radiações ópticas, podem ocorrem déficits parciais em lesões menos extensas, levando à *quadrantanopsia* (perda da visão em apenas um quadrante do campo visual) e a visão central (que tem representação bilateral) fica preservada (Fig. 7.17E).

Acromatopsia central (cegueira para cores): trata-se de um distúrbio da percepção das cores, em que o paciente as percebe como "desbotadas", "pálidas", ou apenas como tons de cinza. Nos casos mais graves, pode haver perda total da percepção, com visão em preto e branco. Na maior parte dos casos este déficit ocorre apenas em um quadrante ou hemicampo, mas pode ser total. A lesão que causa este distúrbio pode ser occipital inferior ou temporo-occipital unilateral (causando hemiacromatopsia) ou bilateral (causando perda total da visão para cores).[14]

Agnosias visuais: denomina-se *agnosia visual* à incapacidade de reconhecimento de objetos e faces através da via visual. Indivíduos com agnosia visual apresentam lesão nas áreas de associação unimodal visual (córtex occipitotemporal) ou em áreas de associação heteromodal posteriores (temporais e parietais). Clinicamente podemos reconhecer várias formas de agonia visual, que são descritas no Capítulo 14 – *Funções Cognitivas.*

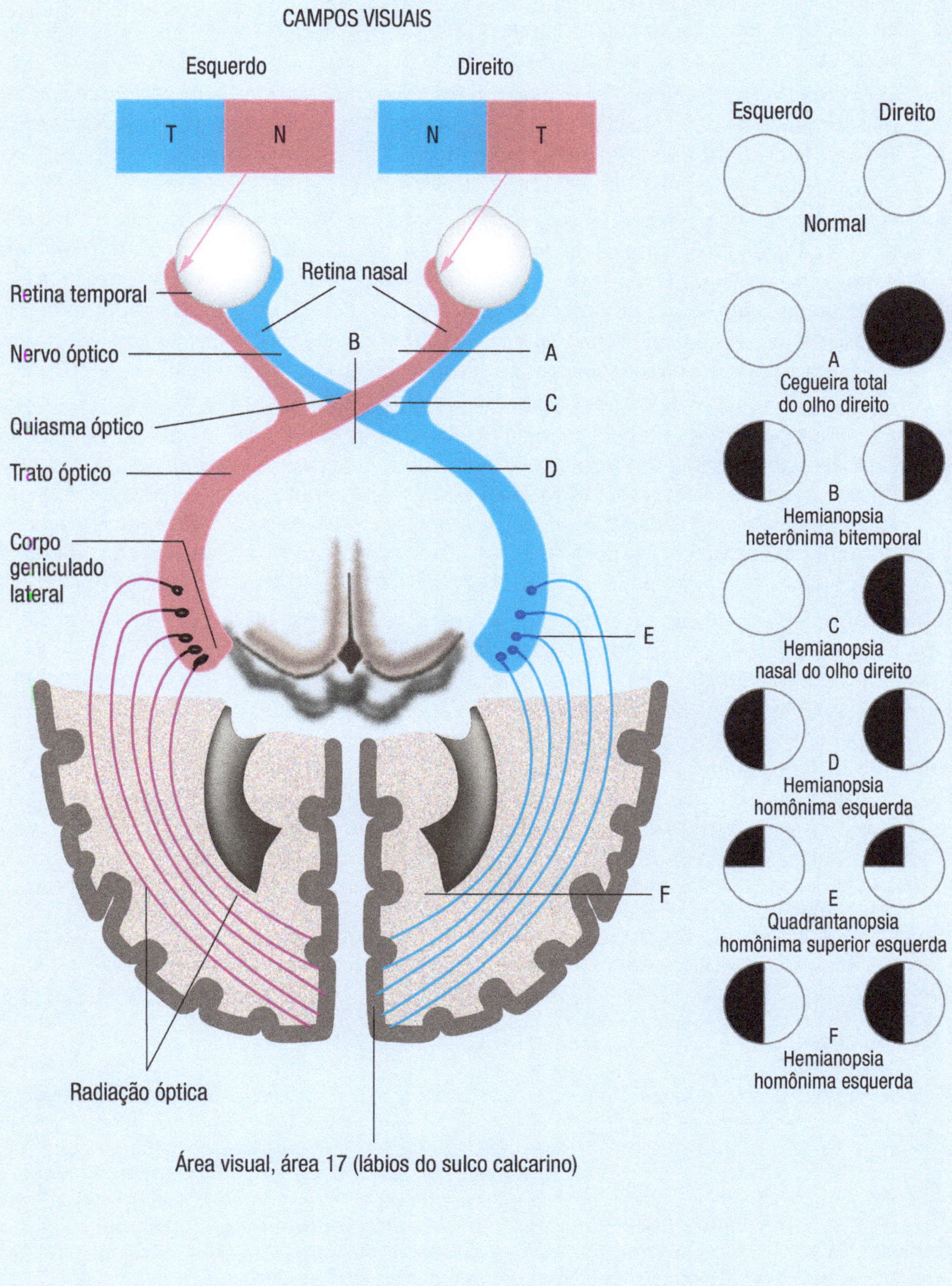

FIGURA 7.17. Lesões das vias visuais e manifestação clínica. N: nasal; T: temporal.

OUTRAS ALTERAÇÕES DO PROCESSAMENTO VISUAL

- Síndrome de Anton: é uma forma de anosognosia, em que o paciente nega o seu déficit visual, apesar de estar funcionalmente cego. Ocorre em lesões bilaterais do córtex visual primário;
- Síndrome de Charles-Bonnet: são alucinações visuais que ocorrem em pacientes que têm déficits graves da visão (parciais ou totais), por exemplo, na degeneração macular da retina. As alucinações apresentam formas complexas (pessoas, animais); os pacientes, em geral, têm crítica e julgamento preservado quanto à sua existência;
- *Blindsight:* trata-se da ocorrência rara da preservação de visão funcional residual inconsciente, que pode ocorrer em casos de perda total da visão por lesão do córtex occipital bilateral. Assim, o paciente não tem acesso consciente aos estímulos visuais (pois o córtex está lesado), mas pode exibir alguns comportamentos como desviar de obstáculos ou de objetos que se movem em sua direção. Presumivelmente, esta capacidade residual está relacionada à preservação de estruturas subcorticais, como o corpo geniculado lateral;
- Apraxia construtiva e de vestir-se: embora denominados de "apraxia", estes déficits traduzem, na realidade, dificuldades visoespaciais. No caso das apraxias construtivas, os pacientes são incapazes de desenhar um objeto solicitado (como uma casa ou um relógio) ou copiar um modelo visualmente apresentado através de desenho ou blocos de construção. As lesões localizam-se nos lobos parietais; em lesões localizadas à E, os pacientes tendem a produzir desenhos extremamente simplificados, e nas lesões à D, ocorre um exagero na composição dos detalhes, frequentemente colocados de forma desorganizada.

Na apraxia de vestir-se, os pacientes são incapazes de vestirem adequadamente as peças de roupa, na ausência de déficits motores ou somatossensitivos que justifiquem a alteração. As lesões responsáveis por este quadro são parietoccipitais (à D ou bilaterais); esta apraxia pode ser encontrada com certa frequência na doença de Alzheimer (Capítulo 14 – *Funções Cognitivas*).

Referências Bibliográficas

1. Poggio GF. Mecanismos neurais centrais na visão. In: Mountcastle VB, editor. Fisiologia médica, Vol. 1. 13ª ed. Rio de Janeiro: Guanabara-Koogan 1978; p. 499-537.
2. Ribas GC. Considerações sobre a evolução filogenética do sistema nervoso, o comportamento e a emergência da consciência. Rev Bras Psiquiatr 2006; 28:326-38.
3. Dângelo JG, Fattini CA. Anatomia humana sistêmica e segmentar. 3ª ed. Rio de Janeiro: Atheneu; 2007.
4. Guyton AC, Hall JE. Tratado de fisiologia médica. 11ª ed. Rio de Janeiro: Elsevier; 2006.
5. Lent R. Neurociência da mente e do comportamento. Rio de Janeiro: Guanabara-Koogan; 2008.
6. Wurtz RH, Kandel ER. Central visual pathways. In: Kandel ER, Schwartz JH, Jessell TM, editors. Principles of neural science. 4ª ed. New York: McGraw-Hill; 2000.
7. Machado A. Neuroanatomia funcional. 2ª ed. São Paulo: Atheneu; 2005.
8. Kandel ER, Schwartz JH, Jessel TM. Princípios de neurociência. Barueri: Manole; 2002.
9. Lundy-Ekman L. Sistema somatossensorial. In: Lundy-Ekman, editor. Neurociência: fundamentos para a reabilitação. 3ª ed. Rio de Janeiro: Elsevier; 2008.
10. Barrett LF, Bar M. See it with feeling: affective predictions during object perception. Phil Trans R Soc B 2009; 364:1325-34.
11. Luna B, Velanova K, Geier CF. Development of eye-movement control. Brain Cogn 2008; 68:293-308.
12. Cambier J, Masson M, Dehen H. Neurologia. 11ª ed. Rio de Janeiro: Guanabara-Koogan; 2008.
13. Damasio AR, Tranel D, Rizzi M. Disorders of complex visual processing. In: Mesulam M-M, editor. Principles of behavioral and cognitive disorders. 2ª ed. New York: Oxford University Press 2000; 332-72.
14. Tranel D. Disorders of color processing. In: Feinberg TE, Farah MJ, editors. Behavioral Neurology & Neuropsychology. 2ª ed. New York: McGraw-Hill 2003; p. 243-56.

Sistema Auditivo

8

INTRODUÇÃO

As porções anteriores e superiores dos lobos temporais ocupam-se do processamento auditivo. No ser humano, existe um desdobramento crucial desta função, de particular importância: a recepção da linguagem. A capacidade do nosso sistema auditivo em reconhecer os sons linguísticos, ou seja, sequências de sons que combinados conduzem a um significado (conceito), é sua especialização mais relevante para os seres humanos.

Cada córtex temporal recebe estímulos provindos dos dois hemicampos auditivos. No entanto, existem evidências de que ocorre uma distribuição ligeiramente assimétrica dos estímulos provindos do ambiente, de tal forma que as informações provenientes da orelha E se projetam em maior proporção no córtex temporal e vice-versa.

O processamento auditivo é lateralizado: o hemisfério E é especializado em processar sons linguísticos (fonemas) e o hemisfério D tem maior poder de discriminação para sons ambientais gerais, sons não verbais, prosódia (aspecto melódico da fala), sons de conteúdo emocional e alguns elementos da música. Existem muitas evidências neurofisiológicas de que o lobo temporal manipula de forma maciça os estímulos auditivos que recebe das estruturas subcorticais, reagrupando-os, filtrando estímulos desnecessários, preenchendo lacunas e assim por diante, de forma a permitir a criação de um todo coeso que possa fazer sentido para quem ouve.

ANATOMIA DAS VIAS AUDITIVAS

O processamento auditivo se inicia a partir da condução das ondas sonoras através da orelha* externa, alcançando a membrana timpânica e provocando sua vibração. Este estímulo, de origem mecânica, é transmitido aos ossículos da orelha média e cóclea (para o órgão espiral ou de Corti), de onde os estímulos seguem, a partir do *gânglio espiral*, através dos axônios do VIII nervo (porção coclear) até o núcleo coclear, localizado no bulbo e, em seguida, para o núcleo olivar superior (ainda no bulbo) (Fig. 8.1).[1]

A informação auditiva então ascende para o mesencéfalo através do lemnisco lateral e se conecta aos colículos inferiores. Estes últimos se projetam aos corpos geniculados mediais no tálamo, de onde partem conexões para os córtices auditivos primários (giro de Heschl, correspondentes às áreas 41 e 42 de Brodmann), localizados nos lobos temporais (Fig. 8.2).

*De acordo com a nova nomenclatura anatômica, o termo "ouvido" não é mais utilizado, tendo sido substituído por "orelha".

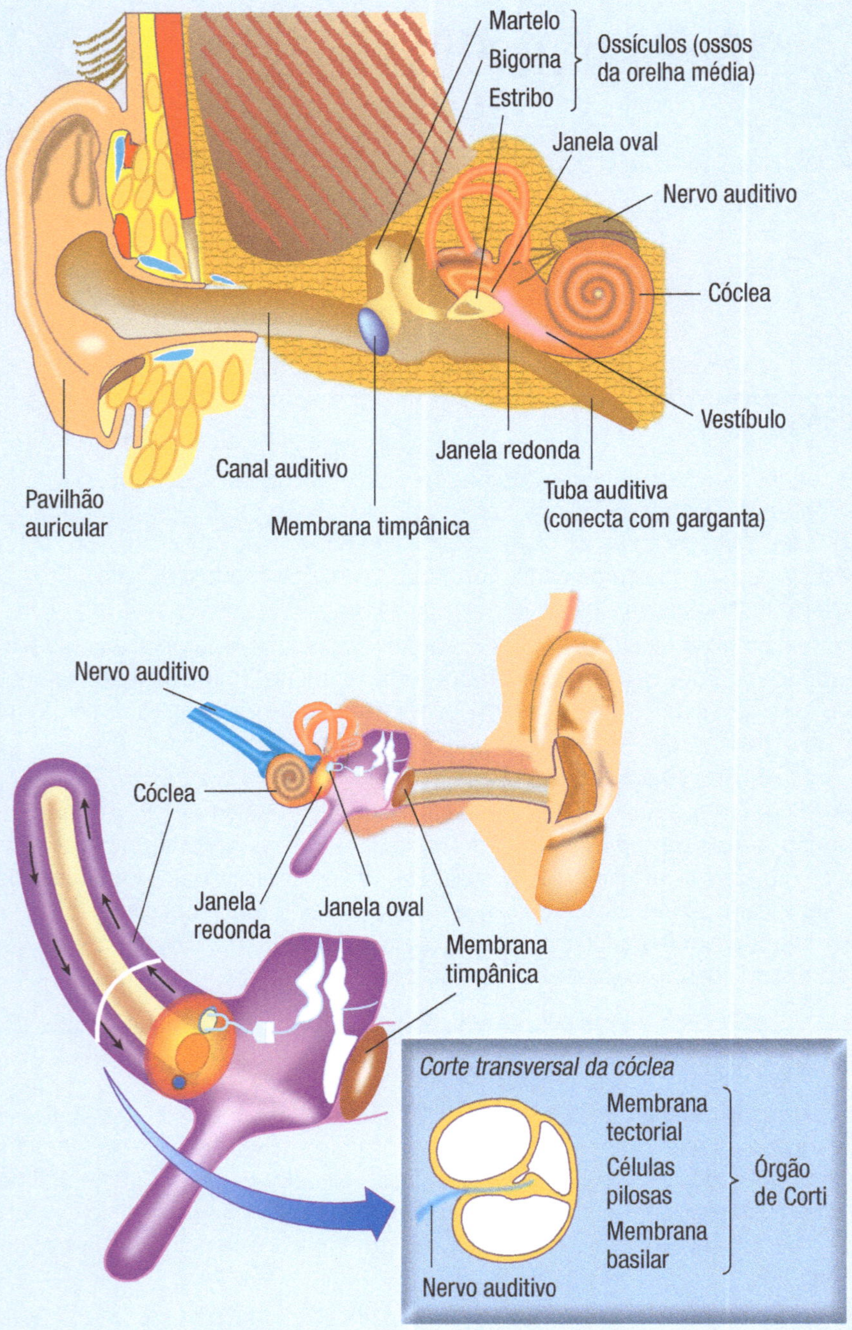

FIGURA 8.1. Estrutura da orelha.

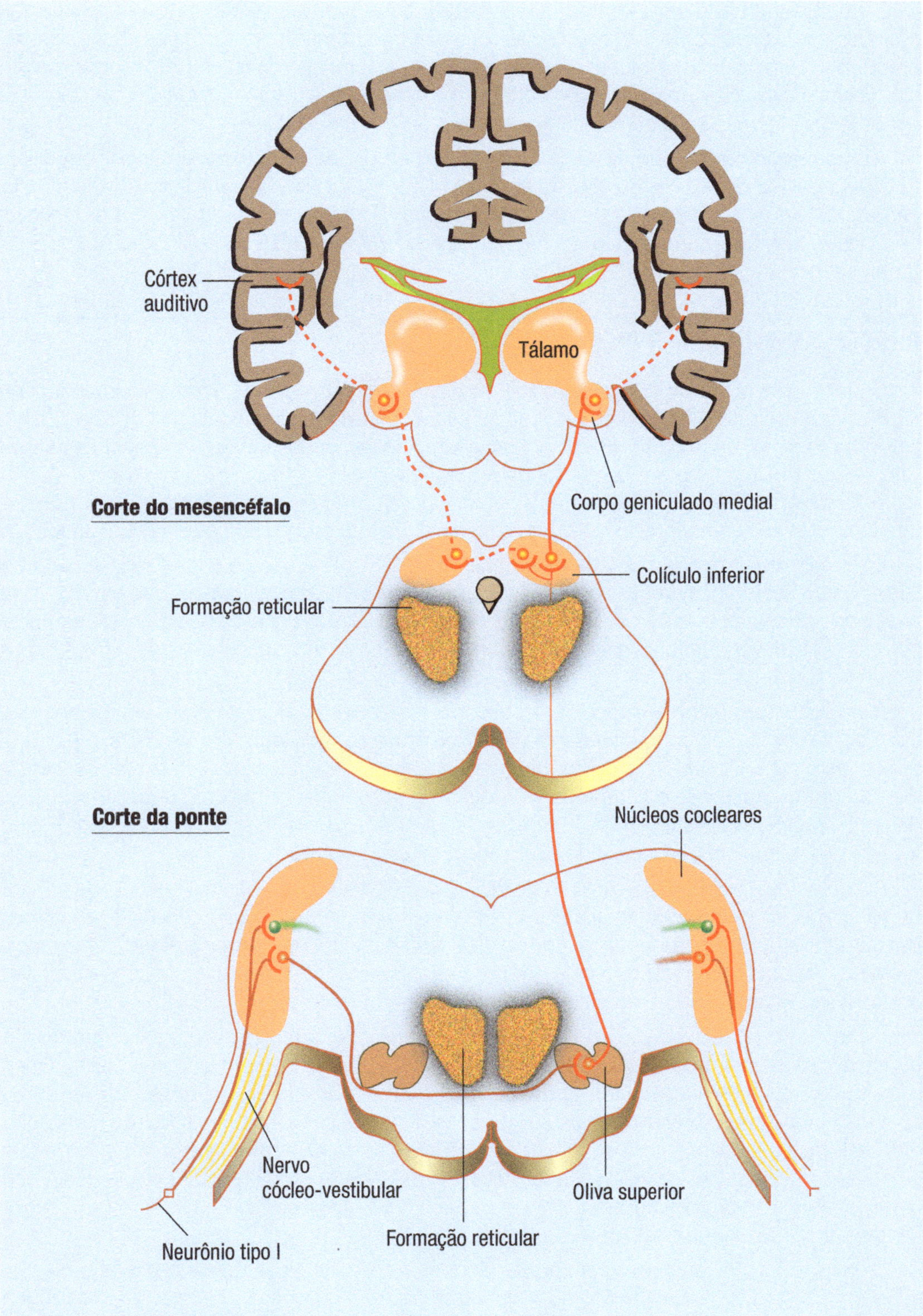

FIGURA 8.2. Vias auditivas centrais.

Parte dos impulsos auditivos são também desviados para a amígdala e o giro do cíngulo (Capítulo 13 – *Sistema Límbico*), sendo essas conexões importantes para a integração dos aspectos emocionais e atencionais ao processamento dos sons. Cada hemisfério recebe informações provindas de ambas as cócleas, mas há um predomínio das informações cruzadas, ou seja, o lobo temporal E recebe mais aferências da orelha D e vice-versa.

A organização das vias auditivas é tonotópica, desde a cóclea até o córtex auditivo.[2] Sons de alta frequência são recebidos nas porções anteromediais e sons de baixa frequência são encaminhados para as porções posterolaterais do lobo temporal superior.[3] Além disso, existem regiões de recepção específicas para tons puros, para tons harmônicos complexos e para discriminação dos diversos timbres sonoros.

PROCESSAMENTO AUDITIVO

O processamento auditivo ocorre, na sua maior parte, de forma inconsciente e é extremamente rápido: indivíduos normais podem reconhecer palavras faladas em menos de 125 mseg, ou seja, antes das mesmas serem pronunciadas por completo.[4,5] Durante todo o trajeto, os impulsos transmitidos sofrem um intenso processo de filtragem, ajuste de amplitude, repetição e até mesmo de rearranjo de sua ordem temporal (sequência), graças a mecanismos de retroalimentação e às inúmeras interconexões existentes entre as estruturas corticais e subcorticais que compõem as vias auditivas.[6,7]

Esse mecanismo ocorre ainda de modo mais intenso e sofisticado no córtex auditivo, onde os sons podem ser "retidos" por períodos de até um segundo[5] (Luria, 1981) para que melhor sejam analisadas suas características de frequência, tempo e localização espacial. Essa análise temporal dos estímulos deve-se às interligações do córtex auditivo com o lobo parietal inferior, envolvido em tarefas de sequenciação.[8]

Além disso, sons complexos podem ser decompostos em sons mais simples, para melhor identificação. Assim, os sons que interessam particularmente ao indivíduo (por exemplo, os sons da fala) podem ser selecionados para um tratamento mais acurado. Estudos com tarefas de audição dicótica demonstram que o hemisfério E é mais hábil para processar material verbal. Esse sistema não pode nunca ser desativado, isto é, em condições normais, uma palavra não pode deixar de ser reconhecida como tal, uma vez tendo alcançado o sistema auditivo.[9]

A *atenção auditiva* é um mecanismo de proteção muito útil para os animais, incluindo os seres humanos. Não há como subestimar a importância de ouvirmos o som de um carro que se aproxima por trás de nós quando estamos andando no estacionamento de um *shopping center*, por exemplo. A localização espacial de um som, que nos permite saber de onde ele provém, é produto do fato dos sons serem processados bilateralmente.

Assim, nosso córtex auditivo pode comparar o intervalo de tempo (que é medido em milissegundos) e a diferença de intensidade entre os estímulos (que derivam do mesmo som) ao atingirem os colículos inferiores, e essas informações permitem calcular as coordenadas espaciais de onde o som se originou. Isso é possível devido ao fato dos estímulos serem retransmitidos aos córtices auditivos bilateralmente, mas com um ligeiro "atraso" para o hemisfério contralateral à origem do som. A chegada dos estímulos auditivos aos colículos inferiores e suas projeções nos permitem também o reflexo de orientação da cabeça (e, por conseguinte, dos olhos) em relação ao som percebido, a fim de que se identifique a sua fonte.

Os impulsos auditivos, após serem processados pelo córtex auditivo primário, prosseguem para as áreas de associação unimodal (como a área de Wernicke, relacionada à compreensão da linguagem) e heteromodal.[10] Neurônios do sistema auditivo projetam-se para regiões do lobo parietal (como a área 7 de Brodmann) e o sistema límbico (através de projeções para a amígdala e o giro do cíngulo), o que permite uma maior elaboração das reações de orientação e fixação da atenção para a fonte do estímulo auditivo. O lobo parietal contém "mapas" do espaço que nos rodeia, com neurônios responsivos a sons vindos de cada região específica. Além disso, contém neurônios que respondem a determinados tipos de padrão sonoro, como gritos de alarme, de medo ou perigo, e outras formas de vocalização específica.

Desordens do processamento auditivo

As lesões de SNC provocam vários tipos de alteração no processamento auditivo. As lesões temporais bilaterais do giro transverso (giro de Heschl, córtex auditivo primário) provocam surdez cortical. Nesse caso, a lesão necessariamente deve ser bilateral, já que as vias auditivas se projetam bilateralmente. No entanto, mesmo as lesões unilaterais (sejam elas à D ou à E) do córtex auditivo primário provocam alterações na percepção dos sons ipsilateral e contralateralmente como, por exemplo, aumento do limiar para percepção dos sons e dificuldades para identificar palavras levemente distorcidas, ou apresentadas de forma muito rápida.

Agnosias auditivas: lesões no córtex de associação unimodal auditivo (áreas 22 e parte da área 21 de Brodmann) provocam as agnosias auditivas, ou seja, dificuldade de reconhecimento de estímulos através da audição. Assim, embora o paciente possa ouvir (perceber) sons elementares, não consegue acessar significados e conceitos referente àqueles sons. Existem várias formas de agnosia auditiva, que são expostas no Capítulo 14 – *Funções Cognitivas.*

DESORDENS DO PROCESSAMENTO DA LINGUAGEM

Afasia de Wernicke

Lesões na região do giro temporal superior E e adjacências provocam a *afasia de Wernicke*, ou afasia de compreensão, em que o paciente apresenta dificuldade (em graus variados) para compreensão de palavras, tanto em forma oral como escrita, desde o nível de identificação de palavras simples até material mais complexo (frases, parágrafos). Sua fala é fluente, porém apresentam uma produção comprometida (tanto oral como escrita), apresentando erros de nomeação e parafasias frequentes, ou seja, substituição de palavras (como "banco" por "cadeira", o que se denomina *parafasia semântica),* e fonemas (pronunciando, por exemplo, *"cateira"* em lugar de *"cadeira"*, o que se denomina *parafasia fonêmica*). Quando as substituições são muitos frequentes e abundantes, torna-se impossível compreender o que o indivíduo está dizendo, e essa fala ininteligível é denominada *jargonafasia*. Pacientes com afasia de Wernicke, devido ao seu intenso déficit na capacidade de nomeação (capacidade de fazer a mediação entre as ideias ou conceitos e a palavra que exprime aquele conceito), apresentam muitos *circunlóquios*, ou seja, tentativas de explicar o que estão falando, na impossibilidade de usar o nome correto.

Outras formas de afasia são discutidas no Capítulo 14 – *Funções Cognitivas.*

Aprosódias

Denomina-se *prosódia* à variação da inflexão da voz, acento e melodia do discurso que permitem uma atribuição de significado às palavras e frases muito além de sua definição precisa pelo dicionário.

O termo *prosódia linguística* refere-se à utilização de variações da entonação para, entre outras coisas, realizar a ênfase (de uma determinada palavra dentro de uma frase, como ao dizer: "Eu não fiz ISSO" – fica claro que a preocupação maior do indivíduo que fala é negar que tenha feito uma coisa em particular – "isso" –, mais do que negar a ação em si) e marcar a modalidade de uma sentença (por exemplo, interrogação *vs.* afirmação); lesões de hemisfério E levam a uma dificuldade de produção desta forma de prosódia.

A *prosódia emocional*, por outro lado, refere-se à expressão do estado emocional do indivíduo. Esta se encontra mais comprometida nos pacientes com lesão em hemisfério D.[11,12] Tal acometimento ocorre tanto na percepção do componente afetivo da fala (em tarefas que envolvam a apresentação auditiva ou visual das palavras com conteúdo emocional), quanto na capacidade de expressar o conteúdo emocional do discurso, resultando numa fala monótona, aprosódica.

Alterações na percepção auditiva prejudicando o reconhecimento dos elementos acústicos que compõem a melodia da fala, bem como prejuízos motores que dificultem sua produção (impedindo, por exemplo, a modulação do tom de voz) são algumas das causas das aprosódias. No entanto, atualmente acredita-se que a maior parte das aprosódias está associada a dificuldades de interpretação de aspectos afetivos da fala, em geral associadas a prejuízos mais amplos do processamento emocional, associados a lesões de hemisfério D e núcleos da base.[13]

Referências Bibliográficas

1. Guyton AC, Hall JE. Tratado de fisiologia médica. 11ª ed. Rio de Janeiro: Elsevier; 2006.
2. Hudspeth AJ. Hearing. In: Kandel ER, Schwartz JH, Jessell TM, editors. Principles of neural science. 4th ed. New York: McGraw-Hill 2000; p. 590-613.
3. Merzenich MM, Brugge JF. Representation of the cochlear partition of the superior temporal plan of the macaque monkey. Brain Research 1973; 50:275-96.
4. Marslen-Wilson WD, Welsh A. Processing interactions and lexical access during word recognition in continuous speech. Cognitive Psychology 1978; 10:29-63.
5. Tyler LK, Wessels J. Quantifying contextual contributions to word-recognition processes. Perception and Psychophysics 1983; 34:409-20.
6. Luria AR. As regiões temporais e a organização da percepção auditiva. In: Luria AR, editor. Fundamentos de neuropsicologia. Rio de Janeiro: EDUSP 1981; p. 105-22.
7. Joseph R. The temporal lobes – language, auditory, visual, emotional, and memory functioning, form and face recognition, aphasia, epilepsy, and psychosis. In: Joseph R, editor. Neuropsychiatry, neuropsychology, and clinical neuroscience. 2nd ed. Baltimore: Williams and Wilkins 1996; p. 483-518.
8. Joseph R. The left cerebral hemisphere – language, aphasia, apraxia, alexia, agraphia, psychosis, the evolution of reading and writing, and the origin of thought. In: Joseph R, editor. Neuropsychiatry, neuropsychology, and clinical neuroscience. 2nd ed. Baltimore: Williams and Wilkins 1996; p. 119-58.
9. Marslen-Wilson WD. Functional parallelism in spoken word-recognition. Cognition 1987; 25:71-102.
10. Hromádka T, Zador AM. Representations in auditory cortex. Current Opinion in Neurobiology 2009; 19:430-33.
11. Weintraub S, Mesulam M-M, Kramer L. Disturbances in prosody. A right-hemisphere contribution to language. Archives of Neurology 1981; 38:742-4.
12. Berckmoes C, Vingerhoets G. Current directions in psychological processing: neural foundations of emotional speech. Science 2004; 13:182-5.
13. Sidtis DL. The relation of human language to human emotion. In: Stemmer B, Whitaker H, editors. Handbook of the neuroscience of language. San Diego: Academic Press 2008; p. 199-207.

9

Sistema Vestibular

INTRODUÇÃO

O sistema vestibular (SV) pode ser considerado o sexto sistema sensorial, por proporcionar informações acerca dos movimentos da cabeça e do corpo em relação ao meio ambiente, que são importantes e complementares às dos sistemas visual e somatossensorial. Isso porque o SV detecta movimentos de rotação (para direita e esquerda, para cima e baixo), inclinação lateral (para direita e esquerda), circundução* de pescoço, e os lineares (como andar para frente, para trás, para os lados, e descer e subir).

A partir destes dados, é possível identificar o movimento que está sendo realizado (inclusive de olhos fechados), e gerar reações reflexas necessárias para a manutenção do equilíbrio, da estabilidade postural, da estabilização do olhar (para que o indivíduo consiga continuar focalizando um alvo no ambiente mesmo durante a movimentação da cabeça e do corpo), e para a orientação e percepção espacial.

Graças às funções vestibulares, conseguimos correr em um parque sem perder o equilíbrio ou esbarrar em outras pessoas, nos orientar espacialmente, reagir prontamente caso tropecemos, e ainda procurar pessoas ou objetos enquanto corremos, sem que tenhamos que parar ou sofrer uma queda.

ANATOMIA

O SV situa-se bilateralmente em uma pequena cavidade do osso temporal. É formado por uma parte óssea, chamada de *labirinto* pela sua conformação intrincada, e por uma parte membranosa, o *labirinto membranoso*, situado no interior da parte óssea (Figs. 9.1 e 9.2).[1,2]

O espaço entre as duas estruturas é preenchido por um líquido, denominado *perilinfa*, que pode ser drenado pelo ducto perilinfático até o espaço subaracnóideo. Internamente ao labirinto membranoso, há a presença de outro líquido, a *endolinfa*, que se comunica através do ducto endolinfático com a dura-máter.

A parte central do labirinto tem a conformação de uma bolsa (dilatação), que é chamada de *vestíbulo* (de onde se origina o nome do sistema), relacionada especificamente com o equilíbrio. Desta estrutura parte, em direção anterior, a cóclea, que tem função exclusivamente auditiva e que foi descrita no Capítulo 8 – *Sistema Auditivo*.

*Circundução: movimento ao redor de um único eixo (no caso, pescoço) resultado da combinação da flexão, extensão e inclinações, que é circular e descreve um cone invertido.

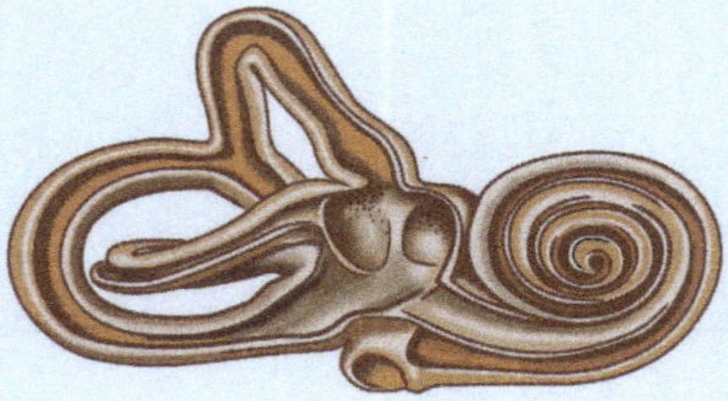

FIGURA 9.1. Labirinto ósseo e suas cavidades.

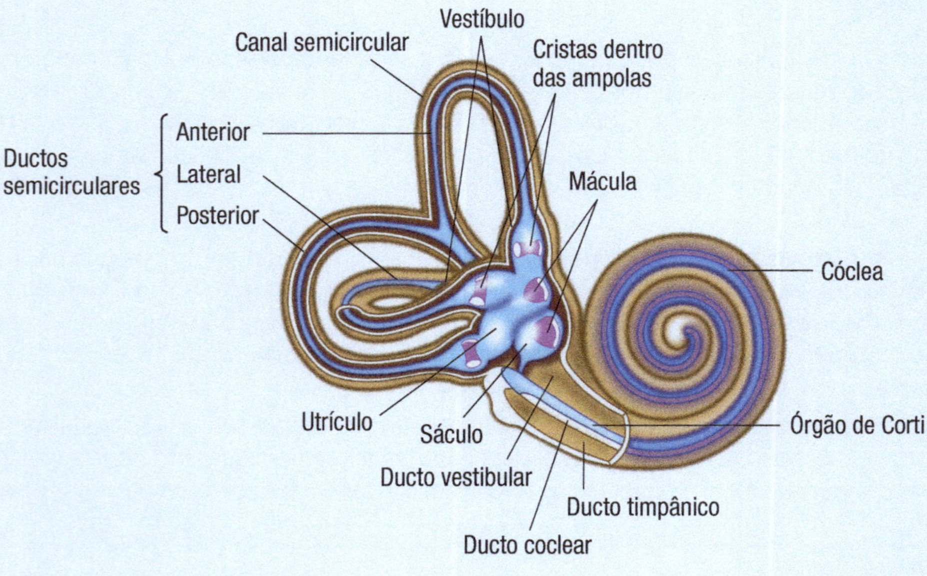

FIGURA 9.2. Labirinto membranoso e ósseo e subdivisões.

O prolongamento posterior do vestíbulo é composto por três estruturas, denominadas *canais semicirculares* (CSC), que ficam posicionados entre si em um ângulo de 90°. Estes três canais são preenchidos por líquido e estão dispostos nos três planos do espaço (horizontal, laterolateral e anteroposterior). Além desses canais semicirculares, o vestíbulo também apresenta os *órgãos otolíticos*, que são pequenas dilatações (sacos membranosos), o *sáculo* e o *utrículo* (Fig. 9.3).

Sáculo e utrículo

São pequenas dilatações que contêm a *mácula*. São células pilosas (ou ciliadas) imersas em uma massa gelatinosa. Estas células imersas nesta massa gelatinosa (composta por glicoproteínas) são cobertas por cristais de carbonato de cálcio, chamadas de *otocônias* (Fig. 9.4).

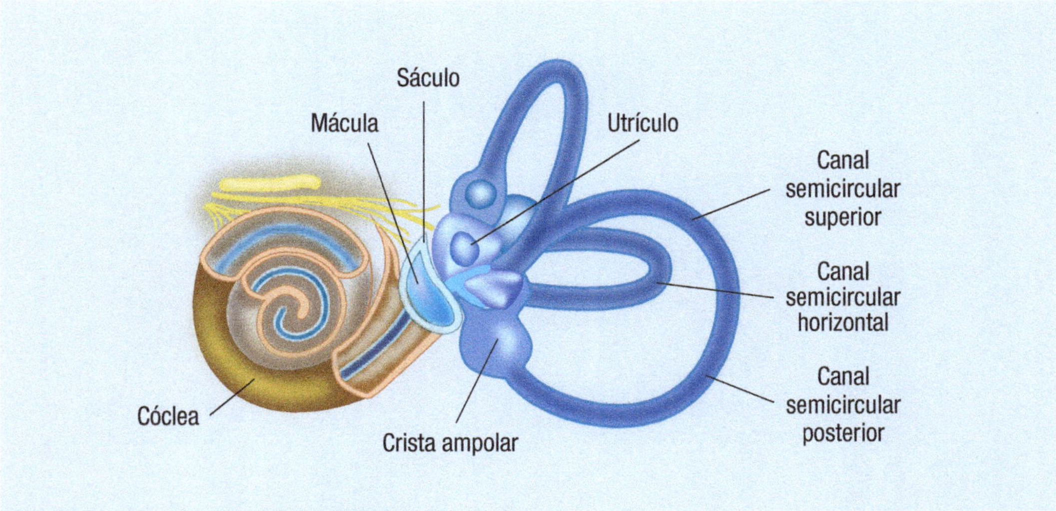

FIGURA 9.3. Sáculo, utrículo e o VIII par craniano.

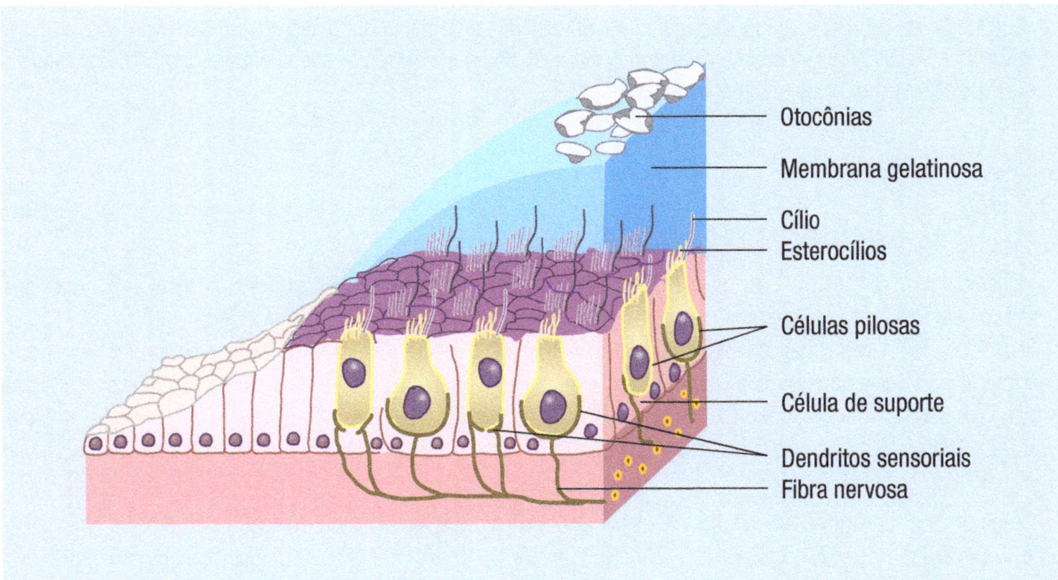

FIGURA 9.4. Células pilosas (máculas) com projeções na camada gelatinosa, cobertas pelas otocônias.

As células ciliadas das máculas ficam situadas em um tecido de sustentação e seus cílios se projetam em direção à substância gelatinosa. Como as otocônias são pesadas e mais densas que o líquido gelatinoso, quando há o movimento da cabeça em uma dada direção, estas puxam os cílios para o mesmo lado, causando o estímulo do nervo vestibular. E como há cílios nas mais diversas posições e orientações, somente alguns deles serão estimulados durante os movimentos para a direita, para a esquerda, para a frente ou para trás, isto é, aqueles que estão posicionados na mesma direção do movimento (Fig. 9.5). Simultaneamente, esta mesma movimentação pode inibir outros

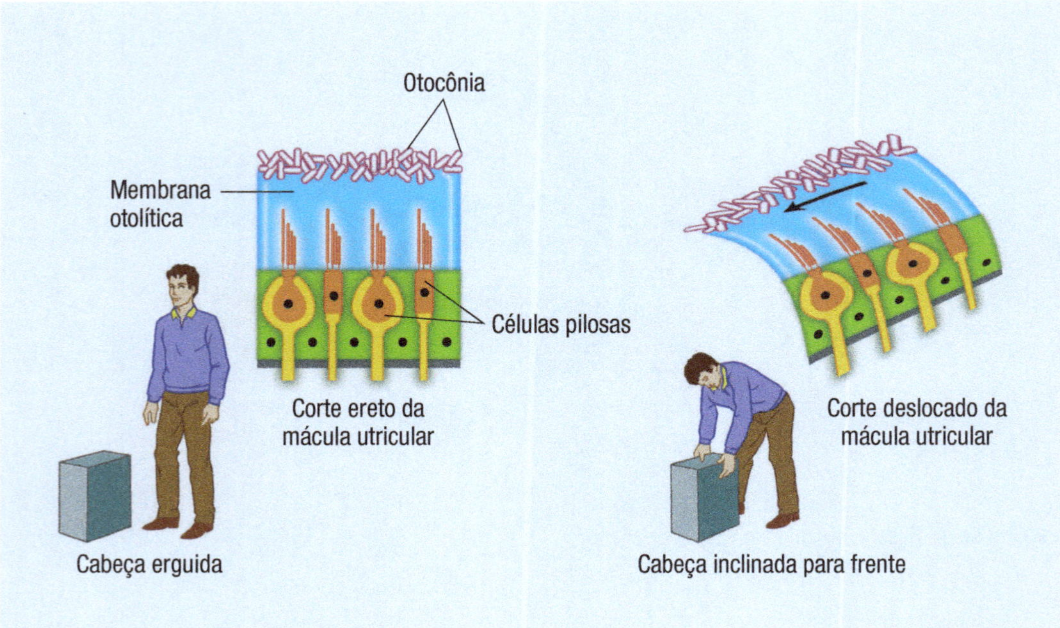

FIGURA 9.5. Na representação à esquerda, mácula estática e homem com a cabeça erguida. Na figura à direita, os cílios são inclinados anteriormente, pelo peso das otocônias, que acompanham o movimento feito pela cabeça, em direção de inclinação anterior.

cílios, dependendo da direção da inclinação da cabeça, determinando a frequência de disparo dos neurônios do nervo vestibular (ver adiante).

Como a mácula do utrículo tem orientação horizontal com relação à cabeça ereta, a sua máxima resposta ocorre quando o movimento se inicia nesta posição e se inclina, como na Figura 9.5, em que o homem se inclina anteriormente para pegar um objeto. Já a mácula do sáculo tem orientação vertical, e por isso sua máxima resposta ocorre de uma posição de inclinação lateral para a posição ereta, como quando o indivíduo sai da posição deitada (lateralmente) e assume a posição em pé. Portanto, estes órgãos otolíticos sinalizam melhor os movimentos lineares, sejam verticais como horizontais.

As máculas saculares e utriculares respondem não apenas aos movimentos da cabeça, mas também aos do corpo, mesmo na ausência de movimento isolado da cabeça, como quando subimos e descemos um elevador. Isto é, as máculas são também sensíveis aos movimentos de aceleração e desaceleração lineares do corpo, graças à disposição destas otocônias sobre as máculas. Em um veículo, por exemplo, frente a uma aceleração, o corpo e consequentemente a cabeça, começam a se mover para frente, as otocônias se movem no sentido oposto, devido à inércia, curvando os cílios para trás, alterando a taxa de disparo das células pilosas e sinalizando, através do nervo vestibular para o tronco encefálico, que a cabeça está em aceleração.

Canais semicirculares (CSC)

Os CSC são constituintes da orelha interna de cada um dos lados da cabeça, e apresentam a disposição mostrada na Figura 9.6.

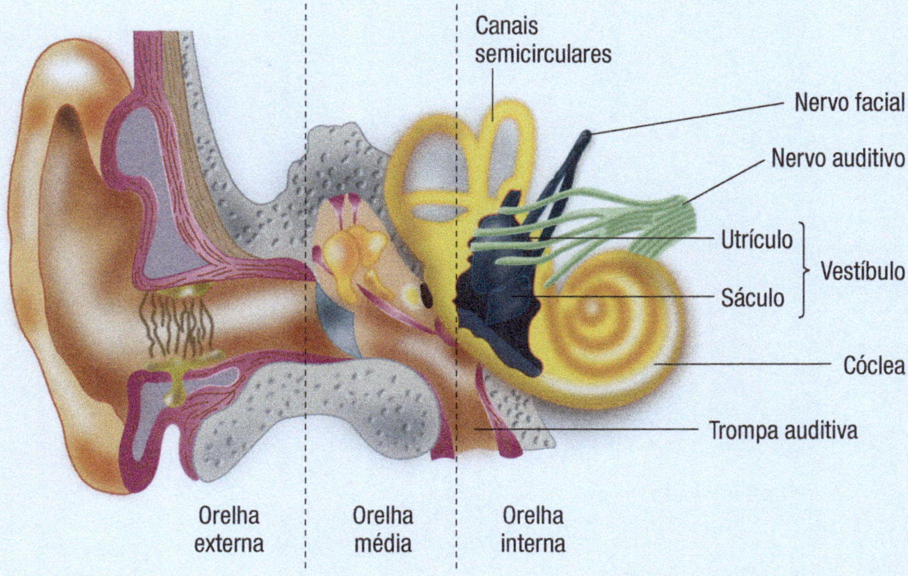

FIGURA 9.6. Componentes da orelha e disposição dos canais semicirculares em relação às demais estruturas e à cabeça.

As duas extremidades de cada um dos três canais terminam no utrículo. Porém, em uma das extremidades de cada CSC há uma expansão que contém uma tumefação, chamada de *ampola*, que por conter uma substância gelatinosa, fecha o contato direto com o utrículo (Fig. 9.7).

Dentro de cada uma destas ampolas existe uma estrutura sensorial, a crista ampular, que contém várias células ciliadas sensitivas e células de sustentação imersas em uma massa gelatinosa, chamada de *cúpula* (detalhe da Fig. 9.7). São semelhantes às máculas quanto à função, porém devido à sua conformação, detectam movimentos de rotação da cabeça, e não os de aceleração e desaceleração linear da cabeça e do corpo.

Quando a cabeça está parada, as células ciliadas disparam potenciais de ação em uma frequência chamada basal (valor de referência). Com a movimentação da cabeça (Fig. 9.8), inicialmente, a inércia fará com que a endolinfa (líquido presente no interior dos canais, representado em rosa na Fig. 9.8) se movimente no sentido contrário, e provoque a inclinação da cúpula e das células ciliadas no mesmo sentido da endolinfa. Esta inclinação resulta em aumento ou redução da frequência de disparo elétrico das células basais, e o envio da informação de movimento rotacional da cabeça através do nervo vestibular e sua interpretação.[3]

Como os canais estão situados nos três planos de movimento possíveis, qualquer movimento rotacional da cabeça irá estimular pelo menos uma das cristas ampulares, e inibir a crista equivalente do lado oposto, pelo deslocamento da endolinfa em direções opostas. Esse mecanismo é importante principalmente na detecção de mudanças bruscas da direção do movimento, necessárias para evitar um desequilíbrio durante movimentos rápidos.

Os CSC apresentam uma angulação de 90° entre si (Fig. 9.9).

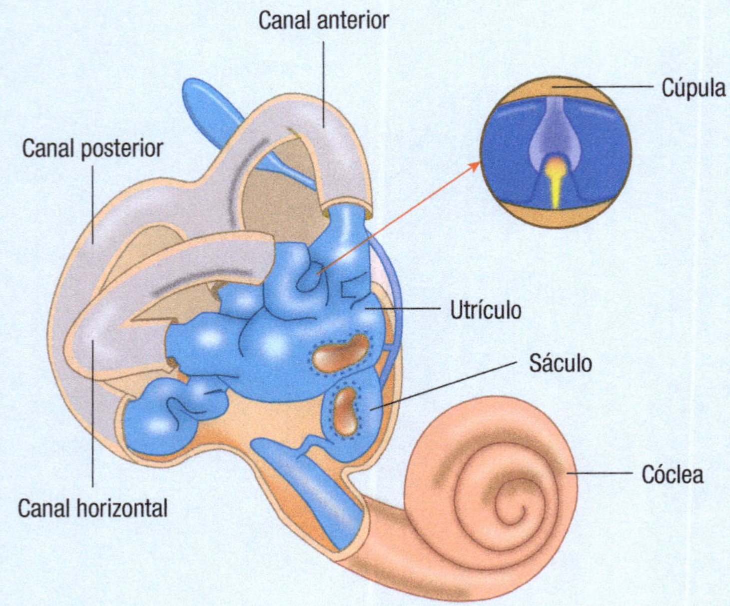

FIGURA 9.7. Disposição dos três canais semicirculares e do utrículo. No detalhe, interior da ampola.

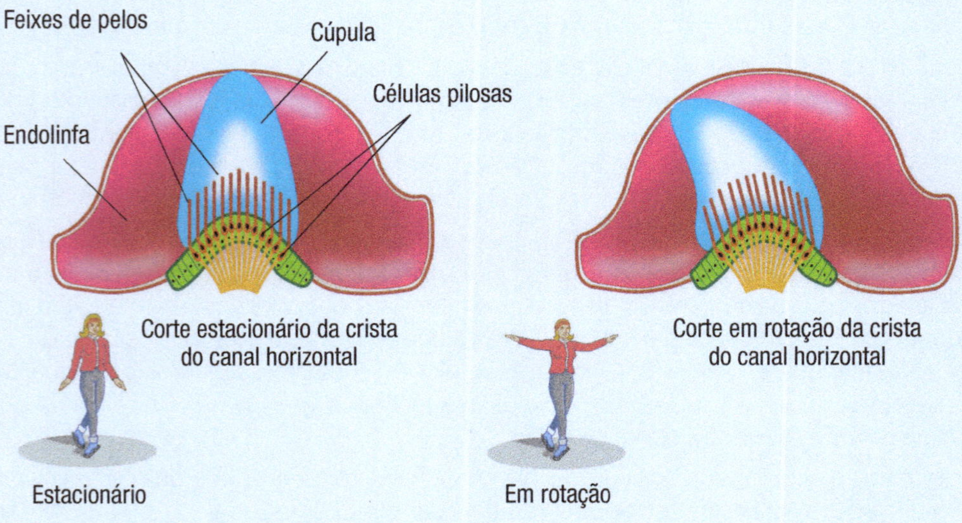

FIGURA 9.8. Alteração na cúpula e nas células ciliadas decorrente da movimentação da endolinfa provocada pelo movimento de rotação do corpo e da cabeça.

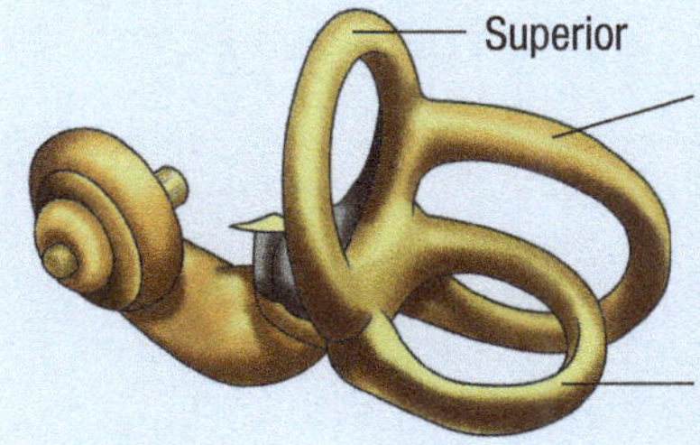

FIGURA 9.9. Disposição dos três canais semicirculares entre si, formando um ângulo de 90º.

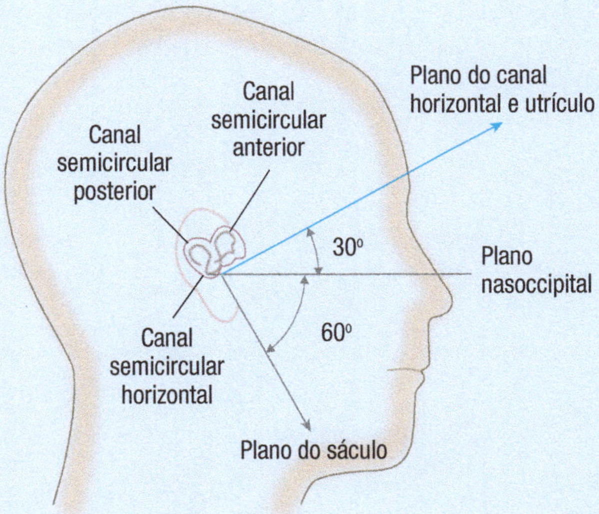

FIGURA 9.10. Posição dos canais semicirculares em relação à posição neutra da cabeça de uma pessoa em pé. Ângulo de 30º do canal semicircular horizontal em relação ao solo.

Os canais laterais (ou horizontais, presentes dos dois lados da cabeça) fazem um ângulo de 30° com o plano horizontal, considerando-se a pessoa em posição ortostática e com a cabeça voltada para a frente, isto é, caso a cabeça seja flexionada anteriormente em 30°, os canais horizontais ficam paralelos ao solo. Pode-se dizer que os canais horizontais direito e esquerdo são *pares funcionais,* pois ambos têm a estimulação máxima de suas células ciliadas durante o fluxo máximo de endolinfa no seu interior, que ocorre quando há movimento neste único plano (Fig. 9.10).[4]

Já o superior (ou anterior) e o posterior estão em um outro plano em relação à cabeça, no plano vertical, fazem entre si um ângulo de 90° e um ângulo de 45° com o plano sagital, de forma que o canal semicircular anterior de um lado se encontra no mesmo plano que o canal semicircular posterior do outro lado (Fig. 9.11), formando um outro par funcional.

FISIOLOGIA DO SISTEMA VESTIBULAR

A Figura 9.12 mostra de forma resumida as estruturas responsáveis pela detecção de movimento pelo sistema vestibular, os CSC e os órgãos otolíticos (sáculo e utrículo).

Os cílios das máculas do sáculo e do utrículo são de vários tamanhos, como mostrado na Figura 9.12, e ordenados em ordem crescente em direção a um cílio maior e que está posicionado na extremidade da sequência de cílios. Este cílio diferenciado é chamado de cinocílio, que na Figura 9.13 está representado como o mais escuro. Os demais cílios são chamados de estereocílios.

Quando o movimento promove a inclinação destes cílios em direção ao cinocílio, ocorre a despolarização da membrana da célula ciliada, e consequente excitação do nervo vestibular (aumento dos disparos de potenciais de ação), detectando o movimento; enquanto a inclinação em direção oposta provoca a hiperpolarização da célula e a inibição do nervo (redução da frequência de disparos elétricos) (Fig. 9.14).

As células ciliadas das máculas são classificadas em dois tipos: tipo I, de formato arredondado e envolto por várias terminações nervosas; e do tipo II, de formato cilíndrico e envolto por apenas uma terminação nervosa (Fig. 9.13).

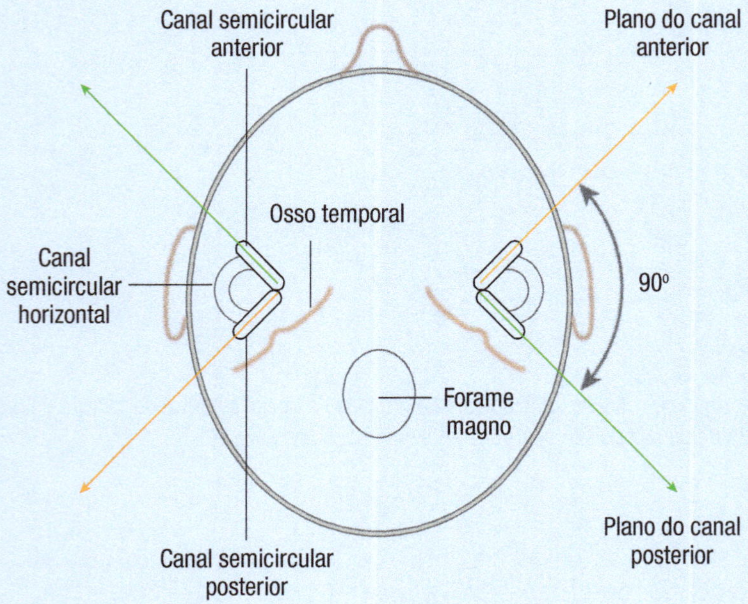

FIGURA 9.11. Disposição dos canais entre si dos dois lados em relação ao crânio, vistos por cima e pares funcionais representados pela mesma cor.

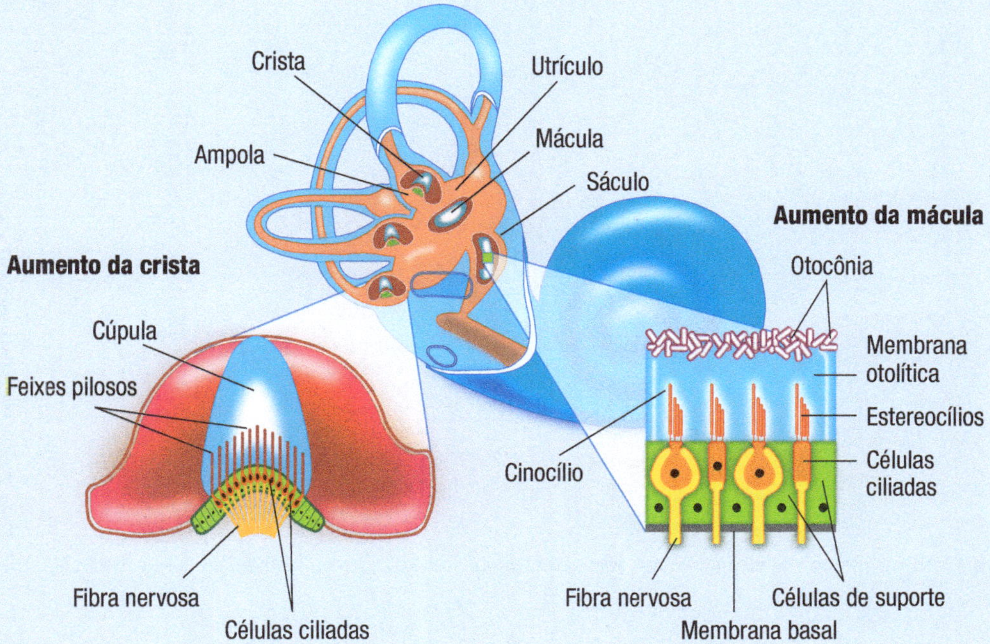

FIGURA 9.12. Resumo dos componentes do sistema vestibular e estruturas responsáveis pela detecção do movimento.

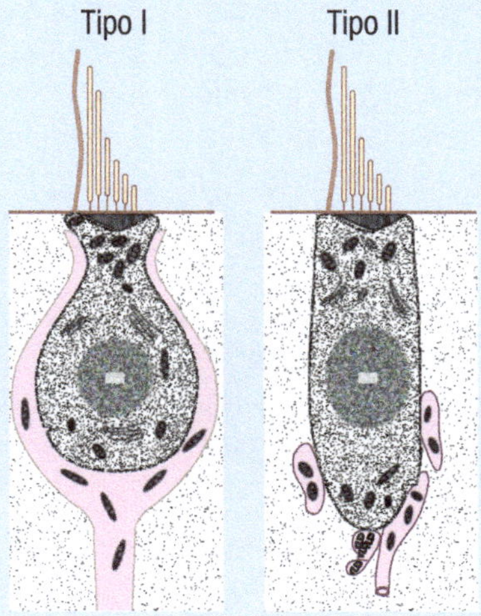

FIGURA 9.13. Células ciliadas da mácula mostrando o cinocílio (mais escuro) e os estereocílios (demais cílios).

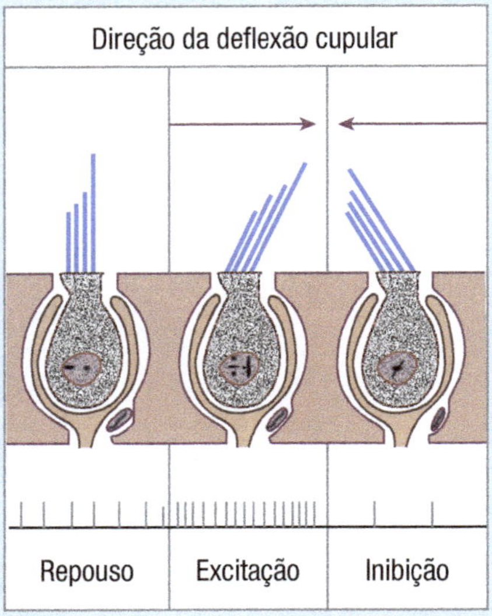

FIGURA 9.14. Direção da inclinação dos cílios e consequente excitação ou inibição do nervo vestibular.

As células ciliadas das máculas do utrículo detectam movimentos horizontais da cabeça e do pescoço, isto é, durante movimentos de deslocamento para os lados, para a frente e para trás, como no andar. Já as máculas do sáculo estão posicionadas verticalmente, tornando-as sensíveis aos movimentos verticais, como durante o sentar e levantar da cadeira com os olhos voltados para a frente, e ao efeito da aceleração da gravidade, como quando estamos em um elevador em movimento.

Todas essas mudanças da posição da cabeça levam à movimentação dos cristais de otólitos sobre a camada gelatinosa e consequente inclinação dos cílios e estimulação do nervo vestibular, e como há grupos de cílios dispostos em diversas direções, pelo menos um destes será excitado em cada movimento linear. Porém, não é necessário que a pessoa esteja em movimento para haver a excitação dos cílios, já que a própria força da gravidade ativa um determinado grupo de cílios, sinalizando constantemente a posição da pessoa no espaço, diferenciando, por exemplo, uma pessoa que está sentada de uma deitada, estando ambas imóveis.

Estes cílios são capazes de detectar mudanças de direção e de velocidade do movimento, já que a endolinfa e as otocônias reagem por inércia ao movimento realizado pelo corpo ou pela cabeça. Este mecanismo de ativação durante a movimentação da cabeça e do corpo é especialmente importante para a manutenção do equilíbrio, já que para toda força de instabilidade, deve haver uma resposta reacional para recuperação do alinhamento e manutenção do equilíbrio. Citemos o exemplo de um indivíduo que tenta se manter parado dentro de um trem que começa a se movimentar, estando o indivíduo voltado na direção do movimento e sem se segurar.

Com a aceleração do trem, os otólitos são deslocadas posteriormente pela inércia, assim como há a inclinação dos cílios para a mesma direção, provocando uma sensação de desequilíbrio para trás. Como resposta, o indivíduo inclina-se para frente, a fim de evitar uma queda posterior. Na desaceleração do trem, os otólitos tendem a se deslocar para a frente, levando à inclinação dos cílios para a mesma direção, dando a sensação ao indivíduo de que está caindo anteriormente, e provocando uma resposta de posteriorização do corpo a fim de evitar uma queda.

Já os canais semicirculares respondem a movimentos angulares da cabeça, como quando olhamos para trás ou quando o carro faz uma curva. Da mesma forma que no sáculo e utrículo, o movimento provoca o deslocamento da endolinfa em direção oposta, e a inclinação dos cílios para o mesmo lado da endolinfa. Porém, como as células sensoriais do movimento dos canais semicirculares localizam-se em posições diferentes, a ativação ocorre de formas diversas, e muitas vezes mais de um par funcional pode ser ativado durante a movimentação da cabeça, pois dificilmente os movimentos rotatórios da cabeça ocorrem em apenas um plano de movimento.

No CSC horizontal, os cinocílios localizam-se na extremidade utricular, com o eixo de polarização na direção do utrículo, e são sensíveis aos movimentos de rotação da cabeça, como quando olhamos para os lados. O deslocamento da endolinfa em direção à ampola provoca a inclinação dos estereocílios sobre os cinocílios em direção ao utrículo, causando a despolarização elétrica das células ciliadas e consequente excitação da fibra nervosa. Já um movimento que provoque o deslocamento contrário da endolinfa, isto é, em direção oposta à da ampola, acarreta a inclinação dos cinocílios em direção ao estereocílio e a consequente hiperpolarização das células ciliadas e inibição do nervo (Fig. 9.14).

Os cinocílios dos CSC anterior e posterior estão posicionados com o eixo de polarização em direção oposta ao utrículo, ou seja, os cinocílios só são ativados quando a endolinfa se desloca em direção à ampola. Isto é, o CSC superior se ativa durante movimentos de flexão e extensão da cabeça, e o posterior, nos movimentos de inclinação lateral. Como o CSC superior de um lado forma um par funcional com o CSC posterior do outro lado, quando um deles é excitado, o seu par funcional é inibido, bem como os demais CSC. Porém, como já citado anteriormente, dificilmente os movimentos ocorrem em apenas um plano e, por isso, mais de um par de células ciliadas dos CSC podem ser excitados e inibidos ao mesmo tempo.[1,4,5]

Cada um dos pares funcionais produz sinais antagônicos, o que significa que quando um deles é excitado, o outro é inibido, e essa reciprocidade é importante para que uma só informação seja interpretada pelo sistema nervoso central (SNC) para que o sistema vestibular funcione normalmente. Caso não haja essa reciprocidade, podem ocorrer alterações dos movimentos oculares, dificuldade em estabilizar a visão durante o movimento, dificuldade do controle postural e consequente náusea.

Uma das funções dos CSC é de estabilizar a visão durante a movimentação da cabeça, para que as referências ambientais auxiliem na manutenção da estabilidade durante o movimento. Este mecanismo é detalhado adiante.

Os CSC são importantes na detecção de mudanças bruscas de direção do movimento, para que a formação reticular bulbar envie uma resposta rápida no intuito de evitar um desequilíbrio e uma queda. E essa resposta ocorre muitas vezes antes mesmo da mudança do movimento, graças à comparação com movimentos e conhecimentos prévios. Um exemplo é quando estamos dentro de um carro, em uma estrada sinuosa, e sabemos que a próxima curva será bem acentuada. Nosso corpo já se antecipa compensando com a inclinação para o lado oposto ao da curva.

Como existem células ciliadas nas mais diversas posições, é possível detectar todas as direções de movimento da cabeça, pois algumas serão despolarizadas enquanto outras serão hiperpolarizadas. Desta forma, através do somatório de todas estas respostas é possível fornecer ao SNC a posição exata da cabeça, a direção e a velocidade do movimento realizado pela cabeça (Fig. 9.15).

VIAS E CENTROS VESTIBULARES

As células ciliadas do sistema vestibular citadas acima conseguem transformar estímulo mecânico em sinal neural. Quando estimuladas, liberam o neurotransmissor glutamato, que estimula os dendritos dos corpos celulares de neurônios bipolares situados no gânglio vestibular ou núcleo

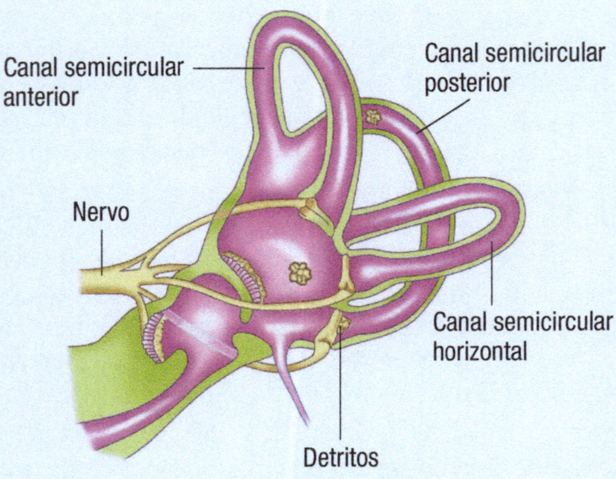

FIGURA 9.15. Canais semicirculares e órgãos otolíticos atuando simultaneamente na percepção do movimento: ação conjugada das estruturas sensoriais do movimento.

vestibular de Scarpa. O ramo superior, proveniente do utrículo, do CSC superior e lateral, se une ao ramo inferior, proveniente do sáculo e do CSC posterior, juntam-se e formam o nervo vestibular, que se unem aos prolongamentos centrais do gânglio espiral da cóclea e formam o nervo vestibulococlear (ou VIII par craniano) (Fig. 9.16). Este nervo atravessa o meato acústico interno, paralelamente ao nervo facial, e termina nos núcleos vestibulares do tronco encefálico (superior, inferior, medial e lateral) e no córtex cerebelar (no lóbulo floculonodular) (Capítulo 1 – *Princípios de Neuroanatomia: Organização Estrutural do Sistema Nervoso*).

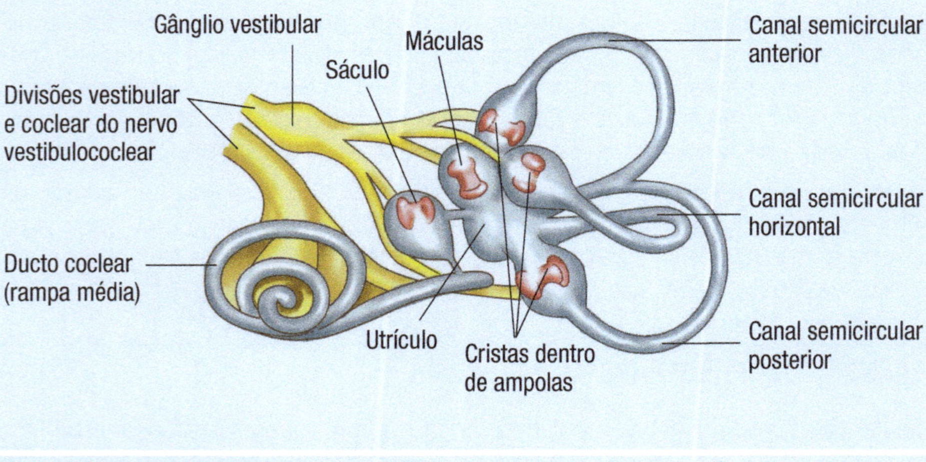

FIGURA 9.16. Nervo vestibulococlear representado em amarelo.

O núcleo vestibular superior recebe aferências originadas nas células ampolares, e seus neurônios são predominantemente inibitórios; o medial também recebe aferências das células ampolares, mas também do utrículo, porém em menor quantidade, e seus neurônios são predominantemente excitatórios. Estes dois núcleos enviam projeções para os centros oculomotores e para a medula espinhal através do fascículo longitudinal medial (FLM) (Fig. 9.17).[6]

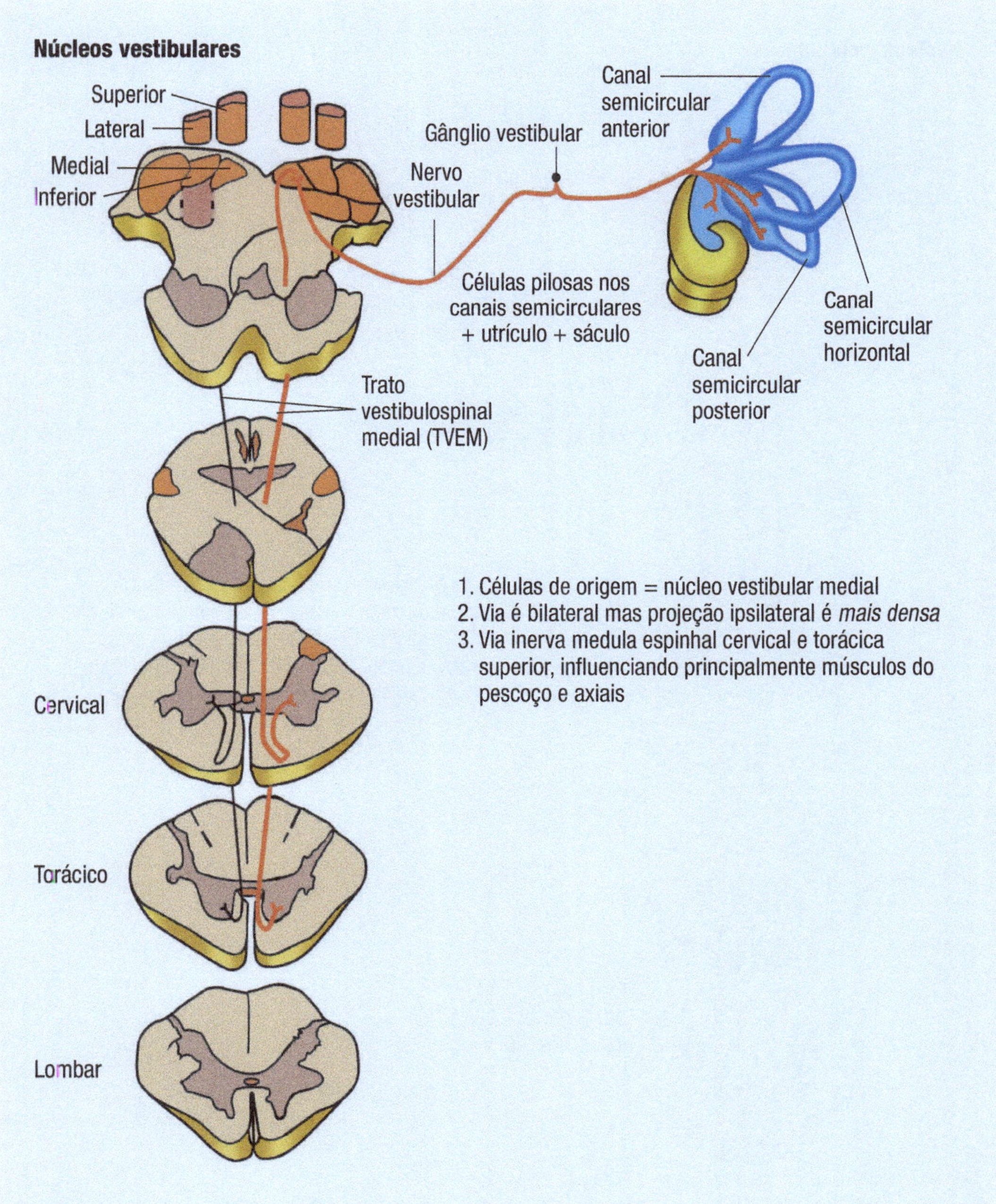

FIGURA 9.17. Trato vestibulospinal medial.

O outro núcleo é o lateral (Fig. 9.18), que tem como função o controle da postura, e é dividido anatomicamente em duas porções: rostroventral e dorsocaudal. O primeiro recebe aferências do sáculo e utrículo, e do CSC superior. O segundo recebe aferências não labirínticas do cerebelo e da medula espinhal, sendo muito importante para as correções posturais.

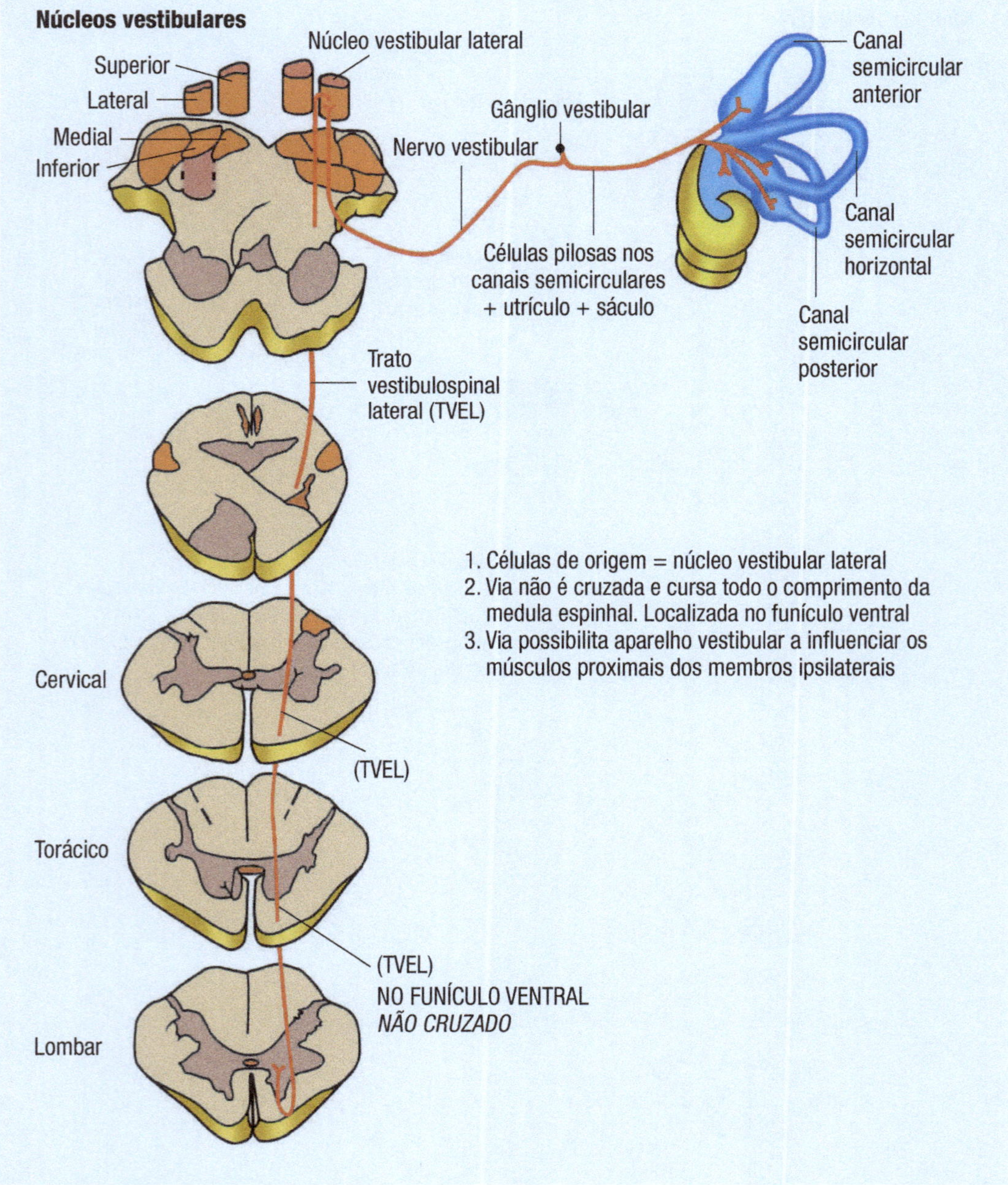

FIGURA 9.18. Trato vestibulospinal lateral.

O quarto núcleo é o inferior, que recebe aferências dos três CSC, sáculo, utrículo e vérmis cerebelar, e é responsável pela integração entre várias estruturas, como o sistema vestibular, o cerebelo, a formação reticular, medula espinhal e núcleos vestibulares contralaterais.

Desta forma, estes núcleos regulam os reflexos posturais, os movimentos da cabeça e de estabilização dos olhos, além de enviarem fibras ascendentes em direção ao tálamo (região ventrobasal), de onde saem projeções em direção ao córtex cerebral (área 5 de Brodmann, situada no lobo parietal) e onde esta informação vestibular passa a ser consciente (Fig. 9.19).

Ao contrário dos demais sistemas sensoriais, o sistema vestibular parece não se projetar para uma região cortical única. Para a percepção da posição do corpo no espaço e dos movimentos, o sistema vestibular necessita das informações dos sistemas visual e proprioceptivo, o que torna essa função, a princípio, multissensorial.[7,8] Porém, através da estimulação galvânica e calórica em macacos e humanos, foi possível determinar as seguintes áreas corticais que contêm grande número de neurônios responsivos: porção anterior do sulco intraparietal, uma pequena área no sulco central, córtex parietal inferior e córtex vestibular parietoinsular, localizado profundamente na região posterior da ínsula.

A dependência nos demais sistemas é tal que a ausência da informação visual, como nos casos dos deficientes visuais completos, leva ao aumento da sensibilidade dos demais sistemas, principalmente o somatossensorial (proprioceptivo), na tentativa de compensar a ausência da informação visual. E é por isso que geralmente estes deficientes visuais alteram seu alinhamento postural em uma tentativa de buscar maior estabilidade (tendem a aumentar a base de sustentação, a fletir os joelhos e a retroverter o quadril) e se utilizam de forma mais eficaz da informação tátil sobre as variações do solo.

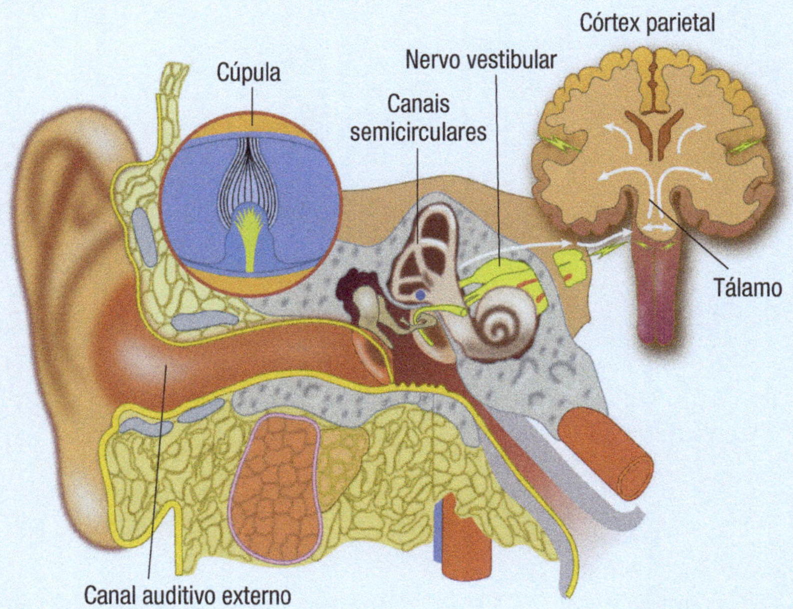

FIGURA 9.19. Nervo vestibular e suas projeções para o tálamo e córtex parietal.

Através das conexões destes núcleos com o cerebelo, mesencéfalo, tálamo, córtex cerebral e núcleos oculomotores, além dos próprios núcleos contralaterais, são geradas respostas reflexas com o intuito de estabilizar a visão e corrigir a postura corporal frente aos movimentos, mesmo que mínimos e que não provoquem perda do equilíbrio. Estes reflexos são o vestibulo-ocular (RVO), o vestibulospinal (RVE) e os sistemas motores oculares.

O RVO procura manter a estabilização do olhar durante os movimentos, levando o olhar para o sentido oposto e na mesma velocidade do movimento da cabeça, através da ativação dos núcleos dos nervos motores oculares: oculomotor, troclear e abducente. Cada CSC estimula um par de músculos motores oculares, que move os olhos aproximadamente no mesmo plano do canal (Figs. 9.20 e 9.21).

Os sistemas musculares oculares têm como objetivo manter a imagem estável, através da manutenção da imagem na fóvea (área responsável pela visão mais nítida), e impedir que haja um deslocamento da imagem em toda a retina. Para a primeira função, existem os sistemas de sacadas, seguimento, vergência e fixação; e para a segunda função, os sistemas vestibular e optocinético. De forma resumida, as principais características destes sistemas musculares oculares são:

- Sistema vestibular: estabiliza a imagem durante movimentos da cabeça, com uma curta latência;
- Sistema optocinético: depende de estímulos visuais e mantém a imagem estável durante movimentos contínuos;
- Sacadas: trazem imagens para a fóvea;
- Seguimento: mantém fixos na fóvea estímulos visuais que se deslocam;
- Vergência: move os olhos em direções opostas para evitar discrepância de imagens em ambas as fóveas;
- Fixação: mantém os olhos na nova posição atingida após qualquer um dos movimentos acima.

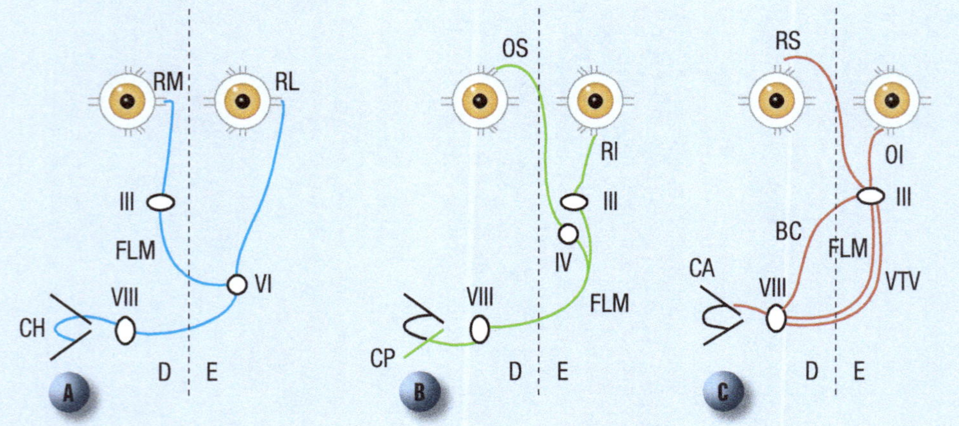

FIGURA 9.20. (A) Conexões a partir do CSC horizontal; (B) Conexões do CSC posterior; (C) Conexões do CSC anterior. BC: *brachium conjuntivum*. CA: CSC anterior. CH: CSC horizontal. CP: CSC posterior. FLM: fascículo longitudinal medial. OI: músculo oblíquo inferior. OS: músculo oblíquo superior. RI: músculo reto inferior. RL: músculo reto lateral. RM: músculo reto medial. RS: músculo reto superior. VTV: via tegmental ventral.

Os RVE têm a função de estabilizar a cabeça no espaço e em relação ao corpo, procurando manter a postura estável e evitar quedas. Os RVE podem ser divididos em reflexos fásicos e tônicos. Os fásicos, de curta latência, são mediados pelos CSC através do trato vestibulospinal medial, e têm a função de ativar a musculatura cervical, a fim de manter a estabilização da cabeça frente à movimentação desta.

Já os reflexos tônicos respondem mais a acelerações lineares, e são mediados através do trato vestibulospinal lateral, que termina na medula lombossacra e causa ativação da musculatura extensora ipsilateral, com inibição recíproca dos flexores. Ainda há um terceiro trato, o reticuloespinal, que conduz as fibras originadas na formação reticular bulbar (que recebem informações tanto do sáculo e utrículo, como dos CSC) até a medula cervical (em menor parte) e lombar, ambos com objetivo de manter o controle postural frente aos movimentos.

Por fim, os núcleos vestibulares também se projetam nos núcleos autonômicos, a fim de possibilitar que mudanças posturais possam ser acompanhadas de ajustes do sistema cardiovascular e prevenir a redução da pressão arterial, como ocorre durante a mudança da posição deitada para a em pé. E é por isso que frequentemente as desordens vestibulares podem vir acompanhadas de queixas como sudorese e taquicardia.

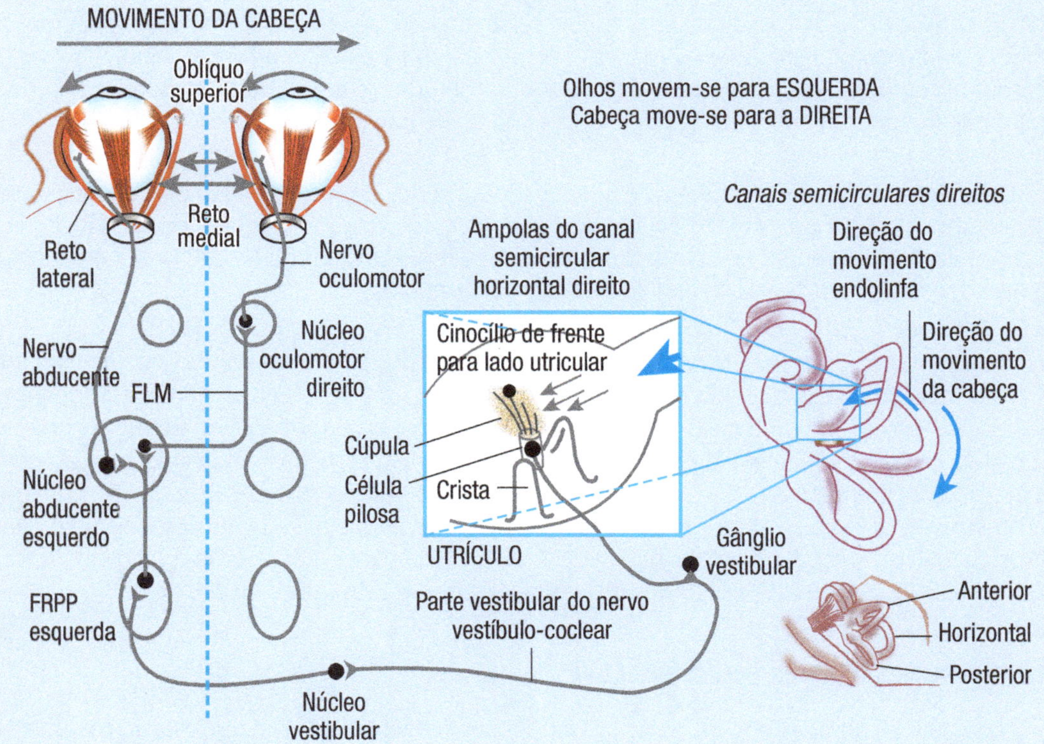

FIGURA 9.21. Respostas oculares frente à movimentação da cabeça e do sistema vestibular. FLM: fascículo longitudinal medial; FRPP: formação reticular paramediana pontina.

LESÕES DO SISTEMA VESTIBULAR

Podem ocorrer lesões de qualquer estrutura do sistema vestibular ou do nervo vestibular, em decorrência de tumores, doenças ou traumatismos cranianos (TCE), unilaterais ou bilaterais. Na maioria das vezes a lesão é unilateral. Um exemplo de lesão bilateral ocorre após o tratamento com estreptomicina, que leva ao quadro sintomatológico de vertigem, desequilíbrio e nistagmo. Em jovens, esses déficits podem ser compensados pelas informações visuais e somatossensoriais.

Logo após uma lesão vestibular unilateral, ocorre um fenômeno chamado de síndrome dos sintomas "estáticos", que provoca quase os mesmos sintomas citados acima, de vertigem rotatória, nistagmo ocular, instabilidade postural e sintomas vegetativos. E relativamente após pouco tempo, esses sintomas "estáticos" desaparecem, em função da plasticidade neuronal e sináptica que sugerem uma compensação da lesão vestibular. Em contraste, surgem sinais e sintomas "dinâmicos", como um RVO deficitário, que aumentam gradativamente e podem persistir por tempo indefinido.

O comprometimento do sistema vestibular pode ter origem nos cílios (destruição ou degeneração), na inervação (lentificação da condução, interrupção), ou no próprio SNC, e resulta geralmente em déficit de orientação postural, do controle postural e do equilíbrio, perda da acuidade visual e distorções perceptuais.

Um dos sintomas mais desagradáveis provocados pela síndrome vestibular é a *náusea* (que pode ou não ser acompanhada de vômitos).[9] Neste caso, as náuseas são decorrentes da falta de concordância entre informações vestibulares e visuais, ou seja, o sistema vestibular "sinaliza" erroneamente ao SNC que o corpo está em movimento, e o sistema visual tenta "compensar" essa informação errônea. A sensação resultante deste descompasso de informações vestibulares/visuais é a náusea, que pode ocorrer em outras situações (não patológicas) como em veículos em movimento ou ao assistirmos a filmes em 3D.

Duas causas muito frequentes entre adultos são a doença de Menière (DM) e a vertigem posicional paroxística benigna (VPPB). Na DM há o aumento da pressão do líquido endolinfático, que provoca vertigens intensas, em surtos, que duram horas ou até vários dias. Pode vir acompanhada de hipoacusia (diminuição da sensibilidade auditiva) e zumbido.

A VPPB, que pode ser primária ou secundária a um TCE, por exemplo, é causada pelo desprendimento das otocônias da mácula utricular e que acabam se depositando na ampola do canal semicircular. Essas otocônias estimulam a ampola, e causam vertigem rotatória associada às mudanças de posição da cabeça, como quando o indivíduo se vira na cama ou se senta. O nistagmo pode ser observado na manobra de Hallpike, que consiste em deitar lateralmente o indivíduo, rapidamente (a partir da posição sentada), sem apoio para a cabeça, e o nistagmo em rotação aparece na direção da orelha mais baixa (a do apoio). Pode se realizar manobras terapêuticas de reposicionamento das otocônias, além da reeducação dos hábitos, principalmente para evitar quedas. A intensidade das vertigens pode diminuir em algumas semanas, porém em muitos casos, ela reaparece.[9]

Síndromes vestibulares periféricas (SVP)

São aquelas causadas por lesões no labirinto e nervo vestibular (VIII nervo). Neste caso, a síndrome é global e harmônica, ou seja, todos os sinais e sintomas – vertigem (acompanhada de náuseas e vômitos), nistagmo, alterações do equilíbrio e posturais – estão presentes de forma *proporcionada* (com a mesma intensidade). Hipoacusia também é frequente na SVP, pela estreita relação anatômica entre os sistemas auditivo e vestibular. São causas de SVP as labirintopatias (degenerativas, tóxicas, traumáticas, infecciosas etc.), neuronites vestibulares (cuja etiologia é incerta, mas provavelmente viral), lesões traumáticas e compressivas do VII nervo (como nos neurinomas ou outros tumores acometendo este nervo).

Síndromes vestibulares centrais (SVC)

São causadas por lesões nos núcleos vestibulares e suas vias ascendentes até o córtex. Neste caso, a síndrome é geralmente incompleta ou parcelar, e *desproporcionada*, ou seja, os sinais e sintomas não ocorrem com a mesma intensidade, e alguns podem até mesmo estar ausentes. A vertigem é menos proeminente, em geral não ocorrem náuseas e vômitos, o nistagmo é menos intenso e as alterações de equilíbrio e postura se sobressaem. Não há hipoacusia associada. Causas frequentes de SVC são AVCs ou tumores de tronco encefálico, cerebelo, migrânea (enxaqueca) e lesões cerebrais (tumores, AVCs, esclerose múltipla).

Referências Bibliográficas

1. Guyton AC, Hall JE. Tratado de fisiologia médica. 11ª ed. Rio de Janeiro: Elsevier; 2006.
2. Dângelo JG, Fattini CA. Anatomia humana sistêmica e segmentar. 3ª ed. Rio de Janeiro: Atheneu; 2007.
3. Lundy-Ekman L. Neurociência: fundamentos para a reabilitação. 3ª ed. Rio de Janeiro: Elsevier; 2008.
4. Lent R. Neurociência da mente e do comportamento. Rio de Janeiro: Guanabara-Koogan; 2008.
5. Kauffman TL. Manual de reabilitação geriátrica. Rio de Janeiro: Guanabara-Koogan; 2001.
6. Machado A. Neuroanatomia funcional. 2ª ed. São Paulo: Atheneu; 2005.
7. Angelaki DE, Klier EM, Snyder LH. A vestibular sensation: probabilistic approaches to spatial perception. Neuron 2009; 65:448-61.
8. Shumway-Cook A, Woollacott MH. Controle motor: teoria e aplicações práticas. 2ª ed. Barueri: Manole; 2000.
9. Uneri A, Polat S. Vertigo, dizziness and imbalance in the elderly. J Laryngol Otol 2008; 122:466-9.

10

Motricidade

INTRODUÇÃO

Os elementos diferenciais entre o ser humano e os demais animais não são apenas as funções cognitivas superiores como a capacidade de raciocínio, de julgamento e de linguagem. O ser humano é capaz de interagir com o meio em que vive através de ações mais complexas, tanto positivas como negativas.

Como exemplo, o ser humano consegue não apenas andar ao encontro do rio para matar sua sede, como armazenar um pouco de água em um recipiente para beber mais tarde. Assim como os outros animais, consegue procurar uma habitação para se proteger, mas com o diferencial de conseguir erguer construções mais sólidas, resistentes às chuvas e outras fontes de destruição.

Todas as ações motoras permitem que o ser humano se movimente, aja e reaja de acordo com o meio. Para tanto, conta com um complexo sistema, em que vários centros interpretam as percepções do ambiente, comparam-nas com experiências prévias e elaboram uma ou mais respostas motoras.

Em outro exemplo, se durante uma partida de futebol começasse a chover e a relampejar, os jogadores poderiam reagir de algumas formas: correr até a primeira árvore para se proteger da chuva; correr agachado até uma construção coberta, com medo dos raios; continuar jogando, afinal é apenas uma chuva; deitar-se no chão para não virar um para-raio. Este exemplo mostra que o sistema nervoso central (SNC) é tão complexo que permite uma variedade de respostas, que neste caso, é dependente principalmente de conhecimentos prévios, principalmente a respeito da atração que os raios têm por pontos como árvores e pessoas em pé.

Outro modelo que exemplifica a complexidade dos movimentos capazes de serem realizados pelo ser humano é a dança. Dançar exige habilidades mentais e motoras muito especializadas, já que são recrutadas áreas cerebrais responsáveis pela orientação e direcionamento do corpo no espaço, o planejamento cuidadoso dos movimentos de cada uma das articulações, a coordenação destes movimentos, o equilíbrio e a sincronia com o ritmo das músicas. A habilidade e o treino são essenciais para o aprimoramento destes movimentos, a fim de produzir leveza nos gestos e tornar a dança bela e atraente.

Sobretudo na dança, mas durante todos os movimentos que realizamos, as informações sensoriomotoras atuam continuamente realizando modificações e adaptações do sistema musculoesquelético, através de uma alça de retroalimentação. Um simples exemplo é o ato de ficarmos parados em uma fila. Voluntariamente, contraímos os músculos posturais para a manutenção da posição ortostática, e assim o fazemos por todo o tempo que precisarmos até encontrarmos uma cadeira para sentar ou sermos atendidos. Mas enquanto a fila não avançar, inconscientemente nossos músculos estarão se contraindo e relaxando, de forma coordenada e harmônica, a fim de nos manter na posição, e evitar a fadiga muscular.

Além disso, os receptores sensoriais enviam constantemente informações a respeito da descarga de peso nos pés, da contração/estiramento muscular de membros inferiores e da posição das articulações, com dados como dor nos pés, incômodo no calcanhar ou câimbras (Capítulo 4 – *Sistema Somestésico: Tato, Dor, Temperatura, Propriocepção*). Como resposta, inconscientemente, nosso corpo realizará compensações corporais a fim de minimizar a sobrecarga por ficar parado em uma mesma posição.

Para a realização do ato motor, dependemos da integridade do sistema efetor, que nesse caso são as partes do corpo que se movimentam, do SNC sem lesões e de uma eficiente rede de conexões entre esses sistemas, como veremos a seguir.

ANATOMIA DOS COMPONENTES MOTORES

Para que ocorra um movimento, é necessário que um músculo produza força suficiente para deslocar uma parte do corpo. Os músculos são compostos por fibras esqueléticas que têm característica elástica, e que têm a propriedade de se contraírem e se tensionarem. Estas fibras estão dispostas paralelamente e se estendem por todo o comprimento do músculo.

Por sua vez, cada fibra muscular é composta por várias miofibrilas, também dispostas paralelamente. Cada uma destas miofibrilas é formada por milhares de pequenos miofilamentos moleculares de proteína, que se alternam e se sobrepõem ao longo da miofibrila (Fig. 10.1).

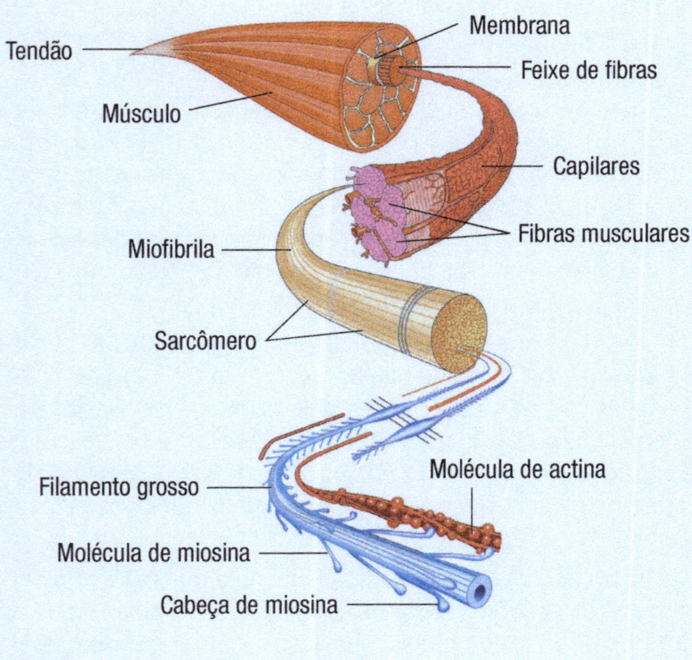

FIGURA 10.1. Musculatura esquelética e subcomponentes.

Cada célula muscular é coberta por uma membrana, chamada de *sarcolema*, e que emite projeções para dentro do músculo. Estas projeções formam os túbulos transversos (ou *túbulos T*), por onde são propagadas as depolarizações e por onde ocorre o transporte de íons. Ao lado destes túbulos T encontram-se algumas bolsas, os *retículos sarcoplasmáticos*, que contêm íons Ca^{2+} (Fig. 10.2).

Com a chegada de um potencial de ação, há a despolarização destes túbulos T e a consequente liberação de íons Ca^{2+} de dentro dos retículos, que se ligam a uma das proteínas componentes da miofibrila, a troponina. A troponina, juntamente com a tropomiosina e a actina são as proteínas componentes dos *filamentos finos*. Já a miosina é o componente principal dos *filamentos grossos* da miofibrila (Fig. 10.3).

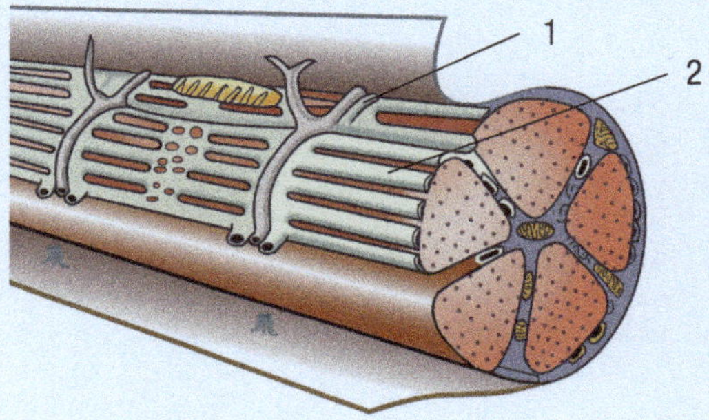

FIGURA 10.2. Miofibrila e subcomponentes, como os túbulos T (1) e retículo sarcoplasmático (2).

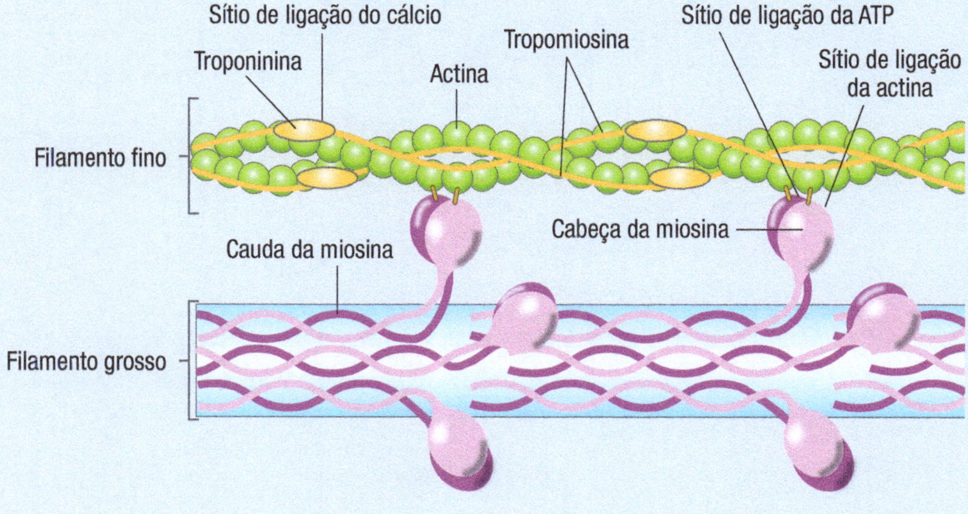

FIGURA 10.3. Proteínas presentes em uma miofibrila, divididas em filamento fino (actina, troponina e tropomiosina enrolados) e filamento grosso (miosina).

Essa ligação dos íons Ca^{2+} com a troponina leva a uma alteração de sua conformação e, como consequência, pelo fato das três proteínas do filamento fino estarem enroladas, há um movimento da tropomiosina e a exposição de uma parte da actina que em repouso não fica exposta. Esta parte, chamada de ativa, atrai então a miosina, que se liga a ela.

A parte da miosina que se liga à actina é chamada de ponte cruzada, que na Figura 10.3 está representada como a cabeça. Esta ligação é forte o suficiente para provocar o deslizamento, porém depende de energia para ocorrer, fornecida pelo ATP,* geradas pelas mitocôndrias, presente entre as miofibrilas (Fig. 10.4).

A distância entre os pontos médios de actinas adjacentes é chamada de *sarcômero* (Fig. 10.5), e é considerada a unidade contrátil do músculo esquelético. O sarcômero diminui de comprimento quando há a contração muscular. Na Figura 10.5 vemos as subdivisões das miofibrilas decorrentes da posição das proteínas actina, miosina, troponina e tropomiosina.

Na Figura 10.6 observamos as alterações que ocorrem nos sarcômeros de uma miofibrila durante uma contração e relaxamento muscular.

As fibras musculares se juntam nas suas extremidades e se inserem no osso através dos tendões, estruturas resistentes formadas por membrana celular (sarcolema) e colágeno. Durante a contração muscular, as duas extremidades do músculo se aproximam, e conforme a força exercida, geram o movimento da articulação.

---

*ATP (adenosina trifosfato): forma de armazenamento de energia utilizada em vários processos biológicos, como na contração muscular. A energia fica armazenada em suas ligações, e é liberada sob a ação de enzimas, juntamente com íons fosfato..

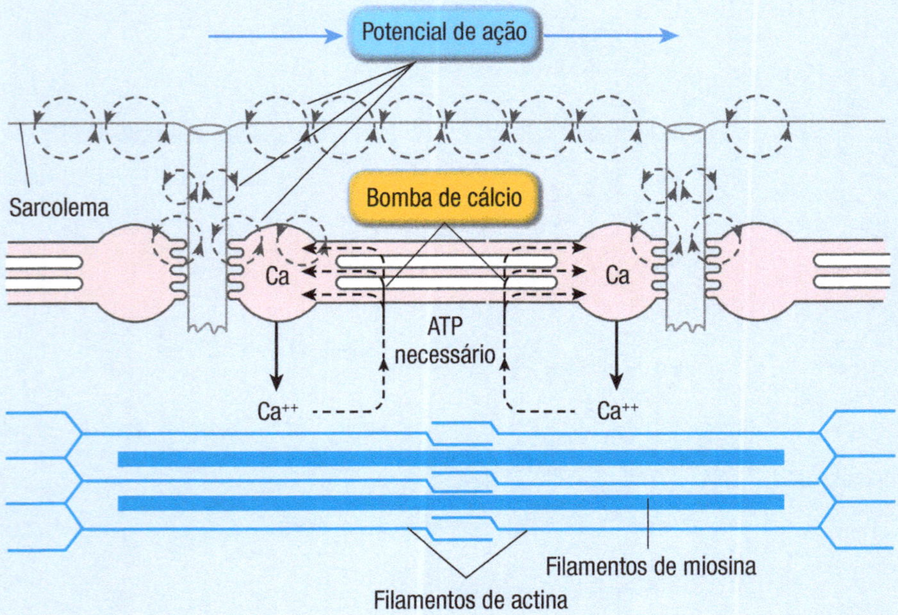

FIGURA 10.4. Com a despolarização do sarcolema pelo potencial de ação, há liberação de íons cálcio e de energia na forma de ATP e o deslizamento da actina sobre a miosina.

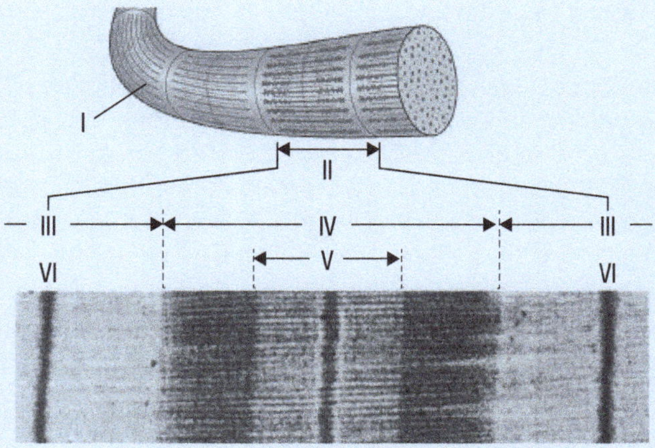

FIGURA 10.5. Imagem microscópica ampliada de uma miofibrila e seus componentes, onde I: miofibrila, II: sarcômero, III: actina (Banda I), IV: miosina (Banda A), V: exclusivamente miosina (Banda H), VI: linha Z.

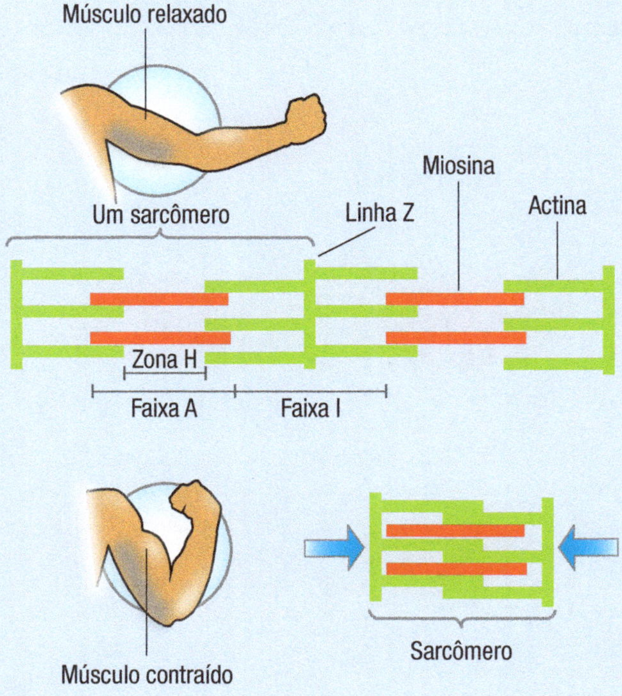

FIGURA 10.6. Alterações do sarcômero durante o relaxamento e contração muscular.

Geralmente os músculos se organizam em pares antagônicos e provocam movimentos opostos, como os músculos bíceps e tríceps do braço. Quando o primeiro se contrai, e o segundo está relaxado, tem-se o movimento de flexão do cotovelo. Quando o oposto ocorre, tem-se a extensão do cotovelo (Fig. 10.7).

Em nosso organismo, possuímos duas espécies de músculos: *estriados* e *lisos*. Os músculos estriados, cujo nome provém do fato de possuírem estriações em suas fibras, ainda se dividem em *esquelético* e *cardíaco*. Os músculos esqueléticos são os responsáveis (ou efetores) pela nossa movimentação voluntária. O músculo cardíaco ou *miocárdio*, componente das paredes do coração, apresenta como característica diferencial em relação aos músculos esqueléticos o fato de ser controlado pelo sistema nervoso autônomo (SNA) (Capítulo 11 – *Sistema Nervoso Autônomo*) e possuírem fibras mono ou binucleadas.

Os músculos lisos estão presentes nas paredes das vísceras (estômago, intestino, bexiga, útero etc.) e vasos sanguíneos, e também são controlados primariamente pelo SNA (Fig. 10.8).

CARACTERÍSTICAS DA CONTRAÇÃO MUSCULAR

A contração muscular pode ser classificada em *isométrica* ou *isotônica* (Fig. 10.9). A contração isométrica se refere à contração de um músculo sem que haja a redução de seu comprimento, como quando sustentamos objetos pesados com os membros superiores, e não o deixamos cair e nem o erguemos da posição inicial. Os flexores de cotovelo, neste exemplo, realizam contração isométrica. Outro exemplo muito comum é a contração de músculos chamados *posturais*** durante a manutenção da postura em pé, estando o indivíduo parado. Eles se contraem, a fim de evitar a flexão das articulações, mas não diminuem de comprimento.

**Músculos posturais: que agem contra a gravidade, como os extensors de joelhos, de quadril e de tronco.

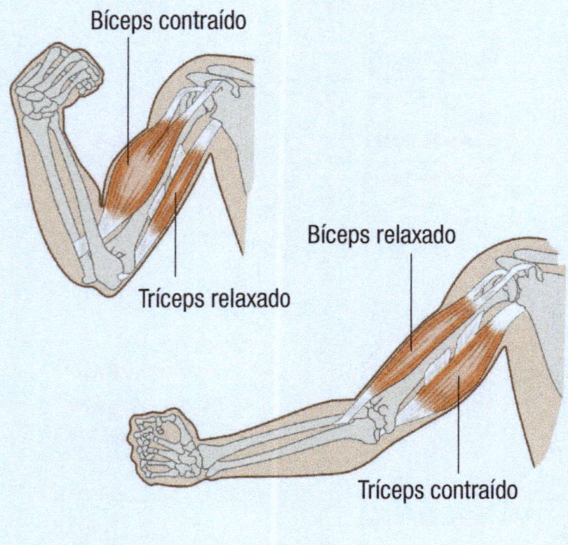

FIGURA 10.7. Representação esquemática dos principais músculos que realizam a flexão (bíceps) e extensão (tríceps) do cotovelo.

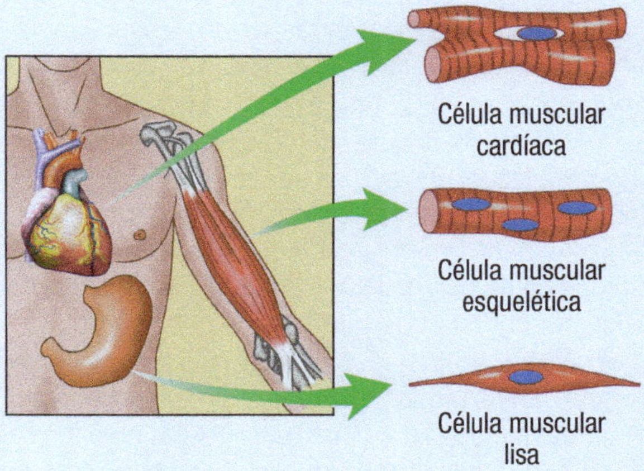

FIGURA 10.8. Representação esquemática dos tipos de músculo presentes em nosso organismo.

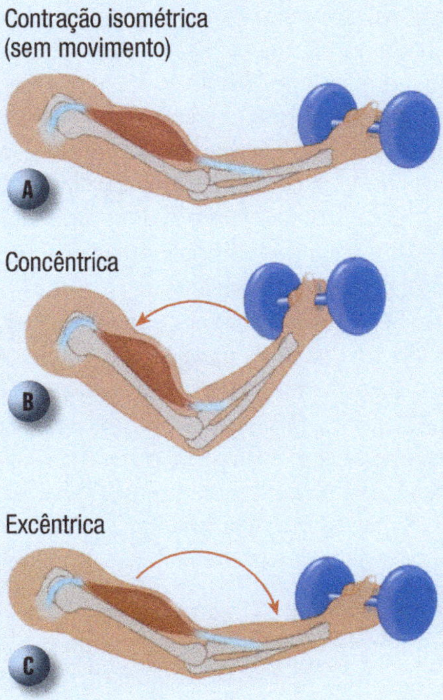

FIGURA 10.9. Tipos de contração muscular. Em (A) não há variação de comprimento do músculo durante a sustentação do peso; em (B) há diminuição; e em (C) há aumento do comprimento muscular.

A contração isotônica é a que leva à mudança do comprimento das fibras musculares, como durante uma caminhada ou quando erguemos o mesmo objeto pesado do exemplo acima. A contração isotônica ainda pode ser classificada em dois tipos, *concêntrica* e *excêntrica*. Usando o exemplo anterior, caso a pessoa realize uma contração contra a gravidade para erguer o objeto, e no mesmo sentido do encurtamento muscular, a contração é chamada de concêntrica.

Caso a pessoa se canse, e queira abaixar um pouco a altura em que está sustentando o objeto sem que ele caia abruptamente (isto é, desacelerando o movimento de queda), ela estará realizando uma contração de desaceleração, em que há aumento do comprimento muscular (pois está estendendo os músculos flexores do cotovelo), enquanto mantém a força necessária para impedir que o cotovelo se estenda totalmente e o objeto caia em decorrência da força da gravidade. Esta é a contração excêntrica, em que há mudança de comprimento muscular durante a contração, porém com a força sendo exercida no sentido oposto ao da ação principal do músculo.

Outro exemplo de contração isotônica ocorre no músculo quadríceps, ao descermos uma escada. A princípio o quadríceps é um extensor do joelho, mas ao apoiarmos o pé em um degrau, até que o outro pé se apoie no degrau abaixo, o quadríceps realiza uma força de contração durante a flexão do joelho, a fim de evitar a queda do indivíduo para a frente, desacelerando o movimento de flexão do joelho decorrente da força da gravidade e do peso da pessoa. É por isso que ao descermos uma grande escadaria sentimos a musculatura extensora do joelho fatigada, apesar de estarmos nos deslocando a favor da gravidade.

Os movimentos são decorrentes de uma conjugação de contrações musculares, raramente utilizamos apenas um músculo para realizar qualquer atividade do nosso cotidiano. Geralmente os movimentos são decorrentes de associações de grupos musculares atuando em sinergia, não apenas em um eixo, mas principalmente nos planos rotacionais.

A força de contração muscular depende do comprimento inicial do músculo. Caso ele esteja encurtado ou muito distendido, não conseguirá exercer o máximo de força que poderia desenvolver. Podemos associar um músculo a um elástico, já que apresenta as mesmas propriedades de distensão. Com o elástico na sua conformação normal, sem que esteja esticado, a força com que lançamos um objeto é menor do que quando o esticamos antes do arremesso. Porém, caso o distendamos demais, o elástico perde sua propriedade elástica e até afrouxa, não conseguindo também exercer uma grande força de arremesso. O mesmo ocorre com o músculo.

Além do comprimento inicial, a força de contração depende das inserções e do tamanho de cada músculo. Ambas as características determinarão a amplitude máxima de contração, que é proporcional à força resultante, bem como a alavanca para o movimento. Quanto mais distante estiver a inserção do eixo de movimento (fulcro), mais força a respectiva articulação conseguirá exercer, ou menor esforço terá que exercer para vencer uma resistência.

Força é a resultante da soma de contração de fibras musculares de um mesmo músculo. Quando necessitamos de pouca força muscular, principalmente durante a realização de movimentos mais finos, como utilizar um pincel para pintar quadros, recrutamos poucas fibras musculares, geralmente as mais rapidamente excitáveis e mais resistentes à fadiga, como as com menores unidades motoras, por serem inervadas por fibras de menor calibre. Ao ser necessária mais força, mais unidades motoras passam a ser recrutadas.

CONTROLE NEURAL

A contração muscular pode ocorrer voluntaria ou reflexamente. A primeira ocorre quando o sinal neural se origina em vias hierarquicamente superiores do SNC e são conscientemente elaboradas. A segunda independe do controle voluntário, pois seu sinal neural se origina na medula espinhal, através de um arco reflexo constituído de um único neurônio.

A contração voluntária é a que ocorre quando temos a intenção, a motivação e um objetivo, como quando dirigimos, tomamos banho, preparamos uma refeição etc. A outra contração ocorre durante atos motores reflexos como quando, sem nos conscientizarmos, retiramos a mão de uma superfície quente em milissegundos. Esta resposta rápida ocorre porque se recruta apenas um arco reflexo, composto da via aferente, que traz a informação sensorial (no caso, de queimação e dor) e outra via efetora, que determina a retirada da mão.

Noventa e oito porcento das fibras musculares recebem apenas uma terminação nervosa. Porém, uma mesma terminação pode inervar várias fibras musculares, e um potencial de ação transmitido por este neurônio motor levará à contração de todas as fibras inervadas por ele. A este conjunto formado por um neurônio motor e as fibras musculares por ele inervadas, Sherrington, fisiologista ganhador de Prêmio Nobel em 1932, deu o nome de *unidade motora*, que é a menor unidade funcional dos sistemas motores (Fig. 10.10).

A junção entre o neurônio motor e a fibra muscular recebe o nome de *placa motora* (Fig. 10.11). Quando o impulso nervoso chega a esta junção, o potencial de ação faz com que ocorra a ruptura de pequenas vesículas do terminal axonal, as quais contêm acetilcolina, que são então liberadas sobre a membrana das fibras musculares. Este neurotransmissor atua aumentando a permeabilidade aos íons sódio e permitindo a entrada deste íon para dentro da membrana muscular, havendo a despolarização e a formação de um potencial de ação.

Este potencial de ação se propaga ao longo da fibra muscular, mas como as fibras são grossas, apenas quando o potencial penetra nas miofibrilas é possível desencadear uma resposta de contração. A contração muscular persiste enquanto há cálcio nas miofibrilas. Na ausência de despolarização, os íons Ca^{2+} são bombeados de volta aos retículos sarcoplasmáticos. Este mecanismo garante que haja cálcio disponível apenas na presença do estímulo. Caso novos potenciais de ação cheguem ao músculo, o cálcio passará a ser liberado novamente pelo retículo sarcoplasmático.

Os neurônios que inervam a musculatura esquelética são os *motoneurônios alfa*. Seu corpo neuronal encontra-se na substância cinzenta da medula espinhal. Na substância branca da medula encontram-se os feixes ascendentes e descendentes, que levam e trazem informações para e do encéfalo.

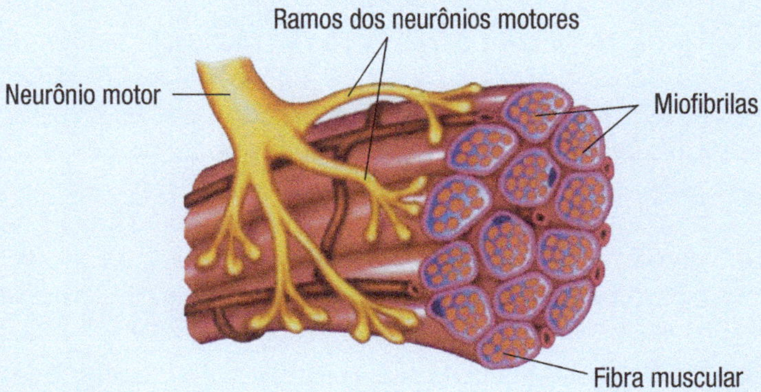

FIGURA 10.10. Representação de uma unidade motora, com o neurônio motor e suas terminações inervando diversas fibras musculares, mas cada uma destas sendo inervada por apenas uma terminação.

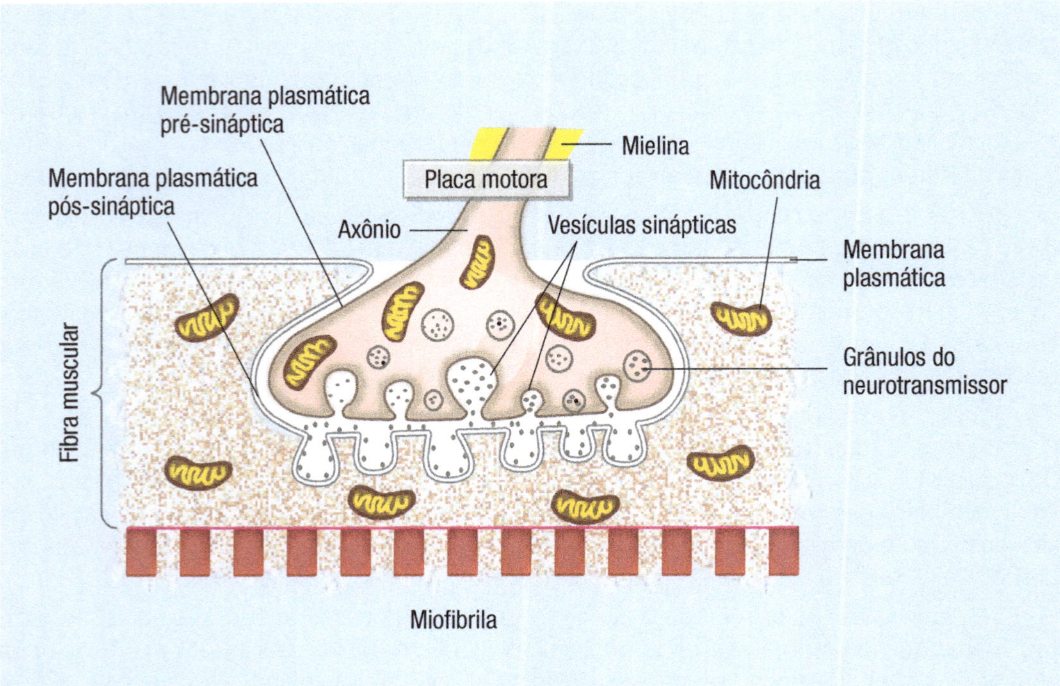

FIGURA 10.11. Placa motora: junção entre o neurônio motor e a fibra muscular.

Quando este neurônio (que devido à sua ação pode ser chamado de neurônio motor ou *motoneurônio*) conecta-se apenas a um neurônio sensorial de uma fibra aferente, produz uma resposta rápida e automática, constituindo a *resposta motora reflexa*, como veremos adiante. Isso ocorre porque o corpo neuronal não recebe aferências de outro interneurônio originado de feixes descendentes.

No exemplo da retirada da mão de uma superfície quente, a fibra sensorial chega à medula espinhal através do corno dorsal trazendo a informação de dor e calor intensos. Na medula, faz conexão com o motoneurônio alfa, cuja fibra parte pela raiz ventral da medula e termina nas fibras musculares, determinando a contração muscular e a retirada da mão.

Neste circuito reflexo, as aferências podem ter origens musculares ou sensoriais provenientes de qualquer região do corpo. Podemos citar como exemplo, o estiramento rápido de um músculo, como quando percutimos o tendão patelar ou fazemos cócegas em uma pessoa. Ambos desencadeiam como resposta, a contração muscular rápida e inconsciente (Fig. 10.12) do próprio músculo envolvido. O reflexo muscular é um sinal importante que serve para verificar a integridade das conexões nervosas, tanto as sensoriais como motoras, que existem entre o músculo e a medula espinhal. Além disso, como os reflexos são reações medulares moduladas pelo encéfalo, é também um importante meio de se verificar o grau de influência de níveis mais altos da hierarquia, bem como o grau de excitabilidade da medula espinhal.

Muitas vezes, o nível de atenção requerido para uma tarefa é tão grande que é possível inibir e quase suprimir o reflexo medular, a fim de impedir que qualquer força externa consiga desencadear uma resposta reflexa que seria inoportuna para a situação. Um exemplo ocorre durante o manejo de objetos frágeis, como um cristal. Caso alguém bata nas costas dessa pessoa, não seria interessante que o reflexo de flexão do ombro ocorra, para não quebrar o cristal. Observamos esse controle

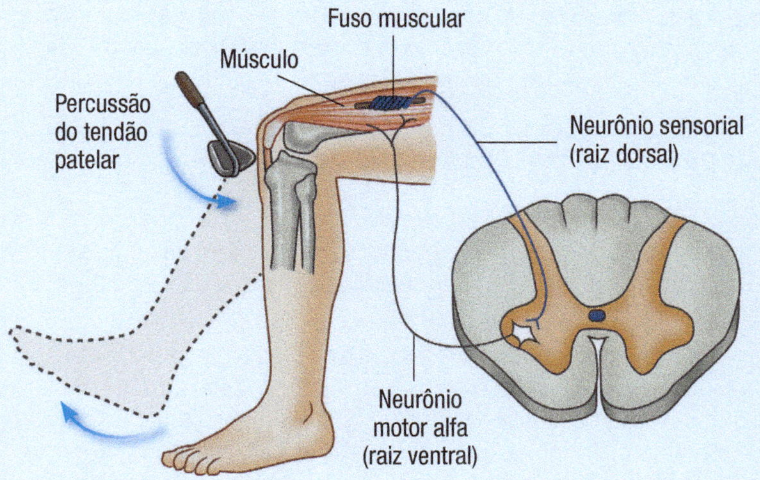

FIGURA 10.12. Arco reflexo patelar.

inibitório quando voluntariamente tentamos impedir o reflexo patelar durante uma avaliação médica, e nos é solicitado realizar um movimento simultaneamente com os membros superiores a fim de suprimir o controle consciente de inibição do reflexo.

Quando os neurônios motores alfa recebem aferências das fibras descendentes ou de interneurônios do mesmo segmento medular, a resposta muscular gerada não é automática e rápida como a do circuito reflexo. Essa resposta é voluntária e é a resultante de diversas informações, tanto excitatórias como inibitórias.

Comparativamente, podemos citar o exemplo de um vestibulando, que seria o motoneurônio alfa. Ele pode ser influenciado pela qualidade do cursinho, pelo incentivo dos pais, pelos bons ou maus amigos, pela namorada, pela preguiça, pela ansiedade, e por diversos outros fatores. O que determinará se ele irá passar no vestibular é a soma final de todas estas influências positivas e negativas.

Com o motoneurônio ocorre o mesmo. Ele recebe informações originadas indiretamente de várias estruturas do córtex, além do cerebelo, dos núcleos da base e da formação reticular do tronco encefálico (Capítulo 1 – *Princípios de Neuroanatomia: Organização Estrutural do Sistema Nervoso*). É em decorrência desta capacidade voluntária que o ser humano consegue realizar não apenas as atividades mais simples, mas também as mais complexas, como dirigir, dançar, cozinhar, cuidar de crianças, entre outros exemplos.

Analisemos a motricidade de uma dançarina de balé. Inconscientemente, a bailarina receberá durante toda sua *performance* informações dos pés, tornozelos, tronco etc., sobre a contração ou estiramento muscular, o ângulo de flexão plantar dos tornozelos, a dor em dedos dos pés e de estabilidade postural.

Conscientemente, haverá a influência de comandos para o tronco e cabeça (para que se mantenham eretos), para os pés (para que fiquem o máximo em flexão plantar), para as piruetas, saltos, corridas, quedas, além de outros inúmeros controles, como a adequação ao ritmo da música e a evocação da coreografia.

Todas estas atividades dependem de um alto grau de controle das estruturas superiores, já que um salto descontrolado pode não só atrapalhar a *performance* como levar a uma queda da bailarina. Exemplo da importância deste controle é visto em crianças pequenas, que não apresentam ainda seu controle superior totalmente amadurecido, e acabam realizando suas atividades de forma desajustada como quando fazem carinho com muita força.

ORGANIZAÇÃO DAS ÁREAS MOTORAS

Os centros motores que determinam o planejamento motor, a correção e a execução dos movimentos estão localizados no córtex pré-frontal, córtex motor primário, córtex pré-motor, área motora suplementar, córtex parietal, córtex cingulado, cerebelo, núcleos da base, núcleos talâmicos, núcleos do tronco encefálico e medula espinhal.

Esses sistemas motores são muito bem organizados, a fim de produzirem movimentos precisos, bem controlados, e que não despendem energia desnecessariamente. O planejamento motor e a execução dos movimentos dependem de redes neurais espalhadas em todas as estruturas citadas acima, que atuam de forma hierarquizada e organizada, sob influência de experiências individuais, da integridade destas redes, e dependente do tipo e complexidade do movimento a ser executado.

O primeiro princípio clássico dessa organização é que cada estrutura motora contém uma representação somatotópica do corpo, isto é, em cada uma delas há partes do corpo representadas de acordo com a importância dos músculos efetores para o movimento, e com o nível de controle necessário para manipular o efetor, como veremos mais adiante. Além disso, os sistemas motores terão à sua disposição informações sensoriais contínuas sobre o meio, a posição e orientação de todas as partes do corpo, e o grau de contração dos músculos, necessários para a seleção de uma resposta adequada e de ajustes durante o movimento.

O segundo princípio clássico desta organização é que existe uma hierarquia entre as estruturas, com três níveis: a medula espinhal (o nível mais inferior), o tronco encefálico e as áreas motoras do córtex cerebral. Apesar deste princípio preconizar uma hierarquia, ela não é estática e nem unidirecional, já que as vias se conectam paralelamente e de forma bidirecional. Além disso, há aferências sensoriais em todos os níveis, que são providos de informações através de alças de retroalimentação, e por mecanismos adaptativos (ver adiante).

MEDULA ESPINHAL

O nível mais inferior é o da medula espinhal, relacionado à motricidade reflexa, independente da influência das vias superiores, como já descrito anteriormente (Fig. 10.13). A medula participa também de padrões motores rítmicos, que combinam atos motores reflexos e voluntários, como na marcha e na mastigação. O início e o fim da atividade são controlados voluntariamente, porém o movimento repetitivo e relativamente estereotipado é mediado automaticamente por este sistema.

Os neurônios deste nível hierárquico são a via final para o movimento, por se conectarem diretamente aos músculos. Apesar de a resposta gerada ser reflexa, graças à presença de circuitos adicionais é possível a modificação dos reflexos. Isso ocorre, por exemplo, quando uma estrutura do tronco encefálico inibe os neurônios espinhais para que não gerem um reflexo de estiramento em reposta a qualquer modificação muscular, como seria esperado.

A medula é responsável por uma grande variedade de padrões motores e reflexos, mesmo na ausência de centros superiores. Isso foi comprovado nos experimentos de lesão medular de Sherrington, no começo do século XX, ao inibir a influência de níveis superiores sobre a medula.

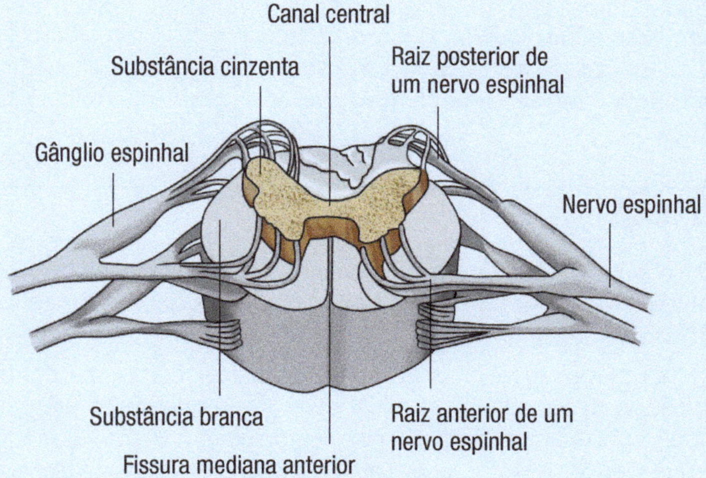

FIGURA 10.13. Corte transversal da medula.

Sherrington conseguiu comprovar, porém, que estas respostas motoras só são geradas na presença de informações sensoriais, transmitidas por aferências intactas até a medula, pois o arco reflexo depende necessariamente de uma sinalização sensorial contínua durante todo o processo. O movimento decorrente do arco reflexo poderia alterar a informação sensorial inicial, que ao ser transmitida para a medula, geraria uma nova resposta motora reflexa.

Este processo pode ser observado na mastigação. Uma vez iniciado o gesto de mastigar, este se torna automático. À medida que os receptores sensoriais sinalizam que o alimento está mais pastoso há uma redução da força dos músculos mastigatórios, sem que centros superiores interfiram neste controle ou que tenhamos consciência.

Porém, em 1911, Brown, também neurofisiologista, conseguiu comprovar que nem todo arco reflexo necessitava obrigatoriamente de aferências sensoriais para ser produzido. Ele observou que mesmo após a secção da medula espinhal e da raiz dorsal de um animal, este ainda gerava movimentos rítmicos da marcha.

Aos neurônios que originam estes movimentos, Brown deu o nome de *geradores centrais de padrão.* No entanto, Brown demonstrou que estes neurônios sozinhos não conseguem gerar todos os movimentos responsáveis pela marcha, mas que estão relacionados aos vários ajustes posturais, evitando o desequilíbrio durante o deslocamento.

Na medula, os corpos dos neurônios motores localizam-se na região ventral da substância cinzenta, nos cornos anteriores. Os neurônios que inervam músculos individuais ficam agrupados em núcleos motores (*motor neurons pools)*, dispostos longitudinalmente ao longo de um a quatro níveis medulares. Estes se agrupam de acordo com duas regras anatômicas e funcionais: a regra proximal-distal e a regra flexor-extensor.

Segundo a primeira regra, os neurônios dos músculos mais proximais, isto é, os axiais, ficam localizados mais medialmente na medula, enquanto os que inervam os músculos mais distais localizam-se mais lateralmente. De acordo com a segunda regra, os neurônios que se localizam mais ventralmente são os que inervam os músculos extensores, e os mais dorsalmente inervam os músculos flexores.

Esta distinção reflete a função destes grupos musculares, já que os músculos axiais e alguns extensores estão relacionados à manutenção da postura e do equilíbrio, enquanto os músculos dos membros se relacionam à interação com o meio através de atividades manipulatórias finas, sendo geralmente flexores.

TRONCO ENCEFÁLICO

O segundo nível da hierarquia motora é representado pelo tronco encefálico, formado pelo mesencéfalo, ponte e bulbo (Fig. 10.14). Esta estrutura conecta-se com a medula espinhal através de duas vias: as mediais e as laterais.

As primeiras estão relacionadas ao controle da postura e são compostas por três componentes: trato vestibulospinal, reticulospinal e tectospinal. Estas vias seguem o trajeto pela medula através das colunas ventrais ipsilaterais, terminando nos neurônios motores mediais e interneurônios da zona intermédia que inervam os músculos axiais e proximais, sendo desta forma responsáveis pela manutenção da postura e do equilíbrio.

Já as vias laterais originam-se no mesencéfalo e formam o trato rubrospinal. Estas fibras descem pelo bulbo até a parte dorsal da coluna lateral da medula, e terminam no grupo dorsolateral de neurônios que inervam os músculos distais dos membros participando, desta forma, da movimentação mais fina dos dedos (Capítulo 1 – *Princípios de Neuroanatomia: Organização Estrutural do Sistema Nervoso*) (Tabela 10.1).

CÓRTEX CEREBRAL

O terceiro nível da organização hierárquica é representado pelo córtex cerebral. O controle sobre os neurônios motores se dá através de muitas vias, sendo o trato corticospinal o que atua diretamente sobre os motoneurônios ou interneurônios espinhais. As outras vias originadas no

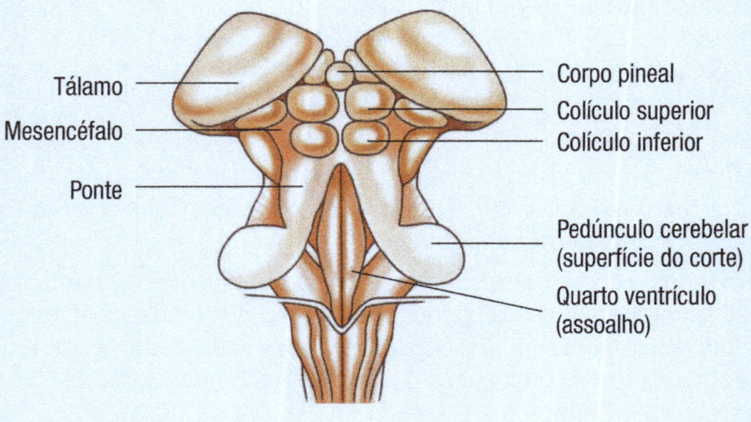

FIGURA 10.14. Tronco encefálico.

TABELA 10.1. *Tratos originados no tronco encefálico e suas funções*

TRATO	ORIGEM	FUNÇÃO
Vestibulospinal	Núcleos vestibulares	Conduzir informação do labirinto para o controle da postura e do equilíbrio de forma reflexa
Reticulospinal	Núcleos na formação reticular da ponte e do bulbo	Manter a postura e integrar informações de várias regiões (núcleos vestibulares e córtex)
Tectospinal	Colículo superior do mesencéfalo	Coordenar os movimentos da cabeça e dos olhos. É controlado pelo córtex cerebral
Rubrospinal	Porção magnocelular do núcleo rubro	Movimentação mais fina dos membros. Possibilita a manipulação de objetos

córtex, e que realizam conexões indiretas, podem se conectar com outras áreas encefálicas, com os núcleos do tronco encefálico, núcleos da base e cerebelo e com os núcleos dos nervos cranianos.

A sincronia de todas essas vias originará movimentos motores complexos, coordenados, com velocidade adequada e movimentos finos e aprimorados, de todas as regiões do corpo. A ação conjunta de todas as vias sobre os neurônios motores é que determinará o movimento a ser executado pelo músculo, considerando as influências diretas e indiretas, podendo as informações ser excitatórias ou inibitórias.

Caso as vias se originem no córtex cerebral ou cerebelar, influenciarão o movimento contralateralmente, pois a maior parte de suas fibras (cerca de 80%) decussam (cruzam a linha média) na pirâmide bulbar. Incluem-se aqui, as fibras originadas (ou que passam) nos núcleos da base (*caudado, putâmen, globo pálido, núcleos subtalâmicos e substância negra)*. As fibras que decussam nas pirâmides descem pela parte dorsal das colunas laterais da medula espinhal e formam os tratos corticospinais laterais (antigamente denominado *trato piramidal)*.

Apenas uma pequena parte das fibras não decussa (20%), e desce diretamente pelas colunas ventrais da parte dorsal da medula, formando os tratos corticospinais ventrais ou anteriores. Os tratos corticospinais lateral e ventral terminam aproximadamente nas mesmas regiões da substância cinzenta da medula, assim como os tratos lateral e ventral do tronco encefálico o fazem (Figs. 10.15 e 10.16).

Como já citado anteriormente, as fibras do trato corticospinal podem se originar de diversas partes. A maior parte origina-se no córtex motor primário (ou área 4 de Brodmann). Outras fibras partem do córtex somatossensorial e da área 6, que são o córtex pré-motor e a área motora suplementar (Tabela 10.2).

ÁREAS MOTORAS DO CÓRTEX

Para que ocorra um movimento é necessário que ele seja planejado, corrigido e executado. Como já exposto, para o planejamento e execução do movimento, é necessário que todas as áreas relacionadas ao movimento estejam integradas e atuando em sincronia, para que não ocorra nenhum discrepância de informações ou de execução. O planejamento do movimento depende principalmente do córtex pré-frontal, organização e planejamento do córtex pré-motor, e execução do córtex motor primário (Fig. 10.17).

A seguir, cada uma dessas áreas cerebrais serão descritas brevemente.

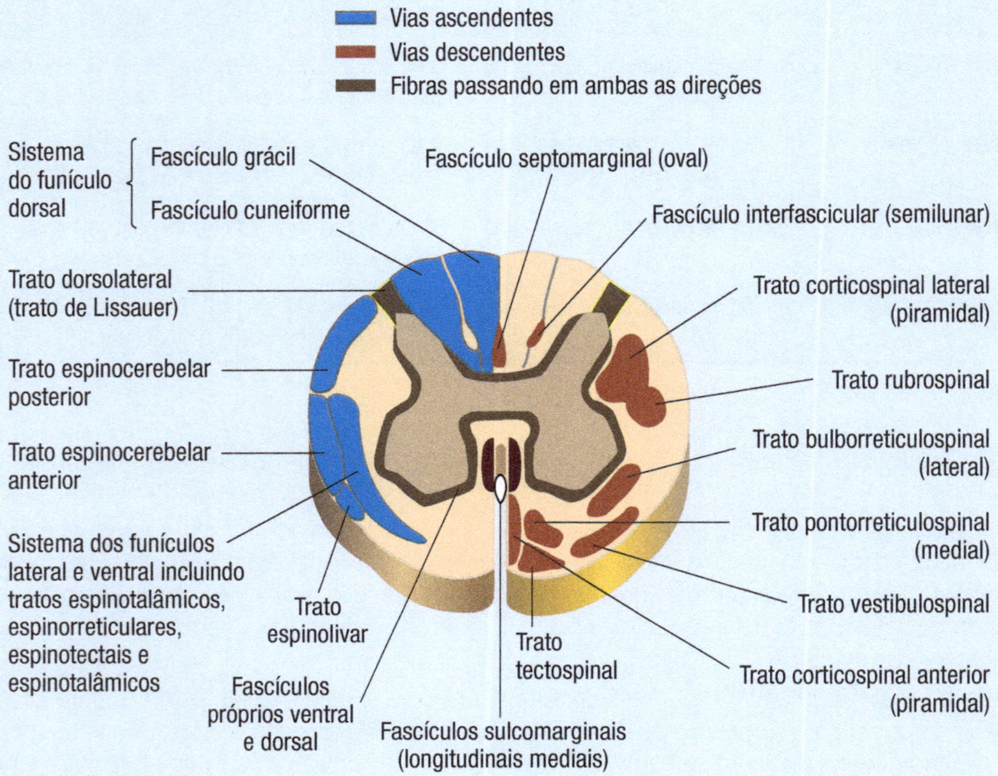

FIGURA 10.15. Corte transversal da medula e representação das vias ascendentes e descendentes.

Córtex motor primário

Situa-se anteriormente ao sulco central (área 4 de Brodmann), também chamada de M1, e classicamente conhecida com *somatotópica*, pela presença da representação do movimento de diversas regiões corporais nesta área (Fig. 10.18). Graças a estudos eletrofisiológicos realizados a partir dos anos 1960, foi possível observar a ativação de neurônios desta região antes mesmo da ocorrência do movimento, demonstrando sua participação também no início e desencadeamento do movimento, sendo recrutada durante o planejamento motor através de estímulos provenientes das áreas pré-motoras, parietais e pré-frontais.

Sabe-se hoje que estes neurônios são responsáveis por codificar os parâmetros de força, direção, amplitude e velocidade dos movimentos. Conforme a frequência da descarga dos neurônios do trato corticospinal, determina-se a força com que o movimento será realizado. Isto é, quanto maior a frequência de ativação neuronal do córtex motor primário, maior a força que será exercida pelo músculo. Cada neurônio, individualmente, apresenta uma frequência de disparo, e a resultante de todos os vetores determina a força final com que o movimento será realizado.

Da mesma forma, a soma das descargas de disparo dos neurônios resulta na determinação da direção do movimento. Quando há a ativação de neurônios de uma região corporal específica, que está envolvida no movimento, observamos aumento da frequência de disparo destes neurônios,

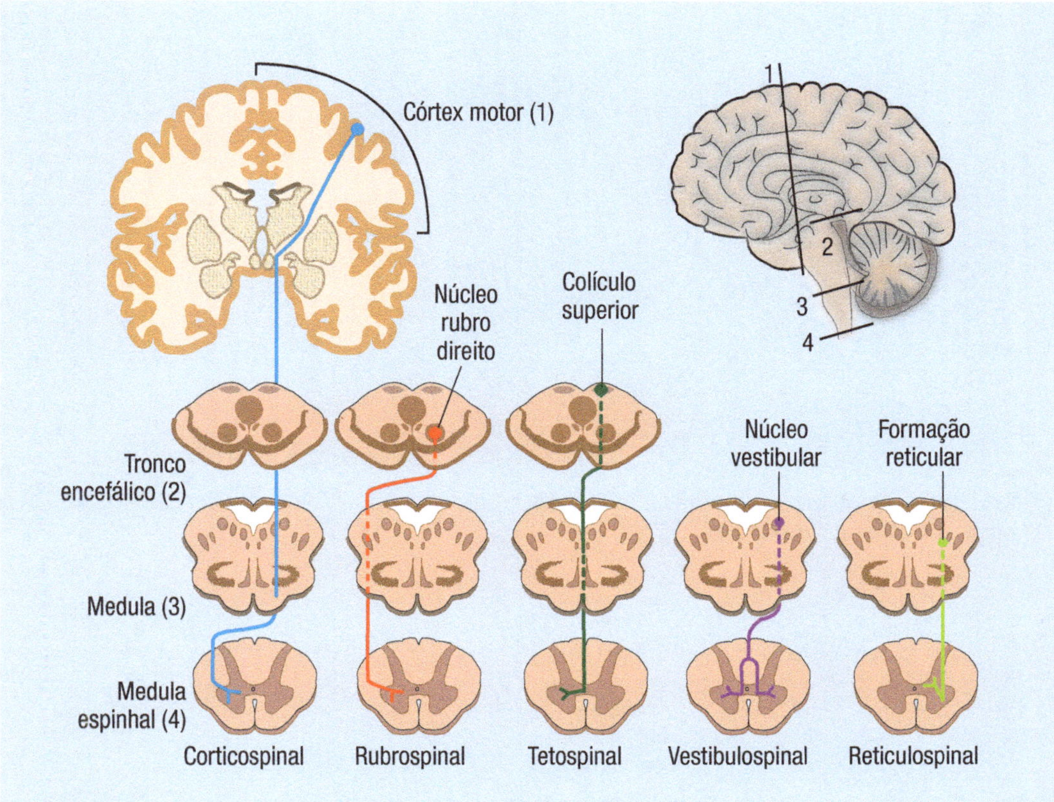

FIGURA 10.16. Tratos originados no encéfalo e que se dirigem à medula.

TABELA 10.2. *Vias ascendentes e descendentes originadas no córtex cerebral, trajeto e função*

SISTEMA	TRATO	TRAJETO	FUNÇÃO
Descendente lateral	Corticospinal	• Tálamo • Mesencéfalo • Decussação na pirâmide bulbar • Medula	Controlar movimentos distais
	Corticorrubrospinal	• Mesencéfalo • Decussação antes da pirâmide • Núcleo rubro • Medula	
Descendente medial	Corticorreticulospinal	• Formação reticular • Medula (ipsilateral)	Movimentação da musculatura axial do corpo
	Vestibulospinal	• Núcleo vestibular • Medula (dois lados)	
	Tectospinal	• Colículo superior • Medula (contralateral)	

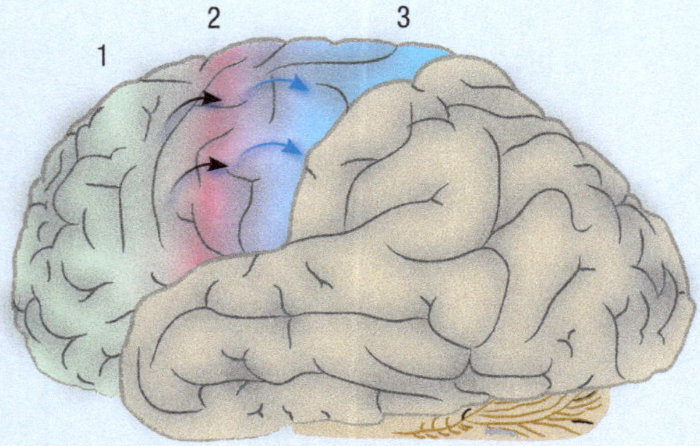

FIGURA 10.17. Áreas cerebrais envolvidas nas etapas de um movimento: 1. córtex pré-frontal; 2. córtex pré-motor; 3. córtex motor primário.

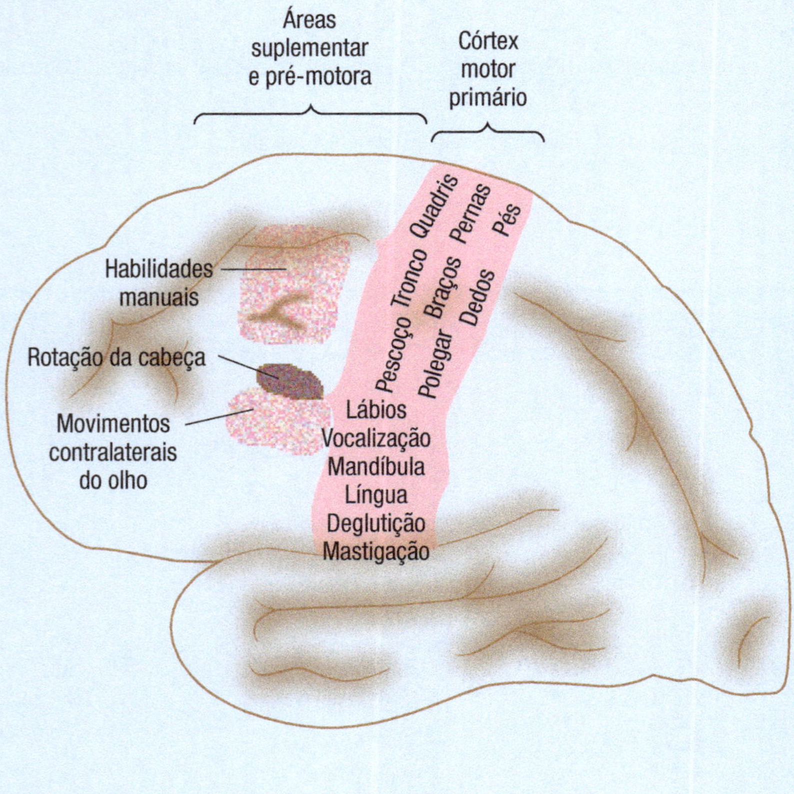

FIGURA 10.18. Áreas motoras do córtex cerebral.

cuja resultante final é a direção do movimento. Porém, todos os neurônios da representação cortical da mesma região corporal são ativados e o que determina a direção do movimento é o *vetor populacional*, ou seja, a soma vetorial de cada um dos neurônios. Esta teoria foi comprovada por Apostolos Georgopoulos, nos anos de 1980 (apud Lent, 2008), em um experimento com macacos e treinamento de condução de alavancas para alvos.

Cabe reforçarmos que os neurônios não atuam isoladamente, mas se sobrepõem quanto à sua ativação, representando um modelo dinâmico. Como um mesmo neurônio pode ser ativado em diversos movimentos de um mesmo músculo, diversos neurônios se alternam quanto à sua participação nos diversos movimentos, estando ora ativos ora inativos. Além disso, a representação destes neurônios no córtex não apresenta contornos bem definidos, havendo uma sobreposição espacial para movimentos de regiões corporais adjacentes, como na mão, punho, cotovelo e ombro.

Um mesmo movimento, sendo realizado repetidas vezes, não ativará necessariamente os mesmos neurônios em todas as repetições. Além disso, um neurônio que participou da flexão de uma articulação pode, em outro movimento, participar do movimento da articulação adjacente, mas desta vez, com função antagonista ou de estabilização. Provavelmente isto justifica o fato de uma lesão em uma parte específica desta região não afetar apenas os movimentos da articulação respectiva, o que, por sua vez, auxilia o processo de reabilitação.

Córtex pré-motor (CPM) e área motora suplementar (AMS)

Também conhecidos como área 6 de Brodmann, estando o CPM situado lateralmente, e a AMS, medialmente, ambos localizados anteriormente ao córtex motor primário, no lobo frontal (Fig. 10.19). Atualmente, divide-se a área 6 em CPM dorsal e ventral, AMS e área motora do cíngulo, as quais apresentam projeções para o córtex motor primário, para estruturas subcorticais e medula espinhal. Ambos desempenham papel relevante no planejamento de um movimento, e na elaboração de estratégias do movimento. Na Tabela 10.3 apresentamos as principais ações do CPM e AMS quando estimulados.

TABELA 10.3. *Funções do córtex pré-motor e da área motora suplementar*

CÓRTEX PRÉ-MOTOR	ÁREA MOTORA SUPLEMENTAR
Movimentos que envolvem várias articulações, que se parecem com movimentos naturais de preensão e alcance, ou de esquiva	Movimentos bilaterais, sugerindo participação na coordenação de movimentos quando os dois lados do corpo estão envolvidos
Relacionado à integração de planos motores aprendidos e movimentos dependentes de pistas sensoriais (visual, somestésica ou auditiva)	Relacionada com sequências memorizadas (já aprendidas) de segmentos, iniciadas voluntariamente
Componente de uma alça externa de processamento sensoriomotor, juntamente com o córtex parietal posterior e o cerebelo	Componente de uma alça interna de processamento motor, juntamente com os núcleos da base
Papel importante no processo de preparação do movimento	Papel importante na programação de sequências complexas do movimento, inclusive no planejamento mental
Exemplo de ativação: jogadores de futebol que começam a jogar apenas após o apito inicial do juiz	Exemplo de ativação: pianista que consegue tocar de olhos fechados, com a sequência musical decorada e sem necessitar olhar para as teclas

Córtex parietal posterior (CPP)

É subdividido em duas partes: superior (correspondente às áreas 5 e 7 de Brodmann) e inferior (áreas 39 e 40 de Brodmann). É responsável pela integração de todas as informações sensoriais (visual, auditiva, somatossensorial e vestibular) e representações motoras, tornando a informação única, mas considerada "transmodal", já que é resultante de mais de uma modalidade sensorial. Uma atuação importante desta região é a de calcular a posição de objetos em relação a sistemas de referência, que seriam as coordenadas que localizam o objeto no meio como, por exemplo, o lado (direito ou esquerdo), a distância (próximo ou distante), a altura, o apoio etc. Outra propriedade é permitir calcular a localização de objetos ou de partes do corpo com relação ao movimento pretendido.

Apresenta neurônios que se ativam não apenas durante o movimento, mas também antecipadamente, em função da retroalimentação proveniente do córtex pré-motor e do cerebelo. Quanto mais o movimento envolver demandas sensoriais, motoras e cognitvas, mais esta região será ativada. Um exemplo muito importante da ativação desta área ocorre durante a atividade de dirigir, na qual várias modalidades sensoriais devem ser integradas a fim de fornecer informações acerca da posição de seu próprio carro na rua, dos demais carros, da cor no semáforo, do limite de velocidade, entre outras, para que o indivíduo consiga dirigir de forma segura.

Córtex pré-frontal (CPF) e córtex cingulado (CC)

Como o próprio nome indica, o CPF localiza-se na porção anterior do lobo frontal, e pode ser anatomicamente dividido em três regiões: dorsolateral, orbitofrontal e ventromedial. Mantém conexão com as seguintes áreas corticais: córtex motor primário, CPM (dorsal e ventral), AMS, além dos córtices parietal, temporal e occipital. Mantém também conexões com as seguintes áreas subcorticais: núcleos talâmicos, núcleos da base, cerebelo, amígdala, hipocampo e núcleos do tronco encefálico.

Esta imensa rede de conexões demonstra claramente que a função desta região é de grande importância, tendo um papel essencial na seleção de sequências de respostas motoras adequadas perante uma atividade nova ou mais complexa. Caso não houvesse essa supervisão, as mais variadas respostas poderiam ser dadas, desde as muito simples, como uma resposta reflexa, ou mais complexas, porém ineficazes ou desnecessárias. O diferencial desta região é seu papel em selecionar as estratégias de movimentos essenciais para a sobrevivência do animal ou para que o indivíduo consiga se adaptar perante mudanças ou situações inusitadas, sem que haja um gasto de energia desnecessário. Esta mesma função também é realizada pelo CC, como veremos adiante.

Este sistema está intimamente relacionado à memória de trabalho ou operacional (*working memory*), possibilitando, por exemplo, que informações não relevantes ou distratores sejam ignorados, que haja a inibição de respostas inadequadas, bem como o armazenamento, mesmo que por curto período, de informações realmente relevantes.

Na presença de lesão no CPF, por ausência de controle inibitório das funções deste córtex, o indivíduo pode se comportar inadequadamente, apresentar respostas motoras impróprias, principalmente de desinibição e incapacidade de seguir regras ou de se adequar a mudanças, perseverando continuamente na mesma resposta comportamental. Alterações do CPF como na degeneração lobar frontotemporal, fazem com que o indivíduo tenha alterações de comportamento, dificuldade para inibir certos comportamentos motores, inadequação das respostas motoras e déficit de atenção.

O córtex cingulado (CC) equivale à área 24 de Brodmann, e apresenta subdivisões que estão relacionadas às várias funções cognitivas. A parte anterior parece ter a mesma função que o CPF, de inibição de informações irrelevantes para a elaboração de uma resposta motora eficaz, tendo um papel importante nas funções executivas (Capítulo 14 – *Funções Cognitivas*).

Núcleos da base

São estruturas subcorticais (Capítulo 1 – *Princípios de Neuroanatomia: Organização Estrutural do Sistema Nervoso*) que recebem aferências de diversas partes do córtex (sensorial, motor e de associação), e fazem conexões eferentes diretas apenas com o CPF, CPM e córtex motor, através de vias talâmicas. Não enviam eferências diretamente à medula espinhal. São formados por cinco núcleos, a saber o núcleo caudado, putâmen, globo pálido, substância negra e o núcleo subtalâmico, que apresentam-se expressivamente interconectados.

O núcleo caudado e o putâmen têm origem filogenética semelhantes e por isso são constituídos por um mesmo tipo de célula, e fundidos na sua porção anterior. Ambos atuam como a porta de entrada das informações que chegam aos núcleos da base e, juntamente com o globo pálido, são chamados de *corpo estriado*. Recebem fibras originadas em todo o córtex cerebral, incluindo as regiões sensoriais, motoras e associativas.

O globo pálido é dividido em duas partes, o interno e o externo. Da mesma forma, a substância negra também é composta por duas partes, a *parte reticulada* (que é a zona pálida) e a *parte compacta* (que é pigmentada), esta última formada por neurônios dopaminérgicos cujos corpos celulares produzem neuromelanina, que é vista nas lâminas dos cortes com coloração negra, dando o nome à região.

A substância negra situa-se no mesencéfalo, próxima do núcleo subtalâmico, que situa-se logo abaixo do tálamo, na junção com o mesencéfalo. Considera-se como a porta de saída dos núcleos da base o globo pálido e a parte reticulada da substância negra. Os axônios desta última região terminam basicamente no colículo superior, influenciando os movimentos oculares. Já os axônios do globo pálido terminam nos núcleos talâmicos, que por sua vez, se projetam de volta para várias áreas corticais: o CPF, CPM, AMS e o córtex motor primário. Através destas conexões, conseguem interferir em outros sistemas descendentes, influenciando os movimentos do tronco, membros e olhos. A Figura 10.19 mostra de forma resumida as conexões entre os núcleos da base.

Todos esses núcleos encontram-se interligados, interferindo no movimento através de duas vias: a direta, considerada excitatória, e a indireta, inibitória, ambas sob influência do córtex e tálamo. A via direta é composta pela parte interna do globo pálido, cujos neurônios encontram-se ativados em condições de "repouso", inibindo intensamente os núcleos talâmicos. Com a ativação do córtex cerebral há a ativação do putâmen, que passa a inibir os neurônios do globo pálido. Por consequência, o globo pálido deixa de inibir os núcleos subtalâmicos e a AMS passa a ser excitada, desencadeando o movimento. Esta seria a via direta que, como observado, é a responsável pela deflagração do movimento.

A via indireta é formada pelo circuito originado na parte externa do globo pálido e do núcleo subtalâmico, que recebem as fibras do córtex motor. Todas as aferências dos núcleos da base são inibitórias. Em situações basais, a região interna do globo pálido e a parte reticulada da substância negra inibem os neurônios do colículo superior e do tálamo.

Outra influência que existe nos núcleos da base é originada dentro dos próprios núcleos, a partir da projeção da parte compacta da substância negra para o corpo estriado. Esta via possui efeito oposto sobre as vias diretas e indiretas, resultando em excitação da via direta e inibição da via indireta, as duas vias atuando sobre receptores dopaminérgicos.

Resumidamente, as vias diretas e indiretas têm funções opostas, pois frente a uma ativação do estriado pelo córtex, a via direta inibe os núcleos de saída e, consequentemente, excita o tálamo e as regiões corticais motoras. Já a via indireta excita os núcleos de saída e realiza a consequente inibição do tálamo e regiões motoras corticais. É a modulação e integração destas duas vias que promovem a movimentação corporal.

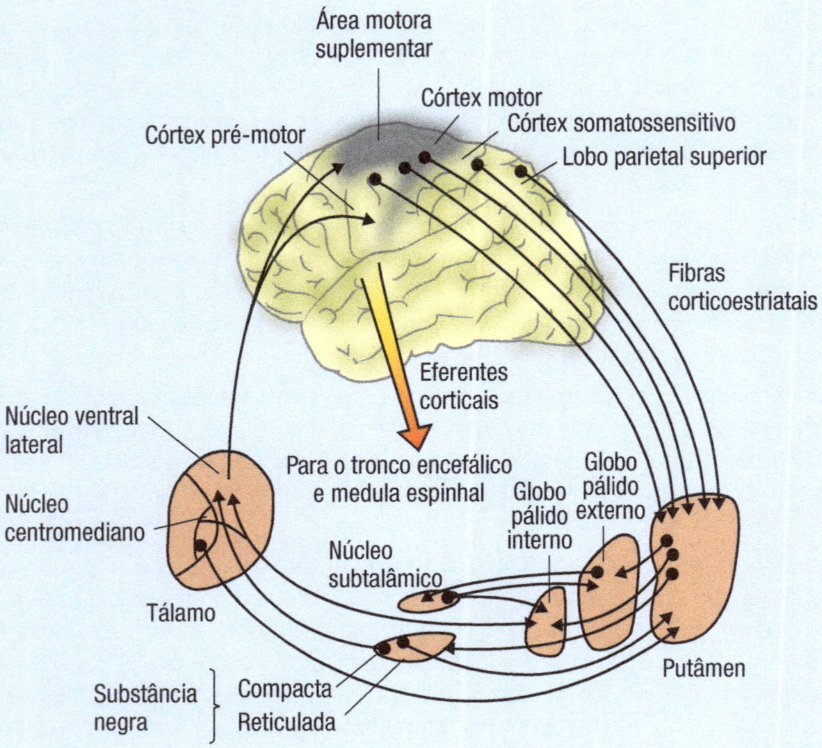

FIGURA 10.19. Conexões entre os núcleos da base.

Funcionalmente, os núcleos da base têm papel auxiliar na manutenção da postura e no planejamento e iniciação dos movimentos, mas sua função difere das funções do cerebelo por envolverem aspectos mais "cognitivos" do movimento, em oposição à regulação direta da execução do movimento (Tabela 10.4).

TABELA 10.4. *Diferenças funcionais entre os núcleos da base e o cerebelo*

DIFERENÇA	NÚCLEOS DA BASE	CEREBELO
Função	Planejamento e execução de estratégias motoras complexas	Regulação direta do movimento
Aferências	Recebem de todo o córtex cerebral	Recebe apenas do córtex somatossensorial e um pouco da periferia
Eferências	Em direção ao CPM, córtex motor e CPF	Em direção ao CPM e córtex motor
Outras conexões	Poucas conexões com o tronco encefálico e nenhuma com a medula espinhal	Muitas conexões com o tronco encefálico e com a medula espinhal

Cerebelo

Como já descrito antes e no Capítulo 1 – *Princípios de Neuroanatomia: Organização Estrutural do Sistema Nervoso*, o cerebelo auxilia na regulação do movimento, corrigindo-o através das informações recebidas por alças de retroalimentação internas e externas, quando este não é realizado de acordo com o planejamento motor inicial. Em outras palavras, o cerebelo faz comparações entre o movimento efetivamente realizado e o planejado, em termos de amplitude, direção, força etc., e corrige-o quando necessário. Lesões nesta estrutura ilustram bem esta função, já que deixam o indivíduo com problemas na coordenação do movimento dos olhos e dos membros, alterações do equilíbrio e do tônus muscular.

Acredita-se que o cerebelo também seja importante para o processamento motor antecipatório de uma ação como, por exemplo, adaptar a força adequada para erguer um dado objeto com as mãos. A informação visual também atua neste processo, fornecendo a imagem do objeto, bem como os núcleos da base, que farão a comparação com movimentos previamente realizados, e nas mesmas situações, para então executarem uma resposta motora de ajuste postural antecipatório, que ocorre até mesmo de forma inconsciente.

A regulação do movimento e da postura é feita de forma indireta, através do ajuste das saídas dos principais sistemas motores descendentes do encéfalo. Funcionalmente, o cerebelo é dividido em três regiões. O *vestíbulo-cerebelo* recebe aferências e envia eferências de/para os núcleos vestibulares do tronco encefálico, sendo importantes na coordenação dos movimentos dos olhos com os movimentos da cabeça e no controle do equilíbrio.

O *espinocerebelo* recebe aferências periféricas através da medula espinhal, compostas por informações sensoriais dos sistemas auditivo, visual e proprioceptivo dos membros inferiores, fazendo a integração de todas estas informações. A partir dos núcleos cerebelares mediais saem fibras eferentes em direção à medula, passando antes pelos núcleos do tronco encefálico, da formação reticular e núcleos vestibulares laterais.

A ação destes núcleos ocorre também sobre o controle do equilíbrio, e como será exposto mais adiante, lesões nesta região causam incoordenação dos músculos axiais, déficit de equilíbrio e movimentação de membros superiores com oscilações, erros de cálculo de distância (hipo e hipermetria) e movimentos realizados de forma "desajeitada".

O *neocerebelo* (ou cérebro-cerebelo) recebe aferências do córtex cerebral (principalmente dos lobos parietal e frontal) e quase nenhuma aferência da medula. As respostas desta região originam-se no núcleo denteado, dirigem-se aos núcleos da base e tálamo, e a partir deste para o córtex motor primário, CPM lateral e CPF. Percebe-se então que o neocerebelo está relacionado ao controle voluntário dos movimentos e que lesões nesta região afetam também os movimentos, tornando-os incoordenados e inacurados. Diferencia-se a função do neocerebelo da função do espinocerebelo porque o primeiro apenas contribui com o planejamento do movimento, enquanto o espinocerebelo está envolvido na regulação do desempenho do movimento em si.

CONTROLE DAS ÁREAS MOTORAS

Imaginem o trânsito caótico de uma grande capital metropolitana. Avenidas largas e estreitas, paralelas ou perpendiculares, cheias de carros e pedestres tentando atravessá-las. Agora imaginem se essas vias não tivessem semáforos controladores, teríamos com certeza a representação do inacreditável trânsito da Índia, em que carros, pedestres e animais se veem obrigados a compartilhar o mesmo espaço de forma desorganizada... O resultado só poderia ser incontáveis acidentes!

Nossos movimentos também dependem de uma organização tanto das áreas como das vias motoras. Isso significa, no exemplo, que tanto os semáforos devem sinalizar adequadamente, como os carros e pedestres devem saber para onde estão indo, e que devem aguardar o comando de seguir ou parar do semáforo.

Para tanto, as áreas motoras apresentam representações corticais já descritas anteriormente. Graças aos diversos experimentos realizados pelos neurofisiologistas, as áreas motoras foram mapeadas de acordo com as partes do corpo que controlam.

Estas regiões não são proporcionais aos tamanhos de cada região corporal. Relacionam-se à importância dos músculos de uma região corporal para o movimento, e o quão refinado deve ser o controle. Isto significa que áreas que realizam movimentos mais essenciais e finos, como os dedos da mão, têm uma representação somatotópica muito maior que outras menos significativas, como a área dos joelhos, que mesmo tendo uma área corporal maior, realizam basicamente movimentos simples de flexão e extensão.

Porém, mais recentemente, descobriu-se que não existem representações únicas dos movimentos que uma parte do corpo pode realizar. Isto é, um mesmo músculo pode ser recrutado por diversas regiões do córtex motor primário, dependendo apenas do tipo de movimento que ele terá de realizar, de acordo com a função que será exercida. Por exemplo, durante a ativação do flexor de punho em duas atividades distintas, como tocar piano ou carregar uma sacola, há ativação de regiões distintas do córtex motor primário, apesar do músculo exigido ser o mesmo. Isso ocorre porque cada ação requer um recrutamento de unidades motoras específicas para o movimento, compondo ações sinérgicas que resultarão neste movimento.

Outro achado é que a representação de diferentes partes do corpo, mas adjacentes, podem se sobrepor na área motora. Isso foi verificado através de estudos em sujeitos normais submetidos à ressonância magnética funcional, que tiveram os mesmos neurônios ativados durante a movimentação de partes corporais distintas, mas adjacentes.

Uma conclusão destes achados, muito positiva ao se pensar em termos de reserva funcional, é que não existe apenas uma representação cortical para um mesmo músculo. Cada uma das representações existentes pode ser ativada em função do movimento que se quer realizar. E é em decorrência destes achados que lesões em áreas do córtex motor primário não afetam todos os movimentos de uma determinada região corporal.

Clinicamente, para os profissionais da reabilitação, este achado traz como consequência a possibilidade de recuperação de movimentos de determinada parte do corpo através do recrutamento de outros neurônios que não tenham sido afetados pela lesão, com a finalidade de obter movimentos semelhantes e compensatórios ao movimento perdido.

Além dessa organização em áreas representativas, o controle motor segue uma outra forma de organização, segundo uma hierarquia entre as estruturas já citadas anteriormente (medula espinhal, tronco encefálico, córtex motor, cerebelo e núcleos da base) (Fig. 10.20).

Analogamente, no exemplo do trânsito citado anteriormente, esta organização seria representada pelos semáforos interligados e obedecendo a um controle superior do órgão responsável pelo "trânsito". Caso não existisse esse controle, não haveria uma organização que determinasse que o semáforo da avenida principal deve ficar aberto por mais tempo, que deve haver sinalização para pedestres, sincronização entre semáforos de uma mesma avenida, tempo de espera e identificação de necessidade de um guarda de trânsito no caso de um semáforo queimar.

Considerando que a organização de todas as áreas relacionadas ao controle motor é muito mais complexa que a organização do tráfego de carros e pedestres, existe a necessidade de uma sincronização muito maior de todos os sistemas neurais, dependentes da hierarquia citada, mas também

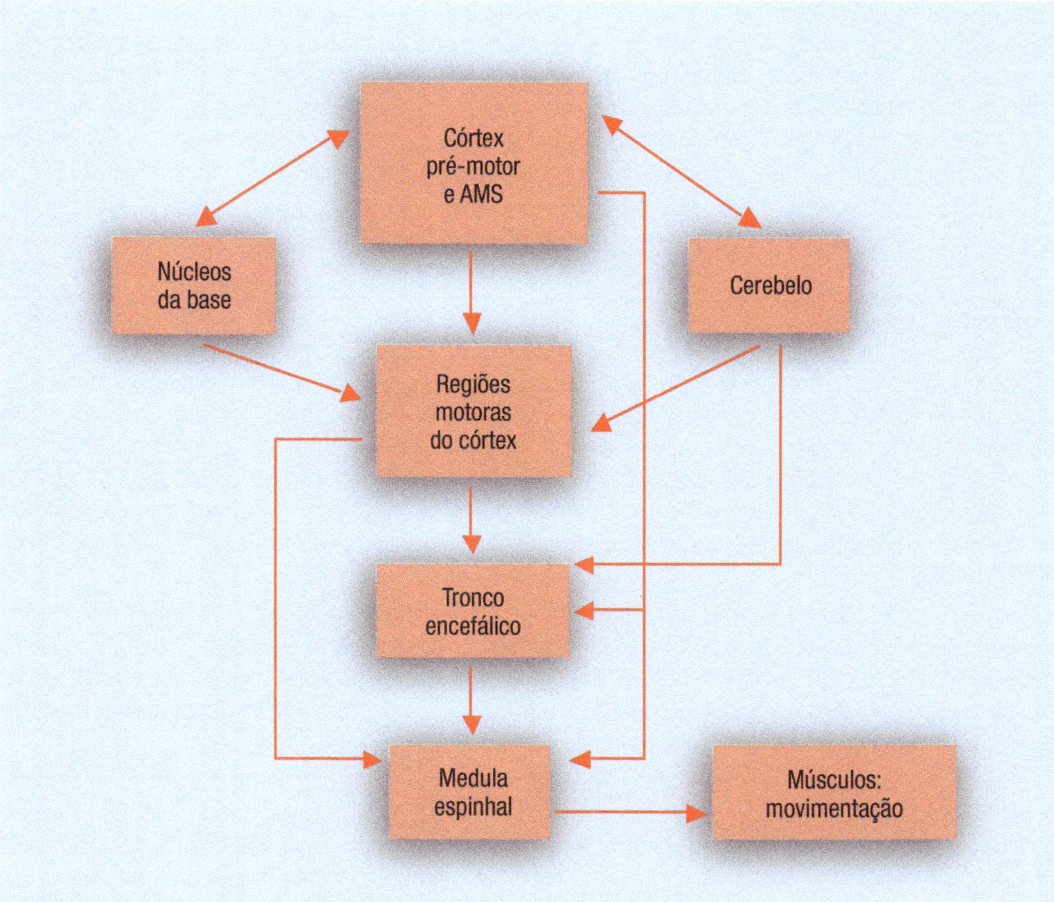

FIGURA 10.20. Hierarquia entre as estruturas responsáveis pela motricidade.

da experiência motora que cada indivíduo possui, além da integridade de todas as estruturas e das redes neurais, e de quão complexo é o movimento a ser executado.

Como exemplo, observamos crianças aprendendo a comer. No início, elas apresentam dificuldade para colocar o alimento na colher e levá-lo até a boca. Isso porque esta simples ação requer uma programação motora complexa para definir qual o movimento do membro superior possibilitará que ela coloque o alimento na colher, a direção da colher para não errar a boca, a abertura da boca, a inclinação do tronco e pescoço em direção ao prato, entre outros movimentos.

Como no início do aprendizado a experiência da criança é nula, muitos movimentos serão simples, incoordenados e desastrosos. Porém, ao observarmos esta mesma criança um ano depois, verificaremos que os movimentos se aprimoraram e que ela pode comer quase perfeitamente sem se sujar. Este aprimoramento depende do quanto a criança foi estimulada a se alimentar sozinha, das correções realizadas pelos pais, do amadurecimento do SNC e das percepções de si mesma e do seu meio ambiente.

Um exemplo da hierarquia e integração das áreas motoras, e das representações somatotópicas neste exemplo, é o que ocorre quando a criança inadvertidamente come um alimento quente. Os receptores sensoriais térmicos e nociceptivos sinalizarão que o alimento está muito quente, e uma das vias, a medular, reflexamente fará com que a criança pare de mastigar e coloque o alimento para fora da boca. Em seguida, todos os atos motores serão controlados pelas áreas motoras superiores, a fim de beber um líquido, chorar, cuspir, correr ao encontro da mãe etc. E uma conduta indicativa ainda maior do controle voluntário exercido pelas áreas superiores, é que a criança pode aprender a assoprar o alimento antes de comer, ou de aguardar um pouco antes de levar a colher à boca.

São estas experiências individuais que constroem os padrões motores, bem como as percepções e as motivações pessoais. E como ocorre esse controle e o aprendizado motor?

CONTROLE MOTOR

Como já citado anteriormente, Brown concluiu que os neurônios da medula eram capazes de gerar movimentos, sem nenhum mecanismo de retroalimentação provindo do exterior, e que funcionalmente poderiam ser comparados a um programa de computador que contém todos os comandos possíveis como, por exemplo, apresentar uma lista de palavras iniciadas pela letra que teclamos, prontas para escolha. Os neurônios medulares equivaleriam a uma facilidade do SNC, com vários movimentos pré-programados, que podem ser ativados e prontamente disparam sinais aos músculos.

Sabemos que estes *geradores centrais de padrões* apresentam um limite, pois nem todos os movimentos estão neles representados. Mas eles ficam evidentes no exemplo da marcha, como no experimento de Brown. Além disso, contribuem para os ajustes posturais nos demais movimentos sem grandes representações, como quando atuam evitando que o corpo se desequilibre, trazendo o centro de gravidade para dentro da base de estabilidade.

Outra prova de que o movimento reflexo ocorre indepedentemente da retroalimentação sensorial pode ser observado em pacientes com neuropatias sensitivas, que conseguem realizar movimentos mesmo na privação de informações sensoriais. Porém, isso não significa que a retroalimentação sensorial seja totalmente dispensável. O movimento necessita de correções contínuas para que possa ser aprimorado, principalmente quando envolve movimentos mais complexos e o aprendizado de novas habilidades motoras, e muitas vezes os pacientes com déficits sensitivos realizam movimentos de forma inacurada.

Essa afirmação se torna mais coerente nos processos de reabilitação, já que observamos que os primeiros movimentos pós-lesão neurológica são sempre mais bruscos, incoordenados e simples, que posteriormente tornam-se mais coordenados e complexos, dependentes de correções permanentes acerca do movimento, provenientes principalmente de estímulos sensoriais como a visão.

O mesmo ocorre nos pacientes com amputações de membros e que tem como consequência a sensação do "membro fantasma" (Capítulo 4 – *Sistema Somestésico: Tato, Dor, Temperatura, Propriocepção*). Apesar da ausência do membro, as regiões cerebrais correspondentes permanecem sendo invadidas por novas sinapses e células no processo de plasticidade neuronal. Mesmo após vários anos de amputação, o cérebro é capaz de se reorganizar topograficamente quando o paciente é submetido a um transplante, demonstrando a grande capacidade da plasticidade neuronal. O novo membro é reconhecido pelo cérebro e passa a fazer parte do corpo, executando os movimentos e conseguindo eliminar qualquer erro de interpretação sensorial. Embora os primeiros movimentos do novo membro dependam muito da retroalimentação visual, verifica-se o enorme potencial dos mecanismos de neuroplasticidade, possibilitando a movimentação quase perfeita do membro amputado após a reabilitação.

Este fenômeno demonstra claramente o controle exercido pelas áreas corticais no movimento, que nos permite mover até membros transplantados e que não foram submetidos à experiência prévia do membro amputado. Mas devido ao aprendizado e ao armazenamento cortical dos padrões motores, conseguimos reproduzir com muita precisão movimentos anteriormente executados, mesmo na ausência de informação visual, como realizá-los de olhos fechados ou no escuro. A estimulação elétrica das áreas motoras corticais provoca a movimentação do membro afetado, bem como a ativação através do planejamento mental do movimento.

O treinamento de um recém-transplantado depende muito das repetições dos movimentos, dos mecanismos de retroalimentação sensoriais, das experiências anteriores e da motivação, aspectos essenciais para o aprendizado motor. Um exemplo clássico ocorre quando solicitamos que um indivíduo erga uma caixa que se encontra à sua frente, sobre uma mesa, com conteúdo indeterminado. Mentalmente, antes de erguer a caixa, o indivíduo tenta adivinhar o que há dentro dela, se é pesado ou leve, e o quanto de força terá que exercer.

Este planejamento que ocorre anteriormente ao movimento e modula a relação causa-efeito é denominado *modelo antecipatório ou proativo*, e é responsável por preparar o corpo para o movimento que irá ocorrer (no exemplo acima, exercer mais ou menos força), a fim de evitar erros. Como o conteúdo é indeterminado, o indivíduo poderá se preparar para erguer a caixa com muita força, preparar seu corpo para tal, e erguê-la muito bruscamente, podendo até perder o equilíbrio, se esta estiver muito leve. Todos nós já experimentamos situações semelhantes, em que "calculamos mal" um movimento, e não nos preparamos adequadamente.

O aprendizado, neste caso, depende basicamente das informações somatossensoriais, já que visualmente não é possível deduzir o conteúdo da caixa. Os sistemas sensoriais das articulações e dos músculos enviam informações às áreas motoras corticais sobre os erros de planejamento, isto é, se muita ou pouca força foi exercida, e se houve uma ativação adequada dos músculos posturais. Esta alça de retroalimentação será essencial para as correções do planejamento e aprimoramento da atividade motora. Os movimentos corretos são reforçados, e os errados são corrigidos, sendo o aprendizado do movimento muito dependente da repetição e da importância daquela ação para o indivíduo.

Além da alça de retroalimentação antecipatória, existe a *alça compensatória*, responsável pelas respostas posturais desencadeadas por perturbações inesperadas do eixo corporal. No exemplo acima, caso o indivíduo exerça muita força, e a caixa esteja muito leve, para evitar que haja uma queda posterior, este sistema elabora uma resposta corporal, mais complexa que a resposta medular, na forma de contrações musculares de grupos antagônicos e estabilizadores, principalmente axiais. Para tanto, participam deste controle não apenas áreas corticais, mas também o cerebelo e os núcleos da base.

EQUILÍBRIO

Além da capacidade física e cognitiva, para que o ser humano consiga realizar suas atividades cotidianas de forma segura e eficaz, é preciso que ele consiga se manter estável frente todas as forças de instabilidade, como a gravitacional e as decorrentes do próprio movimento corporal, já que de acordo com as leis da física, para toda ação há uma força de reação. A manutenção da estabilidade corporal é um mecanismo complexo, que só é valorizado na sua ausência, uma vez que quando adquirida, passa a ser inconsciente. Percebemos a sua importância quando observamos uma criança adquirindo o controle do equilíbrio de tronco, para se manter sentada sem apoio, quando esta consegue se manter em pé, mas ainda com muita oscilação, ou quando envelhecemos e sofremos alterações do equilíbrio e passamos a sofrer quedas.

Uma definição de equilíbrio muito utilizada é *a habilidade de manter o centro de gravidade dentro da base de sustentação, mesmo nas situações de mudança de base*, como na marcha. Resulta de vários ajustes posturais capazes de manter a cabeça e o corpo estáveis frente às forças extrínsecas e gravitacionais, de manter um alinhamento do centro de massa corporal dentro da base de sustentação e de estabilizar todas as partes do corpo durante a realização de um movimento.

A manutenção da estabilidade corporal depende do correto recebimento das informações sensoriais, do seu processamento e da resposta gerada, a fim de se prevenir ou reagir contra qualquer forma de alteração do equilíbrio. A seguir serão descritos cada um dos componentes:

Sistemas sensoriais

Os sistemas sensoriais responsáveis pela captação ininterrupta das informações externas e internas são o vestibular, visual e somatossensorial. O sistema visual fornece informações sobre o meio, como profundidade, luminosidade, movimento dos objetos, tipos de solo em que nos movimentamos, atividade que está sendo executada pelo indivíduo e a posição do corpo em relação ao ambiente. Isto é, se o indivíduo está deitado, as informações sobre o ambiente são diferentes das de quando ele está em pé.

O sistema somatossensorial fornece informações que não dependem da visão para serem processadas, como a inclinação (subida ou descida), tipo de solo (estável, liso, escorregadio, com ondulações etc.) – no caso da marcha, a posição de cada parte do corpo em relação às demais, e do corpo em relação ao ambiente. Conseguimos perceber se estamos em pé ou deitados mesmo sem receber informações do sistema visual, através da propriocepção e sensações somáticas.

O sistema vestibular detecta movimentos da cabeça em todas as direções e sentidos, mesmo na ausência da informação visual. Isto pode ser verificado quando estamos em um carro em movimento, de olhos fechados, e conseguimos perceber a direção que o carro segue.

As três fontes de informações são essenciais para uma correta percepção do movimento e manutenção do equilíbrio corporal. Porém, deve haver uma congruência na informação, pois caso uma delas seja conflitante com as demais, o resultado será tontura e até mesmo náuseas. Isso pode ocorrer quando estamos em um carro em movimento, lendo um livro. Nosso sistema visual nos informa que estamos parados, já que seu ponto de referência é o livro. Alguns receptores do sistema somatossensorial nos dizem que não estamos em movimento, pois não há mudança da superfície de apoio (o assento e o encosto do carro), porém os receptores de pressão, articulares e musculares, ao reagirem aos movimentos do carro (como as depressões do chão, curvas), são ativados e sinalizam movimentação. E por fim, o sistema vestibular reage às subidas, descidas e curvas feitas pelo carro, mostrando claramente haver um conflito de informações. Desta forma, pessoas desacostumadas a ler em carros em movimento sentem náuseas. Caso estivéssemos em um navio em pé, também lendo, poderíamos inclusive perder o equilíbrio corporal.

Outro exemplo ocorre quando estamos parados na plataforma de uma estação de trem e, quando este passa por nós, ainda em movimento, temos a sensação de perda da estabilidade corporal. Isso ocorre exatamente pelo mecanismo oposto ao descrito acima, pois os sistemas vestibular e somatossensorial sinalizam que o corpo está parado, porém o visual indica que há movimento, já que a referência passa a ser o trem em movimento.

Durante a execução de um movimento, estes sistemas são responsáveis pela contínua retroalimentação sensorial, necessária para os ajustes posturais, evitando quedas. Usemos o exemplo de uma bailarina, que durante a execução dos saltos, giros e movimentos graciosos, necessita modular constantemente o grau de força muscular para saltar, correr e ajustar sua velocidade enquanto gira no ar. Se ela não puder contar com as informações visuais, vestibulares e somatossensoriais, os movimentos serão inadequados, levando ao desequilíbrio e queda.

Uma vez enviadas ao SNC, as informações são integradas e comparadas aos eventos anteriores, como exposto no Capítulo 9 – *Sistema Vestibular*. A comparação evita que ocorram respostas reacionais para toda informação de desequilíbrio, e permite também modular o tipo e a intensidade da resposta motora.

Mesmo em situações aparentemente estáticas, como ficar em pé sem nenhum movimento, os receptores articulares e musculares estão constantemente em ativação, já que as forças gravitacionais e intrísecas não deixam de atuar. Entende-se como forças intrínsecas a soma de pequenos movimentos, como o da caixa torácica durante a respiração, o movimento dos olhos e a motilidade gastrointestinal, que provocam micromovimentos perceptíveis pelos receptores citados, suficientes para provocarem reações de manutenção da estabilidade postural, como contrações musculares de pequena intensidade.

Além das forças intrínsecas, atuam também as extrínsecas, como o salto do sapato, o peso da roupa, o vento e os movimentos, intencionais ou não, provocados pelo meio de transporte e pelas pessoas ao redor. Todos estes fatores são analisados e, em milisegundos, uma resposta é gerada, a fim de evitar a perda da estabilidade e uma queda.

Sistemas motores (eferentes)

Classificamos as respostas motoras em *antecipatórias* ou *compensatórias*, de acordo com o momento em que o ajuste postural é realizado: anterior ou posteriormente à atividade. Um ajuste antecipatório é aquele que preparará o indivíduo para uma atividade, através de um conhecimento prévio de que haverá mudança de estabilidade, e que terá como objetivo evitar que o indivíduo perca o equilíbrio durante a execução da atividade. Um exemplo clássico é o ajuste de nossa postura antes da aceleração do ônibus ou do metrô. Antecipadamente jogamos nosso centro de gravidade no sentido oposto ao da aceleração. Outro exemplo é quando nos preparamos para pegar um objeto no ar, lançado por uma outra pessoa. Calculamos inconscientemente o peso do objeto, deduzimos que haverá uma mudança da estabilidade a fim de compensar este peso, que será segurado pelas mãos e mudamos nosso alinhamento, antes mesmo do objeto ser lançado em nossa direção.

Já a resposta compensatória é a que dá continuidade, como no exemplo acima, após o início da aceleração do ônibus. Como o movimento desestabilizante continua e, ainda em aceleração, os ajustes posturais aparecem no sentido de compensar este distúrbio externo. No outro exemplo, após o recebimento do objeto pesado, até o momento de entregá-lo à outra pessoa ou colocá-lo no chão, o corpo tem que se realinhar para compensar a mudança do alinhamento causada pelo objeto. Caso contrário, a pessoa pode perder a estabilidade e até ganhar uma dor nas costas.

Todo ajuste postural objetiva manter o centro de gravidade dentro da base de sustentação, seja cual ela for. Isto é, preconiza-se que mesmo nas mudanças de base (aumento ou redução), e até mesmo na "ausência" (como em uma corrida, em que há momentos em que ambos os pés se encontram fora do apoio), os segmentos corporais devem se realinhar para manter-se dentro de limites de estabilidade.

Esses limites são definidos como a amplitude máxima que o centro de gravidade pode oscilar dentro de uma base de sustentação, sem que haja necessidade de mudar esta base, ao dar um passo por exemplo. Esses limites são definidos para todas as direções, não apenas para a posição ortostática, mas também em sedestação e na horizontal. Deitado lateralmente, com o corpo estendido (cabeça, tronco e membros inferiores em uma mesma linha), conseguimos perceber que a partir de um certo ponto, tanto anterior como posteriormente, perdemos a estabilidade se o ultrapassarmos.

Do mesmo modo, na posição sentada, com as coxas totalmente apoiadas mas não muito afastadas, sem o apoio das mãos no assento e dos pés no chão, sentimos também os limites de estabilidade quando oscilamos nosso corpo para frente, para trás e lateralmente. Os reajustes posturais frente um deslocamento anterior, por exemplo, são de flexão dos joelhos e de posteriorização do membros superiores (em uma tentativa de compensar o deslocamento de massa para frente). Caso o limite seja ultrapassado, aumentamos a base apoiando os pés no chão e as mãos no assento ou acabamos deslocando o centro de gravidade para fora da base e caímos.

Posicionados em pé, com uma base de sustentação normal (ou seja, com os pés um pouco afastados entre si), ao oscilarmos nosso centro de massa para todas as direções, a musculatura oposta ao movimento entra em ativação, dos mais distais para os proximais (isto é, da musculatura das pernas para a coxa e por fim do tronco), em uma tentativa de trazer o corpo de volta para o alinhamento. Essa contração gera um movimento inicialmente no tornozelo (em flexão plantar ou dorsiflexão), e ao aumentar a oscilação do centro de gravidade, mais estruturas corporais entram em ativação, passando a ocorrer reajuste em quadril, no sentido de flexão, extensão ou abdução, sempre no sentido oposto ao do desequilíbrio.

Como mecanismo compensatório a um desequilíbrio, além das reações de tornozelo e quadril, há reajustes que ocorrem também nos demais segmentos superiores, como no tronco, membros superiores e cabeça. Um exemplo ilustrativo, seria o de uma pessoa em pé na beira de uma piscina, de frente para esta, e que seja empurrada contra sua vontade para pular dentro da água: ela realizará inicialmente a flexão plantar do tornozelo, seguida da extensão do quadril e, por fim, uma extensão de tronco com posteriorização dos membros superiores e extensão de cabeça, na tentativa de não perder o equilíbrio e cair dentro da piscina.

No entanto, se a pessoa não se encontrasse na beira da piscina, mesmo que o limite de estabilidade tivesse sido ultrapassado, e nenhuma outra estratégia tivesse sido eficaz para evitar o desequilíbrio, a solução seria dar um passo à frente a fim de mudar a base de sustentação e garantir que o centro de gravidade continuasse sendo projetado dentro do limite de estabilidade.

De forma resumida, temos três estratégias reacionais compensatórias a um desequilíbrio na posição vertical. A de tornozelo, eficaz apenas frente a forças instabilizantes leves; a de quadril, mais eficaz que a de tornozelo; e por fim a do passo. Em todas as situações de perda de estabilidade podemos observá-las em atuação. Em apoio unipodal, como quando lavamos nossos pés no banho, sentimos a musculatura da panturrilha e dos pés em intensa contração na tentativa de manter a articulação do tornozelo estável. Caso o chão esteja muito ensaboado e escorregadio, nossos joelhos e quadris se movimentam na tentativa de compensar o desequilíbrio; e por fim, se nenhuma destas estratégias for eficaz, acabamos nos apoiando na parede com as costas e mãos, ou apoiando o pé erguido no chão para aumentar a base e evitar uma queda.

Alterações do equilíbrio

Existem algumas situações em que há alterações tanto nos sistemas aferentes como eferentes do equilíbrio. O envelhecimento é a principal causa fisiológica, pois ocorrem perdas em todos os sistemas relacionados. No sistema visual, há redução da capacidade de discriminação de profundidade e de contraste, diminuição da acuidade visual e menor adaptação ao escuro. Isso faz com que o idoso tenha uma marcha mais cautelosa, principalmente em situações de superfícies instáveis, locais desconhecidos e mudança de ambiente, principalmente do externo (claro) para o interno (escuro). E é também por esses motivos que os idosos tendem a evitar locais com muitas pessoas, muitos estímulos visuais e movimentos, pois a capacidade para discriminar um objeto de outro e selecionar a informação que realmente importa para se manter estável, encontra-se prejudicada.

Estas alterações podem ser agravadas em situações patológicas, como na presença da catarata, do glaucoma e da degeneração da mácula.

O equilíbrio de pessoas com déficit visual passa a depender menos da informação visual e mais dos demais sistemas. Estes sistemas aumentam sua capacidade de percepção, como observamos em deficientes visuais totais (cegueira) que têm a sensibilidade somatossensorial muito aguçada, e conseguem perceber mudanças de solo com mais precisão. Percebemos que a postura destes deficientes é o resultado de um mecanismo de antecipação, em ligeira flexão de joelhos e quadris (para abaixar seu centro de gravidade e dessa maneira manter-se mais estável), os pés mais arrastados (menos erguidos durante a fase de oscilação) durante a marcha (base de sustentação mais estável) e a extensão de tronco (para evitar, inconscientemente, que a cabeça e o tórax batam em algum obstáculo não percebido pela bengala). Outra adaptação é a menor oscilação corporal, tanto do tronco, como dos membros superiores e da cabeça, pois são movimentos instabilizantes, para evitar o conflito com a informação do sistema vestibular e a ausência da informação visual. Quanto menos oscilar sua cabeça, menos o sistema vestibular será ativado.

No sistema somatossensorial, ocorrem perdas no número de receptores e de fibras sensoriais, levando a uma menor percepção dos estímulos e a lentificação na condução da informação para o SNC. Como resultado, o idoso tem menor sensibilidade na planta dos pés, menor percepção vibratória e articular e, por isso, durante a marcha, caminha com passos cautelosos, às vezes tocando o pé no chão com mais força para conseguir obter melhor resposta (principalmente vibratória e proprioceptiva). Alterações muito comuns entre idosos, como as calosidades na planta dos pés e as neuropatias associadas ao diabetes e outras doenças, agravam a incapacidade de discriminação deste sistema. Observa-se que aproximadamente 20% dos idosos apresentam estas alterações.

O sistema vestibular sofre perdas estruturais e funcionais, como de células ciliares de percepção, da bainha de mielina do axônio e lentificação na condução da informação para o SNC. Como resultado, há menor capacidade de adaptação do sistema vestibular e a ocorrência de queixas de disfunção vestibular como as tonturas. Como mencionado anteriormente, frente a um conflito de informações sensoriais, o sistema vestibular atua como o ponto de decisão. Porém, com as alterações decorrentes do envelhecimento, nem mesmo esta estratégia parece ser eficaz, pelo aumento da prevalência de labirintopatias nesta faixa etária, que alteram a informação vestibular a ponto de não serem mais eficazes para evitar o desequilíbro e quedas.

Além das alterações nos sistemas aferentes, os efetores também podem ser responsáveis pela perda do equilíbrio. No processo de envelhecimento normal as perdas motoras são graduais e lentas ao longo dos anos; estas perdas podem ou não ser compensadas pelo idoso.

Fisiologicamente, o ser humano perde fibras musculares no processo de envelhecimento, ocorre redução do diâmetro muscular, além da sua força e potência. Além disso, a velocidade de contração muscular se reduz em função da lentificação da condução elétrica, o que faz com que as reações frente a um desequilíbrio não sejam tão eficazes para evitar uma queda. Esta é uma das razões que fazem com que o idoso, ao tropeçar, muitas vezes não consiga dar um passo ou se proteger com as mãos e evitar a queda.

ALTERAÇÕES DA MOTRICIDADE

As alterações da motricidade podem ocorrer por causas musculares, na condução nervosa ou por déficit do SNC. A seguir serão apresentadas todas as alterações de cada um destes locais e, em seguida, as complicações motoras e neurológicas decorrentes.

Causas musculares

Tetanização

Ocorre quando os impulsos elétricos ocorrem com frequência tão alta que o músculo não consegue relaxar após cada disparo; com isso os impulsos passam a se fundir e a contração do músculo se torna contínua. Há uma sucessão de potenciais de ação em sobreposição, e a consequência é o aumento de cálcio disponível, sem que haja pausas para a retirada do cálcio, deixando a célula muscular facilmente excitável. Este fenômeno pode ocorrer quando uma corrente elétrica de alta voltagem passa pelo corpo de uma pessoa, como quando leva um choque e não consegue se soltar da origem da corrente elétrica.

Fadiga muscular

É a incapacidade do músculo de se recuperar de uma sobrecarga contrátil ou metabólica, como pode ocorrer em corredores de maratonas, ou devido à interrupção do fluxo sanguíneo, pela ausência de nutrientes essenciais para a contração, principalmente o ATP. Ela também pode ser definida como a incapacidade de gerar elevados níveis de força, ou de manter o nível mais elevado por um determinado tempo. A fadiga representa uma forma de proteção da integridade muscular, frente a algumas situações deletérias. Acredita-se que a fadiga possa ser causada por alterações no pH (intra ou extracelular) variações extremas de temperatura (calor ou frio), redução do fluxo sanguíneo, acúmulo de metabólitos resultantes da contração muscular, perda da homeostase dos íons cálcio, potássio, sódio, cloro e magnésio, lesão muscular decorrente de contrações excessivas e estresse oxidativo.

Cãimbras musculares

São contrações involuntárias que causam dor, geralmente presentes em situações de intenso desgaste muscular, como exercícios físicos extenuantes, em temperaturas baixas, ou em pessoas que não apresentam preparo físico adequado. Essas contrações intensas são causadas pelo acúmulo de ácido lático ou de amônia, produzidos e eliminados normalmente, mas que em certas condições, principalmente de sobrecarga, não são eliminados, e passam a se acumular próximos às fibras musculares. A desidratação, principalmente em atividades extenuantes e em condições climáticas extremas, como no calor, também costuma ser associada às cãimbras, bem como os níveis baixos de cálcio e potássio no sangue.

Distrofia muscular

A distrofia é uma alteração na célula muscular, geralmente rara, de origem genética, e que leva ao enfraquecimento de grupos musculares específicos, dependendo da doença causadora. Em grande parte a distrofia é causada por deficiências em algum nível nas proteínas do complexo distrofina-glocoproteínas presentes nas membranas das células musculares. As formas mais comuns de distrofia são as *distrofias musculares progressivas* dos tipos Duchenne, Becker e Emery-Dreifuss (todas ligadas ao cromossomo X), escapuloumerais e de cinturas. Há destruição da fibra muscular, com substituição por tecido conectivo e gorduroso, o que faz com que o indivíduo acometido pare de realizar movimentos voluntários, caminhar e, com a progressão da doença, passe a ter dificuldades respiratórias ou cardíacas.

Miopatias

Podem ter causas congênitas (como nas distrofias musculares citadas acima, disfunções dos canais iônicos ou das mitocôndrias), metabólicas (por acúmulo de glicogênio ou de lípides, hipocalemia), endócrinas (doença de Addison), tóxicas (uso de heroína e anfetaminas), medicamentosas (uso de corticoides) e inflamatórias primárias (polimiosites e dermatomiosites).

Doenças da junção neuromuscular

Podem ocorrer por disfunção da transmissão neuromuscular (miastenia *gravis* autoimune, síndrome miastênica congênita, síndrome de Lambert-Eaton) e ocasionam déficit de força muscular.

Causas periféricas

Lesões traumáticas dos nervos periféricos

Geralmente são agudas, como esmagamento por acidente de carro ou queimaduras por agente químico como ácidos. Estima-se que aproximadamente 3% dos pacientes politraumatizados sofram lesões dos nervos periféricos. Os mecanismos de lesão podem ser a desmielinização sem interrupção axonal, a lesão da mielina e do axônio (porém com preservação do endoneuro), e a transecção do nervo em sua totalidade. Dependendo do tipo de lesão, pode haver déficit de força muscular transitória (semanas, meses) ou não haver recuperação.

Neuropatias e polineuropatias

Muitas são as causas destas disfunções, bem como as manifestações clínicas. Costumam produzir alterações como perda da sensibilidade e de força muscular. Quando há o acometimento das fibras sensitivas, há redução ou ausência de sensibilidade, parestesias e dor. O acometimento das fibras motoras leva à redução dos movimentos, com consequente perda de massa e força muscular. Caso haja o acomentimento de apenas um nervo periférico, configura-se uma *mononeuropatia*; e quando a lesão afeta vários nervos pode se tratar de uma *mononeuropatia múltipla* ou de uma *polineuropatia*. As principais causas podem ser classificadas em:

- Traumas;
- Infecções: hanseníase, difteria, botulismo, vírus HIV;
- Distúrbios metabólicos: diabetes *mellitus*, uremia, hipotireoidismo;
- Inflamatórias: polineuropatia inflamatória desmielinizante aguda (síndrome de Guillain-Barré), doenças reumatológicas (lupus eritematoso sistêmico, poliarterite nodosa);
- Carenciais: deficiência de vitamina B1 (beribéri), deficiência de ácido fólico;
- Tóxicas: metais pesados (chumbo, arsênico, tálio), solventes, colas e óxido nitroso;
- Uso de medicamentos: interferon, cloroquina, isoniazida, talidomida;
- Neoplasias: síndromes paraneoplásicas, infiltração do plexo braquial por câncer de mama ou pulmão;
- Hereditárias: doença de Charcot-Marie-Tooth, polineuropatia hipertrófica de Déjerine-Sottas, leucodistrofia metacromática.

Causas centrais

A motricidade pode ser comprometida em decorrência do acometimento do neurônio motor superior, isto é, por qualquer afecção, lesão ou disfunção do SNC, tanto na medula espinhal quanto no encéfalo. Como consequência, podem levar a alterações do controle motor, desde perdas transitórias como definitivas, associadas ou não a outros sinais neurológicos como as alterações de tônus e do reflexo tendíneo. São muitas as causas que serão a seguir expostas de forma sumária.

Causas que podem acometer a medula espinhal

Compressões traumáticas

Causadas por acidentes de automóvel, quedas (geralmente de grandes alturas, mas até da própria altura), mergulhos em águas rasas ou objetos perfurocortantes (projéteis e facas, por exemplo). A lesão pode levar ao comprometimento parcial ou total das funções motora e sensitiva abaixo do nível da lesão.

Compressões não traumáticas da medula espinhal e cauda equina

- Tumores: metástase de outras regiões, sarcoma vertebral, cordoma, tumores vertebrais benignos (hemangioma vertebral, tumores de células gigantes), meningioma, neurinoma, ependimoma;
- Hérnia de disco: protrusão do disco intervertebral por alterações posturais, agravadas pelas alterações decorrentes do envelhecimento (degeneração das fibras do anel pulposo e migração do núcleo do disco intervertebral em direção à medula), causas genéticas, por esforços mecânicos (levantar peso excessivo), vibração por um tempo prolongado, postura inadequada durante as atividades ocupacionais, principalmente associados à carga e repetição. Caso acarrete compressão da substância cinzenta ou das raízes nervosas, pode causar dores radiculares, que geralmente são intensas, e se irradiam ao longo do trajeto de inervação da raiz nervosa, podendo ser uni ou bilateral. Quando há a compressão das fibras sensitivas, pode haver hipoestesia (no dermátomo equivalente à raiz comprimida); e no caso de compressão das fibras motoras, pode haver paresia e abolição dos reflexos tendinosos;
- Causas infecciosas: tuberculose vertebral, espondilodiscites bacterianas e esquistossomose;
- Causas vasculares: infartos medulares, fístulas durais;
- Siringomielia: presença de uma cavidade dentro da medula, normalmente preenchida por líquido e que pode se estender por vários níveis medulares. Acomete a substância cinzenta e sua manifestação depende do nível medular acometido. A compressão leva a alterações da motricidade com paresia, redução da sensibilidade térmica e dolorosa, perda dos reflexos tendinosos e alterações neurotróficas. Pode ter origem congênita, estar associada a traumatismos, tumores intravertebrais e malformações ósseas, como a de Arnold-Chiari.

As compressões medulares podem ser classificadas semiologicamente em:

- *Extensão lateral:*
  - Compressão anterior: acomete as fibras motoras inicialmente, e leva a uma paralisia localizada com redução do trofismo muscular (amiotrofia). Posteriormente podem ocorrer alterações sensitivas.;
  - Compressão posterior: pode acarretar precocemente alterações da sensibilidade profunda, ocasionando uma síndrome atáxica pseudotabética (marcha alterada, com perda do senso de posição dos membros inferiores);
  - Compressão lateral: a manifestação da compressão de uma metade da medula é a mesma que ocorre na síndrome de Brown-Séquard, isto é, há alterações sensitivas contralaterais à lesão, com perda da percepção de dor, temperatura e pressão; ipsilateralmente à lesão ocorre déficit motor, da propriocepção e tato discriminativo.
- *Extensão vertical:*
  - Compressão cervical alta: a medula cervical alta compreende o intervalo entre a primeira e a quarta vértebra cervical. A compressão de qualquer um destes níveis leva a uma tetraplegia espástica, que engloba alterações tanto sensoriais como motoras dos membros

superiores, inferiores e tronco (havendo inclusive comprometimento respiratório). Lesões nestes níveis podem ser fatais e, invariavelmente, levam à necessidade de suporte ventilatório mecânico. Esta lesão é mais comumente observada em acidentes de carro ou de mergulho em águas rasas;

- Compressão cervical baixa: compreende lesões das vértebras cervicais C5 a C8. São um pouco mais brandas que as lesões em C1 a C4 por não afetarem totalmente os movimentos dos membros superiores, levando a diferentes graus de paraparesia crural;
- Compressão torácica: leva a quadro de perda da sensibilidade abaixo do nível da lesão, associada a paraparesia ou paraplegia crural;
- Compressão lombossacra: compreende o final da medula espinhal, com todas as raízes dos segmentos medulares inferiores. Por isso, uma compressão neste nível pode afetar vários segmentos medulares e várias raízes. Há o comprometimento do controle esfincteriano, alterações genitais, paralisia flácida dos membros inferiores e sinal de Bibinski bilateral;
- Compressão sacral: esse nível compreende o cone medular (extremidade inferior da medula), e pode se manifestar através de paralisias flácidas com arreflexia dos membros inferiores. Seus sinais e sintomas são muito semelhantes ao da compressão da cauda equina;
- Compressão da cauda equina: a cauda equina é formada apenas pelas raízes nervosas, estendendo-se até a região do cóccix. Quando completa, causa paralisia dos membros inferiores, do tipo flácida e com amiotrofia, abolição dos reflexos tendinosos, alterações sensitivas (anestesia), incontinência urinária, impotência e retenção urinária.

Causas encefálicas

Lesões traumáticas do encéfalo

Os traumatismos cranioencefálicos (TCE) podem ser provocados por quedas, acidentes de carro (tanto por aceleração como desaceleração), contusões por brigas, boxeadores, lesões causadas por objetos perfurocortantes (armas de fogo) ou grandes forças abruptas (chacoalhar uma criança, brinquedos de parques de diversão, *bungee jump*). A destruição da massa encefálica pode levar ao coma, ao estado vegetativo, sinais neurológicos focais (hemiparesia/plegia, afasia, hemianopsia), síndrome frontal, cefaleia, estado confusional, alterações do estado de vigilância, vertigens, epilepsia e alterações psíquicas e cognitivas.

Os axônios, que constituem a substância branca são responsáveis pela conexão entre as várias áreas cerebrais. Apesar das lesões axonais serem subdiagnosticadas, elas são importante preditores de mau prognóstico. Mesmo que o TCE não provoque aumento da pressão intracraniana, as alterações da substância branca são determinantes suficientes da progressão para o óbito ou para a incapacidade permanente.

Lesões não traumáticas do encéfalo

Inúmeras condições causam morte neuronal e provocam alterações da motricidade, da sensibilidade, do comportamento e de funções cognitivas. Estão diretamente relacionadas ao prejuízo funcional, incapacidade física e dependência de terceiros para a realização de atividades cotidianas. Constituem as principais razões de procura por reabilitação.

- Doenças vasculares: acidente vascular encefálico (AVE), que pode ser do tipo isquêmico ou hemorrágico. *AVE do tipo isquêmico* é decorrente de uma redução do débito sanguíneo, por oclusão parcial ou total de uma artéria cerebral ou por ausência de fluxo sanguíneo cerebral (como no caso das paradas cardiorrespiratórias). Os AVEs isquêmicos mais frequentes ocorrem por infartos do território carotídeo (região sylviana, da artéria cerebral anterior e coroidea anterior). Os chamados *infartos lacunares* decorrem da oclusão de pequenas arteríolas perfurantes, acometendo preferencialmente os núcleos da base, tálamo, cápsula interna e parte inferior da ponte. *AVE hemorrágicos* estão geralmente associados à hipertensão arterial sistêmica em indivíduos com mais de 50 anos e às malformações arteriovenosas nos jovens, além de doenças que cursem com alterações da coagulação sanguínea ou uso de medicações anticoagulantes;

- Esclerose lateral amiotrófica (ELA): também conhecida como doença de Charcot, é decorrente da degeneração neuronal que acomete tanto o neurônio motor superior como o inferior. Sua incidência aumenta a partir da 5ª década de vida e tem um prognóstico de sobrevida de 5 a 10 anos a partir do diagnóstico. A degeneração neuronal acomete o corno anterior da medula (principalmente cervical), o bulbo (principalmente os nervos cranianos XII, XI e X) e as vias corticospinais. A manifestação clínica inclui a síndrome de neurônio motor inferior (atrofia e redução da força muscular progressiva, tantos dos membros como cranianos, presença de fasciculações e cãimbras, sem alterações sensitivas) e a síndrome piramidal (exacerbação dos reflexos tendinosos, hipertonia espástica e presença variável do sinal de Babinski). O óbito é decorrente de complicações relativas ao acometimento de pares bulbares e da função respiratória;
- Esclerose múltipla (EM): decorre de um processo inflamatório autoimune que leva à desmielinização do SNC, acometendo principalmente mulheres, com pico de início entre os 20 e 40 anos de idade. Na medula espinhal, há lesões nos cordões posteriores ou nos fascículos anterolaterais; e no encéfalo, estão presentes nas regiões periventriculares, no centro oval, corpo caloso, tronco cerebral e cerebelo. As lesões são progressivas, e aparecem em forma de placas ao longo do axônio, em tamanhos variados, que caracterizam um episódio agudo, em que há surgimento dos sintomas clínicos. Após a formação de uma placa, pode ocorrer a remielinização e a recuperação parcial da capacidade de condução do impulso pelo axônio desmielinizado. A EM pode se manifestar com alterações motoras (fraqueza muscular, fadiga, alterações geniturinárias e perda do equilíbrio, com marcha espástica, sinal de Babinski e hiperreflexia tendinosa), alterações sensitivas (sensação de peso, parestesias, dor, neuralgia do trigêmeo, hipoestesia), manifestações transitórias (amaurose, vertigens, nistagmo, diplopia, oftalmoplegia internuclear e alterações da consciência, fonação, deglutição e respiratórias), neurite óptica (acometimento do nervo óptico, que leva à redução da acuidade visual unilateral) e manifestações paroxísticas (epilepsia);
- Síndromes parkinsonianas: são as doenças que causam manifestações clínicas muito semelhantes, como a presença de hipertonia plástica, acinesia e tremor. Todas são causadas por insuficiência do sistema dopaminérgico da região nigroestriatal. A mais comum das síndromes parkinsonianas é a doença de Parkinson idiopática (DP), que representa 60 a 75% do total. Outras são a demência por corpúsculos de Lewy, paralisia supranuclear progressiva (PSP), degeneração corticobasal (DCB), atrofia de múltiplos sistemas (AMS), e as síndromes parkinsonianas pós-encefalíticas, tumorais, vasculares, traumáticas e tóxicas. A DP tem etiologia degenerativa, com presença de lesões na *pars compacta* da substância negra, no *locus coeruleus* e núcleo dorsal vago do tronco cerebral, no núcleo tegumento-pedúnculo-pontino e no núcleo basal de Meynert. Na DP, com a depleção da dopamina, ocorre inibição do tálamo e AMS, que provoca os sinais clínicos de acinesia e rigidez. O tremor seria consequente à desinibição do núcleo ventral intermediário do tálamo. Na DP também podem ocorrer: dor, fadiga, postura em ligeira flexão do tronco e cabeça, hipomimia (empobrecimento da mímica facial), redução da frequência de movimentos de piscamentos, fala baixa e monótona, acatisia e instabilidade postural com ocorrência de quedas frequentes.

Tumores

Os tumores que levam a alterações da motricidade são aqueles localizados em qualquer ponto das vias motoras e incluem: *tumores frontais* – podem causar hemiparesia/plegia de início facial, braquial ou crural, apraxia, alterações do equilíbrio e marcha, e da motricidade ocular; *tumores parietais* – podem levar a várias formas de apraxia; *tumores dos núcleos da base* – hemiplegia e transtornos do movimento (especialmente coreia e atetose); *tumores do tálamo* – sinais motores extrapiramidais; *tumores da fossa posterior* – sinais de acometimento dos nervos cranianos e sinais cerebelares (alterações do equilíbrio).

- Doenças degenerativas e hereditárias:
  - Ataxia espinocerebelar recessiva ou doença de Friedreich: nesta doença, a degeneração afeta os tratos espinocerebelares, as colunas posteriores e a via corticospinal. Com a progressão, afeta os nervos cranianos e cerebelo. Há alteração da marcha (ataxia), com disartria, síndrome de cordões posteriores da medula e síndrome piramidal. Cifoescolioese e alterações tróficas dos pés (acentuação do arco plantar e "dedos em martelo") estão presentes;
  - Ataxia espinocerebelar com herança autossômica dominante: o início geralmente é tardio (idade média entre 30 e 40 anos) e tem três variantes. A do tipo I manifesta-se por ataxia dos transtornos supranucleares da motricidade ocular, sinais piramidais e extrapiramidais, amiotrofia, fasciculações da língua e peribucais, e atrofia óptica. A variante II está associada à ataxia e distrofia da mácula ocular pigmentar, e na tipo III, não há sinais oculares ou extrapiramidais associados;
  - Ataxias cerebelares episódicas: são ataxias autossômicas dominantes, mas decorrentes de mutações episódica. Há presença de ataxia, disartria, vertigens e nistagmo.
- Doenças infecciosas: podem causar sintomas motores principalmente pela presença de lesões com efeito de massa, como no caso das encefalites, abscessos ou granulomas, ou por mecanismo vascular (infartos secundários a vasculites ou tromboses venosas). Incluem as infecções por bactérias, parasitos, vírus e príons, que levam a uma reação inflamatória caracterizada por infiltração celular e alteração do parênquima;
- Infecções bacterianas:
  - Neurossífilis: na forma meningovascular, há o acometimento dos núcleos da base, disartria, paralisias motoras oculares, neurites ópticas, marcha tabética (pela degeneração dos cordões posteriores da medula), ataxia tabética (por perda do controle somestésico posicional e hipotonia), arreflexia aquiliana e patelar, alteração da sensibilidade posicional, analgesia em algumas regiões ou dor intensa, artropatias (com deformidade da articulação) e alterações disautonômicas.
- Infecções parasitárias: causada pelo *Plasmodium* (leva à hemiplegia, afasia, síndrome extrapiramidal ou cerebelar), *Trypanosoma* (hiperestesia generalizada), por amebas e helmintos;
- Infecções virais:
  - Nas encefalites, pode haver comprometimento medular e do sistema nervoso periférico (com abolição dos reflexos) e sistema nervoso autônomo;
  - A poliomielite, praticamente erradicada, causa lesões neuronais do corno anterior da medula espinhal, nos núcleos motores de nervos cranianos, do hipotálamo e da substância reticular do tronco cerebral. Manifesta-se por dores musculares, paralisias periféricas flácidas, com hipotonia e arreflexia. Pode acometer a função respiratória;

- O vírus HIV pode acometer o sistema nervoso periférico e causar a polineuropatia distal simétrica (presença de dor intensa nos membros inferiores, parestesia, arreflexia aquiliana e hipoestesia distal), polirradiculopatia lombossacra progressiva (arreflexia dos membros inferiores, paraplegia flácida), mononeuropatias (principalmente de nervos cranianos) e polineuropatias inflamatórias desmielinizantes.

- Doenças perinatais e do desenvolvimento:
  - Anomalias do desenvolvimento do SNC: ocorrem durante a vida fetal, mas podem vir a se manifestar apenas posteriormente. As anomalias mais comuns são o fechamento incompleto do tubo neural (que normalmente levam à paraplegia), as hidrocefalias congênitas (pode haver surdez, sinais cerebelares, espasticidade dos membros), malformação de Arnold-Chiari (descida das tonsilas cerebelares e do bulbo através do forame occipital), malformação da articulação craniovertebral (invaginação do tecido que circunda o forame occipital para o interior do crânio, com compressão bulbar e acometimento da medula cervical alta), doença de Sturge-Weber (presença de angiomas que levam a lesões intracranianas, com sinais deficitários permanentes de hemiparesia e hemianopsia);
  - Encefalopatias perinatais: lesões cerebrais durante o parto, como os traumas ou anóxia;
  - Encefalopatias pós-natais: distúrbios metabólicos como icterícia, afecções adquiridas no início da infância, meningites, tromboses, complicações de doenças infecciosas, traumas encefálicos.

Ambos os tipos de encefalopatia podem ter como consequência a paresia espástica, principalmente de membros inferiores, o retardo da marcha, síndrome pseudobulbar (alterações da sucção e da deglutição), hemiplegia (com hipertonia acentuada, sincinesias de imitação ipsilaterais, distonias e epilepsia) e movimentos atetoicos.

MANIFESTAÇÕES SEMIOLÓGICAS DAS DISFUNÇÕES MOTORAS

Síndrome piramidal

Como já descrito, o trato corticospinal lateral é formado por fibras que passam pela pirâmide bulbar, unindo o córtex motor à medula. Na presença de qualquer lesão que afete direta ou indiretamente estas fibras (lesões corticais, principalmente das regiões pré-motoras, cápsula interna, substância reticular do tronco encefálico e das vias descendentes), as manifestações motoras e reflexas constituem o que chamamos de *síndrome piramidal*. Essas lesões podem ser decorrentes de AVE, TCE, EM, paralisia cerebral ou lesões medulares. A semiologia de uma lesão piramidal pode ser:

Quanto à disposição corporal

- Hemiparesia/hemiplegia: quando o acometimento do trato corticospinal é unilateral;
- Paraplegia/paraparesia: quando o acometimento é bilateral;
- Tetraplegia/tetraparesia quando se manifesta nos quatro membros.

Quanto à intensidade do acometimento

- Paresia: quando há déficit motor parcial;
- Plegia: quando há déficit motor completo e não ocorre nenhum sinal de contração muscular.

Quanto ao fator decorrente do descontrole

- Positivos (ou de "liberação"): alterações do tônus muscular, hiperreflexia profunda, sincinesias, sinal de Babinski e reflexos de tríplice flexão e retirada;
- Negativos: déficit na ativação muscular, do controle motor (lentificação e incoordenação) e no desempenho funcional, e abolição dos reflexos cutâneos superficiais.

Manifestações da síndrome piramidal

- Alteração do tônus muscular: *tônus* é uma propriedade muscular de tensão elástica, que permite que o músculo esteja sempre preparado para iniciar uma contração. Ele pode ser observado mesmo quando o músculo está relaxado, e difere do trofismo muscular, que está relacionado à massa muscular. O trofismo pode se observado visualmente, sem a necessidade de palpar o músculo, enquanto para avaliar o tônus é necessário tocar o músculo e realizar a movimentação da articulação e perceber se a resistência (tensão) está normal, aumentada (*hipertonia*) ou reduzida (*hipotonia*). A hipotonia está presente geralmente nas lesões agudas de SNC e, geralmente, acomete todos os músculos corporais. Indica uma ação facilitadora das vias descendentes, e pode ser observada em uma síndrome piramidal de menor gravidade. Observa-se a hipotonia na mobilização articular, em que não se sente a reação reflexa de estiramento da musculatura que está sendo alongada, mesmo durante movimentos mais rápidos. Pode ser considerada como um estado de ausência da ativação muscular, com paralisia total ou parcial;
- Hipertonia: é uma das características fundamentais da síndrome piramidal. Nesta situação, observamos uma resistência muscular aumentada durante a sua movimentação, no sentido do estiramento. A hipertonia reflete uma excitabilidade anormal dos componentes do arco reflexo (hiperatividade dos reflexos miotáticos, especificamente do sistema gama dos fusos musculares). A intensidade da resistência é variável com a velocidade e o grau de estiramento passivo da musculatura. Caso a resistência do estiramento aumente conforme se aumente a amplitude de estiramento, a hipertonia é chamada de *elástica*. A hipertonia elástica dá origem a um sinal semiológico denominado "sinal do canivete", em que ocorre uma resistência progressiva velocidade-dependente do membro ao estiramento muscular, seguida do retorno rápido à posição inicial após sua liberação. Este sinal é, em geral, pesquisado através da tentativa de flexionar o joelho do paciente deitado, causando estiramento do quadríceps femoral. A hipertonia predomina geralmente nos músculos antigravitacionais, como os flexores de tornozelo e joelho, nos flexores de cotovelo, punho e dedos. Geralmente a hipertonia vem acompanhada do aumento dos reflexos tendinosos;
- Alterações dos reflexos cutâneos: o acometimento do sistema piramidal cursa com o desaparecimento dos reflexos cutâneos abdominais, cremastérico e cutâneo plantar de flexão. Inversamente causa o aparecimento de reflexos primitivos, como o de tríplice flexão e retirada (flexão do tornozelo, joelho e quadril), do qual o cutâneo plantar em extensão é o componente mais distal;
- Sinal de Babinski: é característico da lesão do trato corticospinal. É observado quando se estimula a sola do pé, partindo do calcanhar em direção aos dedos, seguindo pela região lateral do pé; o estímulo que desencadeia o sinal de Babinski é nociceptivo. O sinal é composto pela resposta de extensão do hálux e o afastamento (abdução) dos demais dedos. Este sinal é encontrado também em crianças até os 12-18 meses, porém não indica lesão neurológica, apenas imaturidade do SNC. Em adultos normais, a resposta é a flexão do hálux, representando um reflexo de retirada, na tentativa de se afastar o membro da fonte do estímulo. As

flexões das articulações do quadril e do joelho têm caráter de defesa, mas a flexão dos dedos dos pés não têm esse mesmo caráter, sendo até paradoxal. Mesmo assim, pode se considerar um movimento fisiológico, e que demonstra a inibição pelo trato corticospinal lateral da medula. Desta forma, a resposta de extensão dos dedos ao estímulo demonstra uma perda da inibição da resposta reflexa normal;

- Sincinesias: são alterações da motilidade de um membro frente à movimentação de outras partes do corpo. São classificadas em sincinesias globais, quando há o aumento da hipertonia de um membro ou hemicorpo durante a realização de um movimento voluntário por outro membro; ou em sincinesias de coordenação, quando a movimentação voluntária de uma região corporal leva a uma motilidade involuntária de um membro paralisado. Sincinesias demonstram que há a utilização de vias descendentes alternativas ao trato corticospinal lateral, com acesso direto aos motoneurônios alfa;
- Hiperreflexia: surge geralmente quatro a seis semanas após a lesão, como um resultado adaptativo do sistema neural. Após a denervação decorrente da lesão, novas conexões sinápticas passam a se formar através do brotamento axonal, que poderiam mediar os reflexos. Além disso, há o aumento da sensibilidade dos elementos pré ou pós-sinápticos para as aferências restantes, ocasionando um aumento na sensibilidade química. Outro fator que justifica a hiperreflexia é a ativação de sinapses previamente inativas. A hiperreflexia pode ser percebida pelo aumento da amplitude de contração muscular durante a percussão do tendão. A resposta é excessiva, e pode haver aumento da zona reflexógena, que demonstra uma diminuição do limiar da resposta, e uma difusão da resposta que traduz a irradiação da excitação nas populações de neurônios do corno anterior da medula;
- Clônus: demonstra o acometimento dos órgãos tendinosos de Golgi e a hiperatividade do sistema gama. É pesquisado mantendo-se o pé em dorsiflexão, com o tendão aquileu submetido a uma tensão constante, e a resposta é a contração e relaxamento do tríceps sural ininterruptamente (movimentos rítmicos). Quando este clônus não se esgota, pode ser considerado um sinal da síndrome piramidal;
- Fraqueza muscular: com a interrupção do controle voluntário consequente à lesão do trato corticospinal, a musculatura do lado afetado passa a apresentar dificuldade em gerar força necessária para um desempenho motor efetivo, já que não há mais descarga elétrica sobre o motoneurônio e recrutamento das unidades motoras. Com a perda da ativação da unidade motora, o músculo se adapta à imobilidade e ao desuso, com atrofia de fibras musculares (principalmente de contração rápida) e fraqueza muscular. Observa-se diferença do grau de fraqueza entre grupos musculares distintos, havendo uma maior deficiência na musculatura voluntária relacionada a movimentos distais finos e nos antigravitacionais fisiológicos. É por isso que observamos maior fraqueza nos extensores de dedos, em comparação aos extensores de punho e os flexores de dedos. Outra justificativa para esta distribuição do déficit é a maior representação cortical e de vias de músculos mais distais. A força de contração muscular está limitada por padrões anormais de ativação muscular, como a cocontração inapropriada e não graduada de músculos agonistas e antagonistas;
- Lentificação da contração muscular: acredita-se que a redução dos impulsos dos neurônios do trato corticospinal lateral para os neurônios motores cause a diminuição da frequência da contração voluntária do músculo e, consequentemente, da movimentação corporal e da realização das atividades funcionais. Ocorre também redução da sincronização dos disparos das unidades motoras, levando também à lentificação dos movimentos.

Síndrome parkinsoniana

A síndrome parkinsoniana é consequente a um déficit do sistema nigroestriatal. Os núcleos da base não tem participação significativa na iniciação de movimentos em resposta aos estímulos. Da mesma forma, não influenciam diretamente na força muscular necessária para a execução de um movimento. No entanto, estão envolvidos no processamento da informação, necessário para o planejamento e o início de movimentos autorregulados, assim como o ajuste postural necessário para estes movimentos. Desta forma, lesões nestas regiões interferem na iniciação dos movimentos voluntários na ausência de estímulos facilitadores, como as pistas visuais ou sonoras.

Além desta função, os núcleos da base controlam direta e indiretamente os movimento, sendo a via "direta" de liberação (de facilitação do movimento) e a via "indireta" de inibição (ver seção relacionada aos núcleos da base). É a partir deste mecanismo que se justificam as alterações do movimento decorrentes de doenças que acometem esses núcleos. Por isso, as manifestações motoras também são classificadas em positivas e negativas, de acordo com a via acometida.

Sinais positivos: são considerados a rigidez e o tremor, consequentes a liberação de mecanismos centrais normalmente inibidos pelos núcleos da base.

Sinais negativos: relacionados à inibição dos movimentos. Considera-se a acinesia, bradicinesia e o *freezing*.

- Rigidez: a hipertonia observada na síndrome parkinsoniana é do tipo *plástica*, cuja resistência ao movimento passivo é variável. Ao se realizar o movimento com maior velocidade, observamos maior resistência do músculo que está sendo estirado. É observada tanto nos músculos agonistas como antagonistas. Quando a hipertonia se torna muito acentuada, denomina-se rigidez. O sinal semiológico que caracteriza a rigidez denomina-se "sinal da roda denteada", mais facilmente perceptível ao se realizar passivamente o movimento de dorsiflexão do punho do paciente, o que provoca uma alternância rítmica entre resistência-relaxamento muscular durante o estiramento que é sentida pelo examinador como o encaixe rítmico das engrenagens de uma roda denteada. Existe controvérsia se o fenômeno da roda denteada representa uma associação entre a rigidez e a presença de tremor, uma vez que pacientes com tremor intenso podem não apresentar este sinal, e muitos pacientes com sinal da roda denteada facilmente detectável podem não apresentar tremor. Uma das explicações mais utilizadas para a rigidez é uma hiperexcitabilidade supraespinal (modulada pelos núcleos da base) dos motoneurônios alfa, decorrente também da ausência de modulação pela dopamina;
- Tremor: o tremor da síndrome parkinsoniana ocorre durante o repouso e manutenção da postura, pode diminuir durante a movimentação voluntária, e desaparece durante o sono e relaxamento completo. Este tremor possui oscilação ritmica, com frequências entre 3,5 e 7 Hz, que podem variar conforme o membro, e diferir entre os hemicorpos. O tremor pode se manifestar também durante a escrita. Uma característica classicamente descrita do tremor é que ele ocasiona um movimento das mãos que se assemelha ao de "contar moedas" ou "enrolar um cigarro". O tremor se acentua com a contração do membro ou nervosismo. Acredita-se que o tremor seja decorrente de um mecanismo diferente do que causa a rigidez. A dopamina age no tálamo promovendo a sincronização da atividade neuronal, organizando os sinais neurais que por ali passam, promovendo uma ordenação dos movimentos e, portanto, na ausência de dopamina, há uma falta de sincronia da musculatura agonista e antagonista, que resulta clinicamente no tremor;
- Acinesia: é um dos déficits motores que mais comprometem a capacidade funcional do indivíduo. Pode se manifestar como uma diminuição da movimentação voluntária, dificuldade

para ajustar sua postura durante os movimentos e para expressar corporalmente suas emoções, lentificação dos movimentos voluntários (bradicinesia), pobreza de movimentos (hipocinesia) e das respostas reflexas, dificuldade para realizar movimentos coordenados, simultâneos e sequenciais, e fadiga rápida nos movimentos repetitivos. Um paciente parkinsoniano apresenta dificuldade para se levantar da cadeira, para manter-se em pé frente a forças instabilizantes, para iniciar e evitar quedas durante a marcha, e para passar por locais relativamente mais estreitos, como portas. Um fenômeno que comumente ocorre nos indivíduos parkinsonianos é o bloqueio motor, como se o movimento parasse ou "congelasse" subitamente. É muito frequente durante a marcha, quando o paciente sente os pés presos ao chão, e não consegue ser amparado por outra pessoa ou dar um passo à frente, perder o equilíbrio e cair sem esboçar nenhuma reação reflexa. Quem o observa, percebe que subitamente os pés hesitam e parecem estar congelados (*freezing*), principalmente quando encontram estreitamentos, outras pessoas ou tem que mudar de direção;

- Instabilidade postural: é uma manifestação muito frequente na síndrome parkinsoniana. Não se sabe exatamente o mecanismo relacionado à instabilidade, havendo duas hipóteses que tentam explicá-la. A primeira é de que seria decorrente da utilização insuficiente ou inadequada das informações sensoriais, que levam dados sobre a posição e as condições de diversas partes do próprio corpo, e do ambiente. A outra hipótese é que haveria uma deficiência na programação central, na integração das informações extrínsecas e intrínsecas, e na elaboração de uma resposta motora eficaz. Como resultado, haveria lentificação dos reflexos e deficiência na compensação postural frente a perturbações, tanto provocadas pelo próprio indivíduo (como movimentar os membros superiores) como as inesperadas (um empurrão ou tropeço, por exemplo). Os pacientes parkinsonianos têm dificuldades nos ajustes posturais antecipatórios e não apenas compensatórios.

Um dado importante é que os pacientes parkinsonianos têm o centro de massa posteriorizado, isto é, seu corpo tem a tendência de cair para trás. A fim de evitar uma queda e de manter o centro de massa dentro da base de sustentação (sem que ele precise dar um passo para compensar este desequilíbrio), normalmente ocorre (inconscientemente) uma anteriorização do centro de massa através de uma ligeira flexão anterior do quadril e do tronco, levando à postura em flexão característica destes indivíduos. Apesar destes pacientes terem mais instabilidade que os demais idosos, e de tenderem a sofrer mais quedas, sua oscilação postural não é muito maior, o que sugere que os outros mecanismos devem exercer um papel mais relevante na instabilidade postural, como a lentificação da resposta eferente, da via reflexa (e estratégias para evitar a queda) e até mesmo a lentificação da contração muscular.

Síndrome cerebelar

Dada a participação do cerebelo em diversas funções motoras, lesões nesta estrutura podem levar às diversas manifestações. Lesões no vestibulocerebelo (ou lobo floculonodular) provocam distúrbios do equilíbrio e da marcha, e nistagmo, já que o cerebelo tem conexões com o sistema vestibula, e controla, além do equilíbrio, os movimentos oculares. Já o espinocerebelo (parte central dos lobos anterior e posterior, incluindo o vérmis e a região intermediária dos hemisférios) recebe aferências da medula e dos sistemas visual, auditivo e vestibular; lesões nesta região provocam alterações dos movimentos, com dificuldade para regular a força muscular e a coordenação, e os ajustes posturais antecipatórios. Por fim, o cerebrocerebelo (regiões laterais do cerebelo) regula sequências rápidas entre agonistas e antagonistas, possibilitando habilidades manuais refinadas e movimentos precisos. Portanto, lesões nessa região fazem com que o indivíduo tenha dificuldades em habilidades manuais e gestuais, principalmente nos que requerem maior aprimoramento.

Outra consequência é o julgamento errôneo que passa a ter sobre estímulos visuais à sua frente e o processamento da reação motora, com lentificação ou incoordenação do movimento. As lesões unilaterais do cerebelo causam manifestações ipsilaterais.

- Equilíbrio e marcha cerebelar: lesões do cerebelo costumam causar déficits do equilíbrio, com muita instabilidade e tendência ao aumento da base de sustentação (alargamento da base), evidenciado também durante a marcha. Ao caminhar, um paciente com lesão cerebelar costuma se desviar lateralmente da linha média, com passos assimétricos e irregulares. Pode haver utilização de membros superiores em abdução como uma tentativa de alcançar a instabilidade. A marcha pode ser hesitante, lentificada, e com dificuldade para frear. Durante o equilíbrio estático, há ausência de reações posturais tônicas, como a contração da musculatura de tornozelo durante abalos aplicados por terceiros (gerando o sinal semiológico denominado "dança dos tendões"), e a tentativa para evitar a queda é feita apenas com a estratégia do passo. Caso a lesão cerebelar seja unilateral, pode se observar um desvio do eixo corporal, mas sem a tendência unilateral como é observada nas lesões vestibulares;
- Hipotonia cerebelar: é observada uma redução da resistência muscular durante a movimentação passiva, como um exagero do balanço do braço à rotação do tronco e da oscilação da mão durante a flexão e extensão do cotovelo. À pesquisa do reflexo miotático patelar, observam-se movimentos contínuos do joelho, como em um pêndulo (oscilações pendulares), demonstrando uma utilização ineficaz dos músculos antagonistas;
- Dismetria cerebelar: é a incapacidade de regular corretamente a direção, a força e a duração de um movimento, principalmente frente a um objetivo a ser atingido. O movimento pode ser excessivo (hipermetria) ou insuficiente (hipometria). Os movimentos hipermétricos são geralmente observados em movimentos curtos, rápidos e intencionais, como tocar o nariz com a ponta do dedo. Geralmente o movimento ultrapassa o nariz, e o próprio movimento de correção leva à um outro movimento excessivo, brusco. Os movimentos hipermétricos não se agravam ao se fecharem os olhos. Já a hipometria é mais evidente em movimentos lentos de pequena amplitude, com erros na velocidade e amplitude, e diminuição na precisão. A dismetria pode causar dificuldade também no término do movimento, e não apenas no início, ou durante seu curso. Um exemplo, e que ilustra uma hipermetria, é observado quando solicitamos que um indivíduo realize força de flexão do cotovelo contra uma resistência isométrica, e o indivíduo não consegue frear o movimento quando a resistência é liberada de repente, e o membro continua realizando o movimento com a mesma intensidade, chegando a bater contra seu próprio corpo. Essa "falta de freio" demonstra uma disfunção no controle agonista-antagonista;
- Disdiadococinesia: é a dificuldade em realizar movimentos rápidos e alternados, como a pronação e supinação dos antebraços alternadamente sobre as coxas. Os movimentos podem ser lentos, descoordenados, com amplitudes anormais;
- Tremor cerebelar: este tremor, em oposição ao tremor parkinsoniano, está presente na movimentação (intencional), é de grande amplitude e que se acentua com o movimento, podendo acometer a cabeça e os olhos. É causado pela contração alternada de agonistas e antagonistas, que causam movimentos imprecisos de todo corpo;
- Disartria: é uma disfunção da articulação da fala por distúrbio mecânico, que leva à uma má articulação das palavras e, consequentemente, à uma fala arrastada, lenta e com prolongamento das sílabas;
- Nistagmo: são movimentos oculares oscilatórios e rítmicos, compostos por uma fase rápida e uma fase lenta (de retorno do olho à posição neutra) que ocorrem quando o estímulo-alvo (visual) e o indivíduo se encontram em movimento relativo (por exemplo, ao tentarmos fixar

o olhar em um determinado ponto de uma paisagem dentro de um veículo em movimento). Em situações patológicas, indicam disfunção do sistema vestibular, de estruturas do tronco encefálico relacionadas ao controle da motricidade ocular (como o fascículo longitudinal medial) ou lesão do lobo floculonodular do cerebelo. Caso a lesão seja vestibular unilateral, o componente lento do nistagmo desvia-se na direção do lado da lesão. O nistagmo cerebelar, em contrapartida, pode ser *pendular*, em que a oscilação dos olhos ocorre na mesma velocidade para ambos os lados. Tanto em lesões vestibulares quanto cerebelares, o nistagmo pode ser horizontal ou vertical (dependendo da direção em que o indivíduo realiza o movimento ocular). O nistagmo reflete alteração na execução dos movimentos oculares, onde ocorrem erros de amplitude, precisão e força (como durante a marcha), menor ajuste postural durante os movimentos voluntários e falha na regulação temporal e padronização dos componentes sinérgicos.

Ataxia

Ataxia é um termo geral que designa déficit da coordenação com consequente perturbação do movimento, que são realizados com alterações da velocidade, da amplitude de movimento, da direção e da força. Há piora do desempenho na ausência de informação visual. Acredita-se que lesões na via lemniscal sejam responsáveis pela ataxia, por interferirem nas informações sensitivas, principalmente a visão. Lesões posteriores da medula provocam ataxias mais expressivas, que podem ser observadas através do teste de Romberg com os olhos fechados. Nesta posição (em pé, com os pés ligeiramente afastados), um paciente atáxico não consegue se manter estável e logo tende à queda. Na marcha, há uma oscilação dos membros inferiores excessiva, com apoio brusco do pé, em que o calcanhar toca o chão com muita força. E caso o indivíduo tenha déficits visuais ou esteja caminhando no escuro, a marcha se torna mais atáxica.

A ataxia de membros superiores pode ser observada quando se solicita que o indivíduo mantenha os braços erguidos à frente do corpo, com as mãos estendidas e a palma da mão voltada para a frente. Observa-se uma tendência à queda dos dedos, associada a contrações bruscas na tentativa de retornar à posição inicial e que piora com o fechamento dos olhos.

Movimentos involuntários

Podem ser decorrentes de lesões do SNC ou dos efeitos colaterais de alguns medicamentos, como os antipsicóticos. Estes movimentos são involuntários, muitas vezes bizarros, facilmente perceptíveis e que podem acometer qualquer parte do corpo, inclusive a língua. São considerados distúrbios do movimento:

- Mioclonias: são contrações involuntárias breves, mas bruscas, causadas pela ativação de várias unidades motoras difusas ou localizadas. Assemelha-se a um "susto", com contração repentina, e que leva à movimentação do membro, ocorrendo predominantemente nos músculos flexores. Mioclonias podem ser observadas com o indivíduo em repouso (até mesmo durante o sono), em movimento (mioclonias de intenção ou durante a marcha). As mioclonias podem acometer qualquer músculo corporal, inclusive os da face. Exemplos de doenças que cursam com mioclonias incluem algumas formas de síndromes epilépticas (como a epilepsia mioclônica juvenil), doença de Alzheimer, encefalopatias metabólicas e tóxicas, e encefalites priônicas;
- Tremor: além do tremor parkinsoniano e cerebelar já descritos, há o tremor postural, que é relativamente amplo, aumenta com a manutenção da mesma postura. Uma variante

deste tremor é o *tremor essencial*, que parece estar associado à hereditariedade e à idade. Manifesta-se na cabeça, mãos (na escrita) e muitas vezes nos músculos da fonação (causa a voz trêmula);

- Distonias: são contrações musculares involuntárias prolongadas, em atitude de contração de um segmento de um membro ou de partes do corpo (como do tronco e cabeça). Elas refletem um transtorno da inervação recíproca dos músculos agonistas e antagonistas (fenômeno de cocontração). A distonia pode se iniciar lentamente, mas pode se exacerbar até se tornar um espasmo repetitivo (distonia mioclônica). Geralmente ocorre com o indivíduo acordado, durante a realização de movimentos voluntários (distonia de ação) ou durante a manutenção de uma postura (distonia de atitude). Pode vir associado ao tremor. As distonias podem ser classificadas em primárias (distonia muscular deformante e distonias focais) ou sintomáticas (ocorrem na doença de Wilson, DP, PSP e DCB). O blefaroespasmo está incluído no grupo das distonias focais, e consiste em uma contração involuntária e prolongada das pálpebras, precedida de piscadelas repetitivas, que interfere de forma considerável nas atividades do dia a dia, como na leitura;
- Atetose: movimentos lentos e sinuosos dos dedos, língua ou qualquer parte do corpo, sendo que o paciente não consegue sustentar os membros em posição fixa. Oscilação lenta entre movimentos de flexão dos membros superiores, como se fossem movimentos de tentáculos. Ocorre geralmente em decorrência de lesões anóxicas ou vasculares neonatais, subcorticais (principalmente do corpo estriado) e que levam à perda da inervação recíproca, havendo cocontração dos músculos antagonistas e um recrutamento generalizado de músculos não necessários para um determinado movimento, como resultado da falta de mecanismos inibitórios realizados pelo corpo estriado;
- Coreia: é um movimento involuntário, brusco, explosivo e imprevisível, causado pela contração de um músculo, sem a ativação do músculo antagonista. Está relacionada à lesão do núcleo ventral posterolateral do tálamo e da via corticospinal. Manifesta-se através de movimentos involuntários na face, dedos, membros superiores e inferiores. Em geral, o paciente tenta ocultar sua existência realizando algum movimento voluntário em continuidade, como ajeitar os cabelos, manipular objetos próximos etc. Presente na doença de Huntington, coreia de Sydenham (relacionada à febre reumática), AVEs ou outras lesões que acometam o corpo estriado;
- Balismo/hemibalismo: são movimentos de grande amplitude, de projeção, que acometem um membro inteiro. Quando os movimentos são unilaterais denomina-se *hemibalismo*, cuja fisiopatologia está relacionada à lesão do núcleo subtalâmico de Luys;
- Acatisia: caracteriza-se por uma sensação de inquietude, incapacidade de permanecer quieto e compulsão a se movimentar constantemente; os sintomas em geral são mais proeminentes em membros inferiores. Pode estar associada à DP e demência, mas é encontrada com muita frequência em pacientes que usam neurolépticos.

Distúrbios da marcha

As alterações da marcha consequentes às mais diversas lesões do SNC podem ser causadas por limitações musculares (amplitude de movimento restrita), causas neuromusculares (fraqueza, alteração do tônus), sensoriais (por interrupção da inervação periférica ou central da visão, sistema vestibular ou somatossensorial) ou do processamento central (controle motor inapropriado). Todas estas disfunções podem causar distúrbios em qualquer fase da marcha.

- Marcha espástica: lesões do neurônio motor superior causam fraqueza muscular ou paralisia, hiperreflexia, perda da destreza e das fases da marcha. É uma marcha característica de uma lesão pós AVE ou TCE, podendo ser descrita como hemiplégica ou hemiparética, com o membro afetado rígido, ligeiramente fletido no quadril, estendido no joelho e com flexão plantar de tornozelo. Geralmente o membro superior afetado encontra-se em flexão de cotovelo, à frente do abdômen, prejudicando seu balanço (postura de Wernicke-Mann). A marcha é lentificada havendo redução do comprimento do passo, do tempo de apoio (sobre o lado lesado) e aumento da fase de oscilação do lado lesado. Em compensação, a fase de apoio do membro não lesado aumenta e há redução da fase de oscilação, num mecanismo compensatório. Como resultado, há um aumento do tempo do duplo apoio (quando os dois pés tocam o solo). Outro achado é a redução da dorsiflexão de tornozelo do membro afetado, que pode fazer com que o indivíduo arraste os dedos do lado lesado. Em alguns momentos, para evitar que os dedos arrastem e compensar a menor elevação do membro, os pacientes inclinam lateralmente seu corpo (para o lado não lesado) e oscilam o membro inferior em circundução, saindo do alinhamento (*marcha ceifante*). Caso haja espasticidade bilateral de membros inferiores, pode ocorrer a *marcha em tesoura*, pois a hipertonia da musculatura adutora de quadril tende a posicionar um membro na frente do outro durante as passadas;
- Marcha parkinsoniana: a marcha decorrente da lesão dos núcleos da base é caracterizada por ser mais cautelosa, com passos curtos, lentificada e com menor amplitude e movimento. Raramente oscilam os membros superiores e o tronco tende à rigidez. Não iniciam a fase de apoio do pé pelo calcanhar, tendem a tocar o pé todo no chão, com o joelho em ligeira flexão e menor amplitude de flexão plantar e, por isso, menor amplitude de oscilação. Como já citado anteriormente, podem ocorrer "bloqueios" (*freeezing*) durante a marcha e, em contraste, o fenômeno da *festinação*, que ocorre quando o parkinsoniano tende a caminhar com passos mais rápidos, com o tronco e o peso anteriorizados, em uma tentativa de compensar o desequilíbrio anterior e evitar uma queda. Apresenta dificuldade para parar a marcha;
- Marcha cerebelar atáxia: como já descrito anteriormente, a marcha é feita com a base alargada, com pequenos passos, irregulares e instáveis. Os membros superiores também se associam para aumentar a estabilidade. Quando se solicita ao paciente que caminhe com a base diminuída, aumenta muito sua instabilidade, e muitas vezes necessitam de auxílio para evitar a queda. Assemelha-se à marcha de um indivíduo alcoolizado, cuja marcha é chamada de *ebriosa*. Caso a lesão seja unilateral, há o desvio lateral para o lado afetado. Pode ser decorrente de distúrbios vestibulares, AVE, alcoolismo crônico e algumas doenças degenerativas, como a paralisia supranuclear progressiva;
- Marcha sensorial atáxica: ocorre quando há alteração da sensibilidade decorrente de lesões que acometam os nervos periféricos (como polineuropatias) ou a coluna dorsal da medula espinhal. O indivíduo toca o solo com o pé com maior força, para compensar a falta de sensibilidade e obter uma informação proprioceptiva (marcha talonante). A base pode estar alargada. Utilizam-se da informação visual para se equilibrar, olhando sempre para o chão. Caso seja solicitado ao paciente que caminhe com os olhos fechados, há uma tendência à queda. Esta marcha também é conhecida como *marcha tabética* pela sua associação com a denominada *tabes dorsalis* (lesão dos neurônios do corno posterior presente em várias doenças, como neurossífilis, deficiência de vitamina B12, esclerose múltipla);
- Marcha anserina: presente em algumas doenças como a polimialgia reumática, poliomiosite, distrofias e neuropatias proximais, é uma marcha decorrente de perda de força da musculatura proximal do quadril (coxofemoral), que faz com que o paciente faça uma acentuação

da lordose lombar, e não tenha força para estabilizar seu quadril durante a troca de passo, levando à lateralização do tronco e o afastamento do membro inferior na fase de oscilação, como se fosse o "andar de um pato";

- Marcha escarvante: incapacidade do indivíduo de dorsifletir o tornozelo, levando ao aumento da flexão de quadril para compensar. A estratégia é insuficente, levando o paciente a caminhar arrastando os dedos do pé, com se "escavasse" o chão. É típica de pacientes com neuropatia periférica.

Apraxia

Conceituada como incapacidade para executar atos motores voluntários previamente aprendidos, na ausência de alterações motoras ou sensitivas primárias que justifiquem essa dificuldade. Existem várias formas de apraxia: de membros, construtiva, de vestir-se, de marcha, da fala, bucofacial, que são abordadas no Capítulo 14 – *Funções Cognitivas*.

Bibliografia Sugerida

1. Cambier J, Masson M, Dehen H. Neurologia. 11ª edição. Rio de Janeiro: Guanabara Koogan; 2008.
2. Carr JH, Shepard RB. Reabilitação neurológica: otimizando o desempenho motor. Barueri: Manole; 2008.
3. Dângelo JG, Fattini CA. Anatomia humana sistêmica e segmentar. 3ª ed. Rio de Janeiro: Editora Atheneu; 2007.
4. Gazzaniga MS, Ivry RB, Mangun GR. Neurociência cognitiva: a biologia da mente. 2ª edição. Porto Alegre: Artmed; 2006.
5. Gross RG, Grossman M. Update on apraxia. Current Neurol Neurosci Rep 2008; 8:490-6.
6. Guyton AC, Hall JE. Tratado de fisiologia médica. 11ª edição. Rio de Janeiro: Elsevier; 2006.
7. Kandel ER, Schwartz JH, Jessel TM. Fundamentos da neurociência e do comportamento. 2ª ed. Rio de Janeiro: Editora Guanabara Koogan; 2000.
8. Kandel ER, Schwartz JH, Jessel TM. Princípios da neurociência. Barueri: Manole; 2002.
9. Kars HJ, Hijimans JM, Geertzen JH, Zijlstra W. The effect of reduced somatosensation on standing balance: a systematic review. J Diabetes Sci Technol 2009; 3:931-43.
10. Kauffman TL. Manual de reabilitação geriátrica. Rio de Janeiro: Guanabara Koogan; 2001.
11. Lent R. Neurociência da mente e do comportamento. Rio de Janeiro: Editora Guanabara Koogan; 2008.
12. Lundy-Ekman L. Sistema Somatossensorial. In: Neurociência: fundamentos para a reabilitação. 3ª ed. Rio de Janeiro: Editora Elsevier; 2008.
13. Machado A. Neuroanatomia funcional. 2ª edição. São Paulo: Atheneu; 2005.
14. Perracini MR, Gazzola JM. Balance em idosos. In: Perracini MR, Fló CM. Fisioterapia: teoria e prática. Funcionalidade e envelhecimento. Rio de Janeiro: Guanabara Koogan; 2009.
15. Pinto LC. Neurofisiologia clínica: princípios básicos e aplicações. São Paulo: Atheneu; 2006.
16. Shumway-Cook A, Woollacott MH. Controle motor. Teoria e aplicações práticas. 2ª edição. Barueri: Manole; 2000.

11 Sistema Nervoso Autônomo

INTRODUÇÃO

Imaginem um estudante de cursinho pré-vestibular a caminho de sua segunda tentativa de passar no vestibular de uma das melhores universidades públicas de seu país. Ansiedade, nervosismo, pressão da família e dos amigos, sensação de impotência, de cansaço, mas muita vontade de mostrar que estudou e que pode ser aprovado.

Além das emoções descritas acima, e dos pensamentos positivos e negativos, seu corpo reage através de várias manifestações, como o aumento da frequência cardíaca, provocando sensação de palpitação; o aumento da sudorese, principalmente nas mãos, dificultando até a escrita; a sensação de "frio no estômago" ou de "dor de barriga"; e a respiração mais acelerada.

Mas e por que isso costuma ocorrer quando estamos frente a uma situação inusitada, amedrontadora ou pela qual ansiamos muito? Por que e como sentimos tudo isso? Todas as pessoas sentem da mesma forma? São manifestações controláveis ou totalmente inconscientes? As respostas a todas estas perguntas dependem do sistema nervoso autônomo (SNA), que é o componente efetor do sistema nervoso visceral.

Recordando, o sistema nervoso é composto pelas partes somática e visceral. O sistema nervoso somático faz o intercâmbio entre o organismo e o seu meio ambiente, através de uma via (aferente) que leva informações do meio captadas por receptores periféricos até o sistema nervoso central (SNC). E deste, partem informações aos músculos, pelas vias eferentes, que determinarão respostas motoras de integração com o meio.

O sistema nervoso visceral ou vegetativo é o responsável pela manutenção e funcionamento equilibrado das funções viscerais, também através de uma via aferente, cuja origem se encontra nas vísceras, e da via eferente, que se origina no SNC, e termina em todas as estruturas viscerais (glândulas, músculos liso e cardíaco).

A inervação eferente do sistema nervoso visceral é que constitui o SNA, que pode ser dividido em duas partes: o simpático (com origem nos segmentos toracolombares da medula espinhal) e o parassimpático (com origem craniossacral, ou seja, parte no tronco encefálico e parte nos segmentos sacrais da medula espinhal). Estes dois componentes do SNA são responsáveis pela manutenção da homeostase interna, através do controle de algumas funções básicas, como do sistema cardiovascular, respiratório, intestinal, de temperatura, endócrino, entre outros.

ANATOMIA

O SNA distingue-se anatomicamente do sistema somático porque a conexão entre o SNC e o órgão efetor é feita por dois neurônios. Um dos neurônios tem o corpo celular localizado dentro da própria medula ou tronco encefálico; o corpo celular do outro neurônio localiza-se no sistema nervoso periférico (SNP).

Os corpos neuronais localizados fora do SNC agrupam-se em gânglios, e os neurônios que saem destes gânglios são denominados pós-ganglionares. Já os que se localizam dentro do SNC são chamados de pré-ganglionares, e situam-se na medula espinhal na substância cinzenta lateral; no tronco encefálico, agrupam-se formando núcleos de alguns nervos cranianos (Fig. 11.1).[1]

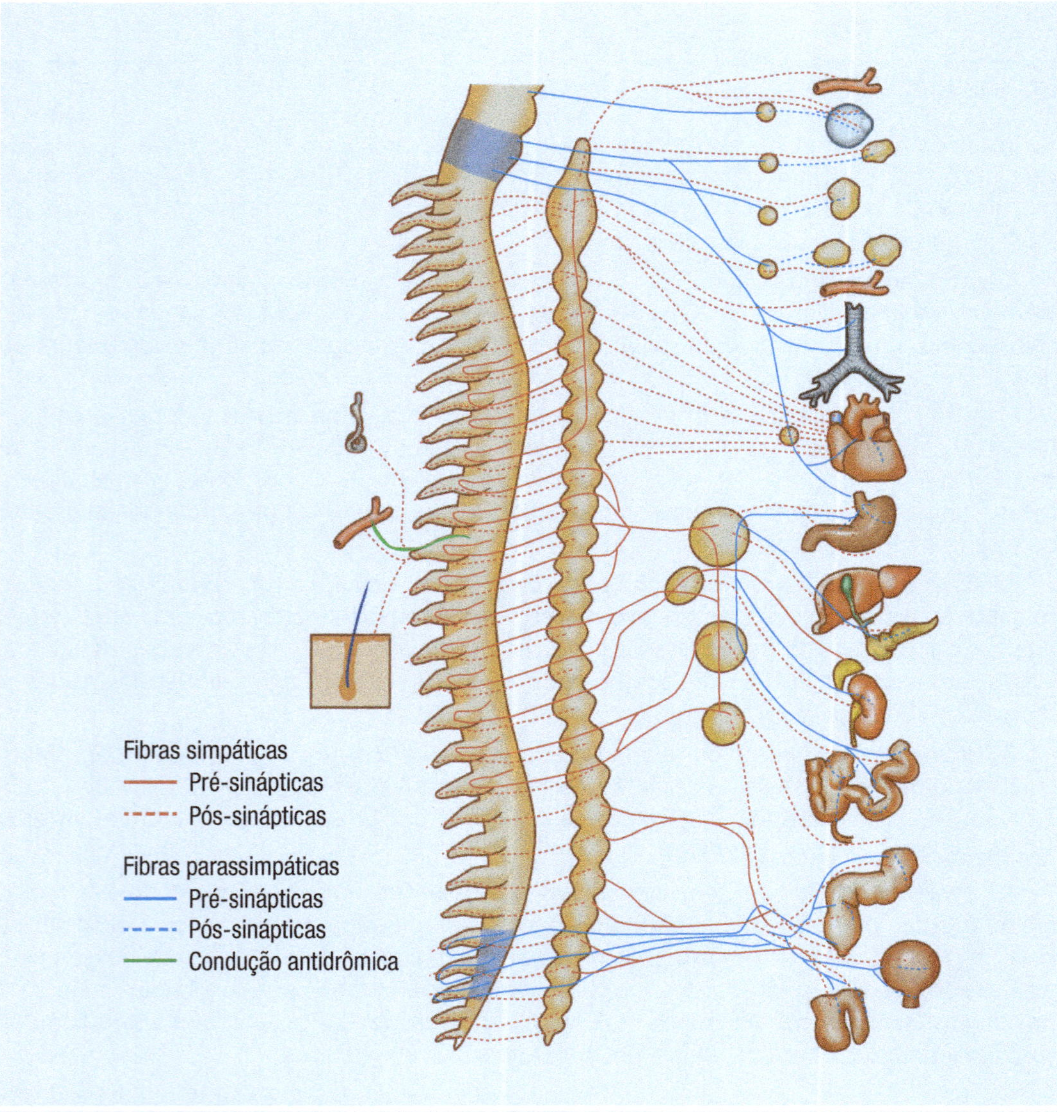

FIGURA 11.1. Fibras simpáticas e parassimpáticas do SNA.

TABELA 11.1. ***Principais características do sistema nervoso simpático (SNSp) e parassimpático (SNPs)***

	SNSp	(SNPs)
Origem	Todos os segmentos torácicos e três lombares superiores	Porção cranial: núcleo de Edinger-Westphal (mesencéfalo), núcleos salivatórios superior e inferior (ponte e bulbo), núcleo dorsal do nervo vago (bulbo) e núcleos reticulares adjacentes Porção sacral: segmentos sacrais (S2-S4)
Destino	• Torácica ascendente: cabeça • Lombar descendente: abdômen inferior e membros inferiores • Torácica: olho, coração, glândulas, vasos etc.	• Nervo vago: coração, pulmão, quase todos os órgãos do abdômen • Outros pares cranianos • Sacrais: bexiga urinária, parte inferior do cólon e reto
Localização dos gânglios	Próximos à coluna vertebral e distante das vísceras (um por segmento medular torácico e lombar; três cervicais; dois a três sacrais)	Próximos ou dentro das vísceras (exceção: gânglios cranianos)
Comprimento das fibras	• Pré-ganglionar: curta • Pós-ganglionar: longa (ação mais difusa sobre os órgãos-alvo e atuação mais sistêmica)	• Pré-ganglionar: longa • Pós-ganglionar: curta (ação mais circunscrita sobre os órgãos-alvo)

Embora o SNA seja predominantemente efetor, suas fibras nervosas são mistas, isto é, possuem um componente aferente e um componente eferente. As fibras aferentes carregam impulsos provenientes dos vasos sanguíneos e vísceras até os gânglios das raízes dorsais (Capítulo 1 – *Princípios de Neuroanatomia: Organização Estrutural do Sistema Nervoso*) e daí para os cornos laterais da medula espinhal; parte destas aferências são responsáveis pelos reflexos viscerais, e parte enviam impulsos ao SNC originando sensações conscientes originadas das vísceras. Fibras aferentes viscerais também enviam estímulos para núcleos do tronco encefálico, como o núcleo do trato solitário, e para o tálamo (através do trato espinotalâmico lateral).

Na Tabela 11.1 são apresentadas as características anatômicas dos sistemas nervoso simpático (SNSp) e parassimpático (SNPs).

A Figura 11.2 detalha o trajeto das fibras pré e pós-sinápticas das fibras simpáticas e parassimpáticas.

AÇÃO DO SISTEMA NERVOSO PARASSIMPÁTICO

De forma geral, pode-se dizer que a função do sistema nervoso parassimpático é a de estimular ações que coloquem o organismo em situação de "calma", a fim de executar funções como digestão, secreção de hormônios que promovem o anabolismo, repouso, relaxamento etc. Como exemplo destas ações, temos a diminuição do ritmo cardíaco e da pressão arterial, diminuição dos níveis sanguíneos de adrenalina, contração da pupila (miose) a fim de facilitar a focalização de objetos próximos, contração dos brônquios e aumento dos movimentos intestinais.

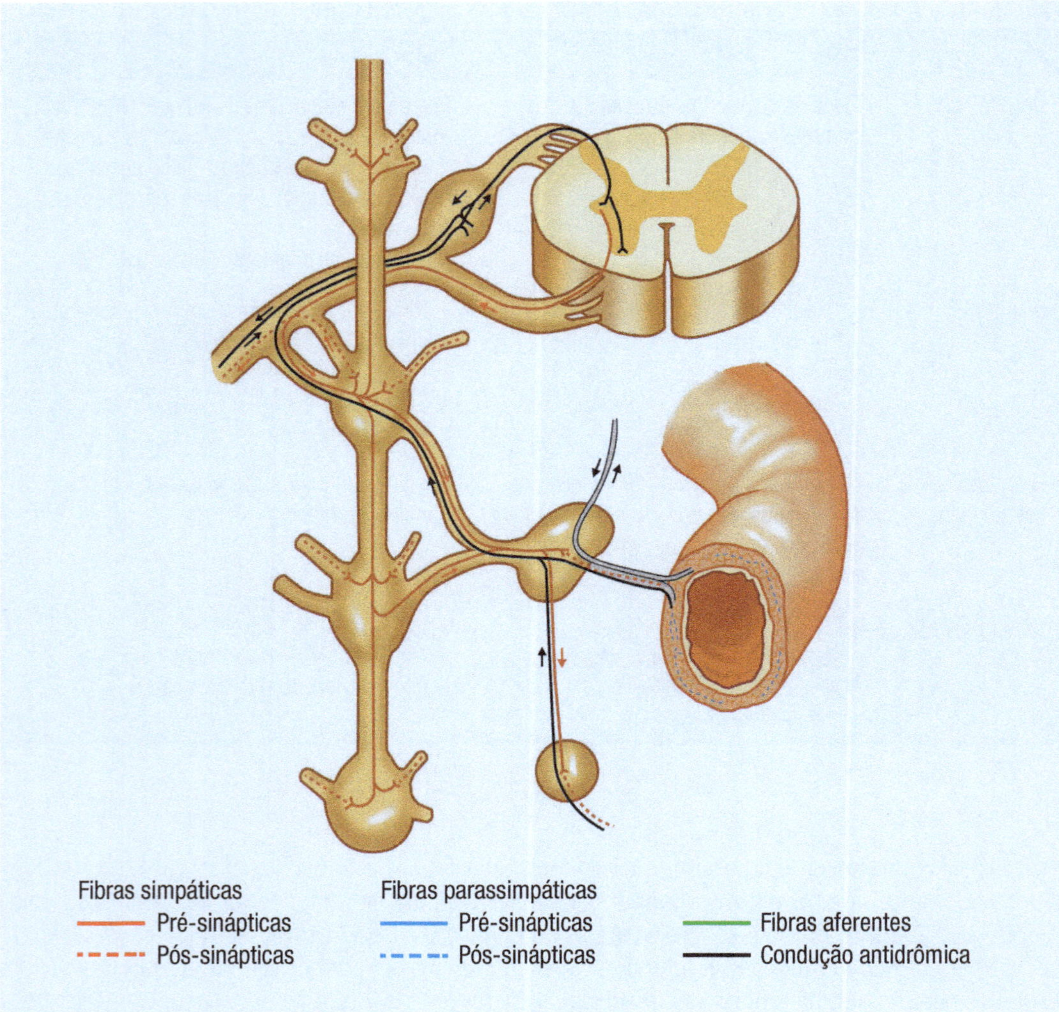

FIGURA 11.2. Trajeto das fibras pré e pós-sinápticas do SNSp e SNps.

Porção cranial do sistema nervoso parassimpático

A divisão craniana do SNPs compreende os núcleos de Edinger-Westphal, núcleos salivatórios superior e inferior, núcleo dorsal do nervo vago e núcleos da formação reticular adjacente.

- Núcleo de Edinger-Westphal: localiza-se no mesencéfalo e está relacionado à motricidade ocular intrínseca (pupilar). Suas fibras pré-ganglionares deixam esse núcleo através do III nervo craniano (oculomotor) e fazem sinapse no gânglio ciliar (localizado na órbita), de onde partem as fibras pós-ganglionares que inervam os músculos ciliares (que ajustam a forma do cristalino, permitindo a acomodação para visualização de objetos próximos) e o esfíncter da pupila (promovendo sua constrição, ou miose);
- Núcleo salivatório superior: localiza-se na ponte. Suas fibras pré-ganglionares deixam o núcleo através do VII nervo craniano (facial), a seguir formando o nervo petroso superficial maior, que se conecta ao gânglio esfenopalatino. Deste, partem as fibras pós-ganglionares que

inervam a glândula lacrimal. Outras fibras deixam o nervo facial formando o nervo corda do tímpano, que atravessa o tímpano e conecta-se ao gânglio submandibular, de onde partem fibras pós-ganglionares que inervam as glândulas salivares submandibulares e sublingual;

- Núcleo salivatório inferior: localiza-se no bulbo. Suas fibras pré-ganglionares deixam o núcleo através do IX nervo craniano (glossofaríngeo), formando o plexo timpânico e nervo petroso superficial menor, que se conecta ao gânglio ótico. Deste, partem as fibras pós-ganglionares que inervam a glândula parótida;
- Núcleo dorsal do nervo vago e núcleos da formação reticular adjacente (especialmente núcleo ambíguo): suas fibras pré-ganglionares deixam o núcleo através do X nervo craniano (vago), conectando-se a gânglios situados nas paredes das vísceras torácicas e abdominais. Destes gânglios partem as fibras pós-ganglionares que inervam a musculatura lisa e glândulas da faringe, esôfago, trato gastrointestinal (até o nível do cólon descendente), pâncreas, fígado, vesícula biliar, coração, rins e ureteres.

Porção sacral do sistema nervoso parassimpático

Esta divisão do SNPs origina-se nas células do corno lateral da medula espinhal, nos níveis S2 a S4. Destes núcleos celulares partem as fibras pré-ganglionares através dos nervos sacrais, que se conectam a gânglios localizados nas paredes do cólon distal, bexiga urinária e outros órgãos pélvicos.

AÇÃO DO SISTEMA NERVOSO SIMPÁTICO

O SNSp origina-se a partir de células da coluna intermediolateral da substância cinzenta da medula espinhal, nos níveis C8 a L2. As fibras pré-ganglionares que se originam nesta coluna são finas e mielinizadas, e formam os *ramos comunicantes brancos*, que fazem sinapse com os gânglios das cadeias paravertebrais (localizadas uma em cada lado da coluna vertebral) e com vários gânglios pré-vertebrais isolados (localizados na porção posterior do abdômen). Os axônios pós-ganglionares simpáticos são finos e não mielinizados e formam os *ramos comunicantes cinzentos*, que chegam aos nervos espinhais T5 a L2. Estes inervam os vasos sanguíneos, glândulas sudoríparas e folículos pilosos, também formam plexos que inervam os brônquios, coração, pâncreas, intestinos, bexiga urinária e órgãos sexuais. Os axônios pós-ganglionares dos gânglios pré-vertebrais formam os plexos mesentérico, esplâncnico e hipogástrico, que inervam a musculatura lisa, glândulas e vasos sanguíneos das vísceras abdominais e pélvicas.

Além dos gânglios citados acima, o SNSp contém 3 gânglios cervicais (superior, médio e inferior – este último se funde ao primeiro gânglio torácico formando o gânglio estrelado), 11 torácicos e 4 a 6 lombares.

- Fibras originadas dos níveis C8 a T2 da medula espinhal: essas fibras caminham através do gânglio cervical inferior para os gânglios médio e superior; as fibras pós-ganglionares do gânglio cervical superior inervam os vasos sanguíneos e musculatura lisa do crânio, bem como as glândulas salivares, lacrimais e sudoríparas. Entre essas fibras pós-ganglionares encontram-se aquelas que inervam o músculo de Müller (músculo auxiliar do movimento de elevação da pálpebra) e as fibras dilatadoras da pupila.
  A região dos braços recebe inervação simpática pós-ganglionar provinda especialmente do gânglio estrelado. O plexo cardíaco e outros nervos simpáticos da região torácica também são derivados do gânglio estrelado; os plexos viscerais abdominais originam-se do quinto ao décimo gânglios torácicos. Os gânglios lombares superiores inervam a porção descendente do cólon, os órgãos pélvicos e as pernas;

- Glândula suprarrenal: as células secretoras da medula da glândula suprarrenal (ou adrenal) recebem fibras pré-ganglionares diretamente dos nervos esplâncnicos. Desta forma, é uma exceção à regra de que toda inervação do SNA se faz através de fibras pós-ganglionares. A repercussão fisiológica desta particularidade de inervação é que a porção medular da glândula suprarrenal funciona como homóloga das células pós-ganglionares simpáticas, secretando adrenalina e noradrenalina diretamente na corrente sanguínea quando estimulada, o que permite os efeitos sistêmicos da reação de "luta ou fuga" desencadeados pela hiperestimulação do SNSp (ver adiante).

NEUROTRANSMISSORES

Além das diferenças anatômicas entre o sistema simpático e o parassimpático, eles secretam diferentes neurotransmissores, que acabam determinando diferentes respostas funcionais. Todos os neurônios pré-ganglionares, tanto do SNPs quanto do SNSp secretam acetilcolina, bem como os neurônios pós-ganglionares parassimpáticos e alguns neurônios pós-ganglionares simpáticos (principalmente os que inervam as glândulas sudoríparas), sendo por isso denominados de neurônios *colinérgicos*. Os neurônios pós-ganglionares colinérgicos liberam então a acetilcolina que pode atuar em dois tipos de receptores, os *muscarínicos* e os *nicotínicos*. Estes receptores receberam essas denominações devido à sua particular afinidade com as drogas muscarina e nicotina. Os receptores dos neurônios pós-ganglionares parassimpáticos localizados no interior dos órgãos são do tipo muscarínico; este tipo de receptor pode ser antagonizado (ou bloqueado) pela droga atropina ou outras que possuam ação semelhante (denominadas drogas de efeito atropínico). Os receptores localizados nos gânglios são do tipo nicotínico, não sofrendo efeitos das drogas atropínicas, mas de outras drogas, como a tubocurarina.

Atualmente se aceita que não só a aceticolina seja liberada nos gânglios, mas que outras substâncias também participem da transmissão neuronal no nível ganglionar. Alguns exemplos incluem substâncias como encefalinas, substância P, peptídeo intestinal vasoativo, somatostatina, adenosina trifosfato (ATP) e óxido nítrico.

A maioria dos neurônios pós-ganglionares do sistema simpático secreta norepinefrina, sendo denominados *adrenérgicos* (as exceções são os neurônios que inervam as glândulas sudoríparas e alguns vasos sanguíneos, que são colinérgicos). Os receptores pós-sinápticos adrenérgicos também podem ser classificados em dois tipos: alfa e beta. Os receptores alfa são responsáveis pela vasoconstrição, relaxamento do intestino e dilatação da pupila; estes receptores podem ser subdivididos, por sua vez, em receptores $alfa_1$ e $alfa_2$, sendo que os receptores $alfa_1$ são sempre pós-sinápticos, e os receptores $alfa_2$ são pré-sinápticos (sua estimulação diminui a liberação de neurotransmissores na sinapse, tendo, portanto, efeito modulador sobre a atividade neuronal).

Os receptores beta são responsáveis pelo relaxamento dos brônquios, vasodilatação (especialmente dos músculos), aumento da contratilidade e da frequência cardíaca; da mesma forma, podem ser subdivididos nos tipos $beta_1$ e $beta_2$. Os receptores do tipo $beta_1$ encontram-se apenas no coração, sendo sua estimulação responsável pelos efeitos adrenérgicos cardíacos citados acima; os receptores do tipo $beta_2$ são responsáveis pelos efeitos de relaxamento da musculatura lisa dos brônquios e de outros órgãos, e pela vasodilatação.

Tanto a acetilcolina como a norepinefrina têm efeito excitatório sobre alguns órgãos-alvo, ao mesmo tempo em que inibem outros. Na maioria dos casos, quando um destes neurotransmissores excita um órgão, seu oposto o inibe, porém com exceções, que serão apresentadas mais adiante (Tabela 11.2 e Fig. 11.3).

TABELA 11.2. *Principais efeitos decorrentes do efeito da estimulação do sistema nervoso simpático (SNSp) e parassimpático (SNPs)*

ÓRGÃO	SNSp	SNPs
Olho	Dilatação da pupila (midríase) Músculo ciliar: relaxamento Contração do músculo de Müller (elevação da pálpebra)	Contração da pupila (miose) Músculo ciliar: contração (melhora focalização de objetos próximos)
Glândula lacrimal	Vasoconstrição e pouco efeito sobre a secreção	Secreção abundante
Glândulas sudoríparas	Sudorese	Nenhum efeito
Glândula suprarrenal	Aumenta secreção de adrenalina	Nenhum efeito
Glândulas salivares	Vasoconstrição, secreção viscosa e pouco abundante	Vasodilatação, secreção fluida e abundante
Sucos digestivos	Pouco efeito	Aumento da produção do suco gástrico
Coração	Taquicardia e dilatação das artérias coronárias	Bradicardia e constrição das artérias coronárias
Vasos sanguíneos	Abdominal: constrição Músculo: dilatação (efeito colinérgico) Pele: constrição	Abdominal, músculo e pele: nenhum efeito
Pulmões	Brônquios: dilatação Vasos sanguíneos: constrição moderada	Brônquios: constrição Vasos sanguíneos: nenhum efeito
Tubo digestivo	Luz: diminuição do tônus e do peristaltismo Esfíncteres: aumento do tônus	Luz: aumento do tônus e do peristaltismo Esfíncteres: relaxamento do tônus
Fígado	Liberação de glicose	Nenhum efeito
Rim	Diminuição da produção de urina	Nenhum efeito
Bexiga urinária	Corpo: inibição Esfíncter: excitação (impedem esvaziamento)	Corpo: excitação (esvaziamento) Esfíncter: relaxamento
Genital masculino	Vasoconstrição Ejaculação	Vasodilatação Ereção
Glicose sanguínea	Aumento	Nenhum efeito
Metabolismo basal	Aumento	Nenhum efeito
Atividade mental	Aumento	Nenhum efeito
Músculos eretores dos pelos	Ereção dos pelos	Não há inervação

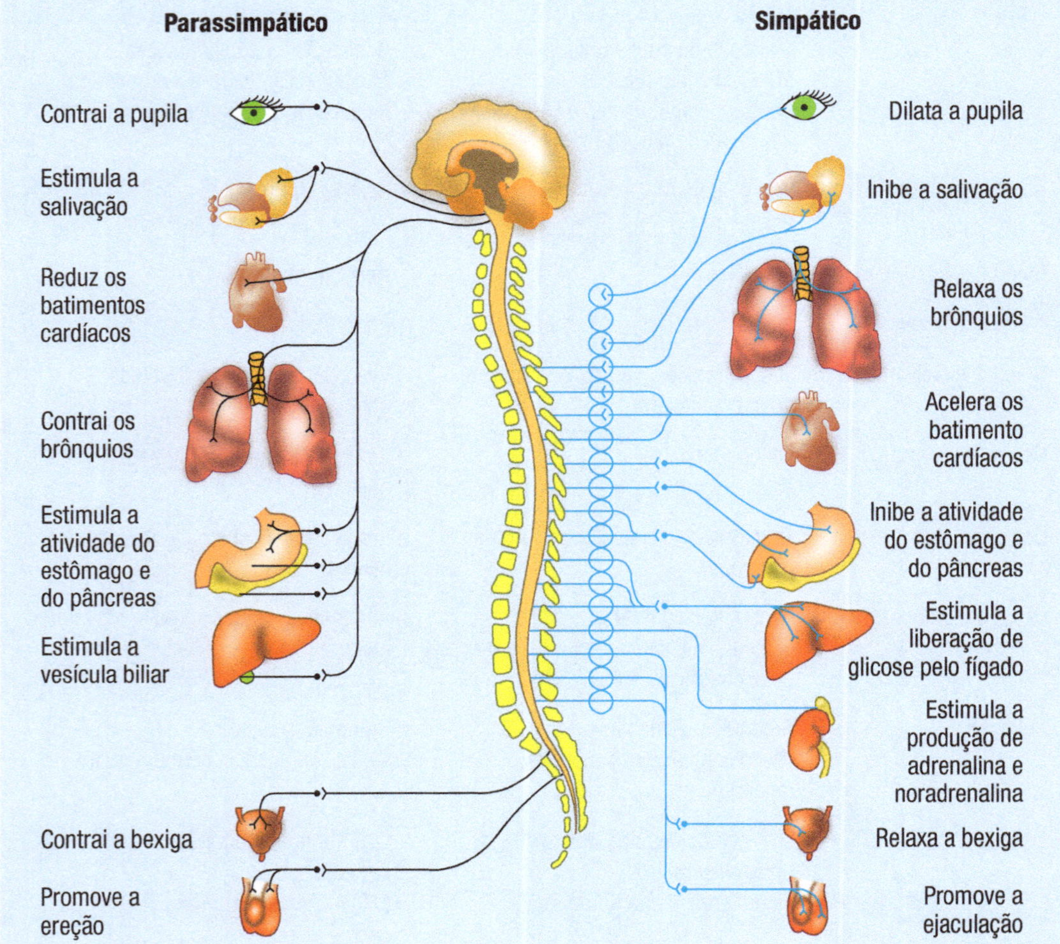

FIGURA 11.3. Representação esquemática da distribuição anatômica e ação do SNSp e SNPs sobre os órgãos.

A importância de se conhecer os tipos de neurotransmissores e receptores específicos existentes no SNA se deve ao fato de que muitas drogas usadas rotineiramente na prática clínica atuam neste sistema, produzindo o efeito desejado ou até efeitos colaterais (Tabela 11.4).

CONTROLE CENTRAL DO SISTEMA NERVOSO AUTÔNOMO

Como citado no início do capítulo, o SNA equivale ao sistema nervoso visceral eferente. O controle autonômico se inicia quando uma informação é percebida em uma víscera, através dos visceroceptores, e transmitida pelas fibras viscerais aferentes até o SNC.[2-4]

Cada órgão apresenta receptores específicos, que enviam continuamente informações a cerca das condições de funcionamento e controle como, por exemplo, de pressão sanguínea arterial, do grau de distensão intestinal e da bexiga urinária, da porcentagem de saturação de gases (O_2 e CO_2) e níveis de glicose no sangue. Porém, diferentemente do sistema nervoso somático, estas informações não se tornam conscientes, exceto quando sinalizam estados de disfunção, como processos infecciosos, inflamatórios, fome (ou o oposto, de plenitude gástrica), sede ou dor.

Na presença de dor, ao contrário do sistema somático, raramente conseguimos precisar a sua localização, pois esta é sentida de forma difusa, já que um neurônio pré-ganglionar realiza sinapses com diversos neurônios pós-ganglionares. A dor também se manifesta em territórios cutâneos, e não na respectiva víscera, caracterizando o fenômeno da *dor referida*. Um exemplo clássico é a dor percebida no tórax, com irradiação para o membro superior esquerdo, com real origem no coração, em casos de infarto cardíaco, ou dor em membro inferior em decorrência de uma cistite (infecção na bexiga urinária).

A informação percebida pelo receptor da víscera é então levada ao SNC (medula e tronco encefálico), onde se localizam os corpos dos neurônios pré-ganglionares. Estes neurônios encontram-se agrupados em núcleos, como já citado anteriormente.

Os centros que realizam o controle do SNA são, principalmente, o tronco encefálico e o hipotálamo. O córtex cerebral também exerce controle sobre o SNA, aumentando ou diminuindo o grau de excitação dos centros hipotalâmicos. É importante ressaltarmos que o controle não é unidirecional ou exclusivo de um centro, e que é realizado através de uma rede de centros interligados e conectados, prontos para serem ativados na presença de um estímulo, a fim de ativarem ou cessarem instantaneamente na presença de qualquer necessidade fisiológica.[4]

No tronco encefálico encontram-se centros vegetativos importantes, como a substância reticular do bulbo e da ponte, que controlam sistemas vitais como o circulatório e respiratório, respectivamente.[5]

Além disso, há centros presentes também no mesencéfalo, como os que controlam o funcionamento da bexiga urinária. Porém, estes centros sofrem inibição do córtex frontal, que promove a regulação consciente do esvaziamento urinário, como quando tentamos evitar o esvaziamento da bexiga durante uma situação ou local inapropriados, por exemplo. Da mesma forma, no exemplo citado no início do capítulo, caso o vestibulando tente se acalmar respirando mais lentamente e profundamente, conseguirá diminuir as manifestações simpáticas. A Tabela 11.3 sumariza as principais vias de integração do SNA e tronco encefálico.

O núcleo do trato solitário, por sua vez, projeta-se para o hipotálamo, amígdala e córtex da ínsula, que estão envolvidos primariamente com o controle do sistema cardiovascular, bem como para núcleos bulbares e pontinos, relacionados ao controle respiratório.

O telencéfalo e o diencéfalo, através do hipotálamo e do sistema límbico, também regulam importantes funções viscerais, através de sinapses com neurônios pré-ganglionares do tronco encefálico e medula. O hipotálamo recebe informações de sensibilidade visceral originadas nos

TABELA 11.3. ***Integração entre o SNA e o tronco encefálico***

SISTEMA	VIA AFERENTE	DESTINO
Sistema cardiovascular, respiratório e trato gastrointestinal	Nervos glossofaríngeo e vago, através dos gânglios nodoso e petroso	Núcleo do trato solitário: • porção caudal: visceroceptores • outras regiões: barorreceptores e quimiorreceptores

nervos facial, glossofaríngeo e vago e envia conexões eferentes para a hipófise, núcleos do tronco encefálico e da medula. O hipotálamo pode ser considerado o principal centro regulador do SNA e desempenha o papel de integrador entre este e o sistema límbico (Capítulo 13 – *Sistema Límbico*). Os núcleos hipotalâmicos são responsáveis pela regulação da temperatura corporal, do sono e da vigília, da ingestão de alimentos e líquidos, da diurese, funções reprodutivas e ritmos circadianos. Como regulador do SNA, é possível que um mesmo estímulo hipotalâmico atinja mais órgãos, pois os neurônios pré-ganglionares do SNSp encontram-se próximos da medula e mais distante dos órgãos, além do fato de que uma fibra pré-ganglionar faz sinapse com um grande número de fibras pós-ganglionares, distribuindo-se por um território mais extenso.

Como já exposto, em alguns casos, todo o SNSp é ativado, desencadeando uma "descarga em massa", inclusive da medula da suprarrenal. Como consequência, adrenalina é lançada à corrente sanguínea, gerando um estado de alerta. Esta situação ocorre em manifestações emocionais ou de emergência, nas quais o indivíduo deve estar preparado para lutar (enfrentar) ou fugir.

Outros exemplos desta atuação do SNA sobre um órgão-alvo incluem a glândula pineal, onde a norepinefrina liberada por neurônios pós-ganglionares estimulam a síntese de melatonina

TABELA 11.4. *Drogas com ação no SNA*

CLASSE DE DROGA	AÇÃO/RECEPTORES	EFEITO
EFEITOS DESEJADOS		
Anti-hipertensivos		
• propranolol	Antagonista beta-adrenérgico (receptores $beta_1$ e $beta_2$)	Diminuição da frequência cardíaca e do tônus vasomotor simpático
• prazosin	Antagonista alfa-adrenérgico (receptores $alfa_1$)	Vasodilatação periférica
Antiasmáticos		
• fenoterol	Agonista beta-adrenérgico (especialmente receptores $beta_2$)	Relaxamento da musculatura lisa dos brônquios e vasos
• ipatrópio	Antagonista de receptores colinérgicos (muscarínicos)	Broncodilatação
Tratamento do glaucoma		
• timolol	Antagonista beta-adrenérgico (receptores $beta_1$ e $beta_2$)	Diminuição da pressão intraocular (diminuição da produção de humor aquoso)
• pilocarpina	Agonista colinérgico (muscarínico)	Diminuição da pressão intraocular (contração do músculo ciliar)
EFEITOS COLATERAIS		
Antidepressivos		
• imipramina	Antagonista colinérgico	Boca seca (diminuição da salivação), obstipação intestinal, embaçamento da visão (midríase), taquicardia
Analgésicos opiáceos		
• tramadol	Antagonista colinérgico (muscarínico e nicotínico)	Obstipação intestinal, sudorese, boca seca (diminuição da salivação)

(hormônio relacionado à indução do sono fisiológico) e o pâncreas, onde a estimulação adrenérgica das ilhotas de Langerhans leva à liberação dos hormônios glucagon e insulina.

O efeito da estimulação do hipotálamo sobre o sistema parassimpático é geralmente mais localizado em um órgão ou área corporal, já que os gânglios se encontram próximos às vísceras, e há menor distribuição das fibras pós-ganglionares.

Com maior frequência o sistema simpático tem ação antagônica à do parassimpático em um mesmo órgão,[6] com o objetivo de que haja coordenação da atividade visceral ou glandular levando a um adequado funcionamento de todos os órgãos frente às diversas situações a que o organismo é exposto. Com o fim do estímulo da situação desencadeante (por exemplo, fome), cessa também a ação do SNA, porém não há abolição total dos estímulos simpáticos e parassimpáticos. Continuamente as fibras simpáticas e parassimpáticas são ativadas, determinando certo grau de estimulação (tônus), o que permite um melhor grau de eficácia nos seus efeitos como, por exemplo, na adequada manutenção da pressão sanguínea arterial dentro dos limites da normalidade.

A influência que o córtex cerebral exerce sobre a regulação do SNA ocorre principalmente durante os estados emocionais, como de raiva, emoção extrema ou susto. Centros como os lobos frontais, regiões temporais, córtex insular e amígdala modulam o grau de excitação dos centros hipotalâmicos. O córtex insular recebe projeções do núcleo do trato solitário, do núcleo parabraquial da ponte e de núcleos hipotalâmicos laterais; estimulação ou lesões da ínsula podem levar a arritmias cardíacas e a estados de hipercontratilidade cardíaca, um dos mecanismos propostos para a ocorrência de "morte súbita", tanto em lesões desta região como em casos de hiperestimulação devido a emoções intensas, especialmente de medo, mas também em casos de emoções positivas: já foram descritos casos de assistolia em torcedores fanáticos de futebol quando seu time marca o gol que leva à vitória.

Finalmente, o córtex pré-frontal ventromedial e córtex do cíngulo exercem o mais alto grau hierárquico de integração das funções autonômicas e destas com o sistema límbico.

REGULAÇÃO DA PRESSÃO ARTERIAL

Uma das funções mais críticas para a manutenção da homeostase corporal é a distribuição adequada do fluxo sanguíneo por todos os órgãos, garantindo o necessário aporte de nutrientes e substâncias (como hormônios) que permitam seu funcionamento, bem como a retirada de metabólitos tóxicos, a fim de serem eliminados. Para isso, deve haver um adequado débito cardíaco e uma pressão arterial sistêmica que garanta que o sangue seja distribuído a todas as células, mesmo aquelas que se localizam distante do coração. A pressão arterial depende dos seguintes fatores: força contrátil do coração, volume de sangue intravascular e resistência dos vasos arteriais periféricos.

O SNA desempenha um papel fundamental no controle da função cardíaca e do estado de dilatação/constrição dos vasos sanguíneos, como já exposto. Assim, permite a manutenção dos níveis de pressão arterial dentro dos limites normais, bem como a adequação desta às variações de posição do corpo (por exemplo, quando passamos rapidamente da posição deitada para em pé).

O reflexo de manutenção da pressão arterial tem seu componente aferente nos barorreceptores localizados no seio carotídeo e arco aórtico (sensíveis à diferença entre as pressões sistólica e diastólica), bem como nas câmaras cardíacas direitas (átrio e ventrículo) e vasos pulmonares (sensíveis a alterações no volume de sangue circulante). As fibras nervosas que conduzem os estímulos provenientes destes barorreceptores caminham através dos nervos glossofaríngeo e vago, em direção ao núcleo do trato solitário, de onde partem fibras que, através de conexões polissinápticas, terminam no núcleo dorsal do nervo vago, de onde partem eferentes novamente através do nervo vago para os nodos atrial, atrioventricular e musculatura do ventrículo esquerdo. Assim, a estimulação deste sistema, provoca a chamada "resposta vagal", em que ocorre diminuição do ritmo cardíaco e de sua força contrátil; paralelamente, fibras do núcleo do trato solitário e centos vasopressores no bulbo projetam-se para células do sistema simpático da medula torácica, que enviam impulsos através do nervo esplâncnico maior ao gânglio celíaco, gerando vasoconstrição do sistema esplâncnico, o que aumenta a quantidade de sangue circulante em até 20%. Desta forma, a pressão arterial pode ser continuamente ajustada de acordo com as necessidades do organismo, dependendo da atividade que está sendo desempenhada e de sua posição, através do equilíbrio entre a atuação dos sistemas simpático e parassimpático. A estimulação simpática também leva, quando necessário, à vasoconstrição nos músculos e pele, o que aumenta a quantidade de sangue disponível para outros processos como, por exemplo, digestão. O excesso de estimulação parassimpática (ou baixa estimulação simpática) leva a bradicardia e diminuição da pressão arterial, enquanto a hiperestimulação simpática (ou baixa estimulação parassimpática), por sua vez, leva a taquicardia e aumento da pressão arterial. Quando em graus extremos, as duas situações prejudicam a adequada circulação sanguínea, levando a prejuízos da perfusão dos tecidos.[7]

REGULAÇÃO DA RESPIRAÇÃO

A atividade respiratória, embora essencial para a sobrevivência do organismo, é regulada através de um mecanismo autônomo, mas está sujeita a controle voluntário. Podemos facilmente modular conscientemente nossa frequência respiratória, sua amplitude e até mesmo interromper os movimentos respiratórios por um certo período de tempo (quando mergulhamos a cabeça na água, ou sentimos um odor muito ruim, ou tentamos nos livrar dos soluços). No entanto, após algum tempo sem respirar, algo acontece que nos faz perder o controle da situação: se insistirmos em nos manter em apneia além de um determinado período de tempo, sentiremos uma urgência cada vez maior para realizar um movimento inspiratório, e caso isso não aconteça, entrará em cena um mecanismo adaptativo (na maior parte das situações) que garantirá o retorno da respiração: perderemos a consciência, o que devolverá o controle respiratório aos sistemas autônomos.

O controle do ritmo respiratório inicia-se através de informações aferentes provenientes de quimiorreceptores localizados na artéria carótida, sensíveis a alterações no pH sanguíneo e a hipóxia (ambos os parâmetros são indicadores de diminuição da saturação de O_2, e o primeiro, do aumento da saturação de CO_2 no sangue arterial). As informações aferentes seguem através do nervo glossofaríngeo até o núcleo do trato solitário. Paralelamente, informações sobre a diminuição de saturação de O_2 provenientes da aorta caminham pelo nervo vago até o bulbo. Outra fonte de informação aferente provém do estado de distensão das fibras musculares lisas das vias respiratórias, que se projeta através do nervo vago para o núcleo do trato solitário, modulando a amplitude e duração do movimento respiratório.

O ritmo respiratório é gerado por três pares de núcleos localizados no tegmento do bulbo e ponte: grupo respiratório ventral (que contém neurônios inspiratórios na sua porção superior e expiratórios na porção inferior), grupo respiratório bulbar dorsal (que contém, principalmente, neurônios inspiratórios) e um par de núcleos pontinos, que disparam alternadamente nos intervalos entre a inspiração e expiração. Os neurônios inspiratórios fazem sinapse com os motoneurônios do nervo frênico (que controla o diafragma) e os nervos que controlam os músculos intercostais, lateralmente aos cornos anteriores da medula espinhal, nos três primeiros níveis cervicais. A lesão destes tratos gera a perda dos movimentos respiratórios automáticos ipsilaterais à lesão (mas não afeta a capacidade de respirar voluntariamente, ver a seguir). Em situações normais, apenas a inspiração é realizada através de um movimento ativo, sendo a expiração passiva. No entanto, em algumas situações de aumento do ritmo respiratório, a expiração pode ter um componente ativo, em que os músculos intercostais e abdominais auxiliam a expelir o ar. Existem ainda centros "auxiliares" do controle respiratório, que não estão envolvidos na geração dos ritmos respiratórios normais, mas entram em ação em situações extremas:

- Centro pneumotáxico: localizado na ponte, modula a resposta a hipóxia, hipocapnia (baixa saturação de CO_2 no sangue) e expansão pulmonar. Possui neurônios inspiratórios, expiratórios e um grupo de neurônios que se mantêm ativo no intervalo entre as duas fases;
- Centro apnêustico: localizado na porção inferior da ponte, modula a atividade dos neurônios inspiratórios bulbares.

O controle voluntário da respiração torna-se importante em situações como falar, cantar, engolir, além dos exemplos citados acima. Estudos de neuroimagem funcional demonstraram que este controle voluntário está associado à atividade do córtex motor e pré-motor, cujas vias descendentes conectam-se aos motoneurônios do nervo frênico, cujos corpos celulares encontram-se nos três primeiros níveis cervicais da medula espinhal, como já descrito na seção relacionada à respiração automática. A lesão dessas vias descendentes impede o controle voluntário da respiração, mas não afeta o controle automático integrado pelo tronco encefálico, o qual é capaz de manter um ritmo respiratório regular de 16 movimentos por minuto, com adequado volume corrente.

Alterações do ritmo respiratório ocorrem usualmente em pacientes comatosos e incluem:

- Respiração de Cheyne-Stokes: consiste em períodos de apneia alternados com períodos de hiperventilação num ritmo em "crescendo-decrescendo". Ocorre em lesões diencefálicas. Este padrão de respiração pode estar presente em situações fisiológicas, como em idosos e no sono de pessoas normais;
- Hiperventilação neurogênica central: padrão respiratório em hiperventilação mantida, inicialmente descrito como indicativo de lesões mesencefálicas. No entanto, é muito mais frequente nos comas de origem metabólica, como mecanismo compensatório;
- Respiração apnêustica (de Kussmaul): caracterizada por períodos de inspiração rápida seguidos de parada em inspiração profunda; indica lesão na porção inferior da ponte;
- Respiração periódica de ciclo curto (em salvas): assemelha-se à de Cheyne-Stokes, porém os ciclos são mais curtos; ocorre em lesões de ponte inferior, fossa posterior e na hipertensão intracraniana;
- Respiração atáxica: consiste em um padrão completamente irregular, em que se alternam períodos de apneia, com outros de respiração ora superficial, ora profunda. Ocorre em lesões do bulbo.

Uma forma particularmente bizarra de transtorno da regulação da respiração ocorre na *síndrome de Ondine*, onde há perda do controle automático da respiração durante o sono, com preservação do controle voluntário. Pacientes com essa síndrome necessitam de ventilação assistida para dormir. Os locais documentados de lesão incluem lesões vasculares, infecciosas ou traumáticas na porção inferior do tronco encefálico.

REGULAÇÃO DA DEGLUTIÇÃO

A deglutição, assim como a respiração, possui controle automático e voluntário (basta lembrarmos que engolimos a saliva durante todo o tempo, mesmo durante o sono, sem termos consciência deste movimento a maior parte do tempo). Visto que existe uma cavidade comum à passagem do ar e alimentos ou saliva, a orofaringe, os movimentos de respiração e deglutição devem ser coordenados, e a respiração é reflexamente suspensa durante o ato de engolir.

O movimento de deglutição inicia-se quando a língua (inervada pelo XII nervo craniano, denominado hipoglosso) empurra o bolo alimentar para a porção posterior da cavidade oral, onde este entra em contato com a parede posterior da orofaringe; ao passar pelos arcos glossopalatino e faringopalatino, a sensação tátil evocada pelo bolo alimentar, veiculada pelos nervos glossofaríngeo e vago, provocam, reflexamente, a contração dos músculos tensor e elevador do véu palatino, que fecham a nasofaringe (impedindo que haja regurgitação do alimento), seguida do movimento anterossuperior da cartilagem aritenoide em direção à epiglote, o que provoca o fechamento das vias aéreas, que se mantêm fechadas também pela contração das pregas aritenoides e epiglóticas e das cordas vocais, que fecham a traqueia. Estes movimentos fazem com que a epiglote dirija o alimento em direção à valécula, e a contração dos músculos da faringe (palatofaríngeos e estilofaríngeos) gera um movimento peristáltico que empurra o bolo alimentar através do esfíncter cricofaríngeo (aberto em decorrência da elevação da laringe) em direção ao esôfago (Fig. 11.4). O nervo responsável pela movimentação dos músculos da faringe é o glossofaríngeo, e os movimentos musculares necessários para o fechamento das vias aéreas são mediados pelo nervo vago.

O reflexo de deglutição é integrado no bulbo, sendo que este "centro da deglutição" localiza-se na região do núcleo do trato solitário, próximo ao centro respiratório bulbar. Não existem conexões diretas entre o núcleo do trato solitário e os núcleos dos nervos glossofaríngeo e vago; portanto, acredita-se que existam neurônios intermediários entre esses centros, localizados na formação reticular adjacente. Esta proximidade entre os núcleos permite a coordenação precisa entre os movimentos de engolir e respirar, fundamental para que não ocorra aspiração de alimentos ou saliva em direção às vias aéreas, o que pode levar a infecções pulmonares e até mesmo à obstrução das vias aéreas.

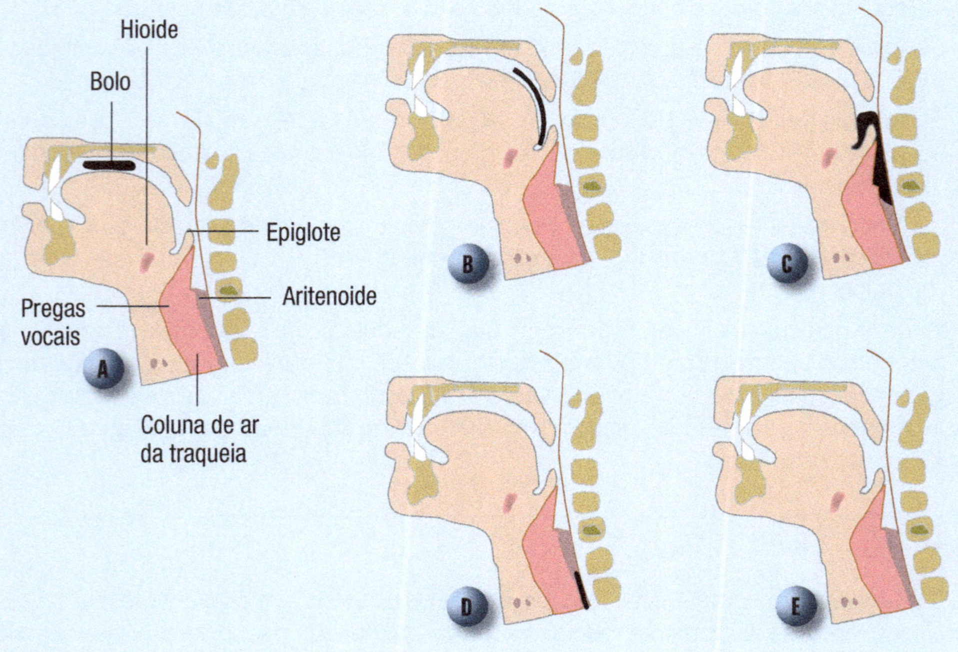

FIGURA 11.4. Movimento das estruturas da faringe e laringe durante a deglutição.

Estudos de neuroimagem indicam que o controle voluntário da deglutição é exercido pelo giro pré-central inferior e porção posterior do giro frontal inferior.

Os transtornos da deglutição denominam-se *disfagia*, e caracterizam-se por dificuldade em iniciar a deglutição (o que pode ocasionar a retenção de alimentos sólidos na orofaringe), regurgitação nasal de líquidos, tosse frequente e engasgos imediatamente após engolir. Disfagia pode ser causada por fraqueza da musculatura de língua e orofaringe (como nas miopatias, distrofias musculares, miastenia *gravis*), nos acometimentos do IX e X nervos cranianos (lesões dos nervos, de seus núcleos e vias no tronco encefálico ou nas lesões supranucleares, como nos AVCs), e em outras doenças degenerativas, como na doença de Parkinson. As principais complicações da disfagia são a já citada aspiração de alimentos e saliva para as vias aéreas, predispondo a infecções pulmonares de repetição e as deficiências nutricionais.

REGULAÇÃO AUTONÔMICA DO SISTEMA ENDÓCRINO

Como já descrito neste capítulo, o hipotálamo é uma estrutura multifuncional, com papel importante como centro integrador das funções vegetativas. Nesta seção, vamos considerar a interação entre o SNA e o sistema endócrino, que permite a regulação de diversas funções do organismo. O hipotálamo mantém conexões maciças com a glândula hipófise, através do assim chamado "eixo hipotalâmico-hipofisário", secretando hormônios reguladores que estimulam esta glândula. A hipófise, por sua vez, é responsável pela secreção de vários dos principais hormônios que permitem a manutenção da homeostase do organismo. Anatomicamente, a porção inferior do hipotálamo continua-se com uma estrutura denominada *eminência mediana*, de onde se projeta o *infundíbulo* (*haste*) da hipófise, uma estrutura altamente vascularizada, que se liga à hipófise (Fig. 11.5). O eixo hipotalâmico-hipofisário pode ser dividido em dois sistemas:

- Sistema hipotálamo-neuro-hipófise: com origem nos núcleos supraóptico e paraventricular do hipotálamo, projeta seus axônios para os vasos sanguíneos da porção posterior da hipófise (neuro-hipófise). A neuro-hipófise é composta por células de tecido nervoso e secreta os hormônios ocitocina e antidiurético (ADH), provenientes, respectivamente dos núcleos paraventricular e supraóptico. A ocitocina tem como função estimular as contrações uterinas no trabalho de parto e a ejeção do leite na mama das lactantes. O ADH (ou vasopressina) atua nos túbulos renais, diminuindo a produção de urina;
- Sistema hipotálamo-adeno-hipófise: com origem na região tuberoinfundibular do hipotálamo, que projeta seus axônios nos plexos capilares da eminência mediana, de onde os hormônios hipotalâmicos atingem a hipófise anterior (adeno-hipófise), através do *sistema porta-hipofisário* (Fig. 11.5). Os hormônios reguladores são produzidos por diferentes núcleos do hipotálamo e atuam sobre a adeno-hipófise; esta é formada por células glandulares de origem ectodérmica. A Tabela 11.5 mostra a integração entre hipotálamo, adeno-hipófise e a função dos homônios liberados através deste eixo, e a Figura 11.6 mostra a atuação dos diversos hormônios hipofisários sobre seus órgãos-alvo.

REAÇÃO DE "LUTA OU FUGA"

Nosso organismo é preparado para enfrentar situações em que se torna necessário utilizar recursos extremos que não são empregados em situações cotidianas, devido ao desgaste que acarretam aos órgãos envolvidos. Estes recursos têm uma origem filogenética bastante remota e capacitam um animal exposto ao perigo a fugir ou lutar por sua sobrevivência.

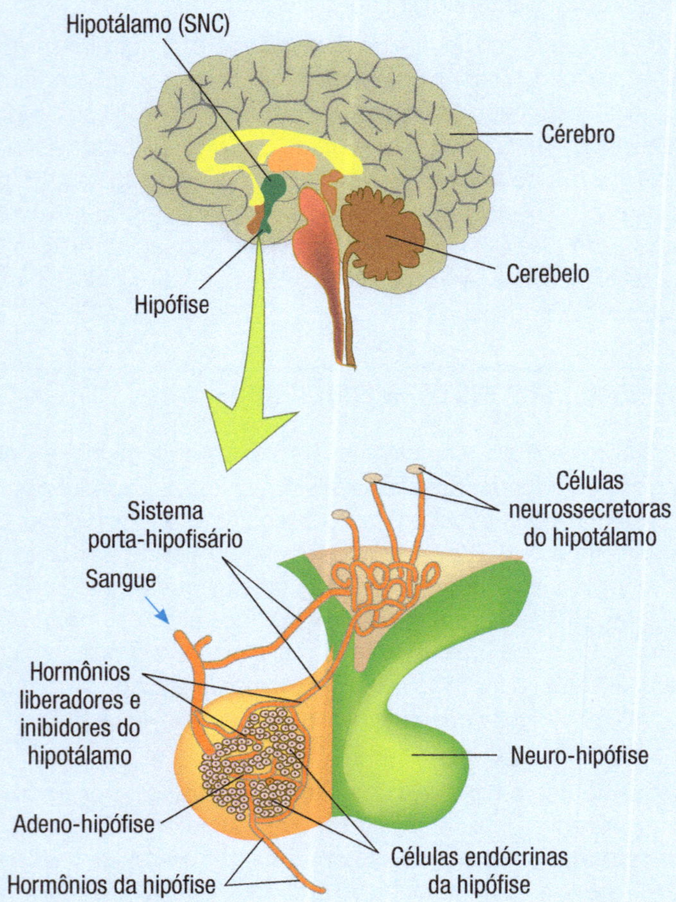

FIGURA 11.5. Representação esquemática das relações entre o hipotálamo e a hipófise; no detalhe: as duas porções da hipófise (adeno-hipófise e neuro-hipófise).

Deste modo, emoções intensas, especialmente o medo e a raiva, desencadeiam uma série de reações corporais que são mediadas pelo sistema simpático e córtex da glândula adrenal (através da sua estimulação via hipotálamo), que levam a uma liberação maciça de adrenalina e noradrenalina, com o objetivo de preparar o organismo para "luta ou fuga" e incluem:

- Aceleração do ritmo cardíaco;
- Aceleração do ritmo respiratório e aumento da amplitude inspiratória;
- Inibição da digestão;
- Constrição dos vasos sanguíneos da pele (levando à palidez);
- Liberação de nutrientes como glicose e gorduras na corrente sanguínea;
- Dilatação dos vasos sanguíneos dos músculos;
- Midríase;

TABELA 11.5. *Hormônios reguladores hipotalâmicos, sua ação sobre os hormônios hipofisários e efeitos periféricos dos hormônios da hipófise*

HORMÔNIO HIPOTALÂMICO	HORMÔNIO HIPOFISÁRIO	AÇÃO PERIFÉRICA
TRH – hormônio liberador de tireotrofina	TSH – hormônio estimulador da tireoide	Estimula a síntese e produção dos hormônios tireoidianos (triiodotironina ou T3 e tiroxina ou T4)
GHRH – hormônio liberador de GH	GH – hormônio de crescimento (também denominado somatotrofina)	Estimula o crescimento do esqueleto, cartilagens e músculos Regula a lipólise Efeito anti-insulínico
SRIH – hormônio inibidor da liberação de GH (também denominado somatostatina)	Inibe a secreção de GH e TSH	
CRH – hormônio liberador de corticotrofina	ACTH – hormônio adrenocorticotrófico	Estimula a síntese e liberação dos hormônios do córtex da glândula adrenal (ou suprarrenal), especialmente glicocorticoides (cortisol ou hidrocortisona), mas também mineralocorticoides (aldosterona)
GnRH – hormônio liberador de gonadotrofina	FSH – hormônio foliculoestimulante LH – hormônio luteinizante	FSH – estimula a maturação dos folículos ovarianos e a secreção de estrógeno (mulher); induz espermatogênese (homem) LH – controla a maturação dos folículos ovarianos, a formação do corpo lúteo e a secreção de progesterona (mulher); estimula a produção de testosterona (homem)
PRH – hormônio liberador de prolactina	Prolactina	Estimula a produção de leite pelas glândulas mamárias

- Tremor;
- Inibição da produção de saliva e lágrimas;
- Piloereção;
- Estado de hipervigilância;
- Exacerbação de reflexos instantâneos.

Todas estas respostas do organismo à hiperestimulação simpática têm por objetivo aumentar o nível de alerta e a velocidade de resposta a um estímulo agressor, e capacitar o animal ou indivíduo a utilizar força física em sua capacidade máxima (lutando ou correndo), através do desvio do fluxo sanguíneo da pele e vísceras para o sistema muscular, da maior disponibilização de O_2 (através do incremento da ventilação) e energia (através da liberação de glicose e gorduras), e do aumento do campo visual (midríase). No entanto, todos nós reconhecemos esta resposta fisiológica como parte de nossa reação aguda ao estresse, de qualquer natureza (o que nos traz de volta ao vestibulando descrito no início do capítulo), podendo ser desencadeada em situações de dor, medo (seja este de uma cobra ou de falar em público), raiva e ansiedade.

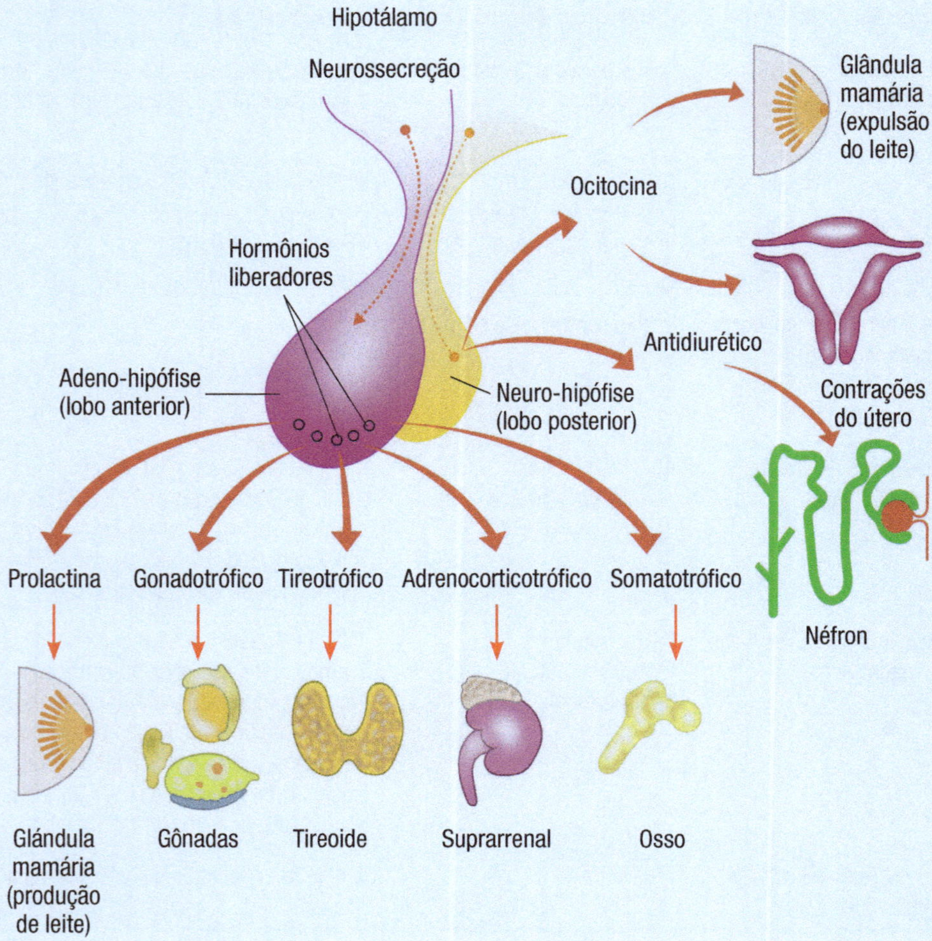

FIGURA 11.6. Representação esquemática da ação dos hormônios hipofisários sobre os diversos órgãos-alvo.

Uma outra forma de resposta ao perigo, quando lutar ou fugir não é possível, é o "congelamento" ou *freezing*, em que o animal prende a respiração, fica imóvel e de olhos fechados, como se estivesse morto (o que teoricamente afastaria o predador). Muitos de nós conhecemos a experiência de parar de respirar e ficar imóveis, ouvindo atentamente o que se passa ao nosso redor, em reação a um medo intenso, como ao ouvir um barulho estranho na porta de casa no meio da noite, quando estamos sozinhos. E, certamente, todos conhecem o termo "ficar paralisado de tanto medo".

As reações descritas acima podem se tornar patológicas quando são dirigidas a medos irreais, quando o acúmulo de estimulação adrenérgica não pode ser extravasado (não acontecem luta ou fuga reais), ou quando se tornam crônicas, dando origem às síndromes de estresse crônico e transtornos ansiosos. Este assunto será abordado no Capítulo 13 – *Sistema Límbico*.

DISFUNÇÕES DO SISTEMA NERVOSO AUTÔNOMO[8-10]

Transtornos pupilares

Síndrome de Claude Bernard-Horner: causada por lesão das fibras simpáticas do olho. Manifesta-se por miose, ptose moderada (paralisia do músculo de Müller) e enoftalmia (retração do globo ocular dentro da órbita). As lesões do tronco encefálico, medula espinhal cervical e ápice da órbita podem causar esta condição.

Transtornos da micção

Caso a lesão seja periférica, com interrupção do arco reflexo, como pode ocorrer no diabetes, a musculatura da bexiga tende a ficar hipotônica e a reter urina, com distensão progressiva, levando ao quadro de incontinência por transbordamento.

Nas lesões agudas na medula espinhal, como as que ocorrem nos acidentes automobilísticos, há uma inibição do reflexo esfincteriano, levando à incapacidade para iniciar voluntariamente a micção. As micções são fracionadas, ocorrendo predominantemente por estimulação sensitiva ou por um aumento de pressão sobre a bexiga. É muito comum a ocorrência de infecções pela presença de resíduo urinário, secundário à incapacidade de esvaziamento total.

As lesões de lobo frontal podem ocasionar incapacidade de controle voluntário da micção e incontinência (urinária e fecal), com necessidade de utilização de fraldas.

Transtornos circulatórios

A manutenção da pressão arterial pode sofrer alterações em decorrência de lesões que interrompam a condução medular e a regulação vasomotora, por neuropatias periféricas ou doenças degenerativas do sistema nervoso, como a doença de Parkinson. Com a perda do controle autonômico, quando o indivíduo passa para a posição ortostática, não ocorre a vasocontrição reflexa necessária para evitar a queda abrupta da pressão arterial, e isso leva à *hipotensão ortostática*. Os sintomas da hipotensão podem ser mal-estar (com escurecimento da visão), vertigem e, ocasionalmente, perda de consciência e queda. Nos casos secundários a doenças pode haver comprometimento dos barorreceptores ou das fibras pós-ganglionares simpáticas relacionadas ao controle vasomotor. Na hipertensão ortostática idiopática, que acomete indivíduos adultos de meia idade ou idosos, a lesão envolve principalmente as fibras pós-ganglionares simpáticas.

- Síncope: caracteriza-se pela perda de consciência e do tônus postural, com incapacidade de se manter em pé, devida a diminuição do fluxo sanguíneo cerebral. As síncopes podem ter inúmeras causas (como doenças cardíacas, por exemplo), mas aquelas ocasionadas por disfunções do SNA são denominadas *síncopes neurogênicas*. Uma forma muito comum é a *síncope vasovagal ou vasodepressora*, mediada por diminuição do tônus simpático normal (que leva à vasodilatação nos vasos de resistência), associada a aumento da resposta vagal e bradicardia. Esta forma de síncope pode ser desencadeada por emoções fortes, visão de sangue ou cenas repulsivas, calor intenso, dor, medo e durante exercícios intensos.

Transtornos da sudorese

Hiper-hidrose (aumento da sudorese) pode resultar do excesso de ativação de fibras sudomotoras em algumas neuropatias periféricas, ou acompanhar a dor da distrofia simpática reflexa (ver a seguir *Síndromes da dor regional complexa*). Hiper-hidrose pode ser uma manifestação idiopática isolada, de origem congênita, neste caso ocorrendo especialmente nas palmas das mãos. Anidrose (abolição da sudorese) é frequente nas neuropatias periféricas, acometendo as fibras pós-ganglionares simpáticas. Na síndrome de Claude Bernard-Horner ocorre anidrose na hemiface acometida.

Transtornos dos sistemas de regulação

A desregulação da função neuroendócrina do hipotálamo causa distúrbios como a hipertermia, a adipsia (ausência de sede) ou seu oposto, a polidipsia, hiperfagia ou anorexia, e apatia ou fúria excessiva.

Síndrome de Adie

Caracterizada por uma pupila tônica levemente dilatada, ocorrendo em combinação com diminuição dos reflexos das extremidades inferiores. A pupila afetada apresenta abolição do reflexo fotomotor, mas não da resposta de miose à acomodação (o que é denominado "dissociação luz-perto") e é extremamente sensível à pilocarpina, que induz constrição pupilar. É causada por degeneração do gânglio ciliar e das fibras parassimpáticas pós-ganglionares.

Disreflexia autonômica

Síndrome associada a danos na medula espinhal acima do nível torácico médio, caracterizada por um aumento acentuado na resposta simpática a estímulos menores, como distensão retal ou da bexiga. Entre as manifestações estão hipertensão, taquicardia (ou bradicardia reflexa), febre, rubor e hiper-hidrose (aumento da sudorese).

Síndromes da dor regional complexa (distrofia simpática reflexa)

Condições caracterizadas por dor envolvendo uma extremidade ou outra região do corpo, hiperestesia (aumento da sensação da dor mesmo frente a estímulos leves) e disfunção autônoma, localizada, consequente a lesões de tecidos moles ou nervos. A dor normalmente é associada a eritema, alterações da temperatura cutânea, hiper-hidrose ou edema. O grau da dor e outras manifestações são desproporcionais em relação àquelas esperadas pelo evento incitador. Dois subtipos desta condição foram descritos: tipo I (distrofia simpatico-reflexa) e tipo II (causalgia).

Referências Bibliográficas

1. Guyton AC, Hall JE. Tratado de fisiologia médica. 11ª ed. Rio de Janeiro: Elsevier; 2006.
2. Lent R. Neurociência da mente e do comportamento. Rio de Janeiro: Guanabara Koogan; 2008.
3. Lundy-Ekman, L. Neurociência: fundamentos para a reabilitação. 3ª ed. Rio de Janeiro: Elsevier; 2008.
4. Cambier J, Masson M, Dehen H. Semiologia das funções vegetativas. In: Cambier J, Masson M, Dehen H. Neurologia. 11ª ed. Rio de Janeiro: Guanabara Koogan; 2008.
5. Campero M, Verdugo R. Avaliação neurofisiológica do sistema nervoso autônomo. In: Pinto LC, editor. Neurofisiologia Clínica. São Paulo: Atheneu 2006; p. 580-5.
6. Ondicova K, Mravec B. Multilevel interactions between the sympathetic and parasympathetic nervous system: as minireview. Endocr Regul 2010; 44:69-75.
7. Fernandes TL, Piratello AC, Farah V et al. Effect of carotid and aortic baroreceptors on cardiopulmonary reflex: the role of autonomic function. Braz J Med Biol Res 2010; 43:681-6.
8. Mathias CJ. Autonomic disorders and their reccognition. NEJM 1997; 336:721-4.
9. Mc Leod JG, Tuck RR. Disorders of the autonomic nervous system. Part I. Pathophysiology and clinical features. Ann Neurol 1987; 21:419-30.
10. Ropper AH, Samuels MA. Disorders of autonomic nervous system, respiration, and swallowing. In: Ropper AH, Samuels MA, editors. Adams and Victor's Principles of Neurology. 9ª ed. New York: McGraw-Hill; 2009.

Neuroplasticidade e Reabilitação

12

O sistema nervoso central (SNC) permite ao animal a modulação de seu comportamento. Sabemos que uma série de comportamentos (que visam à interação do animal com o meio ambiente, possibilitando sua sobrevivência e adaptação) são instintivos e considerados inatos, isto é, geneticamente determinados para uma dada espécie. Os comportamentos instintivos, por mais estereotipados que sejam, podem sofrer alguma espécie de modificação de acordo com a pressão do meio ambiente. O cérebro caracteriza-se pela notável *plasticidade*, ou capacidade de mudança e reorganização, de suas conexões neurais e funções. Desta forma, o *aprendizado* implica na mudança de um comportamento através da experiência e exige como pré-requisitos a *aquisição de conhecimento* a respeito do mundo e a *memória*, para codificar, estocar e acessar este conhecimento.

O indivíduo aprende a se comportar levando em conta o equilíbrio com o meio ambiente. Sobrevivência e otimização do desempenho determinam o grau de participação de mecanismos genéticos ou ambientais. Exemplificando, programas predeterminados geneticamente garantem a atividade muscular relacionada à alimentação. Tal condição "pré-programada" pode ser alterada, pois mesmo os padrões de alimentação podem ser variados conforme as diversas culturas: comportamentos sociais relacionados com o ato de ingerir os alimentos e consistência dos mesmos levam o SNC a se adaptar a essas necessidades. Por outro lado, a linguagem, a mais plástica das atividades mentais, está aberta e dependente da interação com o meio ambiente, mas nesta também se pode reconhecer mecanismos geneticamente determinados. Essa razão de utilidade aplica-se a mecanismos micro e macroestruturais de organização do SNC e segue marcha de desenvolvimento tal que inicialmente esse equilíbrio indivíduo/meio ocorre seguindo programas fortemente determinados pela genética. Gradativamente o indivíduo "conhece" o seu meio e aprende a reagir a ele, e isso ocorre porque seu SNC tem capacidade adaptativa.

Nas últimas décadas os conceitos a respeito da plasticidade neuronal vêm sofrendo extensas modificações. Durante muitas décadas considerou-se que apenas o SNC imaturo ou em desenvolvimento era capaz de sofrer influências externas que permitissem uma reorganização estrutural a nível celular para compensar uma lesão. A recuperação do SNC após uma lesão era considerada um evento restrito ao período de infância e pré-adolescência, não sendo teoricamente possível num cérebro "maduro", a não ser dentro de limites bastante estreitos. Atualmente, este conceito vem sendo gradativamente mudado através de diversos experimentos e observações que têm demonstrado um potencial neuronal de regeneração antes não imaginado.

O desenvolvimento cerebral caracteriza-se pelo registro de interações do indivíduo com o meio ambiente e com suas próprias percepções e pensamentos. Desta forma, espera-se que estes registros tenham uma certa estabilidade, ou resistência a modificações, de tal forma que as experiências adquiridas possam ser armazenadas a longo prazo, a fim de ser utilizadas pelo indivíduo diante de novas situações, integradas entre si gerando novas possibilidades de comportamento, e até mesmo comunicadas a outros indivíduos. Pode-se então facilmente entender que não seria desejável que as células do sistema nervoso (SN) sofressem um processo de renovação tão intenso quanto as células da pele, pois isto não permitiria a formação de registros e de conexões estáveis entre os neurônios. Esta estabilidade do SNC é o que permite, em última instância, que ao longo da vida nós tenhamos a sensação de sermos "a mesma pessoa" que se modifica desde a infância até o final da vida (consciência de si mesmo ou *self*). Sem a estabilidade neuronal, não experimentaríamos esta sensação de continuidade da vida e de reconhecimento de nós mesmos como indivíduos únicos e distintos dos demais.

No entanto, ao mesmo tempo em que deve ser estável, o SN precisa possuir mecanismos que permitam a sua remodelação, sem a qual não seria possível o registro de novas informações a partir da exposição ao ambiente (aprendizagem).

Estudos de neuroimagem funcional mostram que o local de ativação cerebral se modifica durante a execução de uma mesma tarefa, dependendo do estágio de aprendizagem em que esta se encontra. Assim, se considerarmos uma tarefa motora (como tocar as pontas dos dedos das mãos com o polegar repetidas vezes), observamos que a área motora suplementar é ativada durante o período de aprendizado; à medida que a repetição torna o movimento mais acurado, ocorre aumento na ativação e na extensão da área de córtex motor ativada. Quando o indivíduo se torna proficiente na sequência treinada, a ativação correspondente ao movimento passa a ser observada no córtex motor primário e sua automatização leva à transferência para estruturas subcorticais, incluindo núcleos da base e cerebelo.[1] Se o indivíduo sofrer uma lesão no polegar e tiver que reaprender a tarefa, esta gerará novamente uma ativação na área motora suplementar, e assim por diante.

O conhecimento atual sobre a adaptabilidade e plasticidade do SN mostra que este direciona as respostas comportamentais, mas também é modificado pelas forças ambientais, havendo um papel ativo do indivíduo neste processo. Desta forma, como será exposto adiante, os genes (e seus produtos proteicos) determinam o padrão de interconexões entre os neurônios e os detalhes de seu funcionamento e, portanto, as diversas combinações de genes herdados por indivíduos exercem um controle significante sobre o seu comportamento. De certa forma, podemos dizer que somos "limitados" aos estímulos que nosso cérebro consegue processar e a um repertório de comportamentos que é possível considerando a nossa estrutura física. Uma forma simples de compreender este fato é lembrarmos que nosso sistema auditivo trabalha dentro de uma faixa determinada de frequência "audível", que é diferente da dos cães (que são capazes de ouvir o som de apitos que emitem uma frequência de onda que eles podem perceber, mas nós não). Da mesma forma, nosso sistema visual trabalha dentro de uma frequência de ondas "humanamente visíveis" (cores), havendo um espectro muito maior de ondas eletromagnéticas ao nosso redor, mas que nosso sistema visual não consegue processar. No entanto, dentro destes limites preestabelecidos, o aprendizado e o comportamento exercem uma influência sobre o cérebro, num mecanismo de retroalimentação, o que, por sua vez, pode produzir alterações na expressão genética e mudanças nos padrões de conexão neuronal (Fig. 12.1).

MECANISMOS BÁSICOS DE NEUROPLASTICIDADE

Do ponto de vista macroestrutural, os principais mecanismos de plasticidade neural são a *expansão* de uma área especializada e o *recrutamento* de áreas remotas para uma determinada função.

A expansão de uma área especializada ocorre quando a partir do aprendizado ou como resposta a uma lesão, neurônios de uma área adjacente assumem a função que está sendo aprendida/

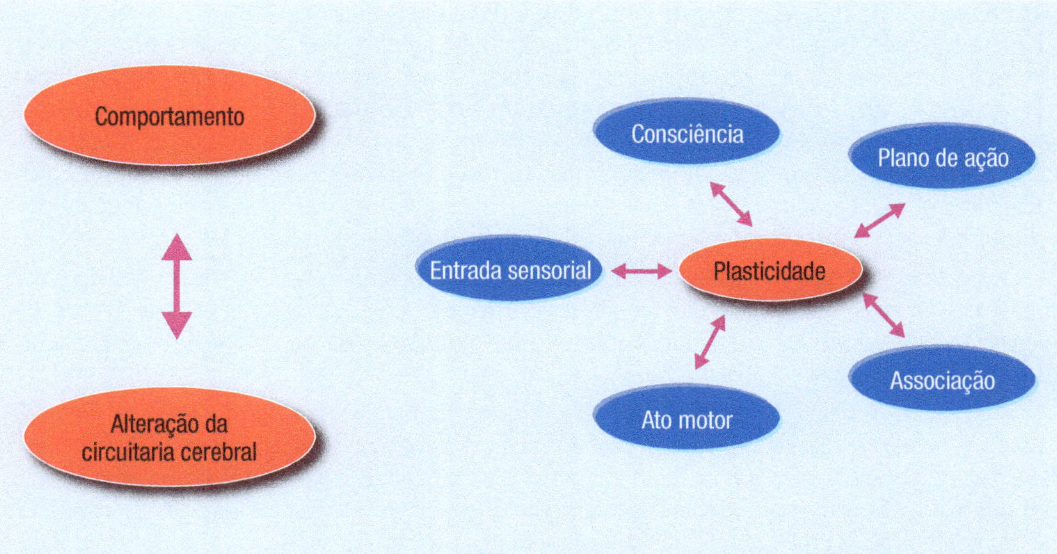

FIGURA 12.1. Representação esquemática da interação entre cérebro e comportamento, mediada pela neuroplasticidade.

recuperada, assumindo-se que esses neurônios não participavam da mesma função anteriormente. No caso do recrutamento de áreas remotas, os neurônios em questão pertencem a uma área mais distante da região afetada, podendo pertencer tanto ao mesmo hemisfério cerebral, quanto ao hemisfério contralateral. Esses dois processos podem envolver tanto áreas corticais quanto subcorticais.

Quando essa remodelação ocorre entre regiões que pertencem a uma mesma modalidade (visual, auditiva, tátil ou motora), é chamada *homotípica* ou *intramodal*. Por outro lado, quando envolve áreas de modalidades diferentes, é denominada *transmodal* (por exemplo, quando uma área do córtex visual passa a ser utilizada no processamento tátil).

Do ponto de vista microestrutural, podemos dividir os mecanismos de neuroplasticidade em *mecanismos de curto e longo prazo*. Os mecanismos de curto prazo, colocados em ação em segundos, mas que também promovem alterações por um período de tempo finito (minutos, horas, ou no máximo alguns dias) envolvem modificações no padrão de conectividade entre neurônios, mudanças na excitabilidade da membrana dos neurônios e modulação sináptica.

A alteração de conectividade neural é um mecanismo de instalação rápida, que engloba alterações no equilíbrio entre influências excitatórias e inibitórias em vias neurais. Desta forma, o aprendizado ou a necessidade de recuperação de uma função após lesão pode expandir o alcance de uma rede neural, o que é conhecido como mecanismo de "desinibição". Esta forma de plasticidade está ligada ao neurotransmissor inibitório GABA (ácido gama-aminobutírico), sendo que quando receptores GABA são bloqueados, a desinibição pode ocorrer.[2]

A mudança no padrão de excitabilidade neuronal baseia-se na modificação do movimento de íons como cálcio e potássio através de sua membrana celular, além da ação de neurotransmissores, como a serotonina.

O processo de modulação sináptica diz respeito ao enfraquecimento ou fortalecimento das conexões entre os neurônios e inclui os mecanismos de potenciação de longo termo (*long term potentiation* – LTP) e a depressão de longo termo (*long term depression* – LTD). A potenciação de longo termo é desencadeada quando ocorre uma alta frequência de estímulos repetitivos em uma determinada via neuronal (o que ocorre, por exemplo, quando lemos e repetimos em voz alta diversas vezes um texto escrito que precisamos memorizar); por outro lado, a depressão de longo termo é uma resposta à baixa frequência de estimulação em uma mesma via. Ambos os mecanismos compartilham a mesma base bioquímica e molecular, que é o nível de ativação de receptores glutamatérgicos N-metil aspartato (NMDA) pós-sinápticos por íons cálcio; a LTD ocorre quando há baixa estimulação destes receptores, enquanto a LTP implica uma alta estimulação.[3]

Os mecanismos de neuroplasticidade de longo prazo incluem o brotamento sináptico e dendrítico e a neurogênese. O primeiro implica na formação de novas conexões sinápticas, na reorganização das sinapses já existentes e aumento ou diminuição da densidade sináptica em uma determinada via neural.

A neurogênese implica a geração e maturação de novos neurônios e sua incorporação em redes neurais já existentes. Experimentos recentes têm demonstrado que células nervosas de mamíferos retêm sua capacidade de gerar novas células, modificando o antigo conceito de que os neurônios, por serem as células mais altamente especializadas que existem, perderiam totalmente a capacidade de proliferação. Na maior parte dos cérebros adultos de mamíferos, incluindo os seres humanos, células-tronco neurais podem ser encontradas na zona subgranular do giro denteado do hipocampo e na zona subventricular da parede dos ventrículos laterais,[4] e a existência deste potencial de geração de novos neurônios tem implicações importantes na compreensão do mecanismo de formação de novas memórias e na pesquisa relacionada à regeneração de áreas cerebrais lesadas.

Estágios da plasticidade neural

Embora a plasticidade neural esteja presente durante toda a vida de um animal ou indivíduo, existem alguns períodos em que esta se expressa de forma mais evidente (Fig. 12.2). Estes períodos são: a) estágio de formação do SN; b) os períodos de aquisição de habilidades e formação da personalidade durante a infância e adolescência (em maior grau, mas que persiste durante toda a vida); e, c) a reorganização neural na fase adulta, quando o SN sofre algum tipo de lesão (o que felizmente não ocorrerá para uma grande parte das pessoas). É importante termos sempre em mente que a neuroplasticidade está presente em todo o processo de aprendizado e aquisição de experiência na interação com o ambiente e com outras pessoas, sendo, portanto, um fenômeno contínuo e que só cessa com a morte.

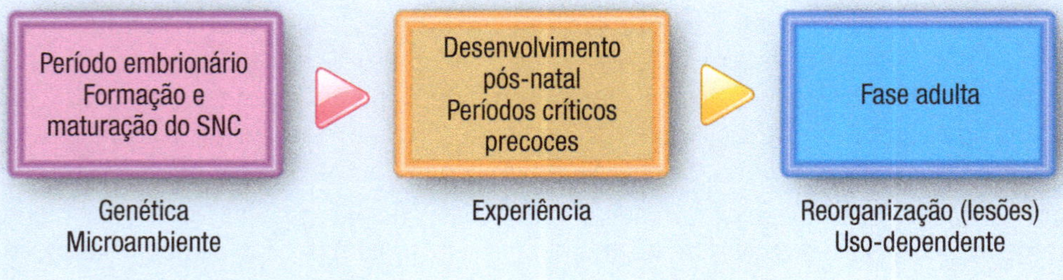

FIGURA 12.2. Representação esquemática dos principais estágios da plasticidade neural.

Desenvolvimento do sistema nervoso, períodos críticos e a emergência do comportamento

Durante o período embrionário inicia-se a cadeia de processos que vai culminar no que conhecemos como *diferenciação* e *especialização celular*. No caso das células nervosas, este processo implica na capacidade de sintetizar neurotransmissores e enzimas, desenvolver receptores proteicos e formar conexões específicas com outras células na sua periferia e à distância (sinapses). Numa fase muito precoce da formação do embrião, suas células, ainda indiferenciadas, organizam-se em três camadas denominadas *endoderma* (a mais interna), *mesoderma* e *ectoderma* (a mais externa). Cada uma destas camadas dará origem a determinados tecidos do organismo. As células nervosas (neurônios e células gliais) formam-se a partir de uma estrutura embrionária denominada *placa neural*, derivada da camada ectodérmica (Fig. 12.3).

Resumidamente, podemos dizer que a sequência de eventos que leva uma célula indiferenciada a se transformar em um neurônio inclui a *determinação* ("separação" de um grupo de células que vai se expressar geneticamente como neurônios e sua disposição em regiões específicas do embrião) e *diferenciação* (engloba a proliferação e formação de neurônios, sua migração para os locais adequados e desenvolvimento de suas interconexões). Já que todas as células de um indivíduo contêm a totalidade da informação genética, a diferenciação (o que permite que um neurônio seja diferente de uma célula da parede intestinal, por exemplo) ocorre como resultado da expressão de genes específicos para cada tipo de célula, com inibição de outros. Este processo é regulado através de substâncias químicas denominadas *fatores de indução*, que são liberadas por células adjacentes do

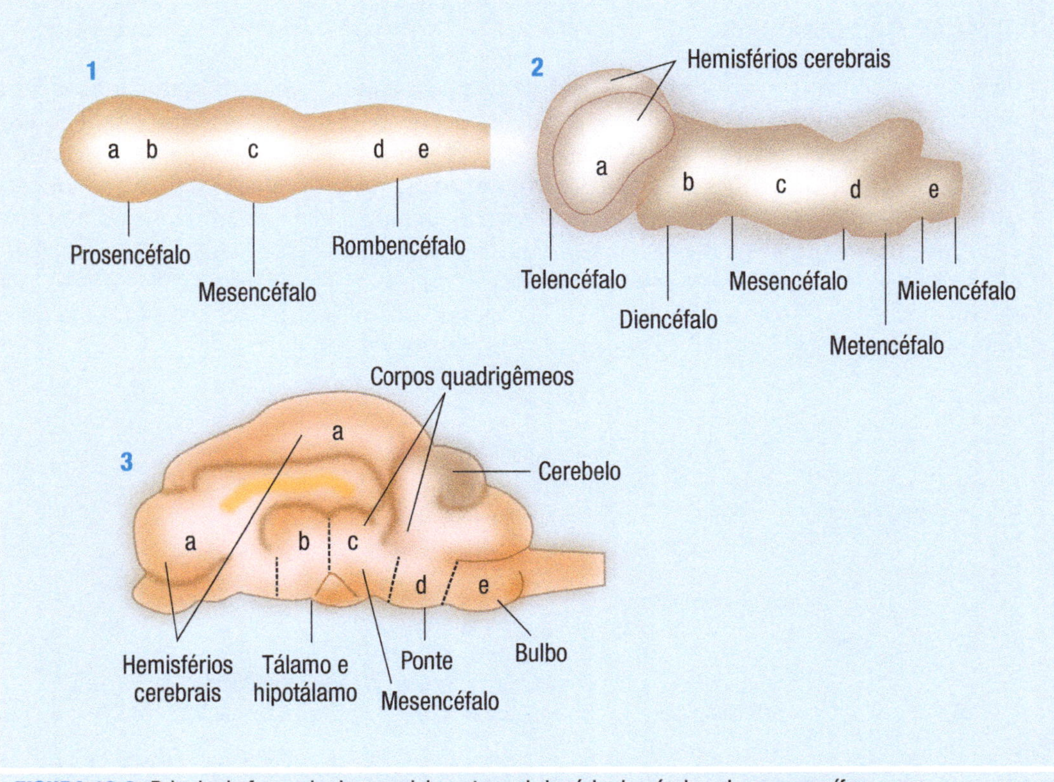

FIGURA 12.3. Principais fases do desenvolvimento embrionário do cérebro de um mamífero.

microambiente embrionário. Esses fatores de indução, ao se ligarem a receptores específicos nas membranas de suas células-alvo, desencadeiam uma série de eventos intracelulares que culminam na expressão dos genes que codificam as proteínas responsáveis pela função específica daquela célula, completando-se assim o processo de diferenciação. A partir desse momento, a célula passará a executar algumas funções exclusivas de sua linhagem, porém não será capaz de realizar aquelas para as quais a expressão genética não foi ativada (especialização). Cada evento ocorrido desencadeia uma sequência de outros eventos, e assim sucessivamente, numa cadeia interdependente. Alguns dos mediadores químicos envolvidos nesta etapa são as proteínas morfogenéticas do osso (*bone morphogenetic proteins* – BMPs, que estimula a diferenciação de células progenitoras da crista neural em neurônios autonômicos, que formarão gânglios do SNA), o fator de crescimento glial (*glial growth factor* – GGF, o qual estimula a diferenciação das células da crista neural em células gliais), e o fator de crescimento neural (*growth neural factor* – GNF, que promove a diferenciação das células primitivas em neurônios). Posteriormente, as células gliais sofrerão mais um processo de diferenciação em seus subtipos, através da ação do fator de crescimento derivado das plaquetas (*platelet-derived growth factor* – PDGF, que controla a formação dos oligodendrogliócitos) e do fator neurotrófico ciliar (*ciliary neurotrophic factor* – CNTF, que promove a formação dos astrócitos). Outros importantes fatores envolvidos na diferenciação e sobrevivência dos neurônios durante a fase embrionária são o fator neurotrófico derivado do cérebro (*brain-derived neurotrophic factor* – BDNF) e as neurotrofinas.[5]

O último estágio desse processo, a formação de interconexões entre os neurônios, inicia-se neste período, porém só vai se completar na fase pós-embrionária, através da influência adequada de fatores ambientais.

FORMAÇÃO DAS SINAPSES

As sinapses constituem a estrutura através da qual as células nervosas trocam informações e substâncias nutricionais e tróficas. Uma célula nervosa deprivada de suas interconexões com outras células sofre degeneração e morre, por ausência destes fatores, o que representa um mecanismo de amplificação de lesão no SNC. A comunicação entre neurônios se faz através dos chamados neurotransmissores, substâncias que têm a propriedade de excitar ou inibir a membrana do neurônio seguinte, assim permitindo a transmissão ou bloqueio de uma informação (Capítulo 2 – *Anatomia e Fisiologia Microscópica do Sistema Nervoso*). A sinapse é composta pelo neurônio pré-sináptico (que libera os neurotransmissores e demais substâncias), fenda sináptica (espaço onde são liberadas as substâncias) e neurônio pós-sináptico (que recebe a informação) (Fig. 12.4).

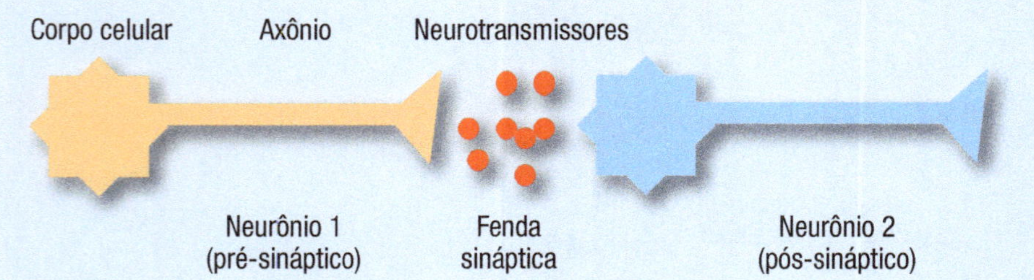

FIGURA 12.4. Representação esquemática de uma sinapse.

O mecanismo de formação de sinapses entre as células nervosas é altamente complexo, pois exige que um número imenso de células "encontre" seus alvos adequados a fim de formar os diferentes tratos e regiões cerebrais, para constituir finalmente todo o sistema nervoso central e periférico. É um processo delicado e de alta precisão. De maneira simplificada podemos entender que um grupo de células nervosas "sabe" qual o seu destino através do reconhecimento de marcadores moleculares (guias) presentes em sua constituição que devem "casar-se" com os do local-alvo. Os marcadores-guia permitem que um determinado axônio "reconheça" todo o trajeto até o seu destino final. Através da completa combinação de marcadores, como uma "senha", estabelece-se a conexão entre as células. Após o estabelecimento inicial destas conexões, ocorrem modificações adicionais levando à moldagem da massa de células, com aumento da diferenciação, retirada da população excedente (em geral por deprivação de fatores de crescimento e nutricionais) e remodelação das sinapses. O tipo de neurotransmissor que um determinado neurônio vai expressar também é controlado por mediadores químicos provenientes de seus neurônios-alvos. Assim, neurônios que inicialmente secretavam norepinefrina passam a secretar acetilcolina quando se conectam com células sudoríparas (que usam este neurotransmissor). Este processo de regulação do tipo de neurotransmissor que um neurônio irá liberar é feito por substâncias da classe das *interleucinas* e incluem o fator inibidor de leucemia (*leukemia inhibitory factor* – LIF) e do já citado CTNF.[6]

Finalmente, haverá um ajuste mais fino, sendo que neste último e mais sofisticado processo o *aprendizado* passa a ter um papel crucial. Todas estas etapas de interação celular são altamente complexas e, portanto, são etapas críticas para um correto desenvolvimento de toda a futura rede neuronal. Erros de migração celular levam a uma série de outras aberrações no processo, que culminam com as chamadas malformações congênitas de SN, muitas vezes induzidas, por exemplo, pelo uso de drogas durante o período crítico de diferenciação celular (primeiro trimestre da gestação).

Temos então, a partir de um certo estágio do desenvolvimento, o aumento da importância do fator ambiental na expressão da maturação do SN. A experiência e o aprendizado passarão a desempenhar um papel fundamental para a integração das regiões cerebrais, e para promover alterações estruturais celulares no sentido de especialização crescente.

Também nesta fase temos os chamados "períodos críticos", em que a criança deverá ser exposta a determinados fatores ambientais a fim de permitir o adequado desenvolvimento de suas habilidades perceptuais, motoras, cognitivas e sociais. Vários experimentos em animais e observações em bebês humanos têm demonstrado a importância de manter um nível de estimulação sensorial e motora, associado à interação social adequada para permitir que o SN complete a sua maturação. Bebês deprivados de contato físico e estimulação ambiental própria (crianças hospitalizadas por longo tempo, por exemplo) apresentam desempenhos cognitivos e sociais bem abaixo do normal, com atraso na aquisição da marcha e linguagem, e sua interação com outras crianças e adultos torna-se deficitária. Outro exemplo que ilustra bem o papel da estimulação ambiental como determinante da fase final de maturação do sistema nervoso pode ser inferido a partir da seguinte observação: crianças com estrabismo congênito, não sendo capaz de fixar os dois olhos no mesmo foco pela presença de desvio em um deles, favorecem um dos olhos, e podem perder parte da visão no olho não favorecido, por privação sensorial. O reconhecimento deste fato permitiu que os oftalmologistas passassem a intervir mais cedo, mesmo cirurgicamente, para a correção do estrabismo, a fim de preservar a acuidade visual normal e permitir a restauração da visão binocular.

Aprendizagem e memória

Sabemos que características específicas das habilidades (o que é aprendido) determinam distintos tipos de codificação na memória. A *memória procedural* ou *procedimental*, a do "como fazer", tem como resultado o *aprendizado implícito*, que ocorre durante a realização. O conhecimento estocado não tem acesso à consciência e dificilmente pode ser verbalizado; é o aprendizado perceptual, de habilidades, procedimentos e regras (como aprender a andar de bicicleta). A *memória declarativa*, ou do "o que fazer" tem como resultado o *aprendizado explícito* de fatos ou eventos. É composta pela memória episódica (de eventos ou autobiográfica) e memória semântica (para fatos). Nesta memória, o conhecimento pode ser acessado por esforço consciente (lembrado), facilitado a partir de pistas, pois o conhecimento se encontra distribuído em diversas áreas de representação corticais e pode ser ativado por diversos canais, como pistas visuais, verbais, odores etc.

Uma diferença importante entre os dois sistemas é o *tempo gasto para aprender*: a memória implícita é de aquisição mais lenta e requer muitas repetições (sessões de treino), enquanto a declarativa pode ser muito rápida e ocorrer após um simples evento (por exemplo, uma aula ou a leitura de um texto). Outra diferença é a *especificidade do aprendizado*: o sistema declarativo responde por um sistema de conhecimento mais flexível, que pode ser mais facilmente generalizado e aplicado a novas situações; a mesma informação aprendida em uma aula de biologia, por exemplo, pode ser utilizada em diversos contextos diferentes. O sistema procedural é mais dependente dos indicadores específicos da situação de treino: assim, o treinamento motor utilizado para aprender a andar de bicicleta não pode ser transposto para se aprender a andar de patins.

Uma última diferença diz respeito ao substrato neuroanatômico: estudos de Brenda Milner (1966, 1968)[7,8] sobre dupla dissociação em paciente amnésico (H.M.) e estudos com animais nos quais foi danificado o sistema límbico sugerem que a memória declarativa em vertebrados, especialmente em humanos, dependa da integridade do lobo temporal medial (hipocampo, córtex entorrinal, perirrinal e para-hipocampal) e estruturas relacionadas do diencéfalo, cruciais para que as informações adquiridas sejam convertidas em memórias de longo prazo, as quais são estocadas em diferentes regiões do córtex de associação. O aprendizado procedural ocorre independentemente do processamento nessas áreas cerebrais; seu substrato neural envolve estruturas do sistema límbico (especialmente amígdala), *striatum*, cerebelo e sistema sensorial e motor de acordo com a tarefa aprendida.

Um tipo particular de aprendizado implícito é conhecido como *pré-ativação* (*priming*), que pode ser definido como um estado de "predisposição" a recordar estímulos relacionados com algo a que o cérebro tenha sido previamente exposto. Por exemplo, a exposição prévia do indivíduo a uma lista de palavras ou objetos provoca uma facilitação da ativação espontânea destes elementos na memória, mesmo que o indivíduo não tenha a lembrança de ter sido exposto aos estímulos. Isto se torna nítido, especialmente, quando o indivíduo é exposto a fragmentos do estímulo (por exemplo, a sílaba inicial das palavras apresentadas).

Resumidamente, temos a classificação para os vários tipos de memória na Figura 12.5.

Paradigmas de aprendizado levam em conta a forma de codificação e a recuperação da informação. Os estudos sobre aprendizagem consideram dois tipos de paradigmas para o entendimento da relação do aprendiz com o meio: *associativo* e *não associativo*. O paradigma não associativo diz respeito à aprendizagem de dados elementares não envolvendo o estabelecimento de relações. O animal aprende a respeito das propriedades de um único estímulo. Refere-se a tarefas repetitivas que muitas vezes são básicas para a aprendizagem de outras mais complexas.

As formas mais comuns de aprendizagem não associativa são a *habituação* e a *sensibilização*. A habituação pressupõe uma diminuição na resposta comportamental a um dado estímulo repetitivo, não nóxico – como, por exemplo, deixar de se assustar com o barulho de rojões que sejam disparados repetidamente no decorrer de um jogo de futebol. O que ocorre nestes casos, a nível molecular, é uma diminuição da quantidade de neurotransmissores liberada na fenda sináptica pelo neurônio sensitivo que recebe o estímulo, depois do mesmo ter sido repetido algumas vezes, o que provoca uma diminuição de disparos do neurônio motor, responsável pela resposta.[10]

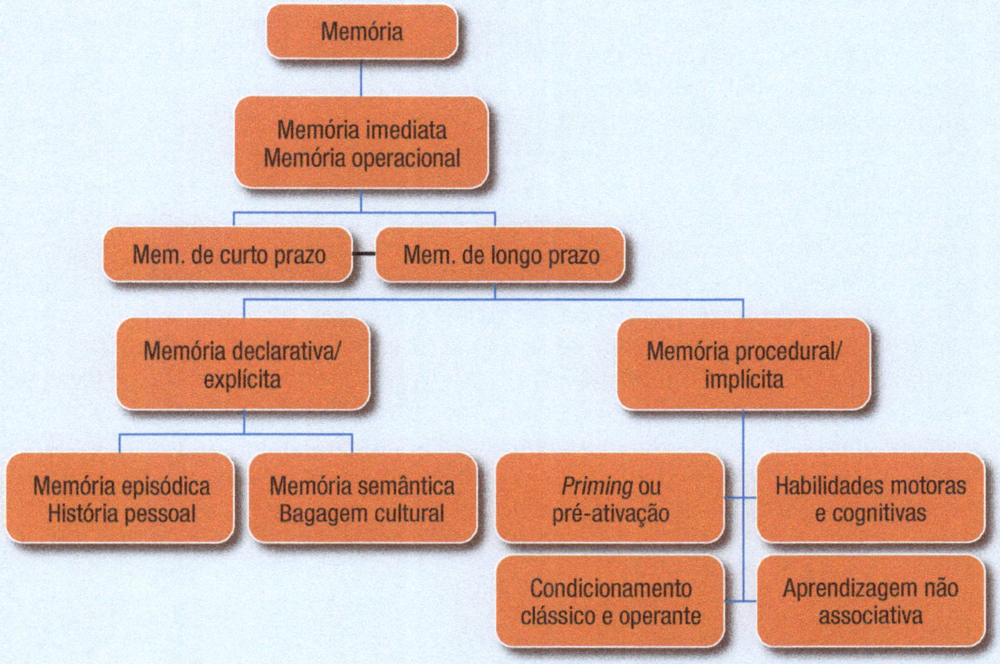

FIGURA 12.5. Taxonomia da memória (baseado em Squire e Zola-Morgan, 1991).[9]

A sensibilização é um aumento da resposta reflexa do indivíduo a uma variedade de estímulos após ter sido submetido a um estímulo nóxico; por exemplo, um animal apresentará uma resposta de retirada vigorosa a um estímulo tátil inócuo após ter recebido uma série de leves choques elétricos. Neste tipo de aprendizagem, há um aumento da liberação de neurotransmissores na fenda sináptica após uma série repetida de estímulos semelhantes. Ocorre um fenômeno de facilitação pré-sináptica, da seguinte forma: os neurônios sensitivos (que recebem o choque) encontram-se conectados a neurônios motores (que comandam a retirada do membro afetado) e a neurônios intermediários (interneurônios) que, por sua vez, também se comunicam com outros neurônios sensitivos (que recebem estímulos táteis simples), excitando-os. Estimulações repetidas (choques) do neurônio sensitivo levam a um aumento da atividade dos interneurônios, com consequente aumento da estimulação dos neurônios sensitivos táteis, facilitando o disparo de uma resposta motora mesmo a um estímulo tátil não nocivo. A aprendizagem não associativa também está presente nos processos de aprendizagem sensorial (formação do registro de uma experiência sensorial) e até na linguagem, através do processo de imitação. Também devemos notar que as alterações que ocorrem até aqui são transitórias, cessando algum tempo após a interrupção da estimulação. Por outro lado, pode haver uma interação entre esses fenômenos, como no caso de um novo estímulo sensibilizante provocar uma *desabituação* (um indivíduo já habituado a um padrão de disparos de rojão pode se assustar novamente se houver uma súbita mudança na frequência ou intensidade dos sons).

O paradigma associativo, por sua vez, prevê o estabelecimento de relações entre dois estímulos (condicionamento clássico) ou entre um comportamento e suas consequências (condicionamento operante). No condicionamento clássico, estabelece-se uma relação entre determinados eventos no meio ambiente, enfatizando-se assim que o aprendizado envolve associação de ideias. Por exemplo, se uma luz é acesa (estímulo condicionado) sempre imediatamente antes do oferecimento de carne a um cão (estímulo não condicionado), após algumas repetições, este passará a apresentar as respostas fisiológicas (salivação) sempre que a luz for acesa, mesmo antes de receber a carne. Isto ilustra a capacidade do cérebro de estabelecer relações causais entre os eventos exteriores. Um pré-requisito fundamental para que se estabeleça esta relação causal entre os estímulos condicionado e não condicionado é que haja um intervalo máximo de tempo entre suas apresentações (experimentalmente 0,5 segundo). Neste caso, de forma semelhante ao mecanismo da sensibilização, ocorre uma facilitação pré-sináptica mediada por interneurônios excitatórios. A diferença é que agora os dois fenômenos são provocados por um único estímulo, o que se denomina *atividade dependente*. No entanto, essa relação temporal (contiguidade) não é, por si só, suficiente para que se estabeleça este tipo de aprendizado; é necessária uma relação de *contingência*. Em outras palavras: tão importante quanto a relação temporal entre os estímulos é que não haja muitas dissociações no pareamento entre eles (especialmente do tipo estímulo condicionado *positivo*/estímulo não condicionado *negativo*).[11] Isto é importante para que o animal aprenda a diferenciar eventos que realmente têm correlação daqueles que ocorrem aleatoriamente, permitindo uma maior capacidade de previsão e adequação de respostas (Fig. 12.6).

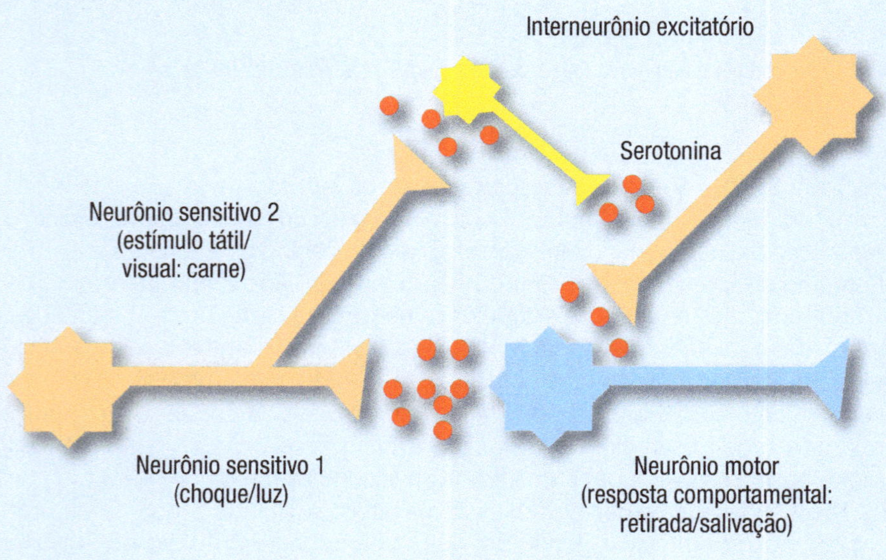

FIGURA 12.6. Representação esquemática do fenômeno de sensibilização e condicionamento clássico. Na sensibilização: o neurônio sensitivo 1, ao ser estimulado, gera uma resposta motora e, ao mesmo tempo, ativa o neurônio sensitivo 2, através de um interneurônio, deixando-o num estado de pré-ativação. Após algumas repetições, um estímulo no neurônio sensitivo 2 causará a mesma resposta comportamental que o neurônio sensitivo 1 causaria. No condicionamento clássico, a relação de contiguidade temporal (pareamento) entre o estímulo ao neurônio sensitivo 1 (condicionado – luz) e ao neurônio sensitivo 2 (não condicionado – visão da carne) faz com que após algumas repetições (treino) o disparo do neurônio sensitivo 2 siga-se automaticamente ao do neurônio sensitivo 1 (atividade dependente).

No caso do condicionamento operante ou "aprendizado por tentativa e erro", o animal aprende a associar um comportamento (que inicialmente pode ter ocorrido ao acaso, como apertar um botão em sua gaiola e receber uma porção de comida) com uma certa consequência: a partir daí, tenderá a procurar ou evitar este comportamento caso a consequência tenha sido prazerosa (recompensa) ou desagradável (punitiva). Essa tendência de comportamento é conhecida como "lei do efeito", e é considerada por muitos psicólogos experimentais como o elemento básico do comportamento voluntário. Nesse caso, também é importante que haja uma relação temporal entre o comportamento e a sua consequência, para que a relação se estabeleça.

Um conceito biológico importante com referência ao aprendizado associativo é que o mesmo se encontra restrito a algumas regras de funcionamento do SNC. A primeira delas diz que este aprendizado não se dá de forma aleatória e arbitrária, mas que deve haver algum propósito para o estabelecimento de relações entre estímulos (formação de um "padrão"). Por exemplo, se um animal ingerir uma substância tóxica acidentalmente e sentir náuseas e dor abdominal após algum tempo, evitará expor-se novamente ao alimento que provocou sua doença. No entanto, se um animal de laboratório apresentar diarreia após receber um estímulo auditivo, não desenvolverá aversão a este, pois o SN não está programado, a priori, para relacionar "som" com "envenenamento alimentar" e a relação entre os dois eventos terá grande chance de ser interpretada como aleatória e não ameaçadora à integridade do indivíduo, sendo necessário um número muito grande de ocorrências semelhantes (lentificação do aprendizado) para que o animal perceba a relação de causa e efeito.

Com relação ao substrato neuroanatômico, temos a seguinte correlação (ver detalhes na Fig. 12.7):

- Memória explícita (declarativa): para fatos (semântica) e eventos (autobiográfica); lobo temporal medial para codificação e consolidação, córtex de associação para estocagem;
- Memória implícita (não declarativa): pré-ativação (*priming*): neocórtex; procedimentos (habilidades e hábitos, como tocar piano e dizer "obrigado"): *striatum;* aprendizado associativo (condicionamento clássico e operante); com resposta emocional: amígdala; com resposta motora: cerebelo; aprendizado não associativo (habituação e sensibilização): vias reflexas motoras e sensitivas específicas.

Como descrito anteriormente, para que o aprendizado adquira um caráter definitivo, menos vulnerável à perda, é necessário que a memória de curto prazo se converta em memória de longo prazo (consolidação). No caso do aprendizado implícito, a liberação aumentada de serotonina pelos interneurônios excitatórios em decorrência da repetição do estímulo (treino) leva a alterações na expressão genética, que por sua vez induzem a síntese de proteínas e crescimento de novas conexões sinápticas que fortalecem e solidificam as ligações entre os neurônios – estabelece-se uma via neuronal que corresponde à representação de um conhecimento. No caso da memória declarativa, o mecanismo neurofisiológico responsável pela consolidação é a já descrita potenciação de longo termo, um aumento de amplitude de potenciais excitatórios pós-sinápticos em neurônios do hipocampo, desencadeado pelo estímulo repetido em suas vias sinápticas (treino). Da mesma forma que no aprendizado implícito, ocorre a partir daí uma alteração da expressão genética dos neurônios envolvidos, com síntese proteica e brotamento sináptico. Assim, através das extensas ligações do córtex temporal medial com o córtex de associação heteromodal, a consolidação e a estocagem do conhecimento tornam-se possíveis.

Embora diversos paradigmas de aprendizado possam ser utilizados na atividade clínica é importante que o profissional de reabilitação esteja consciente de suas possibilidades e especificidades em sua proposta terapêutica (técnica). Seria inconcebível, por exemplo, o ensino de aspectos semânticos da linguagem através de atividades que envolvessem condicionamento. Por outro lado, pode-se utilizar o princípio de habituação para o tratamento de algumas desordens psiquiátricas, como as fobias, em que a exposição sistemática e gradativa ao estímulo que originalmente

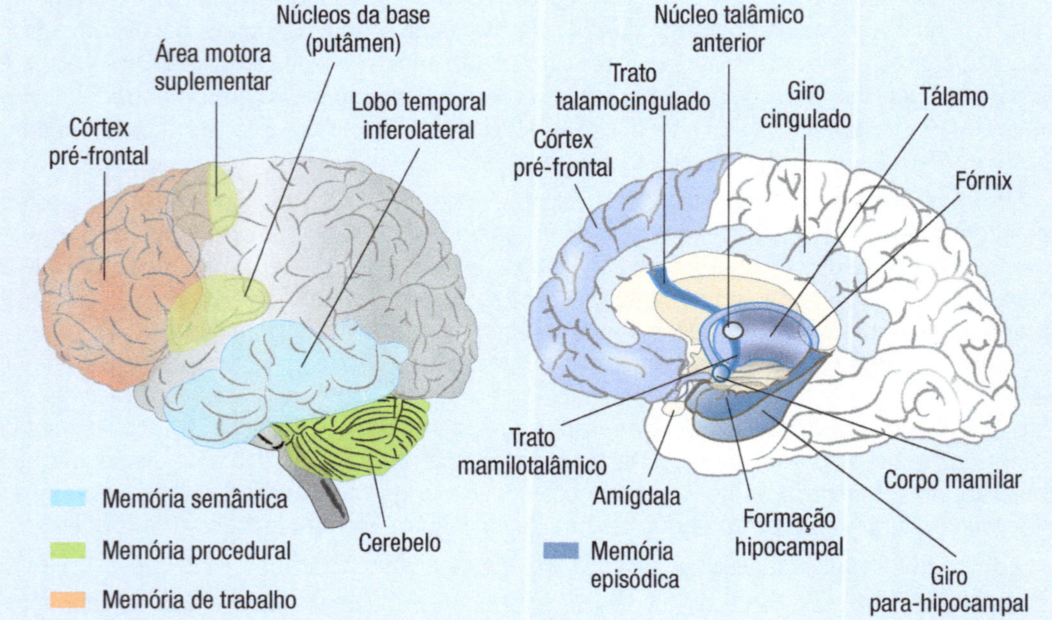

FIGURA 12.7. Regiões cerebrais responsáveis pelo aprendizado e consolidação dos diversos tipos de memória.

provoca medo, torna o indivíduo mais tolerante e indiferente a este estímulo, sendo essa técnica a base da terapia comportamental para algumas desordens de ansiedade. Isto também se aplica a algumas habilidades pragmáticas de conversação que devem ser reaprendidas pós-lesão, como se sentir à vontade numa situação em que há maior demanda de tempo para encontrar as palavras e terminar a frase. Deve-se levar em conta ainda que, em geral, tarefas complexas exigem a participação concomitante e em graus variados de diferentes tipos de aprendizagem. Além disso, em situações de doença, é importante conhecer qual o tipo de memória estará mais afetado em um certo indivíduo, a fim de adequar a técnica de reabilitação às possibilidades deste indivíduo. Como exemplo, sabemos que na doença de Alzheimer, a memória declarativa (especialmente a episódica) é afetada muito precocemente; desta forma, técnicas de reabilitação que dependam muito desta forma de memória surtirão efeito limitado e pouco duradouro; nestes pacientes, a memória implícita permanece intacta por mais tempo. Contrariamente, na doença de Parkinson, a memória implícita sofre prejuízo mais rapidamente, ao passo que a memória explícita encontra-se relativamente mais preservada. Este conhecimento é fundamental para o planejamento da terapia de reabilitação em cada caso.

Outra importante regra diz respeito aos aspectos motivacionais: o aprendizado é facilitado pelo interesse da informação em termos adaptativos biológicos, e será tanto mais efetivo quanto mais a nova informação for associada e integrada de forma significativa ao conhecimento preexistente, de forma a "fazer sentido". Neste ponto torna-se importante ressaltar a importância do sistema límbico no aprendizado. Estímulos capazes de provocar medo e reações de evitação são altamente eficazes na indução de comportamentos condicionados, estando inclusive implicados na gênese de comportamentos disfuncionais, como os transtornos de ansiedade e fobias. A construção de memórias com alto valor emocional depende especialmente de circuitos límbicos envolvendo a amígdala. Toda a circuitaria do lobo temporal medial que se ocupa da codificação e consolidação da memória (estágio prévio para a estocagem definitiva) tem íntimas e recíprocas conexões com as estruturas do sistema límbico. Considerando-se que uma informação será tanto melhor lembrada quanto mais sólidos forem os mecanismos iniciais de codificação e consolidação, a relevância dos aspectos motivacionais no aprendizado e retenção do conhecimento torna-se evidente.

NEURÔNIOS-ESPELHO E O APRENDIZADO MOTOR

O sistema conhecido como "neurônios-espelho" foi descrito pela primeira vez no córtex pré-motor ventral (área F5) de macacos em 1996.[12,13] Estes neurônios disparam em associação, mais especificamente, como resultado da visualização de movimentos que tem um *objetivo específico*, mas não quando ocorrem movimentos simples, como deslocamento de membros que não tem um propósito definido. Neurônios com as mesmas características são encontrados no lobo parietal inferior, formando uma rede relacionada à organização do movimento. Aparentemente, o principal papel funcional deste sistema neuronal é o de compreender ações realizadas por outros indivíduos de uma forma automática, isto é, transpondo a ação observada para o próprio repertório de representações mentais do indivíduo que a observa. Desta forma, diversos experimentos têm demonstrado em humanos a participação deste sistema no aprendizado por *imitação* e na facilitação da construção de memórias motoras a partir da observação de um ato motor previamente à sua realização pelo indivíduo, isto é, indivíduos que *observam e treinam simultaneamente* aprendem mais facilmente do que indivíduos que apenas treinam uma determinada sequência motora ensinada anteriormente.[14]

A LESÃO NEURONAL E SUA REPERCUSSÃO CLÍNICA

Vamos considerar inicialmente os fenômenos que ocorrem no nível estrutural, do ponto de vista microscópico. De modo resumido, após uma lesão axonal (como no caso de uma lesão de nervo periférico), ocorre interrupção no transporte de substâncias sintetizadas no corpo do neurônio para os terminais axônicos (fluxo axoplasmático), levando a uma degeneração distal por privação das substâncias necessárias ao metabolismo desta porção celular (degeneração Walleriana), o que resulta também em morte dos neurônios-alvo. Como este fluxo também se realiza em direção retrógrada, o mesmo fenômeno ocorre em relação à porção proximal do neurônio, podendo resultar em morte do corpo celular (cromatólise).

Em casos de lesão do sistema nervoso periférico (SNP), o segmento proximal (próximo ao corpo celular) de um axônio pode se regenerar e reconectar aos seus locais antigos de sinapse, desde que não tenha havido morte do corpo celular. Vários experimentos com animais e células em cultura têm demonstrado a capacidade de "brotamento" de novas terminações pré e pós-sinápticas, bem como reorganização das redes sinápticas já existentes.[15,16] Estes mecanismos de regeneração ocorrem graças à ação de substâncias indutoras liberadas pelas células de Schwann (laminina, imunoglobulinas como a NgCAM/L1) e outras expressas nos neurônios periféricos, como a proteína associada ao crescimento (*growth associated protein* – GAP-43) (ver detalhes na Fig. 12.8).

No SNC, a lesão neuronal desencadeia uma série maior de reações, o que torna os mecanismos de regeneração menos eficientes. Como já exposto, existe em condições normais uma troca de substâncias nutricionais entre um neurônio e seus vizinhos, através das sinapses. A lesão de um determinado neurônio levará então a uma perda desta troca, resultando em lesões degenerativas

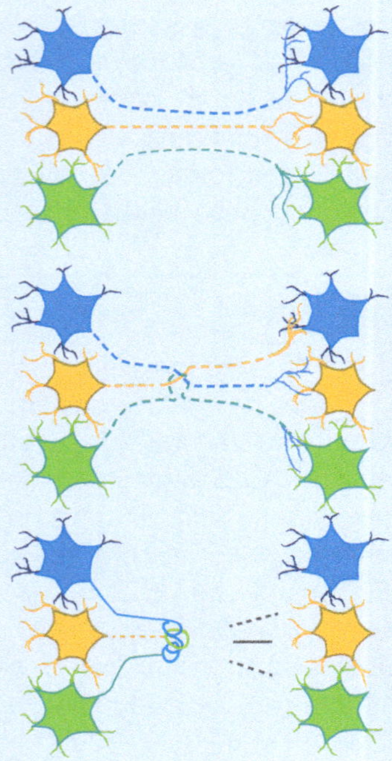

FIGURA 12.8. Representação esquemática da regeneração do SNP.

dos neurônios ao seu redor, e desta forma a lesão se amplia em rede. Isto explica o fato de que uma lesão numa determinada área cerebral frequentemente leva à disfunção em regiões à distância, porém interconectadas. O mecanismo de desconexão entre os neurônios lesados e seus neurônios-alvo provoca os fenômenos de *depressão alastrante* (em áreas adjacentes) e *diásquise* (em áreas mais remotas); desta forma, uma lesão em determinada região do lobo frontal, por exemplo, gerará uma área hipofuncionante mais extensa a seu redor, e poderá provocar diminuição de atividade em suas áreas-alvo em estruturas tão distantes quanto o cerebelo.

Consequente às lesões traumáticas do cérebro seguem-se uma série de reações teciduais que culminarão em alterações na substância branca (Fig. 12.9):

- Estenose ou perda da microcirculação, com o objetivo de redução precoce do consumo de energia pelos neurônios, como mecanismo de proteção contra a falência metabólica;
- Edema dos astrócitos e falha da barreira hematoencefálica (barreira protetora que impede a entrada de micro-organismos e substâncias tóxicas no SNC);
- Proliferação das células da glia (astrogliose);
- Em consequência da astrogliose, há um bloqueio da recaptação do glutamato, fazendo com que mais glutamato esteja presente na fenda sináptica;
- Passa a ocorrer adiamento da morte neuronal graças ao influxo de cálcio e zinco pelos canais iônicos nos receptores glutamatérgicos NMDA (N-metil-D-aspartato) e AMPA (alfa-amino-3-hidroxi-metil-5-4-isoxazolpropiônico). O influxo de cálcio é o gatilho que inicia uma cascata de eventos moleculares, resultando em morte celular tardia, disfunção ou desconexão axonal;

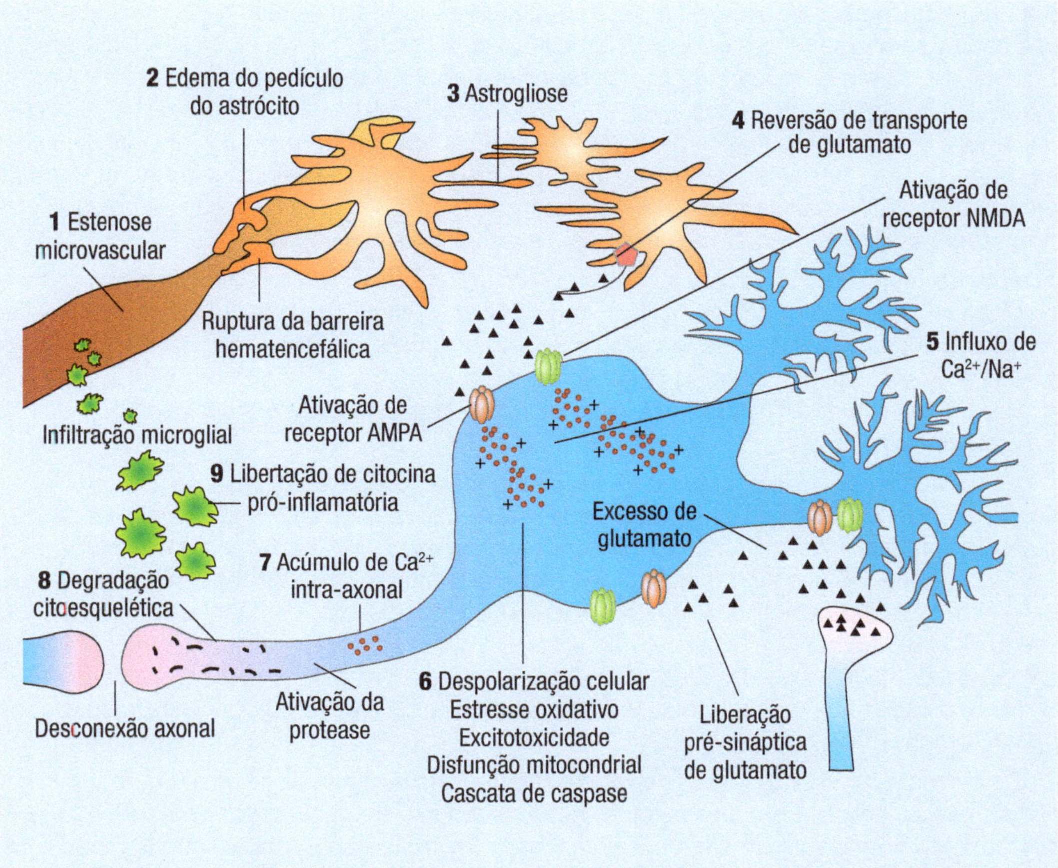

FIGURA 12.9. Representação esquemática dos mecanismos de lesão celular secundários após lesão traumática no SNC.

- Formação de radicais livres, disfunção mitocondrial e modificação dos receptores pós-sinápticos;
- O influxo e o acúmulo de cálcio nos axônios iniciam uma série de eventos de degeneração de proteínas em cascata. Vários são os marcadores presentes na substância branca em uma lesão traumática, como a degradação de proteínas componentes do citoesqueleto axonal e o acúmulo de proteínas, como a precursora do peptídeo β-amiloide (PPA – proteína precursora do amiloide);
- Como resultado, ocorre a desconexão axonal (quebra do citoesqueleto neuronal);
- Ao mesmo tempo, células inflamatórias liberam citocinas pró-inflamatórias que contribuem para a ativação da cascata que leva à morte neuronal, ou às modificações dos receptores pós-sinápticos.

A homeostase anormal de cálcio está associada ao mecanismo de progressão da lesão secundária nas substâncias branca e cinzenta, pois causa a morte da célula neuronal, modificações dos receptores pós-sinápticos e desconexão axonal.

Além disso, ocorre uma reação inflamatória exuberante perilesional, que aumenta o volume do tecido cerebral, e pode ocasionar elevação da pressão intracraniana (PIC). O aumento da PIC, por sua vez, pode comprimir vasos sanguíneos adjacentes levando a alterações de perfusão em áreas que não estavam acometidas pela lesão original, além de exercer pressão sobre o tecido cerebral circundante, causando lesão neuronal adicional (necrose). Finalmente, a reação de proliferação de astrócitos e micróglia (células que agem realizando a fagocitose ou "limpeza" dos restos celulares), forma uma cicatriz fibrosa, que representa uma barreira adicional à reconstituição das conexões neuronais. Todos estes eventos podem agravar as lesões iniciais causadas pelo trauma cerebral primário. A gravidade e extensão das lesões secundárias definirão a manifestação neurológica e as consequências clínicas, associadas à localização e causa da lesão primária.

Pode-se então concluir que a regeneração em SNC se dará de forma menos eficiente, pela presença de todos estes fatores amplificadores da lesão. A reconexão dos axônios de uma região com seus neurônios-alvo é ainda dificultada pelos trajetos mais complexos das vias centrais e pela presença de substâncias inibidoras desta regeneração axonal, como a glicoproteína associada à mielina (*myelin-associated globulin* – MAG), o inibidor neurítico 35 (*neurite inhibitor of 35Da* – NI35) e a proteína *Nogo*.[6,17]

Na prática clínica, podemos contar apenas com evidências indiretas de que esteja ocorrendo algum grau de recuperação estrutural, através da observação da recuperação funcional do indivíduo que sofre uma lesão. Assim, tentamos inferir os processos que provavelmente estão acontecendo, com base no conhecimento da fisiologia. Os métodos existentes para estudo clínico do SN (neuroimagem e estudos neurofisiológicos) são ainda pouco acurados, não permitindo uma observação adequada dos fenômenos microestruturais subjacentes à recuperação funcional. Some-se a isso a complexidade da fisiologia das funções corticais, e teremos um panorama da dificuldade em se avaliar os processos de restauração de uma função perdida ou prejudicada, para nós traduzidos na palavra "prognóstico" do paciente.

Descreveremos algumas formas de recuperação, pelo menos parcial, de uma função. Os mecanismos básicos envolvidos na recuperação funcional podem ser englobados, com variações para cada função considerada, em dois tipos principais: restauração e substituição.[18] Neste ponto é importante ressaltarmos que a manifestação clínica (mudança de comportamento) que observamos após uma lesão em SNC não se deve apenas à perda da função da área comprometida, mas é uma composição desta com a desinibição de comportamentos (que antes eram inibidos pela área que agora se encontra lesada) e a emergência de novos comportamentos pela tentativa imediata do SN de compensar a função perdida, ainda que de forma incompleta ou ineficiente.

Reativação

Existe algum grau de melhora após a lesão, pela resolução de todo processo inflamatório, edema, reabsorção de hematomas etc. É um processo rápido, sendo evidenciado em alguns dias ou semanas. Aplica-se a lesões pequenas, mas não a lesões extensas e talvez esteja restrita aos tecidos adjacentes. Existe a expectativa de que o comportamento original seja totalmente recuperado. A recuperação através da reativação talvez seja melhor justificada pela redundância de neurônios num sistema do cérebro, ou seja, existe reserva suficiente de tecido neural para prover as bases da recuperação original desta função.

Reorganização funcional

É o deslocamento de funções para áreas adjacentes (no mesmo hemisfério) ou homotópicas no hemisfério cerebral contralateral. Neste processo a função deve ser realizada através de áreas que anteriormente não estavam ativamente envolvidas, talvez por estarem inibidas por neurônios que, depois da lesão, foram desativados. Nos adultos, a função recuperada pode não ser totalmente idêntica à que foi perdida. Por exemplo, na reorganização de afásicos adultos destros, com alterações da sintaxe (como no agramatismo), outras áreas do próprio hemisfério E podem participar da recuperação.[19] A reorganização funcional é tanto mais eficiente quanto mais jovem o indivíduo. Ainda tomando como exemplo lesões na área da linguagem, estudos em crianças destras que sofrem remoção de grande parte do hemisfério E (hemisferectomia), incluindo as áreas da linguagem, mostram que se o procedimento for realizado quando a criança tem até um a dois anos de idade, ocorre prejuízo pequeno da linguagem, que passa a ser processada pelo hemisfério D; se a hemisferectomia ocorrer quando a criança tem entre dois e sete anos, os déficits de linguagem serão mais evidentes e quanto mais próxima a criança estiver do limite superior desta faixa etária, maior a chance de que a linguagem permanecerá localizada no hemisfério E, em áreas preservadas; caso o procedimento cirúrgico ocorra quando a criança tem mais de sete anos, a maior probabilidade é de que esta apresentará algum grau de afasia.

Compensação

Aperfeiçoamento ou substituição de uma função por outra não afetada, com intuito compensatório. Um exemplo muito estudado é o da perda da visão binocular (estereoscópica) em crianças que desenvolvem estrabismo na infância, devido a problemas de refração, como a hipermetropia. O estrabismo leva à formação de duas imagens, pelo desalinhamento dos olhos, e o cérebro tende a suprimir uma das imagens para corrigir a diplopia, o que leva à ambliopia (diminuição de acuidade em um dos olhos); como a informação de um dos olhos é suprimida numa fase precoce de desenvolvimento do córtex visual, a ausência de aferências provindas de um dos olhos leva a perda da capacidade do córtex visual de integrar as imagens provindas dos dois olhos, o que permite a visão em profundidade. Assim, crianças com estrabismo não corrigido precocemente e que desenvolvem ambliopia significativa, não desenvolvem "visão em 3D" baseada na triangulação entre os dois olhos e o foco à distância (estereoscopia). No entanto, mecanismos compensatórios permitem a aquisição de visão em profundidade através do uso de outros parâmetros como tamanho relativo dos objetos (uma pessoa mais próxima parecerá maior que uma mais distante), contraste entre luz e sombra, intensidade luminosa dos objetos etc., de tal forma que em situações cotidianas o desempenho da maior parte destes indivíduos é absolutamente normal e indistinguível daquele dos indivíduos que possuem visão estereoscópica. Mas, em situações de demanda intensa ou específica, como ao olhar através de um binóculo, o déficit se torna aparente, pois os indivíduos amblíopes não são capazes de fundir as imagens provenientes de cada lente em uma só, desmascarando a diplopia e tornando a imagem "bidimensional".

Um modelo interessante de plasticidade compensatória é aquele exibido por indivíduos que apresentam deprivação sensorial intensa precocemente, como indivíduos com cegueira congênita ou na primeira infância. Neste caso, o córtex visual, que não recebe aferências visuais, passa a ser recrutado por outras modalidades sensoriais (auditiva, tátil), num exemplo de alteração transmodal do córtex cerebral, que explica o aumento de acuidade que estes indivíduos apresentam nestas modalidades sensoriais quando comparados a indivíduos que enxergam.

Substituição

Baseia-se numa expectativa menos otimista de que o cérebro não vai adquirir a função nem pela ativação nem pela reorganização, mas existem meios alternativos que podem ser buscados para alcançar o objetivo. No caso da comunicação, é possível a utilização de estruturas cerebrais intactas, que servem também a outros propósitos. Um dos exemplos mais marcantes é a utilização de leitura de posições da boca e face no caso de surdez central. Na *substituição por próteses* temos a utilização de computadores, nas propostas conhecidas como Comunicação Alternativa.[20,21]

TENTATIVAS TERAPÊUTICAS FARMACOLÓGICAS E CIRÚRGICAS

Com base no conhecimento adquirido sobre os mecanismos de lesão e os processos de neurogênese e reorganização sináptica, vários tratamentos têm sido propostos com a finalidade de induzir ou otimizar os processos de regeneração do SN.

O mais antigo e amplamente utilizado é a administração de substâncias com efeito anti-inflamatório (como corticosteroides) e imunossupressoras, a fim de diminuir a reação inflamatória ou processos autoimunes que possam perpetuar e amplificar a lesão.

Atualmente, uma grande ênfase tem sido dada às substâncias neurotróficas presentes durante a embriogênese como potenciais promovedores de multiplicação das células nervosas, com possíveis usos terapêuticos. Entre elas, destacam-se os já citados BDNF, GNF e o fator de crescimento insulínico-1 (*insulin growth factor-1* – IGF-1),[22,23] mas a maioria das observações experimentais ainda não apresenta uma aplicação clínica bem definida.

Mais recentemente, o implante de células nigrais ou de medula adrenal fetais no tratamento da doença de Parkinson mostrou resultados modestos, porém favoráveis em termos de melhora da função motora, mas estes procedimentos não são isentos de dificuldades, como obtenção do tecido apropriado, falha em manutenção da viabilidade das células implantadas e o surgimento de discinesias de difícil controle.[24] O uso de células-tronco derivadas da medula óssea, com potencial de se diferenciar em neurônios e células gliais, também é objeto de pesquisa intensa em doenças neurológicas diversas como trauma raquimedular, esclerose múltipla, esclerose lateral amiotrófica, embora ainda em fase experimental.

Concluindo, o cérebro humano desenvolve habilidades e se especializa ao longo da vida, não só na infância e adolescência, mas também na velhice em condições normais e patológicas.[25] Este é o maior argumento para a apresentação de propostas terapêuticas. O sucesso da terapia depende da reorganização possível da estrutura lesada e da solicitação de realização da função no meio ambiente, através de técnicas de (re)aprendizado que explorem os mecanismos ainda intactos e respeitem as limitações impostas pela lesão.

Referências Bibliográficas

1. Pascual-Leone A, Nguyet D, Cohen LG, Brasil-Neto JP, Cammarota A, Hallet M. Modulation of muscle responses evoked by transcranial magnetic stimulation during the acquisition of new fine motor skills. Journal of Neurophysiology 1995; 74:1037-45.
2. Lane RD, Killackey HP, Rhoades RW. Blockade of GABAergic inhibition reveals reordered cortical somatotopic maps in rats that sustained neonatal forelimb removal. Journal of Neurophisiology 1997; 77:2723-35.
3. Galaburda AM, Pascual-Leone A. Mechanisms of plasticity and behavior. In: Feinberg TE, Farah MJ, editors. Behavioral Neurology and Neuropsychology. 2nd ed. New York: McGraw-Hill 2003; p. 57-70.
4. Couillard-Despres S, Vreys R, Aigner L, Van der Linden A. In vivo monitoring of adult neurogenesis in health and disease. Frontiers in Neuroscience 2001; 5:67.
5. Jessell TM, Sanes JR. The induction and patterning of the nervous system. In: Kandel ER, Schwartz JH, Jessell TM, editors. Principles of Neural Science. 4th ed. New York: McGraw-Hill 2000; 1019-26.
6. Sanes JR, Jessell TM. The formation and regeneration of synapses. In: Kandell ER, Schwartz JH, Jessell TM, editors. Principles of neural science. 4th ed. New York: McGraw-Hill 2000; 1087-114.
7. Milner BS. Amnesia following operation on the temporal lobes. In: Whitty CWM, Zangwill OL, editors. Amnesia. London: Butterworths 1966; p. 109-33.

8. Milner BS, Corkin S, Teuber HL. Further analysis of the hippocampal amnesic syndrome: 14 year follow up of H.M. Neuropsychologia 1968; 6:215-34.
9. Squire LR, Zola-Morgan S. The medial temporal lobe memory system. Science 1991; 253:1380-6.
10. Squire LR, Kandel ER. Modifiable synapses for nondeclarative memory. In: Squire LR, Kandel ER. Memory (from mind to molecules). New York: Scientific Americam Library, 1999; p. 23-45.
11. Kandel ER, Kupferman I, Iversen S. Learning and memory. In: Kandell ER, Schwartz JH, Jessell TM, editors. Principles of neural science. 4th ed. New York: McGraw-Hill 2000; p. 1227-45.
12. Gallese V, Fadiga L, Fogassi L, Rizzolatti G. Action recognition in the premotor cortex. Brain 1996; 119(pt 2):593-609.
13. Rizzolatti G, Fadiga L, Gallese V, Fogassi L. Premotor cortex and the recognition of motor actions. Cognitive Brain Research 1996; 3:131-41.
14. Cattaneo L, Rizzolatti G. The mirror neuron system. Archives of Neurology 2009; 66:557-60.
15. Heidemann SR. Cytoplasmatic mechanisms of axonal and dendritic growth in neurons. International Review of Cytology 1996; 165:235-96.
16. Ramirez JJ. The functional significance of lesion-induced plasticity of the hippocampal formation. In: Freund H-J Sabel BA, Witte OW, editors. Brain Plasticity – Advances in Neurology Series. Vol 73. Philadelphia: Lippincott-Raven 1997; p. 61-82.
17. GrandPré T, Nakamura F, Vartanian T, Stritmatter SM. Identification of the Nogo inhibitor of axon regeneration as a Reticulon protein. Nature 2000; 403:439-44.
18. Blomert L. Recovery from language disorders: Interactions between brain and rehabilitation. In: Stemmer B, Whitaker H, editors. Handbook of Neurolinguistics. San Diego: Academic Press 1998; p. 547-57.
19. Cappa SE. Spontaneous recovery of aphasia. In: Stemmer B, Whitaker H, editors. Handbook of the neuroscience of language. San Diego: Academic Press 2008; p. 89-395.
20. Ducarne de Ribacourt B. La naissance et le développement de la rééducation neuropsychologique. In: Eustache F, Lambert J, Viader F, editors. Rééducations Neuropsychologiques. Paris: De Boeck Université 1997; p. 9-38.
21. Garrett KL, Yorkston KM. Assistive communication technology for elders with cognitive and language disabilities. In: Lubinski R, editor. Communication technologies for the elderly. San Diego: Singular Publishing 1997; p. 203-34.
22. Lindholm D. Neurotrophic factors and neuronal plasticity: is there a link? In: Freund H-J, Sabel BA, Witte OW, editors. Brain plasticity – advances in neurology series. Vol. 73. Philadelphia: Lippincott-Raven 1997; p. 1-6.
23. Goldman S, Plum F. Compensatory regeneration of the damaged adult human brain: neuroplasticity in a clinical perspective. In: Freund H-J, Sabel BA, Witte OW, editors. Brain plasticity – Advances in neurology series. Vol. 73. Philadelphia: Lippincott-Raven 1997; p. 99-107.
24. Freed CR, Greene PE, Breeze RE et al. Transplantation of embryonic dopamine neurons for severe Parkinson's disease. New England Journal of Medicine 2001; 344:710-9.
25. Hiscock M, Kinsbourne M. Lateralization of language across the life span. In: Stemmer B, Whitaker H, editors. Handbook of the neuroscience of language. San Diego: Academic Press 2008; p. 247-55.

Sistema Límbico

INTRODUÇÃO

Sabemos que o sistema nervoso central (SNC) tem como principais funções a *recepção de informações sensoriais*, tanto provenientes do meio externo (ambiente) quanto do meio interno (viscerais), o *planejamento e execução de atos motores complexos* que sirvam a propósitos preestabelecidos (ou *adaptativos*, se optarmos por uma terminologia evolucionista) e a *formação de memórias*, ou registro de experiências, que permitem o aperfeiçoamento constante de nosso comportamento. Entre a recepção de um estímulo e a resposta motora, no entanto, existe um *processamento intermediário*, que confere flexibilidade ao comportamento. Se observarmos o comportamento de um organismo unicelular (como uma bactéria) em seu meio ambiente, veremos que seu repertório de reações é extremamente restrito e calcado primordialmente em respostas reflexas, se comparado a gama de reações comportamentais exibidas por um mamífero, como um cão. Isto se deve à existência de um *processamento intermediário* que ocorre entre a recepção do estímulo e a resposta comportamental, que é diretamente proporcional à complexidade e desenvolvimento do SNC do animal.

Esse processamento intermediário pode ser dividido em duas modalidades principais, a *cognição* e a *emoção*. Esta divisão tem limites artificiais, já que tanto do ponto de vista fenomenológico quanto neuroanatômico não é possível fazer uma distinção completa entre os dois processos, que ocorrem de forma inter-relacionada e simultânea, em condições normais. No entanto, existem algumas semelhanças e diferenças entre os dois, que permitem essa categorização, a fim de facilitar seu estudo e a compreensão de seus mecanismos subjacentes. A cognição, ou funções cognitivas, é discutida no Capítulo 14 – *Funções Cognitivas*.

A emoção é uma forma de processamento intermediário que pode ser definida como qualquer *"forma de sentir"*, associada a *alterações corporais* (na sua maior parte viscerais e sob controle do sistema nervoso autônomo) *que leva a um impulso para certo tipo de ação ou comportamento*.[1] Exemplos de emoção, largamente conhecidos por todos, são raiva, medo, alegria etc.

As características positivas básicas da emoção, em contraposição aos processos cognitivos, são o fato de ser uma resposta adaptativa de rápida execução (ou seja, são desencadeadas em frações de segundos, ao passo que o processamento cognitivo pode, em alguns casos, levar horas – como na resolução de um problema de alta complexidade) e permitir a exclusão rápida de várias alternativas com base em sentimentos de bem-estar ou aversão a um determinado estímulo. Características menos desejáveis (responsáveis pela noção difundida de que as emoções são "inferiores" à cognição, e que conduzem a comportamentos "irracionais") são o fato de ser uma resposta pouco flexível, pouco específica e ser altamente influenciada por mecanismos inconscientes (não acessíveis à memória declarativa do indivíduo, ou para a qual ele não consegue encontrar uma explicação plausível).

Para exemplificar melhor, tomemos duas situações em que uma resposta emocional é disparada:

1. Uma pessoa encontra-se em um ponto de ônibus, quando percebe a aproximação de dois indivíduos caminhando rapidamente em sua direção. A pessoa sente seu coração disparar, a respiração se acelera, os músculos ficam tensos e é tomada por um impulso quase irresistível de sair correndo – ela está com medo. Sua reação, então, é entrar imediatamente no ônibus que está à sua frente, já em movimento, embora nem saiba para onde estará indo. Ao olhar pela janela, ela ainda pode ver os dois indivíduos roubando a bolsa de uma mulher que estava a seu lado no ponto.

   O que exatamente fez essa pessoa "perceber" que algo estava errado e tomar uma decisão tão rápida? A decisão foi boa ou má?

2. Uma pessoa conhece, ao ingressar na faculdade, um indivíduo que a desagrada em todos os aspectos possíveis e que, para seu azar, permanece em sua classe do primeiro ao último ano do curso conseguindo, por causa de seu comportamento, prejudicar a classe inteira repetidas vezes. Alguns anos mais tarde, esta pessoa vai trabalhar em uma empresa e encontra, no mesmo setor para o qual é designada, um funcionário que apresenta uma incrível semelhança física com seu desagradável colega de classe, embora não haja qualquer parentesco entre os dois e o funcionário nem suspeite da existência de seu "sósia". A pessoa, então, mal consegue cumprimentar o funcionário quando chega ao serviço todas as manhãs, raramente lhe dirige a palavra, e evita a todo custo ter que compartilhar qualquer tarefa com ele – ela sente aversão.

   O que faz essa pessoa comportar-se dessa forma? Esse comportamento é adequado?

Temos aqui dois exemplos das "forças e fraquezas" das respostas emocionais descritas acima. No primeiro caso, a resposta de medo – rápida – foi altamente adaptativa, pois impediu que a pessoa fosse assaltada. No entanto, se os indivíduos não fossem ladrões e a pessoa tivesse apenas tido uma reação de pânico precipitada, diríamos que foi "pouco inteligente" da parte dela subir em um ônibus já em movimento (com risco de cair) e cujo destino desconhecia (o que no mínimo poderia lhe custar certo trabalho e tempo para voltar a seu caminho habitual). No segundo caso, a resposta de aversão – pouco específica e pouco flexível – desencadeada pela mera semelhança física entre dois indivíduos é altamente disfuncional e prejudicial ao bom funcionamento do setor; no entanto, poderá ser necessário muito tempo e esforço ativo da pessoa para desligar-se da sensação desagradável que tem ao olhar para o colega de serviço, embora ela "racionalmente" saiba que é "absurdo" sentir-se assim (o que, aliás, origina um sentimento de culpa), já que se trata de duas pessoas completamente distintas.

Emoções são experiências corriqueiras e familiares a todos nós; erroneamente, no entanto, são muitas vezes consideradas como empecilhos ao bom raciocínio e à tomada de decisões corretas. Atualmente, este conceito sofreu modificações e as emoções são consideradas parte essencial de um comportamento socialmente adaptativo e sabe-se que a ausência ou subvalorização das emoções (ou sentimentos) pode levar a graves erros de julgamento em situações cotidianas. O funcionamento ideal do SNC pressupõe um contínuo equilíbrio entre os processamentos cognitivo e emocional, o que otimiza o desempenho do indivíduo diante da maioria das situações. Por outro lado, permanece como verdade o fato (conhecido de todos) de que emoções muito intensas podem desorganizar o pensamento racional e predispor o indivíduo a respostas comportamentais mais automáticas, de caráter estereotipado. Daí a importância de se conhecer o funcionamento do sistema límbico, a fim de compreender como podemos modular a sua expressão, seja para evitar "agir por impulso" ou "de cabeça quente", seja para atuar no âmbito das disfunções límbicas, que se manifestam em grande parte como transtornos psiquiátricos e comportamentais.

O *sistema límbico*, embora fortemente associado ao processamento das emoções, é altamente complexo, estando relacionado a diversas outras funções do SNC, tais como aprendizado e memória, sonhos, mecanismos de alerta e atenção, motivação, comportamento sexual e social (afiliativo) e homeostase interna (fome, sede, regulação do metabolismo). Cada uma dessas funções é realizada por diferentes estruturas deste sistema; algumas delas encontram-se discutidas em outros capítulos deste livro (Capítulo 11 – *Sistema Nervoso Autônomo*; Capítulo 12 – *Neuroplasticidade e Reabilitação* e Capítulo 15 – *Sono*). Assim, neste capítulo enfatizaremos as funções límbicas relacionadas a emoção e comportamento.

ANATOMIA DO SISTEMA LÍMBICO

Em 1937,[2] o neuroanatomista James Papez propôs que o substrato anatômico do processamento emocional estaria representado pelas estruturas do *circuito de Papez*, em associação ao *lobo límbico*, descrito por Broca em 1878,[3] formado pelo giro do cíngulo e giro para-hipocampal (estruturas que circundam o corpo caloso e a parte superior do tronco encefálico). Este circuito é composto pelas estruturas descritas na Tabela 13.1 e mostradas na Figura 13.1.

Posteriormente, novas áreas foram incorporadas ao circuito de Papez por MacLean (1955):[4] o córtex orbitofrontal, amígdala, área septal, núcleo *accumbens* e hipotálamo, e o termo *sistema límbico* passou a ser utilizado para denominar este conjunto de estruturas. Atualmente, considera-se como parte do sistema límbico um conjunto muito maior de estruturas, que incluem o bulbo olfatório, área pré-óptica, habênula, núcleo basal de Meynert, núcleo dorsomedial do tálamo, giro supracaloso, área subcalosa, comissura anterior, prosencéfalo basal, área retrosplênica e córtex entorrinal (este já reconhecido como parte do sistema límbico desde o início do século XX).

Finalmente, definindo-se como pertencente ao sistema límbico toda e qualquer área cerebral que participe em algum nível do processamento emocional, chegamos ao seguinte conjunto de estruturas (Fig. 13.2):

- Hipotálamo;
- Córtex límbico: prosencéfalo basal (composto pela área septal, substância inominada, amígdala e núcleo olfatório anterior), hipocampo e córtex olfatório primário (piriforme).

TABELA 13.1. ***Estruturas pertencentes ao circuito de Papez e suas funções***

ESTRUTURA	FUNÇÃO
Hipocampo	Consolidação da memória declarativa (aprendizado de novas informações); cognição espacial (orientação e memória); processos de contextualização e relacionais
Fórnix	Conecta o hipocampo aos corpos mamilares
Corpos mamilares (hipotálamo)	Memória de reconhecimento
Feixe mamilotalâmico	Conecta os corpos mamilares ao tálamo anterior
Tálamo anterior	Alerta, aprendizado e memória
Giro do cíngulo	Parte do *córtex límbico*: processamento das emoções, aprendizado e memória

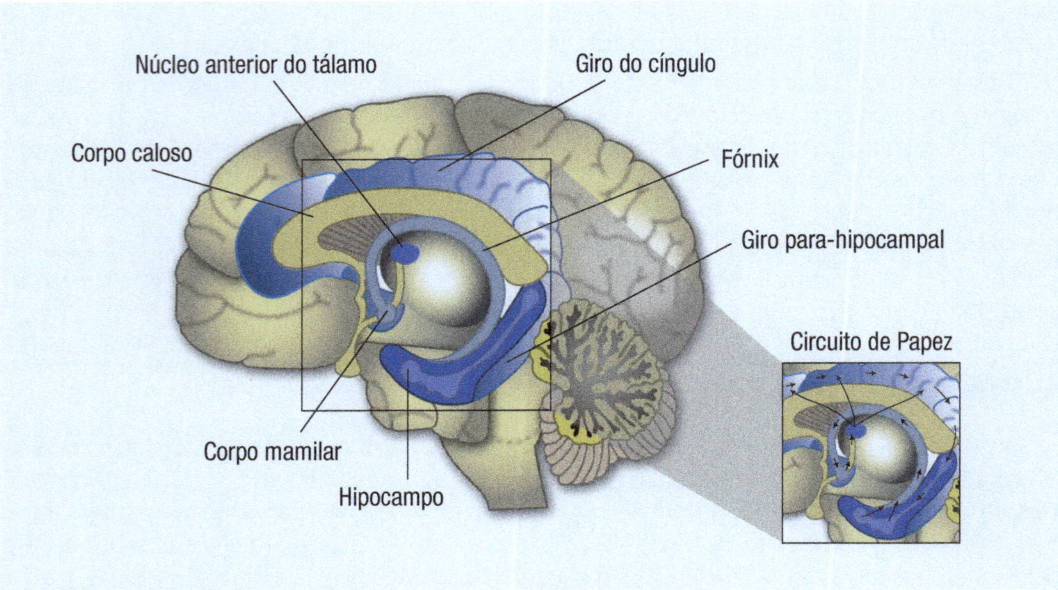

FIGURA 13.1. Circuito de Papez (representado no interior do quadrado).

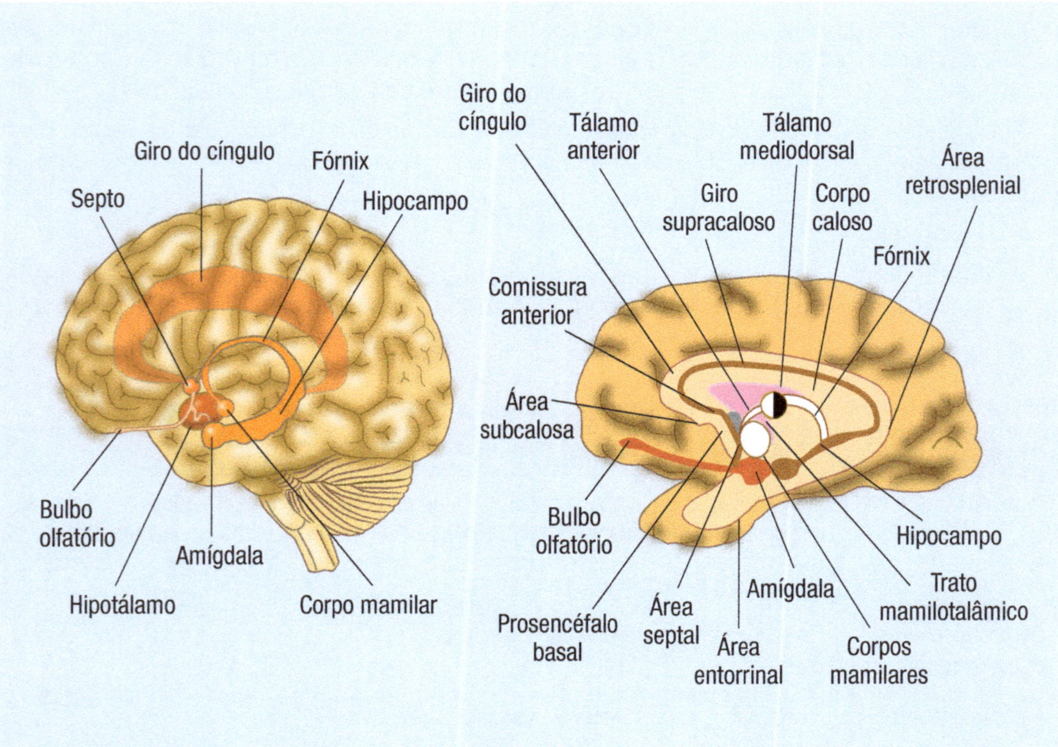

FIGURA 13.2. Concepção atual do sistema límbico (o corpo caloso não pertence ao sistema, servindo apenas como referência).

A citoarquitetura destas áreas é mais simples do que a do córtex cerebral (esta última denominada *isocórtex*, na qual os neurônios estão distribuídos em seis camadas colunares distintas); o prosencéfalo basal é considerado uma estrutura "corticoide", pois não apresentam a típica formação neuronal em camadas que caracteriza o restante do córtex cerebral. Já o hipocampo e o córtex olfatório primário são denominados "alocórtex", possuindo neurônios orientados de forma ordenada em duas camadas;

- Córtex paralímbico: divide-se em região paralímbica *olfatocêntrica*, que inclui o polo temporal, a ínsula e o córtex orbitofrontal posterior e região paralímbica *hipocampocêntrica*, a qual engloba o giro para-hipocampal, a área retroesplênica, o giro do cíngulo e a região subcalosa. Esta região apresenta uma citoarquitetura de transição entre o alocórtex e o isocórtex, sendo denominada "mesocórtex", onde ocorre gradativo aumento do número de camadas neuronais e de sua disposição em camadas;
- *Striatum* límbico: composto pelo tubérculo olfatório, núcleo *accumbens*, porção límbica do globo pálido, área tegmentar ventral e habênula;
- Núcleos talâmicos límbicos e paralímbicos: anteriores (dorsal, medial e ventral), dorsais (lateral e medial), pulvinar medial e outros núcleos da linha média.

Embora apresentando uma anatomia tão complexa, o sistema límbico é unificado por compartilhar uma especialização funcional, que pode ser assim esquematizada:[5]

- Consolidação de informação referente a eventos e experiências recentes (memória episódica/explícita);
- Conexão das emoções e motivações a eventos extrapessoais (ambiente) e conteúdo mental (pensamentos, ideias, imagens etc.);
- Conexão da atividade mental aos sistemas imunológico, autonômico e hormonal;
- Coordenação dos comportamentos afiliativos necessários para a coesão social;
- Percepção de odores, sabores e dor.

O QUE É EMOÇÃO?

Apesar de todo o conhecimento disponível atualmente a respeito da anatomia e fisiologia das respostas emocionais, as emoções e seu processamento ainda não são tão bem compreendidos como, por exemplo, as funções cognitivas.

As primeiras ideias a respeito da natureza dos estados emocionais postulavam que um determinado estímulo (por exemplo, a visão de uma cobra) provocaria uma resposta mental consciente cognitiva (medo) que, por sua vez, desencadearia a resposta corporal periférica (aceleração dos batimentos cardíacos, aumento da pressão arterial, liberação de hormônios como cortisol e adrenalina etc.) de forma reflexa. No entanto, no final do século XIX esta teoria foi reformulada de acordo com a seguinte hipótese: ao ver a cobra, agimos instintivamente (correndo) e esta ação (de correr) associada às alterações físicas que a precedem e possibilitam é então interpretada pelo nosso cérebro como medo. Ou seja, as emoções ou sentimentos são *precedidos* pelas modificações fisiológicas que a caracterizam e assim, seriam as respostas cognitivas a essas modificações. Esta teoria é conhecida como teoria de James-Lange.[6,7]

A teoria de James-Lange, entretanto, falhava em explicar porque uma pessoa podia continuar sentindo medo mesmo depois que suas respostas fisiológicas retornavam ao normal. Além disso, no início do século XX, Cannon[8] demonstrou que emoções intensas desencadeavam uma reação de emergência denominada *reação de luta ou fuga*, mediada pelo componente simpático do SNA (Capítulo 11 – *Sistema Nervoso Autônomo*), que se manifesta de forma semelhante independentemente do significado específico do estímulo ou, em outras palavras, da emoção provocada; desta forma, uma resposta fisiológica tão generalizada e estereotipada não poderia permitir que o cérebro "interpretasse" a natureza do significado emocional do estímulo (medo, raiva, excitação etc.). Assim, Cannon e Bard (1928)[9] propuseram que o hipotálamo e o tálamo seriam importantes mediadores das respostas emocionais, regulando as respostas periféricas e encaminhando ao córtex cerebral as informações necessárias para o processamento cognitivo da emoção, encontrando respaldo nas descrições anatômicas de Papez e MacLean a respeito da constituição do sistema límbico (Fig. 13.3).

Em 1964, Schachter[10] propôs que o reconhecimento da natureza das emoções pelo indivíduo é determinado pelo aprendizado, ou seja, pela associação entre um determinado estado de ativação fisiológica a uma informação que leva em conta expectativas e o contexto em que esta experiência ocorre; Damasio (1994),[11] com sua teoria dos "marcadores somáticos" expande ainda mais esta ideia ao defender que as emoções são um construto criado pelo cérebro para explicar uma determinada gama de reações fisiológicas que são desencadeadas em situações específicas e que tendem então a se repetir em situações que guardem alguma semelhança. Assim, aprendemos a associar um estado de reação adrenérgica do tipo luta ou fuga com uma representação mental que passamos a denominar como "medo". Considerando que existem nuances entre os estados fisiológicos desencadeados por situações específicas (ou seja, elas não são tão estereotipadas quanto propunha a teoria de Cannon), conseguimos então criar um repertório de emoções distintas que correspondem a medo, raiva, alegria, tristeza, excitação, prazer etc. Quando pensamos sobre as possíveis consequências de um comportamento, a memória de nosso estado emocional (visceral ou autonômico) vinculada a circunstâncias ou experiências semelhantes (e que pode ter sido de prazer ou aversão) nos fornece informações que são úteis para avaliar a adequação ou não de repeti-lo, o que ajuda na

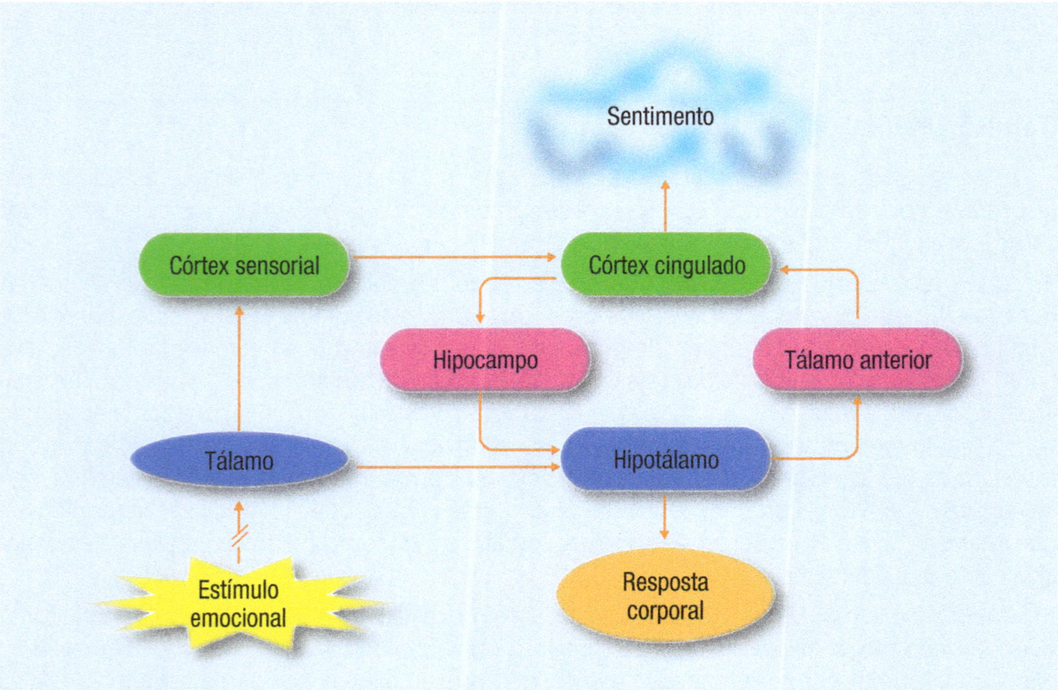

FIGURA 13.3. Integração entre as respostas periféricas e o SNC na elaboração dos estímulos emocionais.

tomada de decisões. As memórias, ou representações mentais, vinculadas à experiência específica ativariam diretamente as projeções noradrenérgicas e colinérgicas que ascendem do tronco encefálico e prosencéfalo basal ao córtex cerebral, reproduzindo as sensações conscientes do estado emocional que a acompanhou, originando a sensação em que, afinal, "sentimos no nosso interior" que devemos ou não fazer alguma coisa.

Por fim, segundo a hipótese de Arnold (1960),[12] as emoções teriam ainda um componente inconsciente, de tal forma que seriam geradas pela avaliação inconsciente que fazemos de um(a) determinado(a) estímulo ou situação [como prejudicial ou benéfico(a)], o que leva a um sentimento (sensação consciente), o qual reflete, em última análise, nossa tendência a determinado tipo de comportamento em relação àquele(a) estímulo ou situação. Reconhecemos então diferentes emoções, pois cada uma elicita um tendência de comportamento diferente (aproximação, fuga, evitação, repetição etc.).

Desta forma, atualmente parece haver um consenso de que a geração de emoções obedece à seguinte fórmula: avaliação inconsciente (implícita) de um estímulo/situação, tendência a ação, que leva a determinadas respostas fisiológicas somáticas seguidas de uma experiência consciente em que reconhecemos "o que estamos sentindo" (Fig. 13.4). Cabe neste ponto ressaltar a diferenciação entre *estado emocional* (o conjunto de respostas motoras, autonômicas e endócrinas), cuja mediação envolve estruturas subcorticais e *sentimento* (a experiência consciente), mediada pelo córtex do cíngulo e lobos frontais. As respostas fisiológicas periféricas servem a um propósito duplo: preparar o organismo para a ação e comunicar a outras pessoas o que estamos sentindo, através da expressão facial, postura muscular e outros sinais que aprendemos a decodificar, como tremor das mãos, tom de voz, rubor da face, respiração ofegante, entre outros.

Uma discussão interessante que deriva da definição de Arnold diz respeito à diferenciação entre as *emoções* como algo que sentimos com possibilidade muito limitada de controle voluntário (calcada principalmente em nossas reações fisiológicas, como atração física/paixão, medo ou raiva) e os *sentimentos* como algo que sentimos porque, em certa medida, nos dispomos ou não a fazê-lo (amar, odiar, alegrar-nos, ficarmos tristes). Desta forma, podemos compreender fenômenos complexos como o fato de "amarmos" e "odiarmos" uma pessoa ao mesmo tempo (nós a amamos em grande

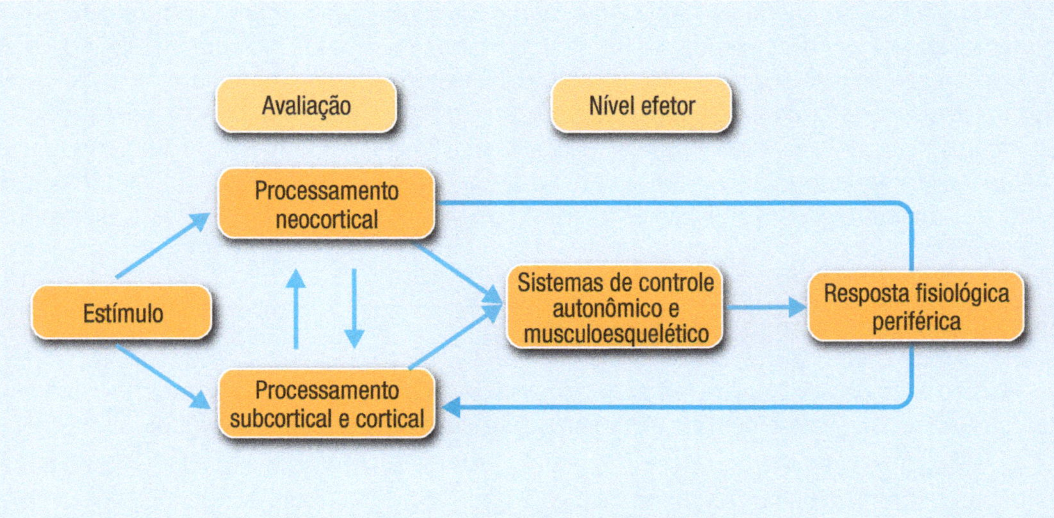

FIGURA 13.4. Representação esquemática do controle neural das emoções.

parte como uma decisão consciente por uma série de razões pessoais, contextuais e sociais, mas a odiamos porque ela fez algo que nos magoou; mesmo assim, optamos por continuar amando) e o surgimento de sentimentos altamente elaborados como ressentimento, inveja, ciúmes, admiração, solidariedade, vergonha, felicidade etc. Embora os limites desta capacidade de "controle" não sejam bem compreendidos, a experiência prática e o estudo dos transtornos emocionais deixam evidente que existem graus diferentes de possibilidade de modulação para as emoções primárias (em um extremo) e sentimentos mais refinados (em outro extremo).

De forma resumida, como exposto na Figura 13.4, temos que as emoções incluem:[1]

- Percepção de um estímulo externo ou interno (ideia);
- Avaliação inconsciente do estímulo por sistemas subcorticais e corticais;
- Deflagração de respostas autonômicas, viscerais, hormonais e esqueléticas:
  - preparação para a ação;
  - comunicação da emoção através de sinais corporais.
- Experiência consciente (sentimento);
- Impulso para um determinado comportamento:
  - demonstração da emoção através de verbalização/atitude.

Embora hoje saibamos que a atividade autonômica não é por si só a geradora das emoções; o indivíduo tem percepção de suas alterações fisiológicas quando está sob algum estado emocional, e a percepção dessas alterações fisiológicas irá potencializar o estado emocional. Assim, um indivíduo que está ansioso por falar em público terá sua ansiedade potencializada ao perceber que suas mãos tremem ou que seu ritmo cardíaco está acelerado, num círculo vicioso. As respostas fisiológicas desencadeadas pelas emoções, em geral, deixam o organismo em um estado de maior alerta, cujo objetivo é melhorar o desempenho em relação ao comportamento que será adotado. O medo de um rato nos faz correr mais rápido e com maior agilidade, nossos reflexos se tornam mais eficientes; um certo grau de ansiedade antes de proferir uma palestra em público faz com que o indivíduo fique mais atento e concentrado, e seu raciocínio mais rápido. No entanto, se o grau de estimulação (intensidade da emoção) ultrapassar um limite ótimo, desencadeará o efeito inverso, ou seja, uma queda no rendimento, que pode levar a um bloqueio completo do comportamento desejado. Nos exemplos acima, um pavor excessivo pode fazer com que o indivíduo "congele" e não consiga fugir do animal, e ansiedade extrema pode levar o indivíduo a esquecer trechos de sua palestra, gaguejar, tremer intensamente ou sentir mal-estar, como náuseas e cólicas abdominais, impossibilitando a execução de sua tarefa. Da mesma forma, indivíduos com muita raiva podem agir de forma impulsiva e descontrolada. Isto acontece porque a hiperestimulação límbica pode interferir com a função do neocórtex, dando origem à conhecida frase "ele parecia fora de si".

NEUROTRANSMISSORES NO SISTEMA LÍMBICO

O sistema límbico é complexo também em relação à diversidade de suas vias de neurotransmissão, possuindo vias serotoninérgicas, noradrenérgicas, colinérgicas e dopaminérgicas:[13]

- Sistema noradrenérgico: 70% das vias noradrenérgicas estão concentradas em neurônios que partem do bulbo e *locus coeruleus* (localizado na porção rostral da ponte), que se projeta para o hipotálamo, amígdala, núcleos talâmicos e córtex cerebral. Estas vias estão relacionadas com a manutenção do alerta, atenção, vigilância e responsividade a novos estímulos;

- Sistema serotoninérgico: tem sua origem em neurônios da formação reticular do mesencéfalo (núcleos da rafe), que se dirigem principalmente para a amígdala, núcleo septal e prosencéfalo basal, estando envolvido na regulação do ciclo vigília-sono, comportamento afetivo e sexual, humor (sua insuficiência leva a sintomas depressivos), ingestão alimentar e manutenção da temperatura corporal;
- Sistema colinérgico: a maior parte dos neurônios colinérgicos do SNC encontra-se no mesencéfalo (tegmento lateral) e prosencéfalo basal (neste, especialmente no núcleo basal de Meynert). As vias colinérgicas estão relacionadas ao alerta cortical, mecanismos atencionais e motivação;
- Sistema dopaminérgico: o maior grupo de neurônios dopaminérgicos do SNC localiza-se no mesencéfalo (substância negra e tegmento ventral), cujos neurônios projetam-se para o córtex cerebral e núcleos da base, sendo importantes na iniciação de respostas comportamentais, motivação, atenção e ativação do sistema de prazer/recompensa (cujas estruturas principais são a área tegmentar ventral e o núcleo *accumbens*).

O conhecimento destas vias de neurotransmissores tem grande importância clínica, pois permitiu o desenvolvimento de medicamentos que atuam nas disfunções límbicas, como os antidepressivos (que podem atuar aumentando a atividade serotoninérgica, noradrenérgica, ou ambas), anticolinesterásicos (que aumentam o grau de atenção atuando no sistema colinérgico) e estimulantes (usados no transtorno de déficit de atenção e hiperatividade, e que aumentam a atividade do sistema dopaminérgico).

NEUROFISIOLOGIA DAS EMOÇÕES

Tendo em vista a complexidade do processamento emocional, os estudos em neurociências tentam compreender a fisiologia de emoções básicas e de forma isolada, da mesma forma como os aspectos globais do funcionamento intelectuais foram artificialmente subdivididos em diversas "funções cognitivas", estudadas separadamente. As emoções mais estudadas são o medo e a raiva, devido à maior facilidade em se reconhecer os componentes fisiológicos destas duas emoções em modelos animais, e suas semelhanças com as respostas obtidas em seres humanos.

Medo

Estímulos interpretados pelo indivíduo como potencialmente ameaçadores à sua integridade provocam uma série de reações que incluem aumento do ritmo cardíaco, pressão arterial, frequência respiratória e condutância da pele (o que permite o uso de polígrafos ou "detectores de mentira" em interrogatórios), dilatação pupilar, liberação de cortisol e adrenalina, reações comportamentais (fuga ou *freezing*), e exacerbação de respostas reflexas a estímulos do ambiente (o que provoca os "sustos" em indivíduos que se encontram tensos, em reação a estímulos muitas vezes insignificantes e não nocivos, como um toque no braço ou o ruído de um objeto caindo). Atualmente sabe-se que a amígdala é uma estrutura fundamental no desencadeamento das reações de medo, particularmente seu núcleo central; suas conexões com o lobo temporal inferior, hipotálamo e tegmento do mesencéfalo permite que faça a mediação entre a percepção dos estímulos visuais e as respostas fisiológicas acima descritas. A amígdala está intimamente ligada ao aprendizado por condicionamento que envolve medo (isto é, quando o animal ou indivíduo aprende a evitar em estímulo ou situação por este(a) provocar uma consequência dolorosa ou desagradável). Crises epilépticas de lobo temporal podem se manifestar como ataques agudos de medo e ansiedade que devem ser diferenciados de ataques de pânico.[14,15]

Raiva

A agressividade é uma resposta emocional e comportamental adaptativa que permite a um determinado indivíduo assegurar sua posição em seu círculo familiar e social; é um traço de temperamento variável entre diferentes indivíduos, já presente na infância, e pessoas que a exibem em pequeno grau são aquelas consideradas *tímidas* ou pouco assertivas. Em seu grau mais intenso, a agressividade adaptativa se manifesta como *raiva*, a emoção subjacente aos comportamentos violentos. A amígdala também é uma estrutura crítica no desencadeamento da raiva, assim como os núcleos dorsomediais do tálamo (para onde a amígdala se projeta), hipotálamo ventromedial e o lobo temporal. Raramente, crises epilépticas originadas em lobo temporal também podem se manifestar como "explosões de raiva", embora esta seja não dirigida e não leve a comportamentos violentos contra pessoas específicas, devido à alteração de nível de consciência que acompanha o quadro.[1]

Além das emoções acima descritas, a amígdala é um componente essencial dos circuitos que medeiam emoções prazerosas ou relacionadas a recompensas positivas. Suas conexões com áreas visuais, auditivas e circuitos atencionais do córtex permitem que exerça um papel crítico na atribuição de "estados emocionais" às experiências sensoriais. Através deste "aprendizado emocional" torna-se possível que o indivíduo "antecipe" uma reação emocional em resposta à lembrança de uma situação, ou que fragmentos de uma percepção (por exemplo, ouvir uma freada brusca de um carro após ter sido vítima de um acidente de trânsito) sejam capazes de desencadear a mesma resposta emocional que foi associada à experiência original; desta forma, acredita-se que a amígdala esteja fortemente implicada na gênese dos transtornos de ansiedade.

Embora seja tradicionalmente considerado uma estrutura do sistema límbico, pertencente ao circuito de Papez, o hipocampo está apenas indiretamente relacionado à geração e expressão das emoções, sendo seu principal papel o de codificação de memórias explícitas (declarativas).[13]

REGIÕES CORTICAIS PARALÍMBICAS

Regiões paralímbicas são definidas como regiões do córtex que estão envolvidas no processamento emocional. As principais são o giro para-hipocampal, giro do cíngulo e região orbitofrontal; todas estas regiões recebem projeções da amígdala. A participação do córtex neste processamento permite que as emoções sejam desencadeadas por memórias, ou apenas imaginando uma determinada situação, através da integração do aprendizado emocional a experiências cognitivas, como já descrito. Outra consequência da existência de redes corticais no circuito emocional é a possibilidade de que o pensamento consciente suprima respostas emocionais reflexas inapropriadas (por exemplo, quando identificamos que a "cobra" que pensamos ver no meio de uma folhagem é apenas um galho de árvore). Acredita-se que este controle cognitivo sobre a emoção seja realizado pelo córtex frontal ventromedial.

A região para-hipocampal representa o relê de integração entre o hipocampo e os córtices de associação uni e heteromodais; sua principal função relaciona-se com o aprendizado e formação de memórias.[5]

O córtex orbitofrontal recebe projeções córtex olfatório primário, núcleo basal de Meynert, hipocampo, amígdala e hipotálamo, em sua porção mais posterior; apresenta um papel crítico na integração de estados viscerais e emocionais com a cognição e comportamento. Estimulação do córtex orbitofrontal leva a respostas autonômicas de "luta ou fuga", e sua lesão provoca diminuição da agressividade e apatia. A participação do lobo frontal nos aspectos de comportamento afiliativo e social ligados ao sistema límbico são dramaticamente ilustrados em casos de lesões do córtex orbitofrontal em que os pacientes apresentam importante alteração da personalidade, tornando-se inadequados, incapazes de se adequar às normas sociais e incapazes de demonstrar empatia em relação a outros.

Outro exemplo clássico da perda da influência de aspectos afetivos sobre o comportamento é dado pelo "experimento do jogo":[11] diante de quatro baralhos, os indivíduos podem virar as cartas de quaisquer um deles: embora os baralhos A e B permitam ganhos maiores, também levam ocasionalmente a que o indivíduo tenha que pagar somas altíssimas à "banca"; em contrapartida, os baralhos C e D promovem ganhos mais baixos, mas levam a menor prejuízo. Indivíduos com lesão no córtex frontal ventromedial, ao contrário de indivíduos normais (que após algumas experiências negativas passam a preferir os baralhos C e D), são incapazes de modular seu comportamento de forma a evitar perdas maiores e continuam a se nortear pela falsa sensação de maior lucro proporcionada pelos baralhos A e B, mesmo após perder todo o "dinheiro" que possuíam no início do experimento e terem que recorrer a estratégias como "roubar o banco" para continuar jogando.

O giro do cíngulo liga-se de forma maciça com o hipocampo (em sua porção posterior) e amígdala (em sua porção anterior) e pode ser considerado o portal de acesso das influências límbicas a outras regiões cerebrais (ver suas principais conexões na Tabela 13.2). Está envolvido em diversas funções como atenção, motivação, aprendizado e memória, emoção, percepção de dor e funções viscerais. A lesão da região anterior do giro do cíngulo provoca apatia e reduz a intensidade da dor crônica; lesões do giro do cíngulo levam a uma gama complexa de alterações comportamentais e emocionais.

Outras regiões paralímbicas incluem:

- Polo temporal: recebe conexões do córtex olfatório primário, núcleo basal de Meynert, hipocampo e amígdala; está relacionado a funções olfatórias, gustativas e viscerais (porção medial) auditivas e visuais. Entre as principais funções sensoriolímbicas do polo temporal encontra-se o reconhecimento de faces; lesões nesta região podem provocar prosopagnosia (Capítulo 14 – *Funções Cognitivas*);
- Ínsula: recebe aferências do córtex olfatório primário, núcleo basal de Meynert e amígdala; especialmente através das conexões com a amígdala, apresenta um papel no aprendizado tátil e reações à dor. Lesões insulares podem abolir os aspectos emocionais relacionados à dor, gerando um quadro denominado de "assimbolia à dor", em que o indivíduo, embora continue objetivamente experimentando a sensação dolorosa (sendo capaz de descrevê-la acuradamente em termos de características, localização e intensidade), não vivencie mais o sofrimento relacionado a essa sensação.

As íntimas associações das regiões límbicas e paralímbicas com a função autonômica fazem com que estas sejam chamadas, em conjunto, de "cérebro visceral", cujas vias aferentes provêm do

TABELA 13.2. ***Principais conexões do giro do cíngulo***

CÍNGULO POSTERIOR	CÍNGULO ANTERIOR
Giro para-hipocampal posterior	Giro para-hipocampal anterior
Córtex pré-frontal	Amígdala
Córtex parietal caudal	Córtex pré-frontal
AMS ocular	Córtex orbitofrontal caudal
	Polo temporal inferior
	Ínsula

tronco encefálico e tálamo, e cujas vias eferentes se projetam para o hipotálamo e tronco encefálico. Vale destacar o papel crucial da ínsula neste sistema, sendo que sua estimulação produz efeitos no sistema gastrointestinal, respiratório e cardiovascular.[16,17] O "cérebro visceral", como exposto até agora, é o responsável pelas alterações autonômicas necessárias na geração e expressão das emoções; no entanto, esta região também é responsável pela gênese dos fenômenos indesejados causados pelo estresse psicológico, como úlceras gástricas, alterações da motilidade do trato gastrointestinal, e todo o repertório de alterações cardiovasculares que variam do aumento da pressão arterial a isquemia do miocárdio (infarto) e até mesmo parada cardíaca.

As regiões límbicas e paralímbicas também influenciam a função do sistema imunológico e endócrino.[18] O estresse psicológico intenso e prolongado pode levar a estados de imunodepressão, e alterações da secreção de hormônios pela glândula suprarrenal, tireoide e gônadas (alterações do ciclo menstrual e infertilidade).[5]

DISFUNÇÕES LÍMBICAS

Diversas doenças no âmbito da Neurologia e Psiquiatria são decorrentes de disfunções do sistema límbico. Apresentamos a seguir, de forma sumarizada, as principais alterações provocadas por essas disfunções.[19] Vale ressaltar, no entanto, que transtornos do humor (como o transtorno afetivo bipolar e a depressão), transtornos de ansiedade (transtorno obsessivo-compulsivo, fobias etc.) e psicoses (como a esquizofrenia) ocorrem sem que ocorra uma lesão estrutural específica no SNC; neste caso, a descrição da ocorrência de sintomas semelhantes aos dessas doenças em casos de lesão neurológica é útil na tentativa de se identificar os circuitos cerebrais e neurotransmissores relacionados à sua gênese.

Síndromes hiperlímbicas

Nas síndromes hiperlímbicas ocorre aumento da atividade de determinadas regiões do sistema límbico. Em geral são causadas pelas assim chamadas lesões "irritativas", ou seja, que provocam estimulação da região, tais como tumores e sangramentos, ou crises epilépticas:

- Mania ("aumento dos apetites"): lesões diencefálicas à D (hipotálamo), orbitofrontais, de núcleo caudado, tálamo (circuitos hipotalámo-amígdala-orbitofrontais);[20-22]
- Transtorno obsessivo-compulsivo (TOC): lesões de núcleo caudado e córtex orbitofrontal;[23]
- Síndrome interictal de Gastaut-Geschwind: hipergrafia, hipossexualidade, obsessões, hiper-religiosidade, "viscosidade" (comportamento "pegajoso"): lesões de circuitos orbitofrontais;
- Ataques de raiva, comportamento explosivo: lesões em hipotálamo, amígdala.[1]

Síndromes hipolímbicas

Caracterizadas pela diminuição ou perda da função de determinadas regiões do sistema límbico. Em geral são causadas por lesões isquêmicas ou pela ablação da estrutura:

- Depressão: lesão do córtex orbitofrontal medial (relacionado ao humor, estado afetivo e funções viscerais);[24]
- Apatia (perda da motivação): lesão do giro do cíngulo anterior. Na lesão bilateral ocorre o mutismo acinético;[25]
- Amnésia: lesão em estruturas do circuito de Papez (transtornos da memória declarativa);

- Síndrome de Klüver-Bucy: lesões de amígdala e córtex temporal adjacente. Caracteriza-se por placidez, hiperoralidade, hipersexualidade, hipermetamorfose (exploração ambiental compulsiva), agnosia visual;
- Perda da associação entre impulsos viscerais e afetivos e estímulos sensoriais: lesões de amígdala.[26]

Síndromes límbicas disfuncionais

Podem ser causadas por lesões orgânicas (tumores, AVEs, epilepsia etc.) ou funcionais (em que não há uma lesão estrutural evidente, pressupondo-se que haja disfunção nos circuitos neuronais ou neurotransmissores envolvidos):

- Sintomas psicóticos (falta de integração entre afetos, motivações e objetos/experiências): lesões de córtex orbitofrontal, hipocampo límbico, córtex temporal e córtex frontal dorsolateral;[27,28]
- Comportamento de utilização e imitação, comportamento social inadequado: lesões do córtex orbitofrontal lateral;
- Ansiedade e transtorno do pânico: lesões da amígdala, ínsula, cíngulo anterior, córtex orbitofrontal e lobo temporal. Neste caso, a hiperestimulação do sistema límbico provoca uma hiperativação do sistema de vigilância e observação de estímulos, que leva aos fenômenos perceptuais, cognitivos, motores e autonômicos característicos dos transtornos de ansiedade.[29,30]

Referências Bibliográficas

1. Ropper AH, Samuels MA. The limbic lobes and the neurology of emotion. In: Ropper AH, Samuels MA, editors. Adams and Victor's principles of neurology. 9th ed. New York: McGraw-Hill 2009; p. 493-504.
2. Papez JW. A proposed mechanism of emotion. Archives of Neurology and Psychiatry 1937; 38:725-43.
3. Broca P. Anatomie comparée de circunvolutions cérebrales. Le grand lobe limbique et al scissure limbique dans la série des mammiféres. Rev Anthropol 1878; 1:385-498.
4. MacLean PD. The limbic system ("visceral brain") and emotional behavior. Archives of Neurology and Psychiatry 1955; 73:130-4.
5. Mesulam M-M. Behavioral neuroanatomy. Large-scale networks, association cortex, frontal sydromes, the limbic system, and hemispheric specialization. In: Mesulam M-M, editor. Principles of behavioral and cognitive neurology. 2nd ed. New Yor: Oxford University Press 2000; p. 1-120.
6. James W. What is an emotion? Mind 1884; 9:188-205.
7. Lange CG. Übber gemuthsbewegungen. Leiprig: Thomas; 1887.
8. Cannon WB. The James-Lange theory of emotions: a critical examination and an alternative theory. American Journal of Psychology 1927; 39:106-24.
9. Bard P. A diencephalic mechanism for the expression of rage with special reference to the sympathetic nervous system. American Journal of Physiology 1928; 84:490-515.
10. Schachter S. The interaction of cognitive and physiological determinants of emotional state. In: Berkowitz L, editors. Advances in experimental social psychology, vol 1. New York: Academic 1964; p. 49-80.
11. Damasio AR. Descarte's error: emotion, reason, and the human brain. New York: Grosset-Putnam; 1994.
12. Arnold MB. Emotion and personality. New York: Columbia University Press; 1960.
13. Iversen S, Kupfermann I, Kandel ER. Emotional states and feelings. In: Kandel ER, Schwartz JH, Jessell, editors. Principles of neural science. 4th ed. New York: McGraw-Hill 2000; 982-97.
14. Davis M. The role of the amygdale in fear and anxiety. Annual Review of Neuroscience 1992;15:353-75.
15. LaBar K, LeDoux J. Emotion and the brain: an overview. In: Feinberg TE, Farah MJ, editors. Behavioral neurology and neuropsychology. 2nd ed. New York: McGraw-Hill 2003; 711-24.
16. Clause RE, Lustman PJ. Psychiatric illness and contraction abnormalities of the esophagus. New England Journal of Medicine 1983; 309:1337-42.

17. Samuels M. Neurocardiology. In: Samuels M, editors. Comprehensive review in neurology. Oakstone Medical Publishing 2009; 854-95.
18. Ramirez-Amaya V, Alvarez-Borda B, Ornsby CE, Martinez RD, Pérez-Montfort R, Bermúdez-Rattoni F. Insular cortex lesions impair the acquisition of conditioned immunossupression. Brain Behavior and Imunnity 1996; 10:103-14.
19. Cummings JL, Mega MS. Neurobiological basis of behavior. In: Cummings JL, Mega MS, editors. Neuropsychiatry and behavioral neuroscience. New York: Oxford University Press 2003; 7-23.
20. Cummings JL, Mendez MF. Secondary mania with focal cerebrovascular lesion. American Journal of Psychiatry 1988; 141:1084-7.
21. Bogousslavsky J, Ferrazzini M, Regli F, Assal G, Tanabe H, Delaloye-Bischof A. Manic delirium and frontal-like syndrome with paramedian infarction of the right thalamus. Journal of Neurology, Neurosurgery, and Psychiatry 1988; 51:116-9.
22. Jorge RE, Robinson RG, Starkstein SE, Arndt SV, Forrester AW, Geisler FH. Secondary mania following traumatic brain injury. American Journal of Psychiatry 1993; 150:916-21.
23. Hay P, Sachdev P, Cumming S et al. Treatment of obsessive-compulsive disorder by psychosurgery. Acta Psychiatrica Scandinavica 1993; 87:197-207.
24. Mega MS, Cummings JL. The cingulate and cingulated syndromes. In: Trimble MR, Cummings JL, editors. Contemporary behavioral neurology. Boston, Butterworth-Heineman 1997; 189-214.
25. Mega MS, Cohenour RC. Akinetic mutism: a disconnection of frontal-subcortical circuits. Neuropsychiatry, Neuropsychology, and Behavioral Neurology 1997; 10:254-9.
26. Bechara A, Tranel D, Damasio H, Adolphs R, Rockland C, Damasio AR. Double dissociation of conditioning and declarative knowledge relative to the amygdala and hippocampus in humans. Science 1995; 269:1115-8.
27. Woods SW. Regional cerebral blood flow imaging with SPECT in psychiatric disease: focus on schizophrenia, anxiety disorders, and substance abuse. Journal of Clinical Psychiatry 1992; 53(Suppl):20-5.
28. Downhill JE Jr, Bachsbaum MS, Hazlett EA et al. Temporal lobe volume determined by magnetic resonance imaging in schizotypal personality disorder and schizophrenia. Schizophrenia Research 2001; 48:187-99.
29. Liotti M, Mayberg HS, Brannan SK, McGinnis S, Jerabek P, Fox PT. Differential limbic-cortical correlates of sadness and anxiety in healthy subjects: implications for affective disorders. Biological Psychiatry 2000; 48:30-42.
30. Simpson JR Jr, Drevets WC, Snyder AZ, Gusnard DA, Raichle ME. Emotion-induced changes in human medial prefrontal cortex: II. During anticipatory anxiety. Proceedings of the National Academy of Science USA 2001; 98:688-93.

14

Funções Cognitivas

INTRODUÇÃO

A evolução filogenética permitiu ao sistema nervoso central (SNC) se constituir como um sistema cujas principais funções são a recepção e registro das informações sensoriais, o planejamento e execução de atos motores complexos (ou, de forma mais abrangente, de comportamentos), e a formação de memórias duradouras (que permitem a modificação do comportamento através da experiência).

Em organismos mais primitivos, a capacidade de processamento de um estímulo e a variedade de respostas comportamentais é bastante limitada, muitas vezes reduzindo-se a uns poucos movimentos reflexos. À medida que o SNC torna-se mais complexo e sofisticado, emerge um mecanismo de *processamento intermediário* que permite uma maior elaboração na identificação e reconhecimento de estímulos do meio ambiente (externos) e do próprio organismo (homeostase interna) e um aumento significativo do repertório de respostas comportamentais; didaticamente, dividimos esse processamento intermediário em *cognição* e *emoção*, embora em condições de funcionamento normal do SNC os dois operem simultaneamente e de forma complementar. Em primatas e especialmente em seres humanos, esse processamento intermediário atinge seu grau máximo de expressão, respondendo pela sofisticação de comportamentos que podemos exibir, pela capacidade de modulação e pelo nosso alto grau de capacidade de aprendizado de novos comportamentos.

A cognição é um modo de processamento intermediário que protege nossos canais sensoriais e motores das demandas imediatas do meio externo e interno, e permite a adequação de nossas respostas comportamentais a estímulos idênticos levando em consideração, entre outras variáveis, o contexto, nossa experiência prévia, as necessidades do momento e as consequências de adotar um comportamento específico (entre outros que poderiam ser escolhidos), em última análise visando a melhor adaptabilidade do indivíduo ao meio (aqui entendido em um sentido mais amplo, desde o meio ambiental até círculos familiares, sociedade etc.).

Como exemplo, podemos imaginar um indivíduo que descobre que alguém ocupou seu lugar numa sala enquanto estava fora atendendo um telefonema, apesar de ter deixado seus pertences no local (que foram recolocados em outro assento), indicando que pretendia voltar. Este indivíduo pode reagir de várias maneiras: perguntar à pessoa que ocupou seu lugar a razão desta ter feito isso e, a partir da resposta obtida, propor uma solução em comum; exigir seu lugar de volta, argumentando que tinha se ausentado apenas temporariamente, como evidenciado pelo fato de ter deixado seus pertences no local; ignorar o acontecido e procurar um novo lugar para sentar. Evidentemente, o tipo de reação que o indivíduo vai expressar dependerá de vários fatores, tais como:

- *Quem* pegou seu lugar? O chefe? Uma colega conhecida por todos por "viver no mundo da lua" e que nunca presta atenção a esses "detalhes"? Um colega que é "encrenqueiro profissional" e não perde a oportunidade de provocar situações deste tipo para entrar em confrontos?
- *Qual a importância real* de sentar nesse lugar específico, em comparação com o desgaste de enfrentar qualquer uma das pessoas acima?
- *Com que frequência* isso ocorre? Foi a primeira vez, ou é um hábito de todos os envolvidos desrespeitar limites desta forma?
- *Que impressão* causará no grupo ali reunido o fato do indivíduo exigir (ou não) seu direito de retomar aquele lugar? Essa impressão é desejável, não desejável, ou o indivíduo é indiferente ao que os outros colegas vão pensar?

Todas essas ponderações permitem que o indivíduo faça uma escolha que, no momento, lhe pareça a mais vantajosa; no entanto, é possível que se a situação se repita no dia seguinte, uma pequena mudança em qualquer uma das variáveis envolvidas faça com que o indivíduo opte por outra solução, caracterizando a flexibilidade de respostas que é possível através dos mecanismos de raciocínio e julgamento que utilizamos na resolução de problemas.

Um ponto importante a ser observado é que, permeando o raciocínio que o indivíduo vai fazer para solucionar seu problema, pode-se perceber a presença de possíveis estados emocionais que serão desencadeados concomitantemente: se o fato ocorre com muita frequência, ou se é sempre a mesma pessoa que o faz, o indivíduo pode ficar com *raiva*, e optar por uma atitude menos conciliatória; a preocupação com a *impressão* que sua atitude causará perante o grupo está relacionada ao aspecto *afiliativo* (ou comportamento social), que está intimamente ligado ao processamento de emoções; assim, como já descrito, cognição e emoção se inter-relacionam de forma contínua e indissociável na maioria dos comportamentos do dia a dia, embora geralmente só percebamos com clareza as situações em que um dos dois predomina, como em: resolver um problema de matemática *versus* correr ao avistar um carro que não pretende frear no cruzamento em que você está atravessando.

Comparado ao processamento emocional (discutido no Capítulo 13 – *Sistema Límbico*), o processamento cognitivo caracteriza-se por ser mais *lento* (o que pode ser uma grande desvantagem em muitas situações), porém mais *flexível* (adapta-se a pequenas nuances que diferenciam situações aparentemente semelhantes), sendo, portanto, mais específico para o problema em questão (com todas as suas particularidades) e encontra-se em sua maior parte sob controle consciente (embora hoje saibamos que muito do processamento cognitivo é realizado sem que o indivíduo tenha acesso completo às suas diversas etapas – é o que gera a sensação de "ter uma luz repentina" na solução de um problema que estamos tentando resolver há algum tempo).

Conceitua-se como *cognição* ou *funções cognitivas* o conjunto de processamentos psicológicos concernentes à recepção, processamento e expressão de informação, bem como às funções executivas (controle metacognitivo da função mental). Desta forma, envolvem a entrada, estocagem, processamento (classificação, combinação, estabelecimento de relações) e saída de dados.[1]

As funções cognitivas protegem os canais sensoriais e motores das demandas imediatas do meio interno (que nem sempre podem ser satisfeitas imediatamente, e algumas vezes não deveriam ser satisfeitas nunca – como a vontade de bater em alguém quando estamos com muita raiva) e permitem adequação da resposta a estímulos idênticos em função de contexto, experiência, necessidades e consequências antecipadas.

DIVISÃO FUNCIONAL DO CÓRTEX

Do ponto de vista funcional, o córtex cerebral pode ser dividido em áreas primárias, áreas de associação unimodal, áreas de associação heteromodal, áreas paralímbicas e áreas límbicas[2] (Fig. 14.1).

As áreas primárias sensoriais são responsáveis pela recepção dos estímulos externos e de propriocepção, através de aferências provindas dos receptores sensitivos específicos. Estas áreas são as responsáveis pelas percepções sensoriais elementares e incluem o córtex primário visual ou V1 (polo occipital e margens da fissura calcarina, correspondendo à área 17 de Brodmann e também denominado *córtex estriado*), auditivo ou A1 (giro de Heschl ou temporal superior posterior, correspondendo às áreas 41 e 42 de Brodmann) e somatossensitiva ou S1 (giro pós-central, no lobo parietal, correspondendo às áreas 1, 2 e 3 de Brodmann). As áreas motoras primárias ou M1 (giro pré-central, no lobo frontal, correspondendo à área 4 de Brodmann) dão origem aos tratos corticospinal e corticobulbar.

As áreas sensitivas visuais primárias são responsáveis pelo reconhecimento de padrões visuais mais simples, como orientação, movimento, luminosidade, comprimento e cores de imagens; as áreas de associação auditivas, de forma análoga, são responsáveis pelo reconhecimento de elementos sonoros mais primordiais como altura, intensidade, timbre, tom, frequência e localização (fonte); o córtex sensitivo primário, por sua vez, é responsável pelo reconhecimento das informações táteis elementares: localização de um estímulo, discriminação entre dois pontos, grafestesia, estereognosia e artrestesia.

As áreas de associação *unimodal* executam o primeiro estágio de associação entre áreas cerebrais *dentro de uma mesma modalidade*, ou seja, nas três modalidades sensoriais (visual, auditiva e somatossensitiva) e na modalidade motora, relacionando-se com as regiões límbicas, pré-frontais, perisylviana, temporais, parietais dorsais e pré-motoras, onde ocorrerá o processamento mais elaborado que caracteriza as funções cognitivas. Desta forma, entende-se que as áreas de associação

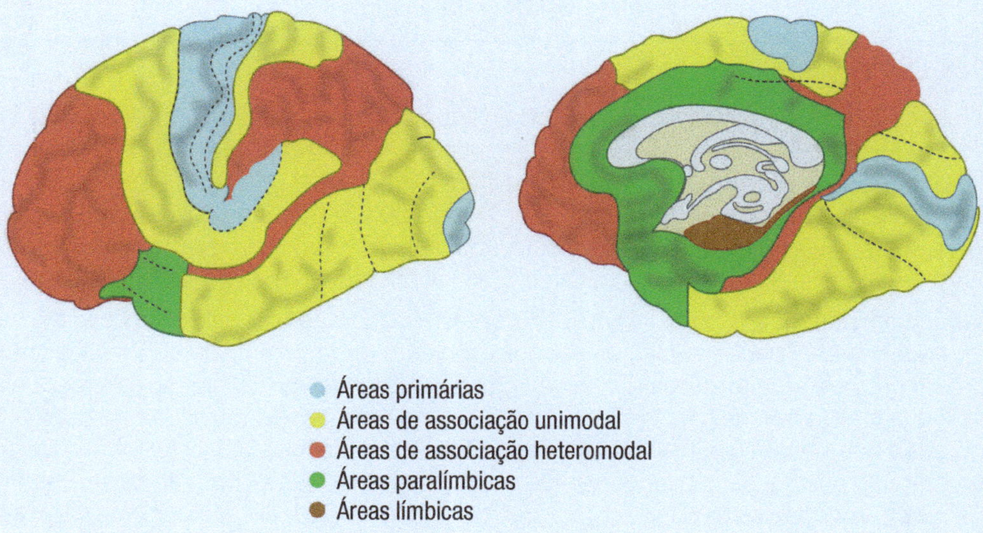

FIGURA 14.1. Divisão funcional do córtex cerebral.

unimodal são responsivas a estímulos específicos de apenas uma modalidade. A área de associação unimodal visual corresponde ao córtex peristriado (áreas 18 e 19 de Brodmann, no lobo occipital) e porções dos giros fusiforme, temporal inferior e temporal médio (áreas de Brodmann 20, 21 e 37), e permite o reconhecimento de cores, movimento, formas e padrões visualmente mais complexos. A área de associação unimodal auditiva compreende o giro temporal superior (área 22 de Brodmann) e permite o reconhecimento de padrões sonoros mais complexos, como fonemas. A área de associação unimodal somatossensitiva corresponde à região do lóbulo parietal superior (áreas 5 e 7 de Brodmann) e desempenha um papel crucial na discriminação mais acurada dos estímulos táteis, e na coordenação dos aspectos somatossensitivos necessários para os movimentos de aproximação e preensão de objetos, bem como para a exploração manual do ambiente. As áreas motoras de associação unimodal incluem o córtex pré-motor, a área motora ocular e área motora suplementar (localizadas na área 6 de Brodmann), a parte posterior da área de Broca (área 44 de Brodmann) e partes da área 8 de Brodmann, realizando funções como iniciação, inibição, planejamento e aprendizado de atos motores complexos, e projeta-se para o córtex motor primário.

As áreas de associação unimodal também são responsáveis pela formação de *memórias* dentro de sua modalidade e a lesão destas regiões leva a déficits modalidade-específicos, como os déficits sensoriais seletivos (por exemplo: acromatopsia, ou déficit de reconhecimento de cores), enquanto outras funções na mesma modalidade sensorial permanecem intactas e também às agnosias (déficits de reconhecimento de elementos do mundo externo através de uma modalidade sensorial).

As áreas de associação *heteromodal*, *transmodal* ou *multimodal* permitem a integração de estímulos entre várias modalidades, e suas aferências originam-se de áreas unimodais e/ou de outras áreas heteromodais, sendo que esta integração é a que propicia a emergência de processos mentais mais elaborados, como as funções cognitivas. São representadas pelo córtex pré-frontal, giros angular e supramarginal (no lobo parietal), sulco temporal superior e, na porção medial do cérebro, a região parietoccipital e parte ventral do lobo temporal (Fig. 14.1). Lesões nas áreas heteromodais causam déficits que englobam mais de uma modalidade sensorial, como afasias, apraxia ideomotora, prejuízos de raciocínio e abstração, síndromes comportamentais (em lesões frontais). A Figura 14.2 representa o papel das áreas de associação como elementos de modulação entre os estímulos internos e o ambiente (espaço extrapessoal).

REDES COGNITIVAS

Embora saibamos que o cérebro não funciona como uma "massa única" indiferenciada e que existem regiões cerebrais especializadas para diferentes funções, o conceito atual de modularidade do cérebro é muito diferente daquele proposto nos primórdios da Neuropsicologia, quando se atribuía a diferentes áreas cerebrais o papel de "centro" de uma determinada função, a partir da observação de que algumas lesões levavam a perda daquela função (por exemplo, a lesão do giro frontal inferior E levando à afasia de expressão, como descrito por Broca em 1861).[3]

Modernamente, entendemos a noção de especialização cerebral dentro do paradigma de "redes cognitivas de grande escala", ou seja, um conjunto de regiões cerebrais interligadas, cujo funcionamento em série e em paralelo leva à implementação de uma função específica, por exemplo, a linguagem. Cada rede cognitiva é composta por regiões ou nodos corticais e subcorticais, e é conectada a outras redes que realizam funções de suporte para a função principal. Ainda tomando como exemplo a linguagem, quando vamos nos referir a um objeto, como ao dizer: "Posso usar *esta cadeira?*", temos que a principal função cognitiva em utilização é a linguagem, mas esta recebe suporte da função visoespacial, pois não poderíamos nomear a cadeira específica que queremos usar se não a enxergássemos como "objeto cadeira" e não reconhecêssemos que ela se encontra em uma posição espacial conveniente para nós.

FIGURA 14.2. Representação esquemática do papel das áreas de associação na modulação do comportamento.

Assim, temos que as redes cognitivas funcionam em conjunto a maior parte do tempo nas situações ecológicas (no dia a dia), e ocorre uma alternância contínua entre qual é a "função principal" e quais as "funções de suporte", dependendo da tarefa que estamos executando, num processo extremamente dinâmico.

As redes cognitivas são constituídas por *epicentros* (regiões onde a especialização é máxima para aquela função) e regiões acessórias (que apresentam alguma especialização, mas em menor grau). Os epicentros das redes cognitivas são sempre representados por áreas heteromodais, ao passo que as regiões acessórias incluem áreas heteromodais, unimodais, primárias e regiões subcorticais (e que podem pertencer a mais de uma rede). As lesões que acometem os epicentros de uma rede cognitiva provocarão os déficits mais intensos na função cognitiva correspondente, e as lesões em regiões acessórias ou subcorticais afetarão a respectiva função de forma menos dramática.

Resumindo o que foi exposto até agora, temos como características principais do atual modelo de especialização cerebral o fato de que várias regiões subservem a uma determinada função, e de que uma região pode pertencer a funções diferentes.[2] A Figura 14.3 mostra de forma esquemática a constituição de uma rede cognitiva genérica.

Imaginemos que a Figura 14.3 represente a rede cognitiva referente à linguagem. Os dois epicentros (A e B) corresponderiam às áreas de Broca e Wernicke. As regiões corticais associadas (X e Y) poderiam corresponder, por exemplo, ao córtex auditivo primário (necessário para audição) e ao córtex frontal (responsável pela motivação para iniciação da fala). As regiões 1, 2 e 3 podem

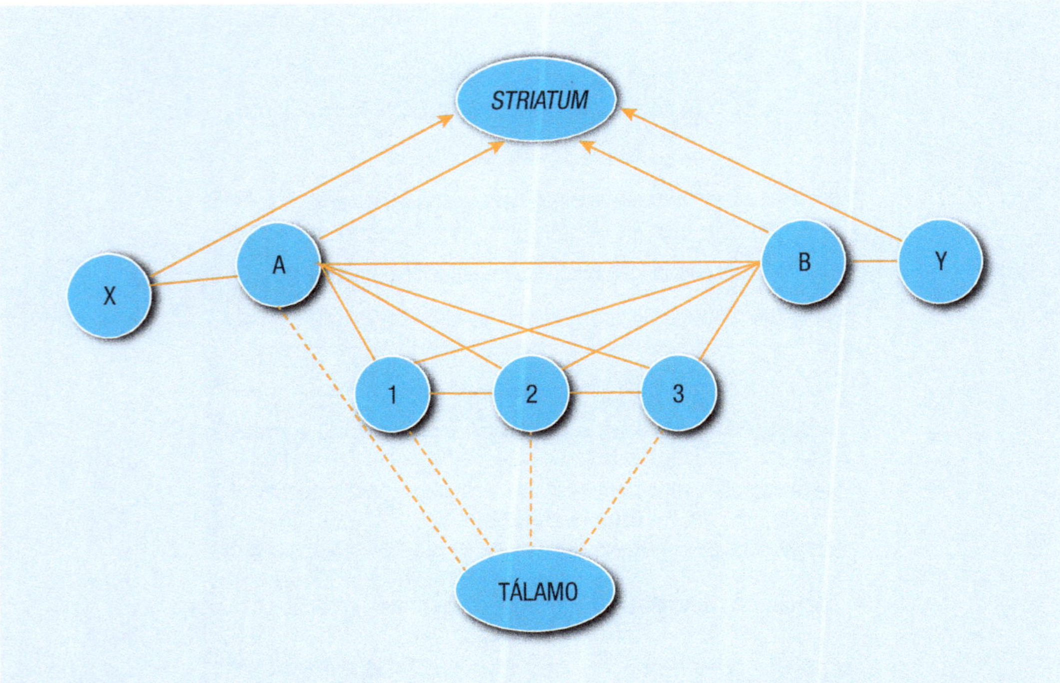

FIGURA 14.3. Representação esquemática de uma rede cognitiva de larga escala. Adaptado de Mesulam, 2000.

representar outras regiões corticais e subcorticais também envolvidas na linguagem, como córtex visual (para leitura) e cerebelo (controle da coordenação para a escrita). O tálamo e o *striatum* são representados em destaque pelo seu papel crítico nas redes de grande escala.

Numa dada rede cognitiva, as informações provenientes das áreas sensitivas primárias transitam inicialmente pelas áreas unimodais, que são independentes, o que garante a fidelidade sensorial e acurácia das informações, pela sua alta especificidade. Nestas regiões, as informações podem ser representadas, comparadas e estocadas em uma única modalidade (como formas, cores, sons etc.). No entanto, as áreas unimodais ainda não permitem a integração simbólica: uma palavra pode ser reconhecida como tal, mas o indivíduo não terá acesso a seu significado; um objeto pode ser reconhecido, mas o indivíduo não poderá nomeá-lo ou dizer sua função (nestes exemplos usamos o termo "reconhecimento" em um sentido bastante estrito, significando apenas que o indivíduo é capaz de saber que já esteve em contato com aquele estímulo). Na etapa seguinte do processamento, a informação é transferida para áreas heteromodais, onde ocorre a convergência de várias modalidades sem perda da informação inicial. As áreas heteromodais podem ser consideradas como "portais de acesso" à informação distribuída em todo o córtex cerebral (nosso conhecimento semântico, episódico, emocional, e todas as formas de conhecimento estocado em forma de memórias). Assim, a partir da transferência de um conjunto de fonemas que forma uma palavra (como cadeira) para uma área heteromodal (como a área de Wernicke), esta ganha acesso a outras regiões heteromodais como o giro angular (no lobo parietal), e a partir daí todo o significado associado àquela palavra, que se encontra representado em diversas regiões do córtex cerebral é ativado e o indivíduo consegue entendê-la: descrever sua função, imaginar sua forma mais comum e as possíveis variações, lembrar-se de uma cadeira em particular, recuperar memórias proprioceptivas sobre a sensação de estar sentado em uma cadeira etc. Um estímulo pode então, após passar por

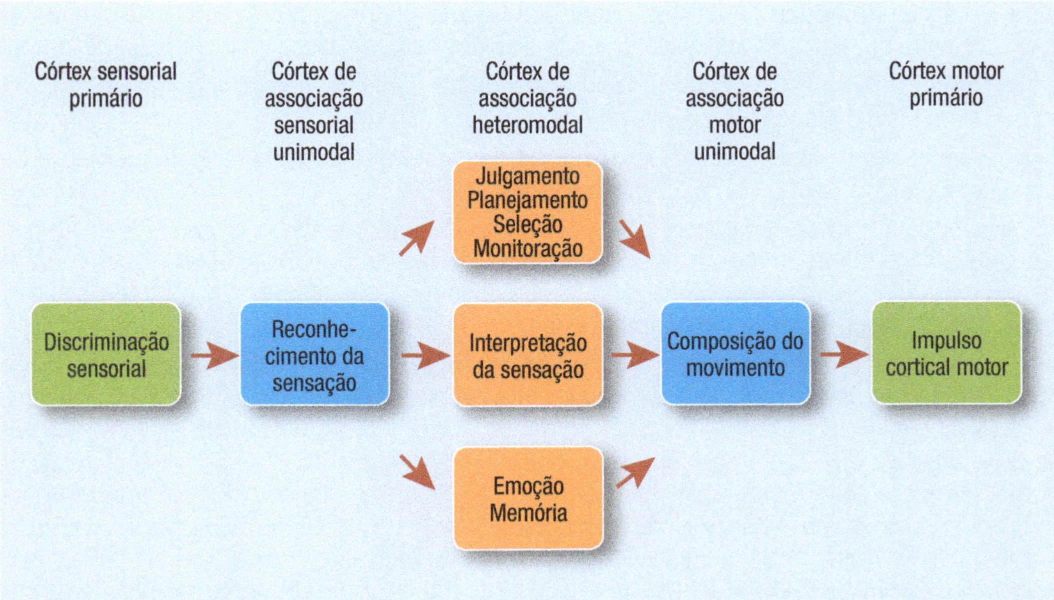

FIGURA 14.4. Representação esquemática do processamento cognitivo, desde a entrada do estímulo até a resposta comportamental.

este processamento, elicitar uma resposta comportamental (embora isso nem sempre seja necessário, um estímulo pode gerar apenas pensamentos, lembranças etc., sem que o indivíduo tenha obrigatoriamente que executar algo em resposta): alguém me pergunta qual tipo de cadeira eu gostaria de ter no meu escritório, e eu preciso fazer uma escolha e responder à pergunta. A Figura 14.4 mostra de forma esquemática o processamento cognitivo, da entrada sensorial à resposta comportamental.

Discutiremos a seguir as principais funções cognitivas, tomando como base o modelo das redes de grande escala exposto até agora.

ATENÇÃO

Atenção refere-se a uma das mais importantes habilidades mentais, embora seja a mais difícil de definir. Todos nós estamos familiarizados com a experiência subjetiva de "prestar atenção" ou "estar desatento", ainda assim encontramos dificuldade em explicar este estado mental. Isto ocorre porque o termo é utilizado para designar formas diferentes de atividade mental, como se segue:

- Alerta: estado de vigília e responsividade dos neurônios corticais a estímulos sensoriais;
- Atenção focalizada: capacidade de responder a um estímulo específico (sensorial, auditivo, visual), pode ser também denominada *orientação*;
- Atenção dirigida: capacidade de manter em destaque um ou dois estímulos ou ideias com os quais trabalhamos;
- Atenção seletiva: habilidade de manter um comportamento diante de estímulos competitivos ou distratores; está intimamente relacionada à atenção dirigida, sendo que a habilidade conjunta é também denominada *concentração*;

- Atenção sustentada ou vigilância: habilidade de manter uma resposta comportamental consistente durante uma atividade contínua e persistente (por um período contínuo de tempo);
- Atenção dividida: habilidade de responder simultaneamente a múltiplas tarefas, ou a vários elementos dentro de uma tarefa complexa;
- Atenção alternada: flexibilidade mental que permite mudança do foco de atenção entre diferentes tarefas.

A atenção, embora estudada em conjunto com as funções cognitivas, é um *pré-requisito* para toda a atividade mental; indivíduos com prejuízo do alerta e da atenção não conseguem desempenho satisfatório ou mesmo se engajar em tarefas cognitivas, pois terão prejuízo da percepção de estímulos, e da capacidade de associação mental.

O estado de alerta depende de estruturas localizadas no tronco encefálico e diencéfalo e que formam o *sistema ativador reticular ascendente* (SARA), composto por núcleos da formação reticular, núcleos da rafe, *locus coeruleus*, hipotálamo dorsal e núcleos intralaminares do tálamo (NIL), que se projetam para diversas regiões do córtex cerebral. O conjunto NIL posterior projeta-se para o córtex pré-motor, pré-frontal e parietal; o conjunto NIL anterior para o córtex pré-frontal, frontal (ocular), cíngulo anterior e córtex parietotemporal e o conjunto NIL centromediano para o sistema límbico (córtex orbitofrontal, amígdala e hipocampo) (Fig. 14.5). Este conjunto de estruturas mantém o córtex em um estado de ativação e excitabilidade geral (vigília) e o alerta propriamente dito refere-se mais especificamente ao estado de orientação a um determinado estímulo ou objetivo. A orientação pode ser desencadeada por um estímulo do ambiente (de forma automática), por exemplo, ao ouvirmos o ruído de uma porta se abrindo quando estamos sentados em uma sala lendo: o ruído desencadeará a chamada *reação de orientação*, em que moveremos nossos olhos e,

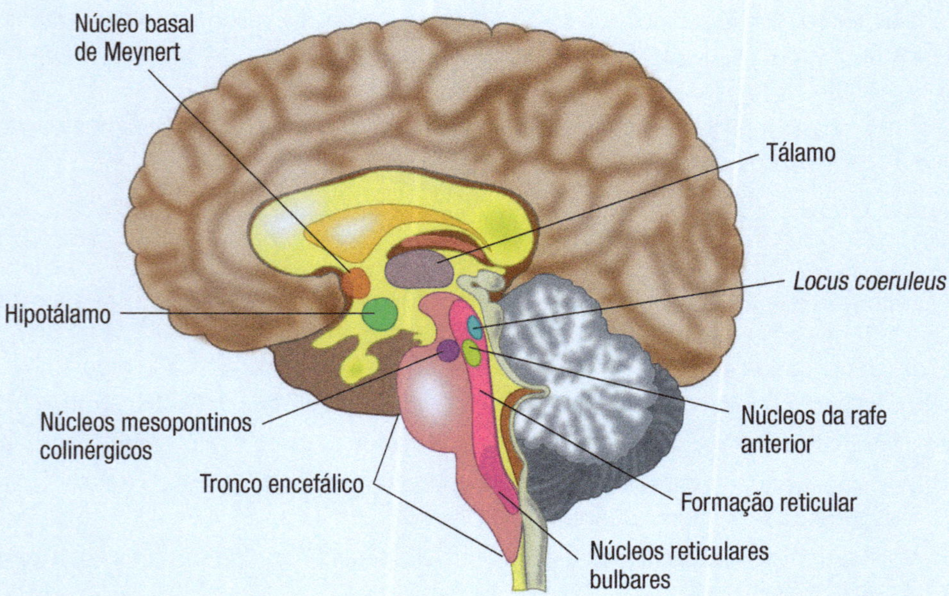

FIGURA 14.5. Estruturas do SARA, responsáveis pelo alerta cortical.

se necessário, a cabeça e parte do corpo em direção à fonte do ruído até que consigamos identificar quem abriu a porta, o que aconteceu em seguida, e determinar se este acontecimento é relevante ou não para nós. Caso seja irrelevante (é apenas um desconhecido que também vai se sentar na sala e ler), retornaremos à nossa atividade prévia; se o estímulo for relevante (é uma pessoa que estamos esperando e com a qual queremos conversar), a atividade anterior será interrompida e nos engajaremos na nova tarefa ou objetivo. A orientação também pode ser desencadeada por mecanismos internos, quando voluntariamente a dirigimos para um estímulo. Neste caso, a modulação automática é chamada de *bottom-up*, pois se inicia em estruturas hierarquicamente abaixo do córtex e a modulação voluntária é denominada *top-down*, pois se origina em centros corticais.

O sistema atencional modalidade-específico, isto é, aquele relacionado a uma determinada modalidade sensorial (visual, auditiva e tátil), também recebe modulação do tipo *bottom-up* (proveniente das estruturas do SARA) e *top-down* (vinda dos córtices pré-frontal, parietal e límbico) (Fig. 14.6).

Déficits atencionais

Déficits do alerta

Prejuízos no sistema responsável pela vigília levam às alterações do nível de consciência, que variam da sonolência ao coma. Alterações do sistema de alerta propriamente dito levam aos estados confusionais. Estas condições clínicas podem ser causadas por lesões no SARA ou por encefalopatias difusas, que provocam disfunção cerebral bilateral;

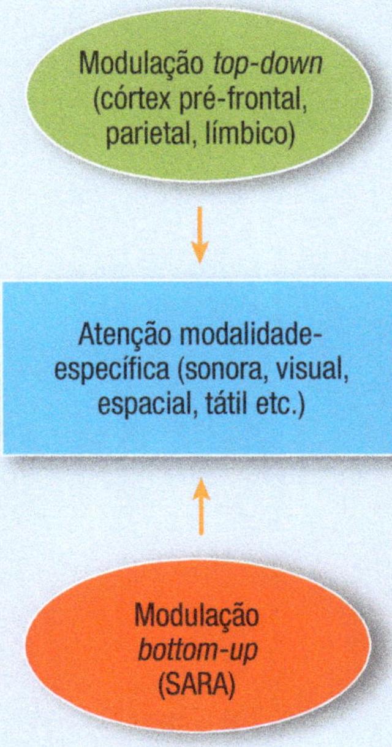

FIGURA 14.6. Representação esquemática da modulação da atenção modalidade-específica.

Déficits de atenção/concentração/vigilância

Levam a quadros de distratibilidade, em que o desempenho do indivíduo em tarefas fica bastante comprometido pela incapacidade de manter o foco de atenção e de suprimir estímulos irrelevantes. Estas condições também aparecem em encefalopatias difusas e lesões de lobo frontal.

Síndrome de inatenção ou negligência

Esta síndrome apresenta um quadro clínico peculiar, em que o paciente é incapaz de responder a estímulos ambientais provenientes de um hemicampo espacial (geralmente o esquerdo), bem como de utilizar objetos situados neste hemicampo (por exemplo, o indivíduo escreverá apenas na metade direita de uma folha de papel ou comerá os alimentos situados apenas na metade direita do prato), e até mesmo de reconhecer o seu hemicorpo esquerdo como próprio (desconsiderando até mesmo estímulos dolorosos que tenham origem nessa região do corpo).

Nesta síndrome, ocorre uma diminuição da mobilização de recursos neuronais para estímulos ambientais ou planos motores, envolvendo aspectos perceptuais (prejuízo da percepção do espaço extrapessoal), motor (diminuição da exploração ambiental) e motivacionais (volição). Os epicentros desta rede atencional são o sulco intraparietal (responsável pela representação perceptual do ambiente e seleção dos alvos para a atenção dirigida), lobos frontais (responsáveis pela geração de movimentos exploratórios e direcionados a um determinado alvo) e do giro do cíngulo (responsável pela motivação para o comportamento). A síndrome de negligência ocorre a partir da lesão (frequentemente um AVE) de algum ponto desta rede atencional, para a qual o hemisfério D é dominante (o que leva à ocorrência muito mais frequente de negligência para o hemicampo e hemicorpo E).

Estudos de neuroimagem funcional mostram que os lobos frontal e parietal D são ativados quando o indivíduo se mantém em alerta. Um sistema "executivo" monitora o nível de alerta e atenção necessários para o desempenho de tarefas, sendo composto pelo córtex pré-frontal dorsolateral e giro do cíngulo anterior. As regiões acessórias subcorticais dos sistemas atencionais incluem o *striatum*, tálamo (núcleo pulvinar), colículos superiores do mesencéfalo, lobo parietal superior, junção temporoparietal, lobo temporal superior e áreas frontais visuais, ativadas especialmente em reações de orientação nas diferentes modalidades sensoriais[4] (Fig. 14.7).

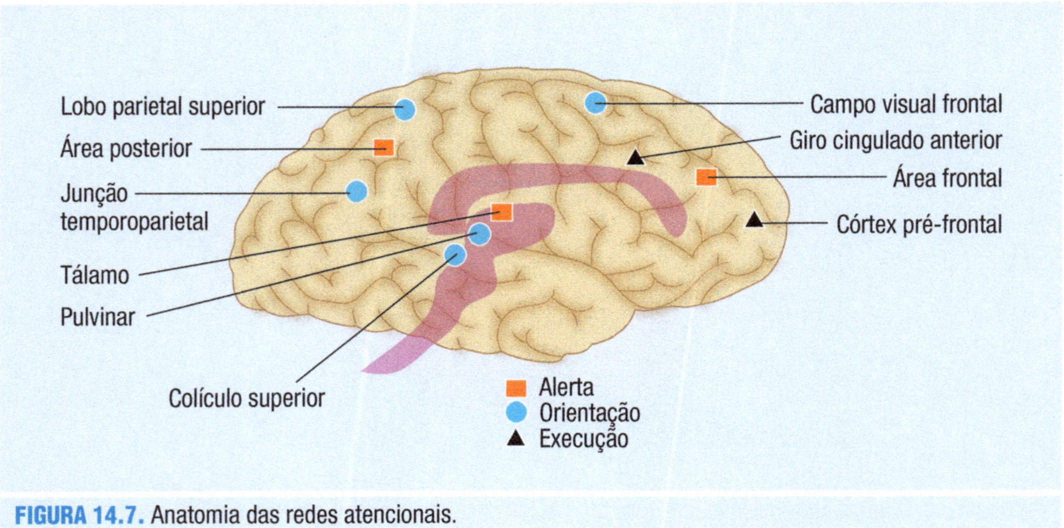

FIGURA 14.7. Anatomia das redes atencionais.

FUNÇÕES EXECUTIVAS

As funções executivas são consideradas como a forma de comportamento mais complexo existente, consistindo na capacidade do indivíduo de engajar-se de forma bem sucedida em um comportamento independente, com propósito, e útil a seus interesses.[1] Funções executivas preservadas capacitam o indivíduo a compensar perdas cognitivas e a disfunção executiva prejudica enormemente o desempenho, mesmo na ausência de déficits cognitivos primários. Além disso, a disfunção executiva prejudica vários domínios da vida, como atividade profissional, relações sociais, capacidade de vida autônoma e de autocuidado. Desta forma, embora habitualmente sejam estudadas em conjunto com as funções cognitivas, as funções executivas não são consideradas como fazendo parte delas, mas antes *permitem* e *regulam* o engajamento do indivíduo em tarefas cognitivas e comportamentais.

Temos então que funções executivas correspondem a um conjunto de habilidades que capacitam o indivíduo a responder de forma adaptativa a situações novas, possuindo quatro componentes principais:

- Volição: capacidade de engajar-se em um comportamento intencional, e inclui a habilidade de formular objetivos (intenções), motivação (habilidade de iniciar atividades a fim de realizar objetivos), consciência de si mesmo e de suas necessidades em relação ao ambiente e a outras pessoas (contextualização de si mesmo);
- Planejamento: identificação e organização dos passos de uma tarefa. Requer habilidades como visualizar o futuro (imaginar mudanças na situação atual), objetividade, capacidade de imaginar diferentes alternativas para cada etapa do plano, capacidade de fazer escolhas, capacidade de conceitualizar uma rede hierárquica e sequencial de ideias que levarão à execução do plano pretendido;
- Ação com propósito: capacidade de iniciar, manter, trocar e interromper sequências de comportamento complexo;
- Desempenho efetivo: capacidade de monitoração dos resultados em face aos objetivos pretendidos, autocorreção, regulação do comportamento em intensidade e tempo e outras características, a fim de se aproximar do objetivo.

O córtex pré-frontal é a região responsável pelo gerenciamento do comportamento dirigido por representações internas (objetivos), em detrimento de estímulos externos, permitindo que o indivíduo mantenha um comportamento consistente com o cumprimento de uma meta predefinida, mesmo quando diante de obstáculos ou dificuldades impostas pelo ambiente e circunstâncias a seu redor, mantendo a capacidade de adaptar-se a novas situações. A lesão do córtex pré-frontal provoca a perda deste controle volitivo do comportamento e função gerativa com consequente dependência do ambiente para orientar respostas. Desta forma, o indivíduo passa a depender de que as "regras" e "etapas" das tarefas que precisa cumprir sejam definidas por outras pessoas ou pelo contexto, pois já não é mais capaz de se orientar por um "plano interno".

A disfunção executiva provoca um grande impacto negativo no desempenho de funções cognitivas, que podem ser assim agrupadas de acordo com o exposto acima:

- Perda da capacidade gerativa e de elaboração de estratégias internas com aumento da dependência dos estímulos externos e do ambiente: diminuição da fluência verbal (capacidade de gerar o maior número de nomes de animais ou qualquer outra categoria de palavras preestabelecida em um minuto), dificuldades de mudanças de cenário (*set shifting* – dificuldade de adaptação a novas situações), prejuízo no planejamento e resolução de problemas, dificuldades de abstração, dificuldades de controle mental (inibição de estratégias não eficazes);

- Falha em ajustar o comportamento de acordo com a entrada de novas informações: perseveração e perda da flexibilidade mental.[5,6]

Com relação ao comportamento (pessoal e social), o impacto da disfunção executiva pode levar à incapacidade de desconexão dos estímulos imediatos (o indivíduo passa a agir por "impulso", reagindo às situações de forma automática), com prejuízo da ação baseada em planos e regras (entre as quais se incluem as regras de convívio social), além de déficits na capacidade de reflexão, julgamento de situações, síntese de informações preexistentes para aplicação da experiência em situações novas, abstração e generalização.[5,7,8]

Existem vários modelos teóricos que tentam explicar como o controle executivo é realizado, dentre os quais destacamos os seguintes:

Teoria do sistema atencional supervisor (SAS)[9]

Este modelo pressupõe a existência de um mecanismo de controle de rotinas (*contention scheduling*), de forma que em situações cotidianas ocorre a ativação habitual de esquemas de comportamento em resposta a contingências sem variação e "superaprendidas", ou seja, "rotinas" que executamos de forma frequente e repetida, como a sequência de hábitos que temos ao levantar da cama, o caminho que fazemos para chegar ao trabalho ou à escola, a forma como nos comportamos quando vamos jantar em um restaurante etc. Estas rotinas podem ser desencadeadas pelo ambiente e mantidas sem alterações de forma eficiente. No entanto, caso surjam situações imprevistas (como o bloqueio de uma das avenidas que utilizamos todos os dias para ir ao trabalho) será necessário a ativação do sistema executivo supervisor, levando a retomada do controle voluntário de estratégias para planejamento (pensar em uma rota alternativa antecipadamente), correção de erros (encontrar uma forma de sair da avenida bloqueada caso não tenhamos evitado usá-la), geração de novas respostas ou inibição dos esquemas de rotina (lembrar-se de não entrar na avenida bloqueada).

*Teoria da seleção/negligência de objetivos (*goal selection/goal neglect*)*[10]

De acordo com esta teoria, a disfunção executiva corresponde à perda do controle da ação com base nos resultados desejados, de forma que o indivíduo prossegue executando (ou não) uma tarefa de forma alheia a qualquer pista ou evidência de que seu comportamento é improdutivo, inútil, ou mesmo danoso. Ocorre uma desconsideração pelos requerimentos específicos das tarefas, mesmo quando explicitamente verbalizados por outra pessoa (ou mesmo pelo próprio indivíduo, que consegue "tomar ciência" das regras, mas não consegue segui-las, a despeito dos resultados indesejados que obtém com seu comportamento), como exposto na Figura 14.8.

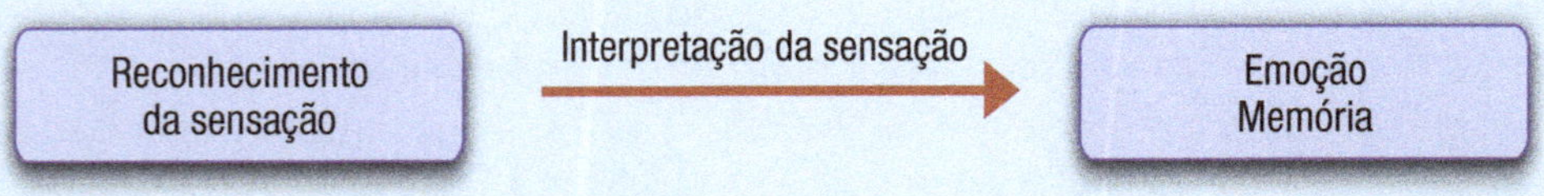

FIGURA 14.8. Pacientes com disfunção executiva apresentam um prejuízo na capacidade de realizar a etapa "análise meio-fim", que permite planejar e organizar os passos que levam do "estado atual" para o "objetivo pretendido".

Assim, temos que as funções executivas são imprescindíveis para o desempenho adequado em tarefas cognitivas e na adequação do comportamento, sendo necessárias em uma gama variada de situações, tais como planejamento ou tomada de decisões, correção de erros ou resolução de problemas, geração de respostas não conhecidas ou com sequências novas de ações, perigo ou dificuldade técnica e superação de uma resposta habitual poderosa ou resistência à tentação (como fazer uma dieta para emagrecer).

O substrato anatômico das funções executivas encontra-se na rede cognitiva que tem como epicentros o córtex pré-frontal dorsolateral e parietal posterior para os processos relacionados à cognição, o córtex pré-frontal heteromodal e região orbitofrontal para os processos relacionados ao comportamento, além de regiões acessórias como a cabeça do núcleo caudado, núcleo mediodorsal do tálamo, áreas paralímbicas e límbicas.[2] É interessante observar que existe uma sobreposição anatômica e funcional entre as redes atencionais, executivas e de memória operacional (discutida a seguir). De fato, em situações ecológicas, essas três habilidades operam quase indissociadamente e em conjunto. No entanto, existem subdivisões funcionais nesta rede, com diferentes porções do córtex pré-frontal funcionando como epicentros (Fig. 14.9), como se segue:

- Funções executivas cognitivas (planejamento, monitoração, ativação, inibição, memória operacional): córtex pré-frontal dorsolateral (CPFDL).
- Funções comportamentais autorregulatórias (busca de recompensa e regulação do comportamento): córtex pré-frontal ventrolateral (CPFVL).
- Funções de regulação das ativações e motivações (sua lesão leva à apatia e abulia): córtex pré-frontal medial (CPFM).
- Processos metacognitivos (personalidade, cognição social, autocrítica): córtex pré-frontal anterior (CPFA).

A Tabela 14.1 mostra de forma sumarizada a correlação entre lesões de áreas específicas do córtex pré-frontal e os principais sintomas clínicos apresentados pelo paciente.[5]

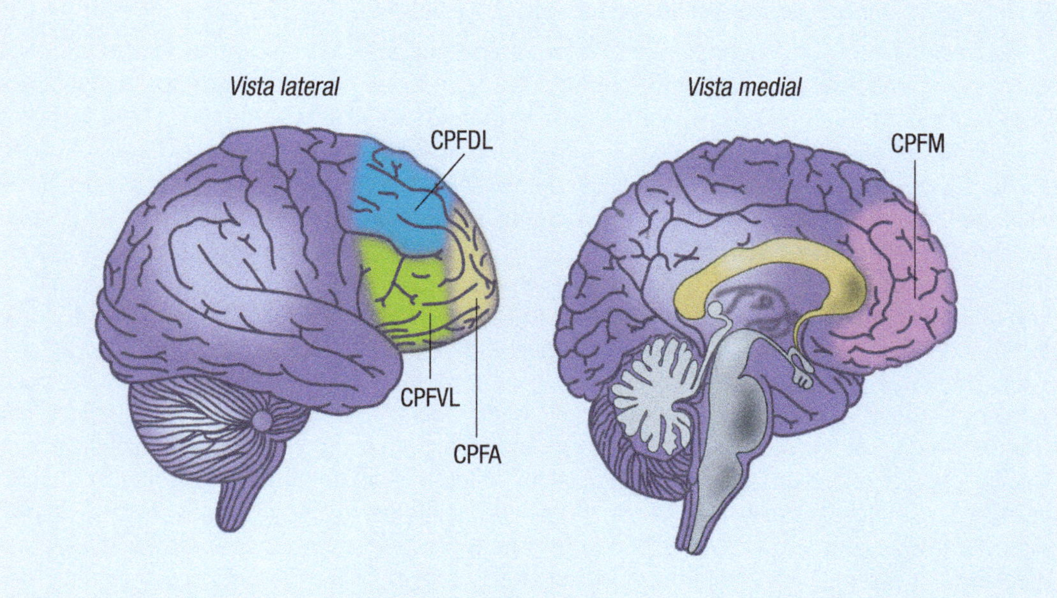

FIGURA 14.9. Subdivisões funcionais do córtex pré-frontal.

TABELA 14.1. ***Síndromes pré-frontais***

REGIÃO	ACHADOS CLÍNICOS
Córtex orbitofrontal (formado pelo CPFVL + CPFM)	Desinibição e diminuição da autossupervisão Impulsividade, irritabilidade Perda da sensibilidade interpessoal Julgamento social pobre Diminuição do *insight* Labilidade de humor, hipomania, depressão Negligência do cuidado pessoal
Córtex pré-frontal dorsolateral	Dificuldades de recuperação (memória) Dificuldade para mudança de *set* Prejuízo na elaboração de estratégias para resolver problemas complexos Abstração pobre Controle mental reduzido Depressão
Córtex pré-frontal medial	Diminuição do interesse, motivação Prejuízo da iniciação Redução da atividade Prejuízo na manutenção de engajamento em tarefas Diminuição da resposta emocional

MEMÓRIA

A taxonomia e os diferentes tipos de aprendizado e memória são apresentados no Capítulo 12 – *Neuroplasticidade e Reabilitação*. Nesta seção, discutiremos particularmente uma forma de memória de curto prazo denominada *memória operacional*.

Através dos anos, uma quantidade de informação é armazenada em nosso cérebro, registros estáveis de nossa interação com o meio ambiente, com outras pessoas e com nosso mundo interior, e que constituem as nossas memórias de longo prazo. A realização de uma tarefa de forma organizada e contínua requer que nosso cérebro seja capaz de manter certa quantidade de informação disponível para consulta imediata. Esta informação deve ser obtida a partir dos sistemas de estocagem mais estáveis e estar disponível durante a execução de tarefas e resolução de problemas (*on-line*), sendo rapidamente substituída assim que deixa de ser necessária. Este sistema de memória de curto prazo, fluida e rapidamente renovável é denominado memória operacional ou memória de trabalho (*working memory*). De acordo com Baddeley (2003),[11] a memória operacional pode ser definida como um sistema de estocagem e manipulação temporária de informação que é necessária para a realização de tarefas cognitivas complexas. Este sistema permite a interação como os sistemas de memória mais estáveis (*cristalizados*) e está dividido em pelo menos duas submodalidades: a *alça visoespacial*, que gerencia a manipulação de informação visual e espacial, e a *alça fonológica*, responsável pela manipulação de informação em forma verbal (como quando repetimos mentalmente ou em voz alta um número de telefone até que possamos anotá-lo – assim que o fazemos, o número "desaparece" de nossa memória *on-line*, sendo totalmente esquecido). Além disso, o sistema inclui um armazenador episódico (responsável pela manipulação de material proveniente da memória episódica) e um gerenciador da alocação de recursos denominado *executivo central*. O sistema executivo central é o responsável por administrar o que "entra" e "sai"

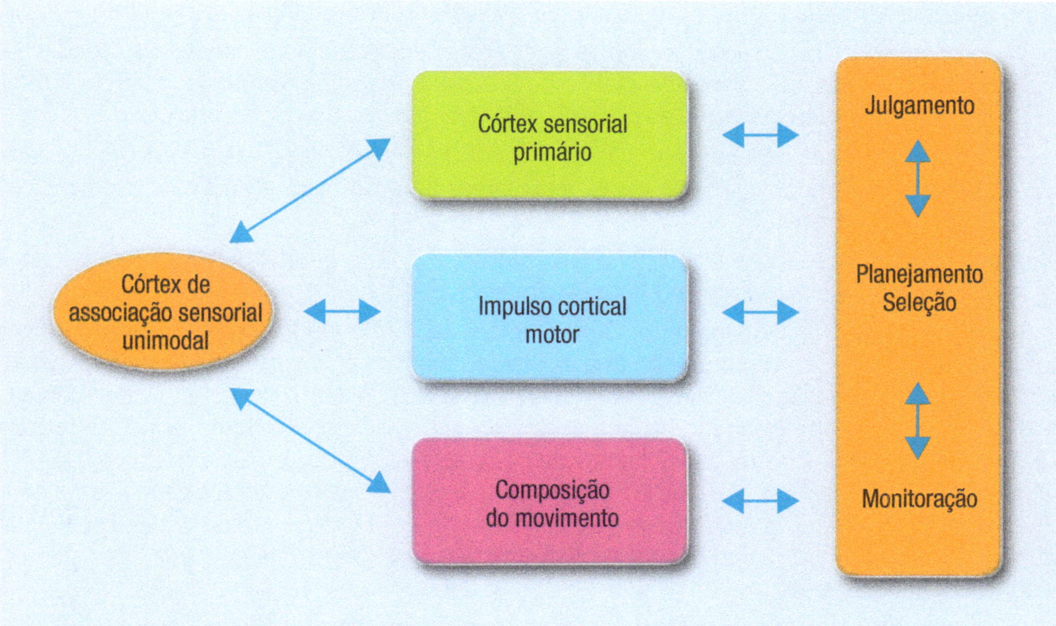

FIGURA 14.10. Representação esquemática da inter-relação entre os subcomponentes da memória operacional e os sistemas de estocagem estáveis de informação, baseado na proposta de Baddeley (2003).[11]

da memória operacional, de acordo com as necessidades imediatas da tarefa que está sendo executada, sendo a rigor um elemento pertencente ao sistema atencional. As inter-relações entre os diversos subcomponentes da memória operacional são ilustradas na Figura 14.10.

O substrato anatômico desta função se superpõe ao da rede atencional e de funções executivas, tendo seu epicentro o córtex pré-frontal dorsolateral e parietal posterior, e como regiões acessórias subcorticais a cabeça do núcleo caudado e o núcleo mediodorsal do tálamo.

LINGUAGEM

A linguagem é uma função cognitiva de importância capital para a espécie humana, uma habilidade que nos diferencia dos demais animais, incluindo os demais primatas e que, a partir da possibilidade da transmissão do conhecimento (especialmente após a invenção da escrita e registro de dados), permitiu a emergência da civilização como a conhecemos. Embora várias espécies possuam sistemas de comunicação entre seus indivíduos, nenhum se compara à linguagem humana em termos de complexidade e sofisticação.

A linguagem é uma função cognitiva assimétrica, relacionada à dominância manual; define-se como hemisfério dominante de um indivíduo aquele onde se localizam as funções linguísticas, e que corresponde ao hemisfério E em 99% dos indivíduos destros e mais de 70% dos canhotos. No entanto, o hemisfério não dominante (D) também executa um papel importante na comunicação, tais como reconhecimento e produção da prosódia (melodia da fala), capacidade de organizar narrativas, capacidade de compreender linguagem não literal (metáforas, humor, ironia etc.) e uso pragmático da linguagem (a habilidade de adequar a forma e conteúdo do que falamos às diversas situações e contextos).

O processamento da linguagem engloba três sistemas neurais principais, como se segue:[12]

- *Sistema de implementação:* composto pelas áreas de Broca e Wernicke, córtex insular e núcleos da base. Este sistema analisa os estímulos auditivos para posterior ativação do sistema conceitual, realiza a construção gramatical, fonêmica e controle motor articulatório;
- *Sistema de mediação:* composto por diversas regiões dos córtices de associação frontal, temporal e parietal, como o nome indica, realiza a mediação entre o sistema de implementação e o sistema conceitual;
- *Sistema conceitual:* composto por áreas extensas e difusas de córtices de associação uni e heteromodal, onde se distribui o conhecimento semântico.

A rede cognitiva da linguagem possui dois epicentros, um deles localizado na área de Broca (giro frontal inferior E, correspondendo às ares de Brodmann 44 e 45), responsável pelos aspectos relacionados à articulação e sintaxe, e outro localizado na área de Wernicke (parte posterior do giro temporal superior, correspondendo à área de Brodmann 22), responsável pelos aspectos lexicossemânticos da linguagem (reconhecimento de palavras e acesso ao seu significado) (Fig. 14.11). Outras áreas relacionadas a esta rede localizam-se nas regiões frontal, temporal, parietal e occipital (leitura), bem como regiões subcorticais envolvendo o *striatum*, tálamo e cerebelo. A lesão das áreas da linguagem dá origem às afasias (déficits globais da função linguagem), alexias (déficits de leitura) e agrafias (déficits da escrita).

O termo *afasia* define o prejuízo da compreensão e formulação da linguagem, causado por uma disfunção em regiões específicas do cérebro.[13] Na prática clínica, utilizamos a classificação de Wernicke-Geschwind para as afasias, que se baseia na correlação entre uma síndrome (conjunto de sinais e sintomas) e sua localização neuroanatômica. Para esta classificação são usados os

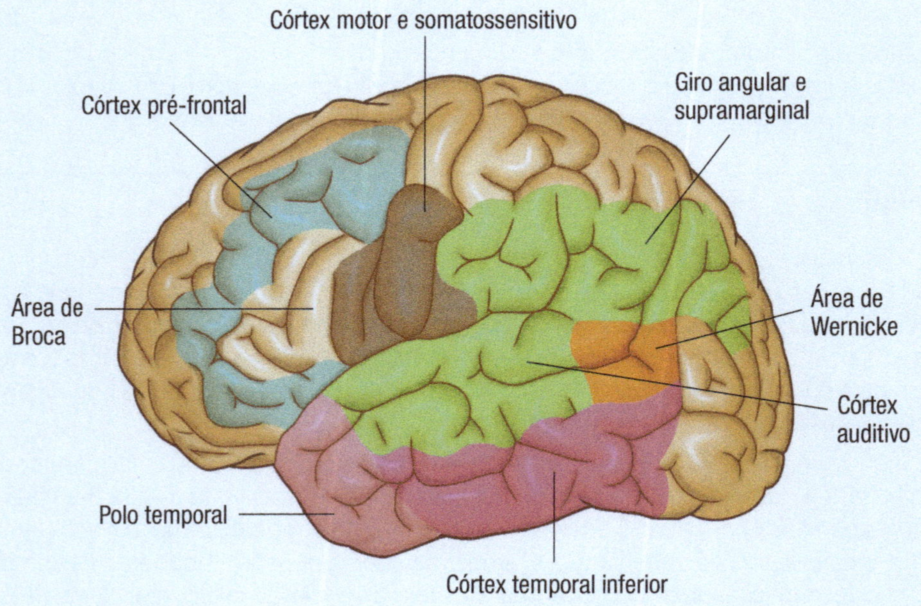

FIGURA 14.11. Áreas corticais relacionadas à linguagem.

parâmetros fluência (número de palavras emitidas pelo sujeito por minuto, facilidade articulatória, conteúdo da fala), capacidade de compreensão oral e capacidade de repetição. As afasias são causadas por lesões em hemisfério E na maior parte dos casos (já que este, como já descrito, contém as redes relacionadas ao processamento linguístico) e incluem alterações nas esferas fonológica (referente aos sons da fala e suas combinações), morfológica (referente à estruturação da palavra, como regras de derivação de número e gênero, tempos verbais etc.), sintática (conjunto de regras de combinação entre palavras), e lexicossemântica (referente à transdução palavra-significado). Cada forma de afasia apresenta características adicionais que auxiliam a sua classificação, descritas de forma sumária abaixo:

- Parafasias (substituições): nas parafasias fonêmicas ocorre uma seleção ou combinação inadequada de fonemas (como pronunciar "cameira" em lugar de "cadeira"); nas parafasias semânticas, a palavra correta é substituída por outra semanticamente relacionada (como "sofá" em lugar de "cadeira");
- Anomia: dificuldade em nomear um objeto, que pode estar relacionada a dificuldades de acessar a representação mental do nome propriamente dito (léxico) ou de seu significado (semântica), ou ao intercâmbio entre os dois. É um sintoma presente em todas as afasias;
- Circunlóquios: uso de um conjunto de palavras para substituir um nome, frequente nas anomias intensas (como em "aquela coisa que a gente usa para comer", em lugar de "colher");
- Agramatismo: alteração da estrutura sintática da sentença, com omissão de elementos;
- Neologismos: sequências de fonemas que obedecem as regras fonêmicas de construção de uma língua e que se assemelham a palavras reais, mas não existem. Quando muito frequentes caracterizam a jargonafasia, em que a maior parte da produção de fala do paciente é composta por neologismos;
- Estereotipias: repetição perseverativa e involuntária de palavras ou fragmentos, muitas vezes sem sentido;
- Dissintaxia: anomalias da construção sintática;
- Ecolalia: repetição involuntária de palavras ou parte do enunciado do interlocutor.

A Tabela 14.2 mostra as principais características clínicas das afasias e seus locais de lesão, também representados na Figura 14.12.

Uma função cognitiva intimamente relacionada à linguagem diz respeito ao processamento de números e operações matemáticas, cujo déficit é denominado *acalculia*. Outras funções que apresentam forte apoio na linguagem são abstração e raciocínio em geral.

HABILIDADES PERCEPTUAIS: VISUAL, AUDITIVA E TÁTIL

A partir da percepção de elementos simples nosso SNC compõe percepções mais elaboradas, que nos permitem reconhecer todo o ambiente ao nosso redor, e localizar objetos no espaço tridimensional que nos rodeia (espaço extrapessoal), relacionando-os a nós mesmos e à nossa própria posição no espaço. Desta habilidade deriva nossa capacidade de nos orientarmos (focarmos nossa atenção) em relação a um estímulo a fim de identificá-lo como relevante ou não, bem como de explorar o ambiente para nos aproximarmos e manipularmos o que nos interessa.

A percepção, inicialmente unimodal, é progressivamente processada por centros superiores e se torna multimodal. Uma vez que o processo de percepção se torna completo, o conhecimento semântico deve ser acessado, a fim de conferir significado ao que é percebido. No entanto, devemos ter em mente que em situações naturais todo acesso ao sistema semântico é realizado através de diversas vias simultaneamente, isto é, estamos em contato com o mundo através de

TABELA 14.2. *Características clínicas das afasias*

SINTOMA/ AFASIA	FLUÊNCIA	CARACTERÍSTICA TÍPICA	COMPREENSÃO	REPETIÇÃO	NOMEAÇÃO	ESCRITA	LOCAL DA LESÃO	SÍNDROMES FRACIONADAS
Broca	Não fluente	• Agramatismo (fala e escrita)	Variável (oral e escrita) pelo agramatismo	Ruim	Ruim	Proporcional à fala	• Frontal dorsolateral + SBPV • Frontal + núcleos da base	Afemia (alteração da articulação e prosódia)
Wernicke	Fluente, porém vazia (parafasias, circunlóquios)	• Neologismos • Jargonafasia • Dissintaxia	Ruim (oral e escrita)	Ruim	Ruim	Proporcional à fala	• Giro temporal superior • Região TPO: alexia	Surdez verbal pura (lesões bilaterais)
Global	Não fluente	• Estereotipias	Ruim (oral e escrita)	Ausente	Ausente	Ausente	• FTP extensa • Temporal + SBPV • Frontal	Evolução para Broca
Transcortical motora	Não fluente	• Simplificação gramatical • Ecolalia • Dificuldade de iniciação da fala	Boa (oral e escrita)	Boa	Prejudicada	Proporcional à fala	• Frontal dorsolateral + SBPV • AMS	
Transcortical sensorial	Fluente	• Parafasias semânticas • Circunlóquios	Ruim (oral e escrita)	Boa	Prejudicada	Proporcional à fala	• Giro temporal médio e inferior • Região TPO: alexia	
Transcortical mista	Não fluente	• Ecolalia	Ruim (oral e escrita)	Boa	Prejudicada	Escrita e leitura prejudicadas	• Área TCM + TCS • Frontal	Evolução para TCM
Condução	Fluente	• Parafasias fonêmicas	Boa (oral e escrita)	Muito ruim	Prejudicada (variável)	• Pior que a fala • Alexia com agrafia	• Giro supramarginal	
Anomia	Fluente	• Circunlóquios, em geral, quadro residual de outras afasias	Boa	Boa	Ruim	Variável	• Primárias: área TCM ou TCS	

SBPV: substância branca periventricular; TPO: temporo-parieto-occipital; FTP: fronto-temporo-parietal; AMS: área motora suplementar; TCM: transcortical motora; TCS: transcortical sensorial.

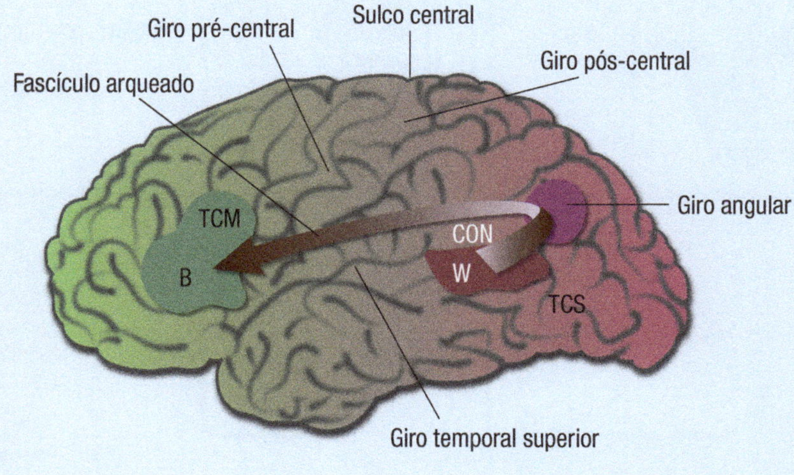

FIGURA 14.12. Localização das lesões responsáveis por cada tipo de afasia. A afasia anômica pode ser causada por lesões nas mesmas áreas que causam as afasias TCM ou TCS, ou ser um quadro residual de outras formas de afasia. A afasia global é causada por lesões englobando toda a região adjacente à fissura de Sylvius. B: Broca; TCM: transcortical motora; W: Wernicke; CON: condução; TCS: transcortical sensorial.

cinco modalidades sensoriais exteroceptivas básicas (visão, audição, tato, olfato e paladar), associadas à percepção de nós mesmos (propriocepção). Assim, a ativação de uma determinada representação mental pode acontecer através de uma via perceptual isolada (por exemplo, ao ouvirmos uma voz conhecida ao telefone), ou de combinações delas.[14] A Figura 14.13 ilustra esse conceito.

O termo "gnosia" refere-se à nossa capacidade de perceber e reconhecer coisas (do grego "*gnosis*" = conhecimento). Este reconhecimento se faz principalmente através da visão, audição e tato. *Agnosia* é a incapacidade de reconhecimento (de elementos previamente conhecidos) em uma determinada modalidade sensorial, na presença de percepção sensorial, memória e função intelectual relativamente intactas, podendo então ocorrer nas modalidades visual, auditiva e somatossensitiva. As agnosias podem ser diferenciadas de outros déficits pela mudança do canal sensorial de apresentação do objeto, ou seja, se um indivíduo não consegue reconhecer uma chave ao olhar para ela (possuindo, portanto, uma agnosia visual) poderá reconhecê-la pela palpação, se ouvir o ruído do chacoalhar de um molho de chaves ou se receber alguma informação acerca do objeto ("serve para trancar portas"). As agnosias podem ser diferenciadas das anomias pedindo-se que o indivíduo descreva e indique a função do objeto. São causadas por lesões nas áreas de associação sensoriais unimodais ou suas projeções para o córtex heteromodal.

AGNOSIAS VISUAIS

Agnosia visual para objetos

Trata-se da incapacidade de reconhecer objetos simples através de seus atributos visuais. O indivíduo vê um objeto, mas não é capaz de dizer o que é. As agnosias visuais podem ser

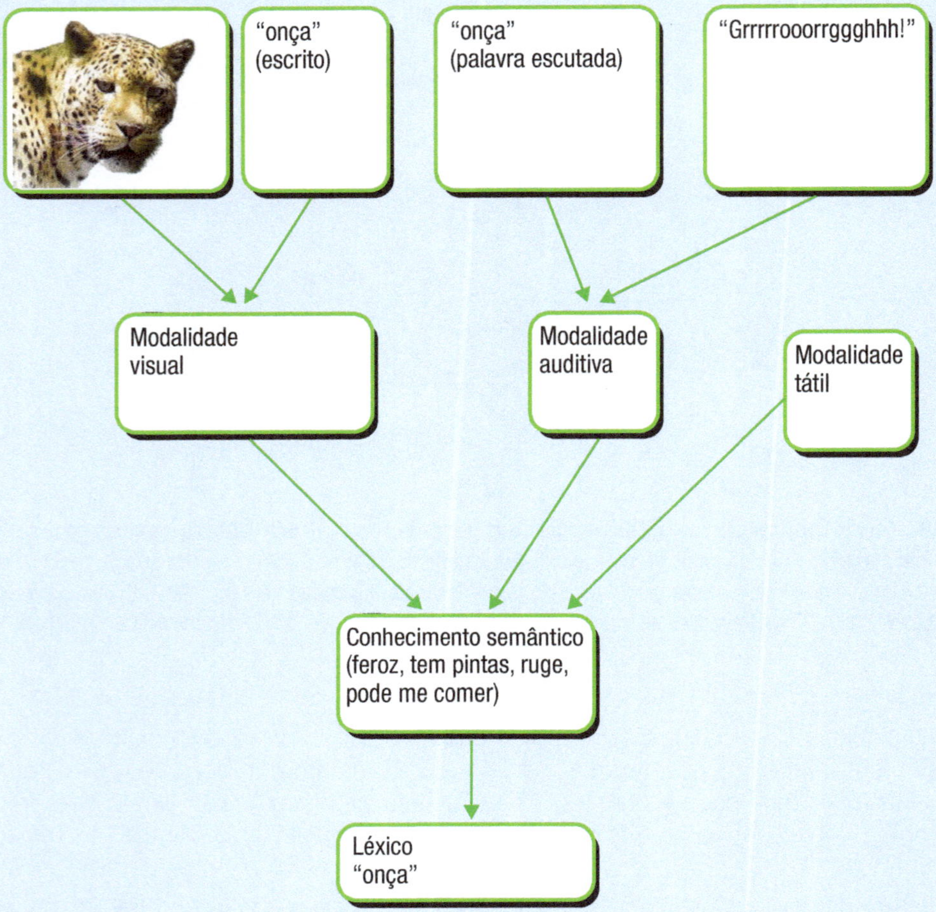

FIGURA 14.13. Representação das diversas vias perceptuais de acesso ao sistema semântico, que podem ser ativadas isoladamente ou em diversas combinações.

divididas em *aperceptiva* e *associativa*. Na agnosia aperceptiva, o indivíduo tem um prejuízo da percepção (imagem) do objeto; na agnosia associativa, a percepção do objeto está preservada, mas o indivíduo não consegue associar a imagem vista a seu conhecimento estocado sobre o que é aquele objeto (significado). As duas formas de agnosia podem ser diferenciadas pedindo-se ao indivíduo que copie o desenho de um objeto simples, por exemplo, de uma casa. Indivíduos com agnosia aperceptiva não conseguirão fazer a cópia, enquanto os indivíduos com agnosia associativa podem fazer cópias perfeitas, embora não saibam dizer qual é o objeto copiado. Pacientes com agnosia associativa também são capazes de descrever corretamente o que estão vendo (embora sem reconhecer o estímulo), ao passo que aqueles com agnosia aperceptiva não são capazes de fazê-lo adequadamente. As agnosias aperceptivas ocorrem após lesões temporo-occipitais bilaterais, enquanto as agnosias associativas ocorrem após lesões temporo-occipitais à E, à D ou bilaterais.

Prosopagnosia

Neste caso, o indivíduo se torna incapaz de reconhecer uma pessoa conhecida através da observação da sua face, embora possa identificar os elementos isolados dela (olhos, nariz, boca) e identificar que se trata de uma face. Alguns indivíduos com prosopagnosia podem não conseguir reconhecer seu próprio rosto no espelho ou em fotos. No entanto, o indivíduo pode reconhecer e identificar as pessoas através de sua voz, gestos, cor de cabelos, trajes, modo de andar etc. As evidências clínicas mais recentes sugerem que, na prosopagnosia, o déficit subjacente é uma incapacidade de reconhecer um elemento específico dentro de um grupo de elementos genéricos semelhantes, como não conseguir reconhecer um determinado cão (o seu próprio, por exemplo) entre vários da mesma raça e cor, ou não conseguir distinguir um determinado sofá entre outros de modelo semelhante. Prosopagnosia pode ser causada por lesões temporo-occipitais bilaterais ou unilaterais à D.

Agnosia para cores

Trata-se da incapacidade de recuperar a informação referente a cores, pertinente a um determinado objeto/estímulo. Assim o indivíduo não consegue referir a cor de um determinado objeto ("De que cor é uma banana?"), lembrar-se de objetos de determinada cor ("Fale nomes de coisas que são verdes"), ou escolher a correta para um objeto (ao pintar um desenho, por exemplo). O déficit do indivíduo está relacionado à incapacidade de relacionar cor-estímulo. A diferenciação com a cegueira para cores pode ser realizada, por exemplo, pedindo-se ao indivíduo que combine objetos de cores semelhantes: indivíduos com agnosia visual agrupam as cores de forma correta, mostrando assim que conseguem reconhecê-las e diferenciá-las. Casos de agnosia para cores foram descritos após lesões temporo-occipitais à E, mas seu substrato anatômico ainda não está totalmente esclarecido.

Alexia pura

É a incapacidade de reconhecer símbolos gráficos. Por este motivo, pode também ser classificada como um distúrbio de linguagem, já que o indivíduo não consegue ler. Nestes casos, no entanto, o que ocorre é uma desconexão entre o córtex visual e as áreas da linguagem e, portanto, não há um distúrbio verdadeiro do uso da linguagem em si. O indivíduo é capaz de copiar os símbolos gráficos, e também de escrever (alexia sem agrafia). A lesão responsável por essa forma de agnosia acomete o lobo occipital E e a parte posterior do corpo caloso.

Simultanagnosia

É a incapacidade de reconhecer o campo visual com um todo, de forma gestáltica. Desta forma, os pacientes com simultanagnosia percebem apenas um objeto por vez, ou partes de uma figura, embora os detalhes individuais sejam reconhecidos. Ao observar uma figura de um bosque, por exemplo, o indivíduo pode dizer "árvores", "grama", "céu com nuvens" (identificação dos detalhes) ou mesmo "um sítio" – neste caso, por analogia, pois se trata de um lugar em campo aberto onde existe uma grande quantidade de espécies vegetais. A simultanagnosia pode ocorrer junto com outros déficits, como a ataxia óptica (incapacidade de tocar ou apanhar um objeto guiando-se pela visão) e a apraxia oculomotora (prejuízo dos movimentos oculares sacádicos, que se dirigem a novos estímulos no campo visual), compondo a denominada *síndrome de Balint*. Simultanagnosia pode ser causada por lesão occipital E, temporo-occipital E ou parietoccipital bilateral (envolvendo as áreas 5 e 7 de Brodmann). No caso da síndrome de Balint, a lesão é sempre bilateral.

Desorientação topográfica (topografoagnosia)

Refere-se à perda da habilidade do indivíduo de utilizar marcos topográficos previamente conhecidos para orientar-se quanto à sua localização atual e quanto à rota a ser seguida. Outro déficit relacionado a este é o de localizar cidades em um mapa, ou desenhar mapas de locais conhecidos. Há poucas descrições precisas da exata localização da lesão, e os casos descritos implicam as regiões occipitoparietais, com possível predomínio das lesões à D. Este tipo de agnosia é frequentemente encontrado em pacientes com doença de Alzheimer.

Outras formas de agnosia visual já foram descritas, como a agnosia visoespacial com perda da estereopsia (que permite a discriminação de profundidade/visão em perspectiva com base na visão binocular), e a agnosia para movimento, em que o paciente refere enxergar objetos em movimento como se fossem uma "série de fotografias em que o objeto vai mudando de lugar", esta última ocorrendo após lesões parietoccipitais bilaterais.

AGNOSIAS AUDITIVAS

Agnosia para sons

Neste tipo de agnosia, o indivíduo perde a capacidade de reconhecer e distinguir sons de diferentes categorias. Dessa forma, sons diversos como a sirene de uma ambulância, o latido de um cachorro ou o som de água correndo provocam uma percepção auditiva semelhante: o indivíduo não é capaz de identificá-los como sendo diferentes entre si (nesse caso, o quadro é denominado *agnosia discriminativa)*, nem atribuir o significado adequado a cada som (*agnosia associativa)*. Este tipo de agnosia ocorre em lesões temporais à D ou bilaterais.

Amusia

O processamento musical envolve vários aspectos complexos, que vão desde a habilidade em perceber seus elementos mais básicos como tom, timbre e ritmo, o reconhecimento de uma melodia familiar, a capacidade de reproduzir (cantar ou tocar) uma música, e para alguns indivíduos, produzir (compor), ler e escrever usando a linguagem musical. Dessa forma, habilidades cognitvas relacionadas à apreciação e produção da música envolvem a participação de ambos os hemisférios cerebrais. *Amusia* diz respeito a perda de habilidades em um ou vários desses aspectos combinados. Assim, indivíduos com este tipo de agnosia podem apresentar incapacidade de perceber e identificar diferentes tons, timbres e harmonias (não conseguindo distingui-los, de forma semelhante ao que ocorre na agnosia para sons); podem também apresentar incapacidade em reconhecer e reproduzir melodias familiares. Os estudos de correlação anatomoclínica sugerem que existe uma razoável variabilidade individual (dependendo, entre outras coisas, do indivíduo ter adquirido um aprendizado formal da música) e sobreposição entre as funções dos dois hemisférios no processamento musical. De modo geral, as lesões de lobo temporal em hemisfério não dominante (D) provocam prejuízo predominantemente no reconhecimento de tons, timbres e harmonia, enquanto lesões de lobo temporal no hemisfério dominante (E) prejudicam a identificação dos aspectos sequenciais e temporais de uma melodia, assim como a capacidade de reconhecer as palavras ("letra da música"), e de utilizar a linguagem de notação musical (leitura e escrita de partituras). Alterações na percepção do ritmo ocorrem em lesões de ambos os hemisférios.

Surdez verbal pura

Trata-se de uma forma de agnosia auditiva específica para palavras. Nessa situação, os pacientes não são capazes de reconhecer as palavras ouvidas, embora não haja acometimento primário do processamento da linguagem. Desta forma, os pacientes são capazes de se expressar (oralmente e pela escrita), e compreender textos escritos de forma relativamente normal. Sua condição clínica se assemelha, em parte, à de um deficiente auditivo (surdez), pois o indivíduo não é capaz de compreender as palavras que ouve, mas pode, por exemplo, executar leitura labial. O reconhecimento de sons não verbais é relativamente preservado. Pacientes com surdez verbal pura usualmente apresentam lesão bilateral corticossubcortical na porção anterior do giro temporal superior, presumivelmente interrompendo as conexões entre essas regiões auditivas e a área de Wernicke. No entanto, já foram descritos casos em que a lesão é unilateral, à E. A síndrome de surdez verbal pura algumas vezes pode permanecer como quadro residual de uma afasia de Wernicke.

AGNOSIAS SOMATOSSENSITIVAS

Agnosia tátil

Refere-se ao déficit do reconhecimento e identificação da forma e tamanho dos objetos através da sensibilidade tátil. As agnosias táteis também se dividem em *aperceptiva* (denominada *astereognosia*), que representa a incapacidade de reconhecer propriedades mais elementares dos objetos (como forma, tamanho, rugosidade, peso etc.) e *associativa* (agnosia tátil para objetos propriamente dita), que designa a incapacidade para reconhecer objetos previamente conhecidos através da palpação (embora o indivíduo consiga, por exemplo, desenhar o objeto palpado, demonstrando que a percepção das características elementares do objeto está intacta). As lesões que causam as agnosias táteis localizam-se na ínsula ou lobo parietal posterior, mais especificamente na área 3b de Brodmann para a astereognosia (sendo que a lesão na área 1 de Brodmann provoca um déficit específico de discriminação da textura) e área 2 para agnosia tátil propriamente dita.

Assimbolia para dor

É a incapacidade de demonstrar aversão e resposta emocional à dor em qualquer parte do corpo, causada por uma lesão na porção posterior da ínsula com desconexão entre o córtex somatossensitivo e áreas límbicas.

Anosognosia

Descrita pela primeira vez por Babinski em 1914 (apud Orfei *et al.*, 2006),[15] e que se manifesta através da minimização ou ausência de percepção ou de reconhecimento da existência de um déficit sensorial, perceptual, motor, afetivo ou da função cognitiva também decorrentes da lesão. Pacientes com anosognosia podem supervalorizar funções ou habilidades que na realidade estão prejudicados, ou negar que são incapazes de realizar algum movimento com o membro parético.

Para explicar a ocorrência da anosognosia, Ramachandran (apud Orfei *et al.*, 2006),[15] sugeriu que uma lesão cortical levaria a um desequilíbrio funcional entre os dois hemisférios. Assim, em condições normais, o HE seria o responsável por lidar com pequenas discrepâncias da percepção e dos pensamentos, a fim de tornar o dia a dia mais consistente e previsível. Quando essa discrepância se torna acentuada, o HE criaria mentalmente novos esquemas representacionais, ou modificaria os já existentes, levando ao quadro de anosognosia.

Para outros autores,[15] a ocorrência da anosognosia baseia-se no papel do HD na percepção e na expressão da emoção. Como lesões no HE podem provocar em muitos pacientes um estado de humor com tendência a desânimo, melancolia e sintomas depressivos, algumas vezes levando à chamada "reação catastrófica" em decorrência de seus déficits, muitos autores concluíram haver uma assimetria hemisférica na regulação das emoções, sendo o HE responsável pela disposição emocional positiva (euforia) e o HD pela disposição emocional negativa (disforia). Pacientes com lesão em HE tenderiam à depressão e pacientes com lesão em HD à anosognosia na presença de hemiplegia.

Porém, essa teoria não explica a negação da plegia, e nem a sensação de "odiar" o próprio membro parético que muitas vezes é observado em pacientes com lesão do HD, fenômeno denominado *misoplegia*. Não explica também a existência de pacientes com lesão no HD que apresentam depressão e flutuações do humor, o que demonstra que o HD pode estar relacionado ao controle de comportamentos emocionais em geral, e não apenas das emoções negativas.

As anosognosias acometem principalmente pacientes que tenham sofrido lesões com um diâmetro médio maior do que 5 cm. Uma lesão extensa, que produz hemiplegia, estará mais frequentemente associada à anosognosia se ocorrer em HD; lesões de HE, mesmo quando extensas, raramente ocasionam anosognosia. Desta forma, pode-se concluir que quanto maior é o envolvimento de circuitos neuronais, mais frequente é a ocorrência de anosognosia.

Quanto à localização da lesão, Pia *et al.*[16] observaram em uma metanálise que o aparecimento de anosognosia parece ser igualmente frequente quando a lesão acomete as estruturas frontais, parietais e temporais. Os autores ainda ressaltam que a anosognosia pode estar presente também em lesões subcorticais. Curiosamente, a probabilidade de ocorrer anosognosia é maior quando a lesão envolve estruturas parietais e frontais em combinação, em comparação a outras combinações de áreas lesadas.

Somatoagnosias ou desordens da percepção corporal (propriocepção)

- Autotopoagnosia: incapacidade de localizar partes do corpo em si mesmo, em outras pessoas ou em modelos de corpo humano, causada por lesões no lobo parietal posterior E (mais especificamente da área 3a de Brodmann);
- Agnosia digital: incapacidade de reconhecer os dedos das mãos em si mesmo, em outras pessoas ou em modelos do corpo humano, ocorrendo em lesões do lobo parietal posterior à E ou à D (também acometendo a área 3a de Brodmann). Quando a agnosia digital é acompanhada de desorientação direita/esquerda, agrafia e acalculia, compõe a denominada *síndrome de Gerstmann* (presente em lesões do lobo parietal inferior E).

PRAXIAS

Para que o ser humano consiga interagir com o meio em que vive, ele deve possuir a habilidade de realizar movimentos e tarefas que o possibilitem realizar as mais diversas atividades funcionais. Para tanto, conta com o desempenho dos membros superiores, mas principalmente com os movimentos mais refinados das mãos. A realização destes movimentos depende de uma série de fatores, desde a integridade do sistema muscular e esquelético, até a programação motora realizada pelo SNC. A habilidade de executar movimentos complexos aprendidos é denominada *praxia*.

O processamento gestual, como outras habilidades, inclui a capacidade de *compreensão* de seu significado, de *discriminação* (perceber se o gesto foi executado de forma correta ou não) e de *produção* (capacidade de executá-lo). A Figura 14.14 ilustra as várias etapas deste processamento, que pode ser desencadeado através de várias modalidades sensoriais, como auditiva e visual. Os sistemas de representação dos gestos (conceitual e de produção) localizam-se no hemisfério E em indivíduos destros, e hemisfério D para os canhotos (notar a diferença da lateralização desta função

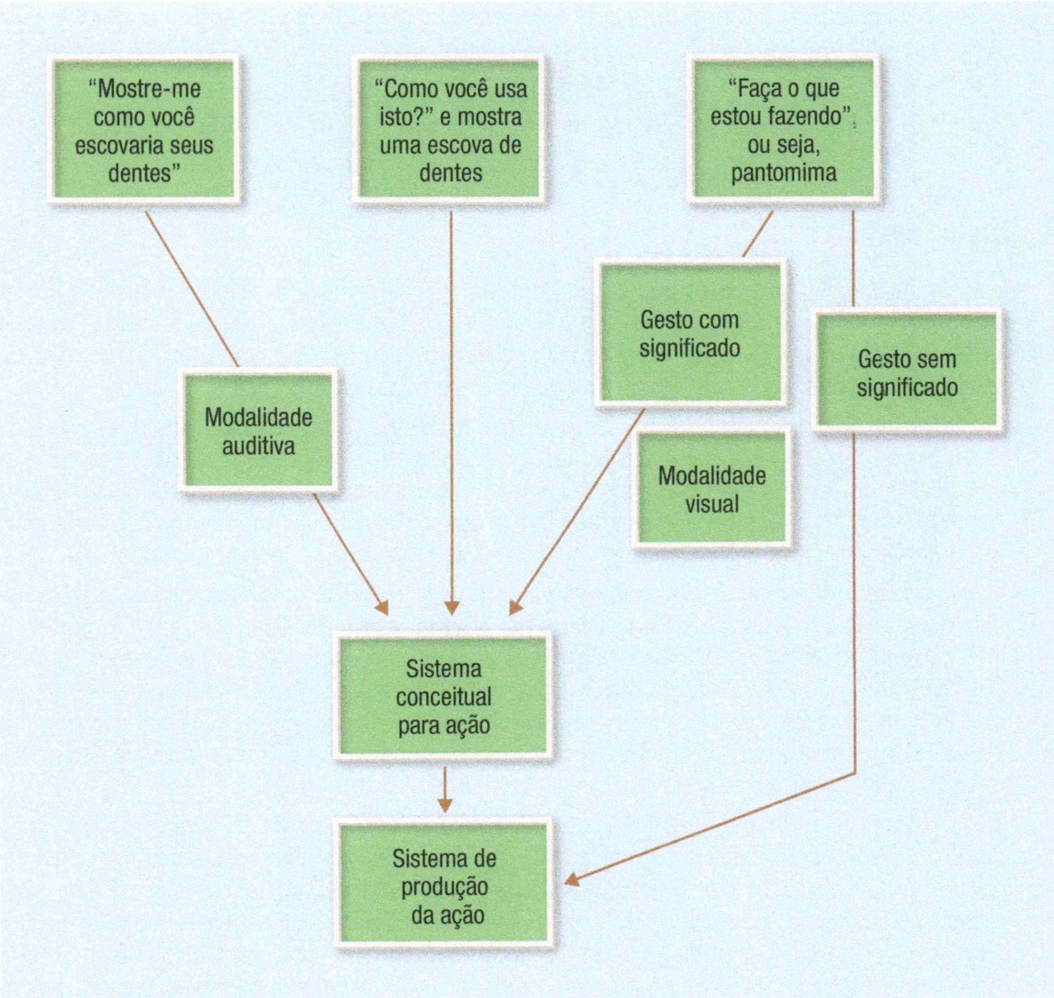

FIGURA 14.14. Modelo do processamento gestual.

em relação à da linguagem). A rede cognitiva para esta função tem como epicentros o lobo parietal inferior e a área motora suplementar; as áreas associadas são as áreas motoras primárias, núcleos da base e tálamo.

A *apraxia* é definida como uma incapacidade em executar ações motoras previamente treinadas e adquiridas, nas condições de preservação dos sistemas musculoesquelético, e os déficits não podem ser causados por alterações sensoriais, movimentos involuntários anormais ou desordens cognitivas que comprometam a compreensão e colaboração do indivíduo, como déficits de atenção, memória etc. De forma geral, a maior parte das apraxias é causada por lesões envolvendo os lobos frontais, parietais, ou ambos. Nas apraxias, podem ocorrer diversos tipos de erro, tais como:

- De conteúdo: substituição de um movimento por outro;
- De produção: a intenção do gesto é correta, mas sua execução é falha;
- Espaciais: movimentar uma tesoura lateralmente ao invés de anteroposteriormente ao cortar uma folha de papel, ou rodar o ombro em lugar do punho ao usar um saca-rolha;

- Temporais: erros no tempo do movimento, como regularidade e ritmo (ao cortar um pão, por exemplo, o paciente não consegue manter um ritmo constante), ocorrência de latências e movimentos interrompidos.

As apraxias podem ser classificadas em vários subtipos, de acordo com a região do corpo ou o tipo de movimento acometido.

Apraxia de membros

Pode ser subdividida em dois tipos, de acordo com a tarefa, em geral e específica. As apraxias gerais podem ainda ser subdivididas em apraxia cinética dos membros, apraxia ideatória e apraxia ideomotora. A apraxia tarefa-específica é uma desordem limitada primariamente a uma forma de atividade, como as apraxias do vestir, construtiva, da marcha, da fala e gráfica.

- *Apraxia cinética dos membros*: é a incapacidade de realizar movimentos finos com os dedos das mãos, como abotoar roupas, usar tesoura, talheres etc., havendo perda da destreza manual. É decorrente de lesões no córtex sensoriomotor primário, na pirâmide bulbar e área pré-motora; as lesões unilaterais geralmente causam sintomas no membro contralateral, mas lesões em hemisfério E podem causar apraxia bilateral em indivíduos destros;
- *Apraxia ideatória*: incapacidade de realizar uma sequência de movimentos, ou *plano ideacional*, que levem a um objetivo previamente aprendido, predominando neste caso os erros de ordenação (temporais). Existe lesão do sistema conceitual dos gestos, levando a prejuízo na compreensão, discriminação e produção destes. O paciente tem dificuldade em executar os movimentos sob comando verbal e imitação, e a maioria apresenta melhor desempenho usando os objetos reais. Como exemplo, uma costureira que primeiro passa o tecido na máquina de costura e depois faz o desenho do molde e corta o tecido.

Alguns autores consideram a existência de uma forma distinta de apraxia, denominada *apraxia conceitual*, que designa a perda do conhecimento das ações relacionadas a objetos ou a perda do conhecimento da associação dos objetos entre si. No primeiro caso, ao solicitar ao paciente que mostre como se usa uma chave de fenda, este faz movimentos como se estivesse martelando um prego; no segundo caso, ao se pedir ao paciente que escolha um objeto entre vários para abrir uma garrafa de vinho, este escolhe o martelo em lugar do saca-rolha. Pode ainda haver dificuldade em reconhecer que alguma ação precisa ser feita, mesmo na presença de uma ferramenta específica (déficit de reconhecimento do problema), ou falha na capacidade de adaptação na ausência do objeto adequado, por perda dos conhecimentos mecânicos ou do funcionamento da ferramenta (déficit do conhecimento mecânico da ferramenta), como um paciente que na ausência de um martelo escolhe um saca-rolha e não um alicate para bater um prego. Neste caso, o desempenho do paciente usualmente não é melhor ao usar o objeto real. No entanto, alguns autores consideram as características da apraxia conceitual como pertencentes à apraxia ideatória, não fazendo distinção entre as duas.

A lesão que causa a apraxia ideatória/conceitual localiza-se na junção temporoparietal E (em pacientes destros) e também ocorre com frequência na doença de Alzheimer.[17] Há descrição de um caso de paciente canhoto que apresentou apraxia ideatória após lesão em hemisfério D.[18]

- *Apraxia ideomotora*: nesses casos, ocorre prejuízo na *produção* do gesto, com compreensão e discriminação preservadas. Pacientes com essa apraxia cometem erros espaciais e temporais. Estes erros podem ser de configuração interna ou posturais, erros de movimento egocêntrico (uso incorreto de articulações ou de coordenação das articulações) e erros de movimento alocêntricos (quando as ações não alcançam a meta corretamente, como fazer o movimento errado durante a utilização de um objeto). Ao realizar mímica, podem não conseguir posicionar corretamente suas articulações e direcionar seu próprio corpo (movimentos alocêntricos) para o objetivo ou para o uso da ferramenta; frequentemente usam partes de seu corpo como se fosse o objeto (erro de uso do corpo como objeto). Exemplos: cabeleireiro que não flexiona corretamente as articulações dos membros superiores para cortar o cabelo de uma pessoa sentada à sua frente, e faz movimentos com os ombros ao invés dos punhos e dedos; garçom que ao invés de girar o saca-rolhas com movimentos de pronação e supinação do antebraço, gira a garrafa de vinho ou o próprio ombro para rodar o saca-rolhas; paciente que ao ser solicitado a fazer a mímica de "escovar os dentes", esfrega os próprios dedos nos dentes ao invés de realizar o fechamento da mão para "segurar" a escova de dentes e simular os movimentos de "vai e vem" como se estivesse manipulando a escova; o erro persiste mesmo que o paciente seja instruído a não usar seu corpo como sendo o objeto. O desempenho dos pacientes melhora ao fazer o gesto sob imitação e com o uso do objeto real.

Na apraxia ideomotora, ocorre a perda da representação mental dos movimentos (praxicons) estocadas no HE[17] (Fig. 14.15). É causada por lesões do lobo parietal inferior, área motora suplementar, no corpo caloso, e em regiões subcorticais (núcleos da base, tálamo e substância branca adjacente) em hemisfério E.

- *Apraxia de dissociação:* nesta forma de apraxia, o paciente não consegue realizar uma ação sob comando (voluntariamente) ou imitação, mas consegue realizá-la dentro de um contexto ou automaticamente, e utilizando um objeto real. Geralmente é decorrente de dissociações entre algum sistema de entrada sensorial (como verbal ou visual) e os sistemas conceituais e de produção, que se encontram preservados. Como exemplo, um paciente não consegue fazer o movimento do sinal da cruz (solicitado verbalmente), mas consegue imitar o avaliador (visual) ou fazê-lo ao passar em frente à uma igreja.

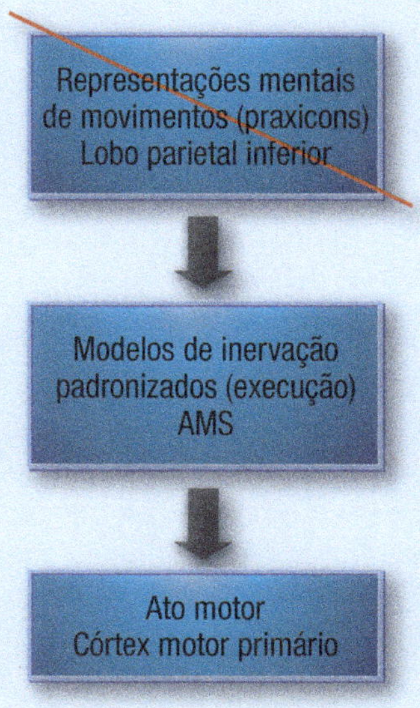

FIGURA 14.15. Modelo teórico do déficit subjacente à apraxia ideomotora, mostrando o prejuízo na representação mental dos gestos (praxicons). AMS: área motora suplementar.

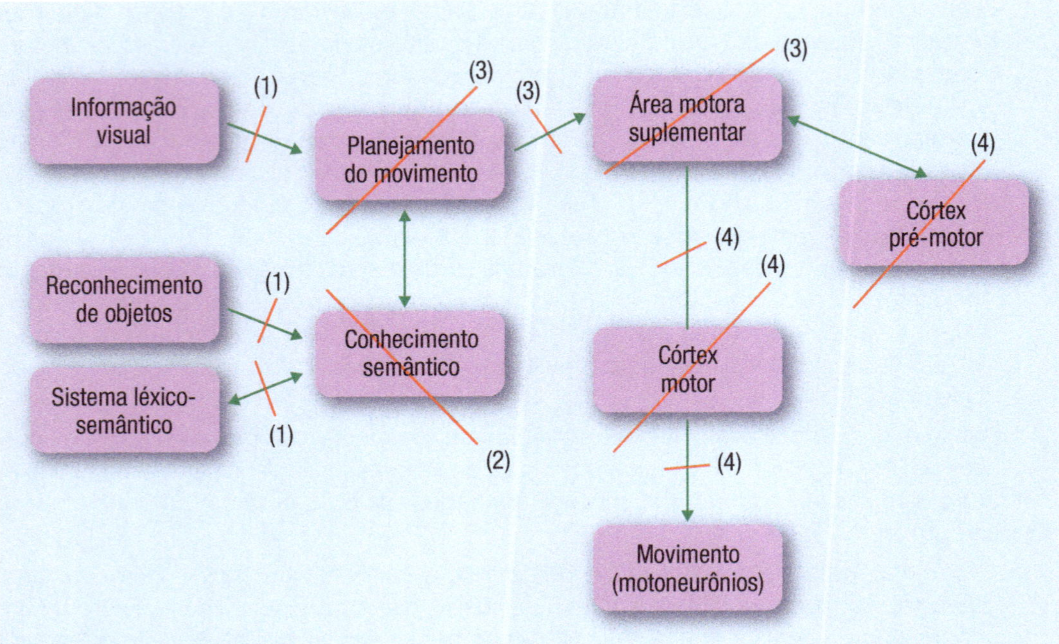

FIGURA 14.16. Esquema representativo dos possíveis locais de lesão e apraxias decorrentes: (1) Apraxia de dissociação; (2) Apraxia conceitual; (3) Apraxia ideomotora; (4) Apraxia cinética de membros.

As lesões que causam as apraxias de dissociação geralmente acometem o corpo caloso. Pacientes que não conseguem imitar o avaliador, mas se beneficiam do comando verbal, podem ter apraxia causada por lesões do lobo occipitotemporal ventral E;

- *Apraxia de condução*: forma de apraxia em que a imitação é mais prejudicada que a realização do movimento sob comando verbal.[19] O local da lesão é desconhecido.

As diversas formas de apraxia de membros e seus possíveis locais de lesão são representados na Figura 14.16.

Apraxia orofacial

Designa a inabilidade de realizar movimentos orofaciais sob comando (movimentos de face, boca, língua, laringe e faringe) como, por exemplo, não conseguir voluntariamente colocar a língua para fora, mandar um beijo, assoprar um fósforo, lamber os lábios e tomar um líquido com canudo. Porém, devido ao fenômeno "dissociação voluntária-automática", conseguem automaticamente assoprar um chá quente antes de beber, ou mostrar a língua como reação a uma ofensa. O desempenho do paciente melhora com a imitação e uso de objetos reais, como canudos, canecas, colheres etc. Associa-se a apraxia orofacial às lesões do córtex de associação motor, substância branca profunda do córtex frontal, ínsula, giro supramarginal e núcleos da base à E.

Apraxia da fala

É a incapacidade de produzir sons articulatórios (fonemas), com prejuízo dos movimentos de lábios, língua e laringe, sendo decorrente de lesão no lobo frontal inferior E.

Apraxia construtiva

Incapacidade específica que faz com que o indivíduo não consiga reproduzir ou desenhar espontaneamente figuras que estava habituado a fazer antes da lesão. Caso a lesão ocorra no hemisfério E, ocorre perda de detalhes da figura, erros de sequência, simplificação do desenho, porém com manutenção da forma e dos contornos gerais, lembrando a figura original (Fig. 14.13). Essas lesões ocorrem predominantemente nas regiões anteriores do córtex (frontal), e levam aos erros de programação motora ou de interface perceptual/motora. Normalmente os erros são reconhecidos pelos pacientes.

As lesões no hemisfério D comprometem o fechamento visual e formação gestáltica (interação entre as partes), levam a problemas com a forma geral e organização da figura, bem como a distorções, embora com relativa preservação dos detalhes. Os erros parecem ser predominantemente *visoperceptuais*, pois não são reconhecidos pelo paciente; por esta razão, nestes casos, o termo "apraxia" parece pouco apropriado. Este padrão ocorre mais em lesões posteriores (parietais) e pode ser acompanhado de negligência à E.

Apraxia do vestir-se

Indica a dificuldade em colocar roupas, em que o paciente não consegue associar adequadamente uma parte do corpo à parte correspondente da peça de roupa, ou não consegue posicionar a peça de roupa de forma adequada para que possa vesti-la. É atualmente considerada uma forma de agnosia em que há prejuízo da percepção espacial e percepção da imagem corporal. É causada por lesões em lobo parietal D.

Apraxia de marcha

Dificuldade de marcha caracterizada por passos curtos e lentos, hesitação na iniciação e mudança de direção, tendência a manter os pés "colados" ao chão (fase de oscilação reduzida). Observada em pacientes com hidrocefalia a pressão normal, no parkinsonismo secundário à lesão vascular, e outras desordens que acometam as conexões do lobo frontal e frontoestriatais.

LATERALIZAÇÃO DA FUNÇÃO CEREBRAL

Várias funções cerebrais são lateralizadas ou assimétricas, o que significa que cada hemisfério executa aspectos distintos da mesma função, e que as funções estão representadas de forma diferente nos dois hemisférios, havendo uma "concentração" de habilidades ou "dominância" de uma região ou hemisfério para algumas funções. O exemplo mais dramático é a dominância do hemisfério E para a praxia e linguagem (em mais de 90% da população que é destra). O hemisfério D, por outro lado, é dominante para funções como reconhecimento de faces, atenção espacial, processamento emocional e afetivo. Não se sabe exatamente qual a vantagem da concentração de funções em um mesmo hemisfério, mas uma hipótese plausível é que esta distribuição diminuiria a velocidade de processamento, não havendo necessidade do tráfego de informações de um hemisfério para outro através do corpo caloso.[2]

De forma genérica, temos que o hemisfério E ocupa-se de tarefas que exigem processamento lógico, analítico, quantitativo, sequencial, detalhista e verbal; o hemisfério D, por outro lado, executa um processamento de caráter mais holístico, integrador, de síntese, subjetivo, cinestésico, emocional e não verbal.

Demência

Trata-se de uma síndrome clínica que compromete as funções cognitivas, decorrente de lesões corticais com predomínio em regiões com função associativa polimodal e, em menor frequência, lesões subcorticais. Possui causas degenerativas (doença de Alzheimer, demência associada à doença de Parkinson, demência com corpúsculos de Lewy, demências frontotemporais), vasculares (por múltiplos infartos, doença de Biswanger, CADASIL), hidrocefalia a pressão normal, carenciais (vitamina B12), alcoólicas (síndrome de Wernicke-Korsakoff), metabólicas (hipoglicemia). A sintomatolgia varia conforme a etiologia, a região cerebral acometida e o estágio da doença.

A doença de Alzheimer (DA) é a causa mais frequente, responsável por aproximadamente 50 a 60% dos casos de demência. É causada por degeneração neuronal, e as lesões presentes no tecido cerebral são as placas senis e os emaranhados neurofibrilares. Essas lesões predominam no hipocampo, na amígdala e no neocórtex associativo parietotemporal, porém estão presentes também em regiões subcorticais, como no núcleo basal de Meynert. Além dos sintomas cognitivos, principalmente de déficit de memória, os indivíduos acometidos podem ter alterações de comportamento (como depressão, agitação, perambulação, delírios e alucinações visuais) e comprometimento da capacidade de realizar as atividades funcionais (por disfunção executiva e apraxia). A DA é progressiva, com acometimento das demais regiões corticais, até que o indivíduo perca todas as suas habilidades cognitivas, evoluindo para mutismo, incontinência urinária e fecal, disfagia (e necessidade de sonda para alimentação), fique acamado e totalmente dependente de ajuda. Na fase mais avançada, o paciente pode ter crises de epilepsia e mioclonias, e nas fases terminais, pode chegar a estado vegetativo persistente.

Referências Bibliográficas

1. Lezak MD, Howieson DB, Loring DW. Basic concepts. In: Lezak MD, Howieson DB, Loring DW, editors. Neuropsychological assessment. 4th ed. New York: Oxford University Press 2004; 15-38.
2. Mesulam M-M. Behavioral neuroanatomy. Large-scale networks, association cortex, frontal sydromes, the limbic system, and hemispheric specialization. In: Mesulam M-M, editor. Principles of behavioral and cognitive neurology. 2nd ed. New York: Oxford University Press 2000; 1-120.
3. Broca P. Perte de la parole. Ramollissement chronique et destruction partielle du lobe anterieur gauche du cervau. Paris: Bulletins de la Societé d'Anthropologie 1861; 2:235.
4. Raz A, Buhle J. Typologies of attentional networks. Nature Reviews Neuroscience 2006; 7:367-79.
5. Cummings JL, Mega MS. Frontal lobe dysfunction. In: Cummings JL, Mega MS, editors. Neuropsychiatry and behavioral neuroscience. New York: Oxford University Press 2003; 128-45.
6. Farah MJ. Frontal lobes: cognitive neuropsychological issues. In: Feinberg TE, Farah MJ, editors. Behavioral neurology and neuropsychology. 2nd ed. New York: McGraw-Hill 2003; 393-9.
7. Damasio AR. Descarte's error: emotion, reason, and the human brain. New York: Grosset-Putnam; 1994.
8. Miller BL. The human frontal lobes. In: American Academy of Neurology. 58th ed. San Diego: Meeting Syllabi; 2006.
9. Norman DA, Shallice T. Attention in action: willed and automatic control of behavior. In: Davidson RJ, editors. Consciousness and self-regulation: advances in research and theory. New York: Plenum Press; 1986.
10. Duncan J, Emslie H, William P, Johnson R, Freen C. Intelligence and the frontal lobe: the organization of goal-directed behavior. Cognitive Psychology 1996; 30:257-303.
11. Baddeley A. Working memory and language: an overview. Journal of Communication Disorders 2003; 36:189-208.
12. Dronkers NF, Pinker S, Damasio A. Language and the aphasias. In: Kandel ER, Schwartz JH, Jessell TM, editors. Principles of Neural Science. 4th ed. New York: McGraw-Hill 2000; p. 1169-87.
13. Damasio AR. Aphasia. The New England Journal of Medicine 1992; 326:531-92.
14. Greene JDW. Apraxia, agnosias, and higher visual functions abnormalities. Journal of Neurology. Neurosurgery and Psychiatry 2005; 76(Suppl V):25-34.
15. Orfei RG, Robinson GP, Prigatano S et al. Anosognosia for hemiplegia after stroke is a multifaceted phenomenon: a systematic review of the literature. Brain 2007; 130:3075-90.

16. Pia L, Neppi-Modona M, Ricci R, Berti A. The anatomy of anosognosia for hemiplegia: a meta-analysis. Cortex 2004; 40:367-77.
17. Heilman KM, Watson RT, Rothi LJG. Disorders of skilled movements: limb apraxia. In: Feinberg TE, Farah MJ, editors. Behavioral Neurology and Neuropsychology. 2nd ed. New York: McGraw-Hill 2003; 217-24.
18. Ochipa C, Rothi LJG, Heilman KM. Ideational apraxia: a deficit in tool selection and use. Annals of Neurology 1989; 25:190-3.
19. Ochipa C, Rothi LJG, Heilman KM. Conduction apraxia. Journal of Clinical and Experimental Neuropsychology 1990; 12:89.
20. Heilman KM. Apraxia. Continuum Lifelong Learning Neurology 2010; 16:86-98.

15 Sono

INTRODUÇÃO

O sono é um dos fenômenos mais intrigantes da fisiologia humana e animal (assim como o bocejo), para o qual não existe ainda uma explicação totalmente satisfatória, especialmente no que se refere aos *sonhos*: sua gênese e finalidade. Pode ser descrito como um estado natural, transitório e recorrente de redução da consciência, suspensão relativa da atividade sensorial e inatividade da musculatura voluntária.

De todo modo, a importância dessa fase não pode ser subestimada, tendo em vista que passamos cerca de um terço de nossas vidas neste estado, e a privação de sono acima de certo limite aceitável leva a consequências graves do ponto de vista físico e psíquico. Como exemplo deste fato, podemos citar a ruptura do padrão normal de sono como fator de risco para eventos cardiovasculares (como AVEs, crises hipertensivas, infartos do miocárdio), crises convulsivas, entre outros, além dos evidentes e conhecidos efeitos negativos da privação de sono sobre o humor do indivíduo, bem como sobre seu desempenho motor e cognitivo, levando a desatenção, falta de concentração, dificuldades de memória, lentificação das respostas motoras reflexas etc. Todos esses efeitos podem repercutir em queda de rendimento escolar e profissional, bem como aumentar a incidência de acidentes de trânsito e acidentes de trabalho.

O sono, como outras funções fisiológicas (por exemplo, liberação de hormônios), está inserido dentro do que conhecemos como *ciclo circadiano*, ou um padrão de eventos que ocorrem de forma ordenada e cíclica, repetindo-se a cada período de aproximadamente 24 horas. O período de sono em nossa espécie é programado para ocorrer à noite e predominantemente de forma contínua, embora a prática da "*siesta*" por grande parte da população mundial demonstre a persistência de um padrão alternativo.

ARQUITETURA NORMAL DO SONO

Denomina-se *arquitetura do sono* o padrão sequencial de estágios do sono que se repete em ciclos durante uma noite. A atual nomenclatura proposta pela Academia Americana de Medicina do Sono (2007)[1] reconhece a existência de quatro estágios, cujas características aparecem na Tabela 15.1.

As alterações eletroencefalográficas características de cada fase do sono (Fig. 15.1) e o fato dessas fases se repetirem de modo ordenado durante a noite mostram que, ao contrário do que popularmente se acredita, o sono não é um fenômeno passivo, cuja única finalidade é o "repouso", sendo,

TABELA 15.1. *Estágios do sono segundo a Academia Americana de Medicina do Sono*[1]

ESTÁGIO	NOMENCLATURA ANTIGA	CARACTERÍSTICAS CLÍNICAS E ELETROENCEFALOGRÁFICAS
Vigília	Vigília	Indivíduo acordado, com os olhos fechados e imóvel EEG: ritmo de ondas alfa (9 a 11 Hz) em regiões posteriores do cérebro
N1	Estágio 1	Sonolência EEG: ritmo teta (3 a 7 Hz) difuso por todas as regiões cerebrais
N2	Estágio 2	Sono leve EEG: espículas de sono (12 a 14 Hz) em regiões parietais bilateralmente e ondas agudas do vértex (fusos do sono ou complexos K, de alta amplitude) presentes em regiões centroparietais
N3	Engloba os estágios 3 e 4	Sono profundo EEG: atividade difusa de alta voltagem teta e delta (0,5 a 2 Hz)
R	Sono REM (*rapid eye-movement*)	Predomínio de sonhos EEG: atividade teta difusa

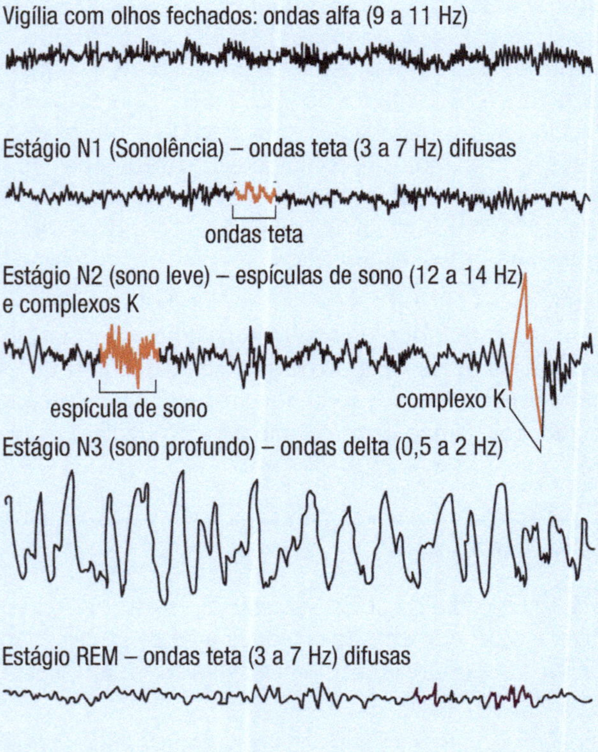

FIGURA 15.1. Padrões de registro de EEG que podem ser encontrados durante o sono.

ao invés disso, um período em que ocorrem padrões de atividade cerebral específica, relacionadas com alterações fisiológicas que serão discutidas adiante.

Os primeiros três estágios do sono (N1, N2, N3) fazem parte do ciclo "não REM", ou não *rapid eye-movement* (movimento rápido dos olhos), que se contrapõem ao sono REM, cuja característica mais marcante é a presença de movimentos oculares rápidos em direção horizontal e vertical, e que marca a fase do sono em que os sonhos ocorrem com maior frequência. Os estágios do sono ocorrem sucessivamente durante a noite na sequência N1, N2, N3 e REM. O primeiro período REM ocorre entre 70 e 100 minutos após o adormecer, sendo usualmente precedido por um aumento de movimentos corporais. A maior parte deste primeiro período de 70 a 100 minutos é passado no estágio N3, e o primeiro ciclo de sono REM é bastante breve. O ciclo completo não REM é repetido, então, cerca de seis a sete vezes durante a noite (dependendo do número de horas dormidas), porém, a proporção de tempo despendido no estágio N3 diminui gradualmente e, no período final da noite, praticamente ocorre alternância apenas entre os estágios N2 e REM.

Um adulto jovem permanece cerca de 20 a 25% do total de tempo de sono no estágio REM, 3 a 5% no estágio N1, 50 a 60% no estágio N2 e 10 a 20% no estágio N3 (Fig. 15.2). Sabe-se que este ciclo de cerca de 100 minutos que ocorre durante o sono é estável em cada indivíduo e repete-se também durante todo o período de vigília, relacionando-se a várias outras funções, como oscilação da temperatura corporal, motilidade gástrica, fome, débito urinário e oscilações no alerta e na capacidade de desempenhar funções cognitivas.

O tempo que um indivíduo passa dormindo varia em função de sua idade e fase da vida: um bebê recém-nascido dorme cerca de 16 a 20 horas por dia; uma criança, cerca de 10 a 12 horas, necessitando de dois períodos de "cochilo" (de manhã e à tarde) até cerca de dois a três anos de idade, quando então o "cochilo" passa a acontecer só à tarde, para então ser abolido, quando a criança atinge quatro ou cinco anos de idade. Crianças maiores (ao redor dos 10 anos de idade) dormem em torno de 10 horas/dia. Na adolescência, esse tempo cai para cerca de 7 a 8 horas/dia e esse número pode se manter constante ou diminuir ainda mais (para cerca de 6 a 7 horas/dia) no adulto. Indivíduos idosos tendem a dormir menos e a ter um sono fragmentado, alternando vários

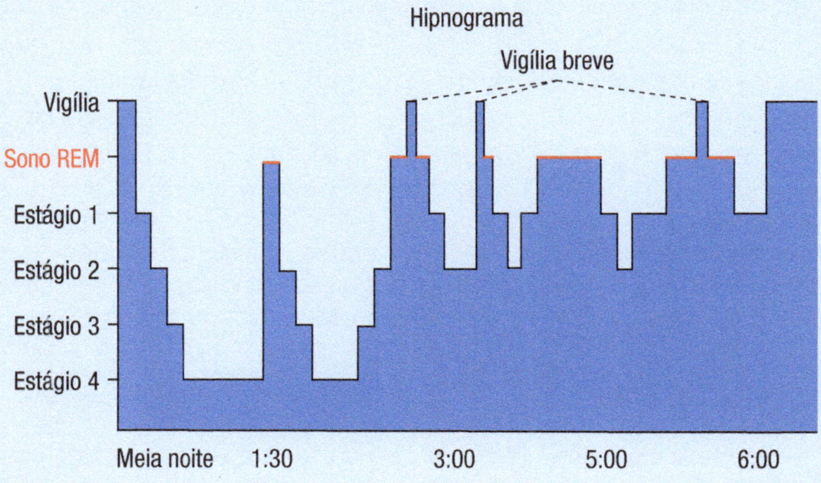

FIGURA 15.2. Arquitetura normal do sono de um adulto jovem.

"cochilos" diurnos com períodos de vigília, embora continue ocorrendo um período maior de sono contínuo durante parte da noite. Com o passar da idade, a arquitetura do sono também se modifica, e cada vez menos tempo é despendido no estágio N3, que se torna virtualmente ausente após os 70 anos de idade.[2]

ALTERAÇÕES FISIOLÓGICAS DURANTE O SONO

Durante os estágios não REM, os neurônios corticais disparam de forma sincronizada (gerando o padrão denominado de "EEG sincronizado", ou seja, em que a atividade elétrica registrada reflete esta sincronização). Durante o estágio REM a atividade neuronal é dessincronizada (de baixa amplitude e alta frequência), semelhante à da vigília. Esta alternância de ritmos se faz através da influência do tálamo.

O estágio REM é o mais intimamente associado à ocorrência de sonhos, que são recordados mais facilmente se o indivíduo é acordado nesta fase. No entanto, cerca de 20% dos sonhos ocorrem no estágio não REM. O estágio REM também é aquele em que é mais fácil despertar o indivíduo, sendo que no estágio N3 podem ser necessários cerca de cinco minutos (ou mais) para que uma pessoa esteja totalmente desperta; nesse meio tempo, o indivíduo pode permanecer desorientado e confuso, ou no mínimo com a capacidade de raciocínio bastante lentificada e a capacidade de julgamento alterada.

Durante o sono REM ocorre atonia muscular generalizada, associada aos já citados movimentos oculares rápidos horizontais (predominantes) e verticais. Movimentos corporais grosseiros ocorrem a cada 15 minutos aproximadamente, em todas as fases do sono; no entanto, são maiores durante a transição entre o sono REM e não REM, quando a pessoa muda de posição (em geral virando-se de um lado para o outro). Outros fenômenos fásicos do estágio REM incluem constrição e dilatação da pupila, flutuações da pressão sanguínea arterial, ritmo respiratório e batimentos cardíacos. Esta atividade fásica tem sua origem na atividade de núcleos pontinos, vestibulares e da rafe mediana, conduzidos através dos tratos corticospinal e corticobulbar. No período não fásico do sono REM ocorre diminuição dos reflexos tendinosos e posturais (por inibição dos neurônios alfa e gama), associados à atonia muscular. Ereção peniana ocorre periodicamente durante o sono REM. O fluxo sanguíneo cerebral aumenta durante esta fase.[3] Todas essas alterações estão associadas a ativações periódicas do sistema nervoso autônomo parassimpático, com supressão do sistema simpático.

Durante o sono não REM ocorre redução da temperatura corporal, dos batimentos cardíacos, ritmo respiratório e fluxo sanguíneo cerebral (bem como de seu metabolismo).

Outras alterações fisiológicas importantes que ocorrem durante o sono dizem respeito à liberação hormonal: a secreção de cortisol e TSH estão diminuídas no início do sono, sendo que os níveis do cortisol aumentam com o despertar; a secreção de prolactina é ativada nas fases iniciais do sono. Hormônio de crescimento (GH) é liberado durante o sono de ondas lentas. Durante a puberdade, existe liberação dos hormônios luteinizantes (LH), os quais estimulam a secreção de progesterona e testosterona durante o sono. A melatonina, secretada pela glândula pineal, é produzida à noite e deixa de ser secretada quando a retina é estimulada pela luz do dia.

NEUROFISIOLOGIA DO SONO

A gênese e regulação do ciclo vigília-sono depende da complexa interação entre núcleos celulares do hipotálamo, ponte e prosencéfalo basal. Esta interação começa pela capacidade destas áreas de receberem aferências sensoriais do ambiente que sinalizam o momento adequado para início e fim do sono.

Conexões hipotalâmicas

O núcleo supraquiasmático do hipotálamo (NSQ) é responsável pela integração de informações referentes à quantidade de luz (através de aferências recebidas da retina, pelo trato retino-hipotalâmico), o que afeta várias funções circadianas, entre elas o sono, através da estimulação da secreção de melatonina pela glândula pineal. O NSQ possui intensas conexões com a zona subparaventricular e núcleos hipotalâmicos dorsomediais, os quais integram informações sobre alimentação, temperatura, luz etc., necessárias para a "orquestração" adequada das diversas funções circadianas. O núcleo pré-óptico ventrolateral do hipotálamo (POVL) projeta-se para todos os núcleos hipotalâmicos e do tronco encefálico relacionados ao estado de vigília e despertar. Lesões experimentais neste núcleo levam à abolição do sono.

Núcleos pontinos e neurotransmissores

Na formação reticular pontina, duas populações neuronais interconectadas apresentam atividade flutuante de forma periódica e recíproca: um sistema monoaminérgico (norepinefrina, serotonina, dopamina, histamina) e um sistema colinérgico (acetilcolina). Durante a vigília, a atividade do sistema monoaminérgico (presentes no *locus coeruleus*, núcleo tuberomamilar, núcleos da rafe e área tegmentar ventral) é alta, inibindo os neurônios colinérgicos (presentes no grupo de núcleos pedunculopontinos e do tegmento dorsal lateral da ponte, os quais fazem parte do sistema ativador reticular ascendente – SARA*). Durante o sono não REM, a atividade monoaminérgica vai declinando gradualmente, com consequente aumento da atividade colinérgica; o sono REM ocorre quando esta atividade é máxima e o ciclo se completa. Existem evidências de que o sistema monoaminérgico é modulado por um peptídeo denominado *hipocretina* (ou orexina), secretado pelo hipotálamo (Fig. 15.3).

Assim, temos que a vigília é mantida através da atividade monoaminérgica, inibindo o núcleo POVL; o sono se inicia quando o POVL é ativado, bloqueando a ação inibitória do sistema monoaminérgico. As transições entre sono não REM e REM são moduladas pela ação do sistema colinérgico.[4]

Embora atualmente uma grande parte da neurofisiologia do sono seja conhecida, sua função exata ainda não foi estabelecida, assim como a dos sonhos. Entre as hipóteses mais aceitas estão: repouso motor e sensorial (parcial) do organismo (prevenindo a exaustão física e mental), restauração (experimentos mostram que a privação de sono prejudica a cicatrização de feridas e reduz a efetividade do sistema imunológico),[5,6] promoção do desenvolvimento ontogenético (na infância), consolidação do aprendizado e memória,[7] preservação da integridade do indivíduo (que não necessita de 24 horas para satisfazer todas as suas necessidades de sobrevivência e durante o sono permanece em local seguro e abrigado de potenciais perigos)[8] e conservação de energia (permitindo a sobrevivência do indivíduo com menor ingestão de calorias, já que a atividade motora e cerebral estão diminuídas na maior parte do período em que se dorme).

A hipótese mais conhecida quanto à função dos sonhos é, sem dúvida, a lançada por Freud em *A interpretação dos sonhos*,[9] de que os mesmos representariam a expressão simbólica de desejos reprimidos relegados ao inconsciente. Embora esta teoria até hoje não tenha sido cientificamente provada, tão pouco pode ser refutada. Outras hipóteses para o papel fisiológico dos sonhos incluem consolidação e organização de sinapses (o já citado papel no aprendizado e memória),[10] expressão de desejos e motivações latentes através da ativação de sistemas dopaminérgicos frontais (o que se alinha à teoria psicanalítica),[11] ou tratar-se de uma forma de *delirium*.[12]

---

*SARA: região do encéfalo responsável pelo alerta e regulação do ciclo vigília-sono, composto pelos núcleos citados e por núcleos da formação reticular do mesencéfalo, núcleos intralaminar e reticular talâmicos, hipotálamo dorsal e prosencéfalo basal.

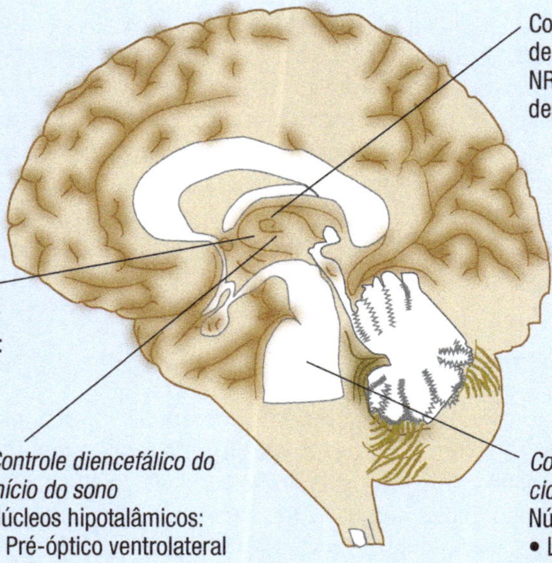

FIGURA 15.3. Estruturas encefálicas envolvidas na gênese e regulação do ciclo do sono.

De acordo com Hobson e McCarley,[13] a gênese dos sonhos estaria ligada a disparos aleatórios de neurônios no córtex cerebral durante o sono REM, o que explicaria sua natureza irracional, sendo que o córtex frontal realizaria uma tentativa posterior de criar uma estória com algum sentido, a partir das ideias e imagens ativadas. Estudos com PET demonstraram que ocorre ativação do córtex visual de associação e das regiões límbicas e paralímbicas, com concomitante diminuição da atividade do córtex visual primário e de associação frontal,[14] o que produziria a sequência de imagens bizarras e desconexas que, no entanto, na ausência da atividade "controladora" do lobo frontal, são aceitas sem crítica pelo indivíduo como fazendo parte de uma história única (Fig. 15.4).

EFEITOS DA PRIVAÇÃO DE SONO

Embora não se conheça exatamente a função do sono e dos sonhos, sabe-se que a privação crônica dos mesmos leva a uma série de repercussões sobre o funcionamento normal do organismo. Animais deprivados de sono morrem após algumas semanas, mesmo recebendo todos os demais cuidados necessários à sobrevivência (como alimentação, água etc.).[15]

No ser humano, os efeitos mais frequentemente observados após privação de sono (em períodos experimentais variando de 60 a 200 horas sem dormir, mas certamente muito menos na experiência de qualquer pessoa) são, primeiramente, sonolência, cansaço, irritabilidade, dificuldade de concentração, prejuízo na capacidade de execução de tarefas motoras. À medida que as horas que o indivíduo passa sem dormir se acumulam, ocorrem negligência do autocuidado, falta de motivação para o trabalho, lapsos de atenção que interrompem o fluxo de pensamento ou ações,

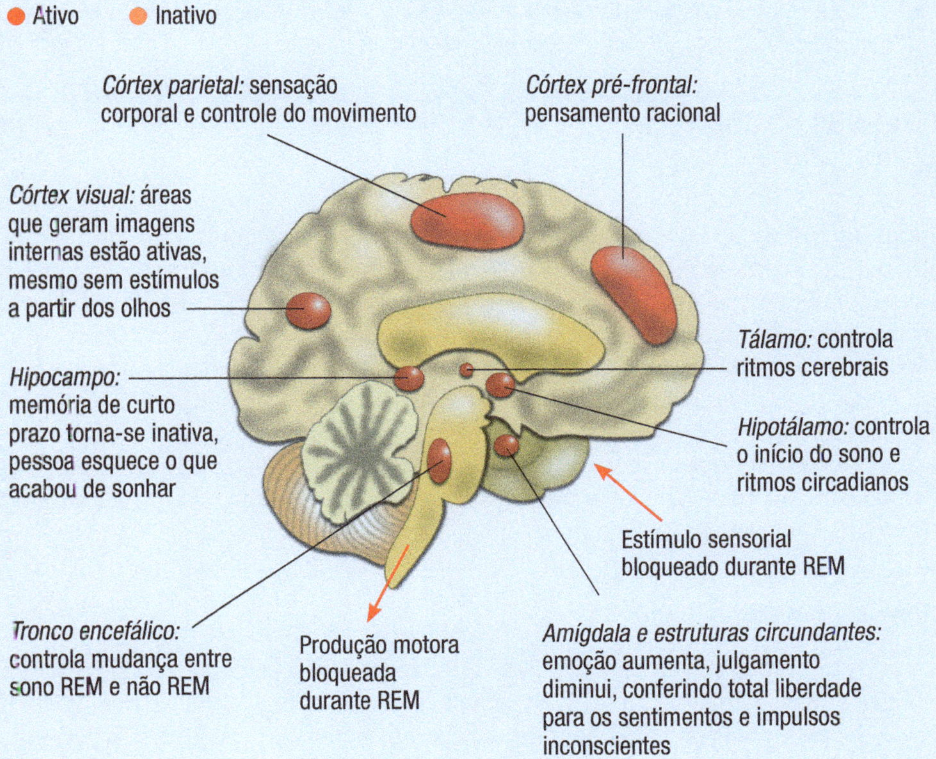

FIGURA 15.4. Principais estruturas encefálicas associadas à gênese dos sonhos.

prejuízo do julgamento e falta de interesse em se comunicar. Acidentes e erros em qualquer tentativa de executar tarefas motoras ou mentais tornam-se extremamente frequentes. Posteriormente, a sonolência se torna mais intensa, e surgem sintomas como dificuldade de perceber estímulos externos e internos, desorientação, ilusões e alucinações (especialmente visuais e táteis), que vão se tornando mais persistentes se o período de privação de sono se prolonga. Pode-se notar a presença de sinais neurológicos, como nistagmo, prejuízo dos movimentos sacádicos do olhar, tremor nas mãos, queda das pálpebras, empastamento da fala com erros de pronúncia e de escolha das palavras. O limiar para o desencadeamento de crises convulsivas torna-se mais baixo, o que é particularmente importante no caso de indivíduos epilépticos, que devem ser orientados a manter uma boa higiene de sono. No entanto, deve-se notar que a partir de um certo período sendo impedido de dormir, o indivíduo passa a apresentar episódios de sono de curtíssima duração ("micro-sono"), sendo desta forma virtualmente impossível que ocorra privação de sono absoluta.

No período de recuperação, quando o indivíduo volta a dormir, rapidamente entra no estágio N3 (sono profundo), que persiste por várias horas, às custas da diminuição do estágio N2. Na segunda noite de recuperação, ocorre um mecanismo de "rebote" de sono REM, cuja duração excede à dos períodos pré-deprivação.

Na prática clínica, é muito difícil definir o que constitui "privação de sono", dadas as variações nas necessidades individuais de sono; existem indivíduos (embora constituam uma minoria da população) que apresentam bom desempenho funcional dormindo quatro horas por noite. No outro extremo, situam-se os indivíduos denominados "grandes dormidores" que necessitam de 9 a 10 horas diárias de sono para ter desempenho funcional adequado.

TRANSTORNOS DO SONO

Insônia

Designa a incapacidade do indivíduo de dormir um número de horas adequado, o que é evidenciado principalmente pela queixa de baixo rendimento escolar/profissional e sonolência diurna. É uma queixa frequente, afetando entre 20 e 40% da população. A insônia pode ser *primária,* nos casos em que não há doença clínica ou transtorno psicológico/psiquiátrico que justifique o quadro, ou *secundária,* quando algum destes fatores está presente e interfere com a quantidade e qualidade do sono. Algumas causas comuns de insônia secundária são dor (em doenças crônicas como artrites, dores lombares, úlceras gástricas, câncer etc.), insuficiência cardíaca, insuficiência respiratória, prostatismo (que leva o idoso a levantar várias vezes durante a noite para urinar, já que não consegue esvaziar totalmente a bexiga), ansiedade, depressão, uso de drogas (álcool, cafeína, nicotina, corticosteroides, anfetaminas, entre outras).

Síndrome das pernas inquietas

Trata-se de uma condição em que o indivíduo apresenta sensação de desconforto, dor, formigamento, "peso" e outras formas de sensação desagradável nas coxas e panturrilhas, que são transitoriamente aliviadas pela movimentação das pernas. O quadro em geral é idiopático, mas pode ser o prenúncio de uma neuropatia periférica. Uma associação entre essa síndrome e deficiência de ferro tem sido descrita, o que levaria a um déficit na transmissão dopaminérgica que provocaria os sintomas.[16]

Desordens do ritmo circadiano

Nesta categoria incluem-se as alterações secundárias a atividades ocupacionais (trabalhos em "turnos"), a síndrome do *jet lag,* que resulta de viagens aéreas transmeridionais (em que há alteração do fuso horário),[17] e as síndromes de atraso e avanço da fase do sono. Na *síndrome de atraso da fase do sono*, o indivíduo não consegue dormir e acordar em horários convencionais, sendo seu período ótimo para adormecer situado entre 2 e 6h da manhã, e o de acordar, entre 11h da manhã e 2h da tarde; entretanto, respeitado esse ritmo, a qualidade de sono do indivíduo é normal. O oposto ocorre na *síndrome de avanço da fase do sono*, onde o indivíduo sente sono precocemente, às 8-9h da noite, e desperta de madrugada (entre 3 e 5h da madrugada); neste caso, a qualidade do sono também é normal.

Apneia do sono

A forma mais comum de apneia do sono é a *obstrutiva*, causada pelo rebaixamento da musculatura da faringe posterior, o que leva a um estreitamento das vias aeres superiores. Muito comumente está associada à obesidade, mas também a outras doenças, como hipotireoidismo, acromegalia, e distrofia miotônica (em crianças pode ser associada à hipertrofia adenotonsilar). O quadro clínico caracteriza-se por presença de ronco e respiração ruidosa que ocorre de forma cíclica; após um período de respiração regular, os movimentos inspiratórios vão diminuindo, havendo cessação do fluxo de ar. Após um período variável de apneia (10 a 30 segundos), os movimentos inspiratórios são retomados e o paciente volta a respirar com esforço (e roncos), após um breve despertar. A apneia do sono é causa importante de sonolência diurna excessiva com consequente baixo rendimento no desempenho funcional e, a longo prazo, pode ocasionar graves repercussões cardiovasculares. Os episódios apneicos acontecem tanto durante o sono REM como não REM.

Narcolepsia

Na sua forma completa, esta síndrome é composta pela tétrade narcolepsia, cataplexia, paralisia do sono e alucinações hipnagógicas. Narcolepsia refere-se a episódios de sono incontrolável, mesmo em situações altamente improváveis ou inadequadas como conversando, comendo, ou mesmo em pé; cataplexia designa a atonia súbita da musculatura esquelética que acomete o indivíduo durante acessos de raiva, gargalhadas, ou outros estados emocionais intensos, e que pode levar a quedas; alucinações hipnagógicas são fenômenos alucinatórios extremamente vívidos e amedrontadores que podem acompanhar a paralisia do sono (descrita adiante) e que podem ser visuais, auditivas, vestibulares (sensação de movimento) e somáticas (sensação de que um membro está disforme). Os episódios de sono duram em geral 15 minutos ou menos, e o paciente pode ser despertado por qualquer ruído. Se estiver em posição confortável, o indivíduo pode dormir por uma hora ou mais. À parte os episódios de sono, pacientes narcolépticos apresentam sonolência diurna intensa, pois o sono não é reparador. A fisiopatologia deste transtorno está associada à diminuição de secreção de hipocretina pelo hipotálamo, onde ocorre uma reversão de fase do sono, sendo que o sono REM precede o sono não REM quando o indivíduo adormece.[2] A doença deve ser tratada, devido ao impacto negativo no desempenho funcional dos pacientes, bem como ao alto risco de ocorrência de acidentes.

Parassonias

Mioclonias do início do sono

Ocorrência de movimentos mioclônicos (contrações musculares bruscas que levam à movimentação de um membro) que ocorrem enquanto o indivíduo adormece, causados por disparos "erráticos" dos centros motores. Os movimentos fazem o indivíduo despertar, muitas vezes assustado e, embora seja uma condição benigna, pode ser incômoda quando muito frequente (em estados de ansiedade crônica, por exemplo). Deve ser adequadamente diferenciada de crises de epilepsia mioclônica noturnas.

Paralisia do sono

Trata-se de um quadro curioso, em que o indivíduo encontra-se consciente, porém incapaz de mover seus músculos (com exceção da musculatura respiratória e ocular). Muitos indivíduos podem ficar amedrontados (nos primeiros episódios), e esforçam-se para se mover, tendo a sensação de que qualquer pequeno movimento os tirará desse estado; de fato, o que ocorre é uma abolição espontânea da paralisia após poucos minutos, embora seja descrito que estímulos sensoriais (como tocar no indivíduo ou chamá-lo) possam reverter a paralisia. A paralisia do sono usualmente ocorre ao despertar pela manhã, mas pode ocasionalmente ocorrer quando o indivíduo está adormecendo. Sua fisiopatologia está relacionada a uma intrusão (ou permanência) da atonia típica do sono REM no período de despertar. Muitos casos são benignos e idiopáticos (de caráter familiar), mas a paralisia do sono pode estar associada à narcolepsia (já descrita) e outros transtornos do sono.

Terror noturno

É um transtorno típico da infância, em que a criança acorda abruptamente aparentando medo intenso, gritando ou gemendo, com taquicardia e respiração acelerada, tendo cada episódio a duração média de um a dois minutos. No dia seguinte a criança não se lembra do ocorrido, ou tem apenas uma vaga lembrança de ter tido um pesadelo. O quadro é benigno e tende a desaparecer com o crescimento, raramente persistindo na idade adulta. Sua fisiopatologia parece estar relacionada a um despertar incompleto na fase de sono profundo (N3).

Pesadelos

Ocorrem em crianças e adultos igualmente, e têm como fatores precipitantes a abstinência de uso de álcool e drogas sedativas/hipnóticas, febre, indigestão e exposição a filmes (ou leitura) de terror logo antes de adormecer. Os pesadelos ocorrem especialmente em períodos em que há aumento do tempo de sono REM (daí o efeito "rebote" da suspensão de drogas que normalmente suprimem esta fase, como as citadas acima). Como é sabido por todos, os pesadelos são fenômenos benignos, só merecendo atenção terapêutica quando muito frequentes.

Sonambulismo

É mais comum em crianças (média de idade de quatro a seis anos), e pode estar associado a terror e enurese noturnos. Estima-se que 15% das crianças tem pelo menos um episódio durante a vida. Usualmente, a criança apenas senta-se na cama, mas pode levantar-se e andar pela casa com os olhos abertos, realizando alguns atos motores simples e familiares, como acender a luz, ou tentar abrir uma porta. Os sonâmbulos conseguem se guiar pela visão, mas quando se deparam com um objeto inesperado em geral despertam. Normalmente não respondem quando interpelados, nem obedecem a comandos, tendo que ser reconduzidos para a cama. Os episódios de sonambulismo duram poucos minutos e na manhã seguinte os indivíduos podem não se lembrar de nada (ou ter lembranças muito fragmentárias). O sonambulismo ocorre na fase N3 do sono, portanto, não está relacionado aos sonhos, ao contrário da crença popular; também não há problema algum em se acordar um sonâmbulo (embora seja difícil fazê-lo). O quadro é benigno e não está associado a nenhuma doença neurológica ou psiquiátrica, sendo necessário apenas que se tomem precauções para que a criança não se exponha a riscos durante os episódios.

Sonilóquio

Caracteriza-se pela emissão de sons ou palavras durante o sono (falar dormindo). Na maior parte dos casos, o indivíduo profere palavras desconexas, em tom monótono, frequentemente de forma ininteligível; raramente pode proferir frases coerentes relacionadas a algum episódio recentemente vivido, e que tem algum cunho emocional. No primeiro caso, o fenômeno costuma ocorrer na fase N3; no segundo (mais elaborado), durante o sono REM.

Transtorno comportamental do sono REM

Trata-se de uma condição que ocorre em adultos, mais frequentemente em idosos, em que o indivíduo apresenta sonhos vívidos acompanhados de acessos de atividade motora intensa, muitas vezes violenta (contra si mesmo ou contra o companheiro de cama) e gritos, com um limiar para despertar aumentado. No dia seguinte o indivíduo recorda-se de ter tido um pesadelo em que era ameaçado, perseguido ou atacado e tentava se defender. Os episódios ocorrem em frequência variável, mas podem ser vários durante uma mesma noite. Como o nome indica, este fenômeno ocorre exclusivamente durante o sono REM.[18]

Referências Bibliográficas

1. Iber C, Ancoli-Israel S, Chesson A, Quan SF. The AASM manual for the scoring of sleep and associated events: rules, terminology and technical specifications. Westchester: American Academy of Sleep Medicine; 2007.
2. Ropper AH, Samuels MA. Sleep and its abnormalities. In: Ropper AH, Samuels MA, editors. Adams and Victor's Principles of neurology. 9th ed. New York: McGraw-Hill 2009; p. 374-95.
3. Madser PL, Vorstrup S. Cerebral blood flow and metabolism during sleep. Cerebrovascular and Brain Metabolism Reviews 1991; 3:281-96.
4. Saper CB, Scammell TE, Lu J. Hypothalamic regulation of sleep and circadian rhythm. Nature 2005; 437:1257-63.
5. Gumustekin K, Seven B, Karabulut N et al. Effects of sleep deprivation, nicotine, and selenium on wound healing in rats. Int Journal of Neuroscience 2004; 114:1433-42.
6. Zager A, Andersen ML, Ruiz FS, Antunes IB, Tufik S. Effects of acute and chronic sleep loss on immune modulation of rats. [Electronic version]. Regulatory, Integrative and Comparative Physiology 2007; 293:R504-9.
7. Walker MP. The role of sleep in cognition and emotion. Annals of the New York Academy of Sciences 2009; 1156:168-97.
8. Choi CQ. New theory questions: why we sleep? LiveScience.com 2009; Aug 25.
9. Freud S. Die traumdeutung. Leipzig e Viena: Franz Deuticke; 1899.
10. Arrigoni E, Lu J, Vetrivelan R, Saper CB. Long-term synaptic plasticity is impaired in rats with lesions of the ventrolateral preoptic nucleus. European Journal of Neuroscience 2009; 30:2112-20.
11. Solms M. New findings on the neurological organization of dreaming: Implications for psychoanalysis. The Psychoanalytic Quarterly 1995; 64:43-67.
12. Hobson JA. Dreaming as delirium: a mental status analysis of our nightly madness. Seminars in Neurology 1997; 17:121-8.
13. Hobson JA, McCarley R. The brain as a dream state generator: an activation-synthesis hypothesis of the dream process. American Journal of Psychiatry 1977; 134:1335-48.
14. Braun AR, Balkin TJ, Wesensten NJ et al. Dissociated pattern of activity in visual cortices and their projections during human rapid eye movement sleep. Science 1998; 279:91-5.
15. Rechtschaffen A, Gilliland MA, Bergman BM, Winter JB. Physiological correlates of prolonged sleep deprivation in rats. Science 1983; 221:182-4.
16. Earley CJ. Restless legs syndrome. New England Journal of Medicine 2003; 348:2103-9.
17. Baker SK, Zee PC. Circadian disorders of the sleep-wake cycle. In: Kryger MH, Roth T, Dement WC, editors. Principles and practice of sleep medicine. 3rd ed. Philadelphia: Saunders 2000; p. 606-14.
18. Mahowald MW, Schenk CH. REM sleep parasomnias. In: Kryger MH, Roth T, Dement WC, editors. Principles and practice of sleep medicine. 4th ed. Philadelphia: Saunders 2005; p. 897-916.

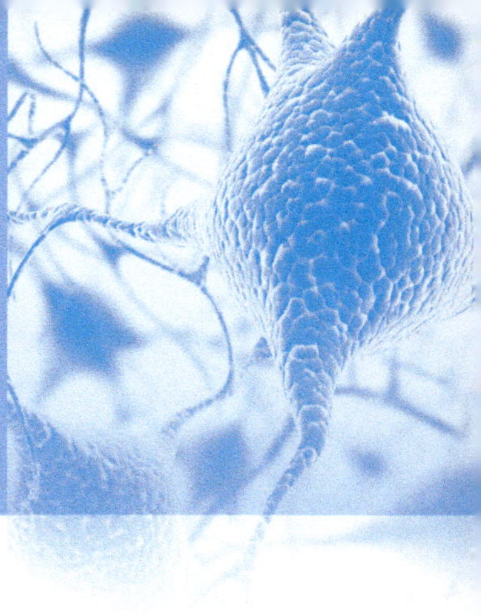

Índice

A

G

H

I

J

L

M

Q

R

S

T

U

V

Z

Impresso por:

META
www.metabrasil.com.br